"十二五"普通高等教育本科国家级规划教材

教育部—微软精品课程建设立项项目

高 等 学 校 计 算 机 课 程 规 划 教 材

数据结构与算法(C++版)

唐宁九 游洪跃 朱宏 杨秋辉 主编

李炳法 何明儒 主审

清华大学出版社

北京

内 容 简 介

本书结合 C++ 面向对象程序设计的特点，构建了数据结构与算法，对所有算法都在 Visual C++ 6.0、Visual C++ 2005、Visual C++ 2005 Express、Dev-C++ 和 MinGW Developer Studio 开发环境中进行了严格的测试，作者教学网站(http://teachhelp.changeip.net:9988/或 http://teachhelp.3322.org:9988/)提供了大量的教学支持内容。同时本书配有《数据结构与算法（C++ 版)实验和课程设计教程》（ISBN 978-7-302-17503-2)供读者学习参考。

本书共分 11 章，第 1 章是基础知识，介绍了基本概念及其术语，并讨论了实用程序软件包；第 2 章引入线性表；第 3 章介绍了栈和队列，用栈实现了表达式求值；第 4 章介绍串，详细讨论了串的存储结构与模式匹配算法；第 5 章介绍数组和广义表，首次提出了广义表的使用空间表存储结构；第 6 章介绍了树结构，应用哈夫曼编码实现了压缩软件；第 7 章介绍图结构，实现了图的常用存结构，讨论了图的相关应用，并实现了相应算法；第 8 章介绍查找，讨论了静态查找表、动态查找表与散列表，实现了所有算法；第 9 章介绍排序，以简洁方式实现各种排序算法；第 10 章介绍了文件，讨论了各种常用文件结构；第 11 章介绍了算法设计技术、分析技术与可计算问题。

通过本书的学习，不但能迅速提高数据结构与算法的水平，同时还能提高 C++ 程序设计的能力，经过适当的选择，本书能作为高等院校计算机及相关专业"数据结构"、"数据结构与算法"、"数据结构与算法分析"和"数据结构与算法设计"等课程的教材，也可供其他从事软件开发工作的读者参考。

图书在版编目（CIP）数据

数据结构与算法：C++ 版/唐宁九等主编.—北京：清华大学出版社，2009.2（2014.8 重印）
（高等学校计算机课程规划教材）
ISBN 978-7-302-18894-0

Ⅰ. 数… Ⅱ. 唐… Ⅲ. ①数据结构－高等学校－教材 ②算法分析－高等学校－教材
③C 语言－程序设计－高等学校－教材 Ⅳ. ①TP311.12 ②TP301.6 ③TP312

中国版本图书馆 CIP 数据核字(2008)第 176038 号

责任编辑：汪汉友
封面设计：傅瑞学
责任校对：时翠兰
责任印制：杨 艳

出版发行：清华大学出版社
　　　　网　　　　址：http://www.tup.com.cn，http://www.wqbook.com
　　　　地　　　　址：北京清华大学学研大厦 A 座　　　　邮　　　编：100084
　　　　社 总 机：010-62770175　　　　邮　　　购：010-62786544
　　　　投稿与读者服务：010-62776969，c-service@tup.tsinghua.edu.cn
　　　　质 量 反 馈：010-62772015，zhiliang@tup.tsinghua.edu.cn
印 刷 者：北京密云胶印厂
装 订 者：北京市密云县京文制本装订厂
经　　销：全国新华书店
开　　本：185mm×260mm　　印　张：31.25　　字　数：749 千字
版　　次：2009 年 2 月第 1 版　　印　次：2014 年 8 月第 5 次印刷
印　　数：10001～12000
定　　价：49.00 元

产品编号：025029-02

本书编委会

顾　问：（排名不分先后）

李志蜀　　唐常杰　　游志胜　　邰明松　　伍良富

谢　汶　　洪　玫　　朱　敏　　彭　舰　　卢　莉

李　涛　　杨红雨　　刘东权　　吕光宏　　罗万伯

蒋玉明　　王景熙　　林建辉　　陈良银　　于中华

向孟光　　孙亚飞　　陈兴蜀　　张靖宇　　李旭伟

冯伟森

主　编：唐宁九　　游洪跃　　朱　宏　　杨秋辉

主　审：李炳法　　何明儒

出 版 说 明

信息时代早已显现其诱人魅力,当前几乎每个人随身都携有多个媒体、信息和通信设备,享受其带来的快乐和便宜。

我国高等教育早已进入大众化教育时代。而且计算机技术发展很快,知识更新速度也在快速增长,社会对计算机专业学生的专业能力要求也在不断翻新。这就使得我国目前的计算机教育面临严峻挑战。我们必须更新教育观念——弱化知识培养目的,强化对学生兴趣的培养,加强培养学生理论学习、快速学习的能力,强调培养学生的实践能力、动手能力、研究能力和创新能力。

教育观念的更新,必然伴随教材的更新。一流的计算机人才需要一流的名师指导,而一流的名师需要精品教材的辅助,而精品教材也将有助于催生更多一流名师。名师们在长期的一线教学改革实践中,总结出了一整套面向学生的独特的教法、经验、教学内容等。本套丛书的目的就是推广他们的经验,并促使广大教育工作者更新教育观念。

在教育部相关教学指导委员会专家的帮助和指导下,在各大学计算机院系领导的协助下,清华大学出版社规划并出版了本系列教材,以满足计算机课程群建设和课程教学的需要,并将各重点大学的优势专业学科的教育优势充分发挥出来。

本系列教材行文注重趣味性,立足课程改革和教材创新,广纳全国高校计算机优秀一线专业名师参与,从中精选出佳作予以出版。

本系列教材具有以下特点。

1. 有的放矢

针对计算机专业学生并站在计算机课程群建设、技术市场需求、创新人才培养的高度,规划相关课程群内各门课程的教学关系,以达到教学内容互相衔接、补充、相互贯穿和相互促进的目的。各门课程功能定位明确,并去掉课程中相互重复的部分,使学生既能够掌握这些课程的实质部分,又能节约一些课时,为开设社会需求的新技术课程准备条件。

2. 内容趣味性强

按照教学需求组织教学材料,注重教学内容的趣味性,在培养学习观念、学习兴趣的同时,注重创新教育,加强"创新思维","创新能力"的培养、训练;强调实践,案例选题注重实际和兴趣度,大部分课程各模块的内容分为基本、加深和拓宽内容3个层次。

3. 名师精品多

广罗名师参与,对于名师精品,予以重点扶持,教辅、教参、教案、PPT、实验大纲和实验指导等配套齐全,资源丰富。同一门课程,不同名师分出多个版本,方便选用。

4. 一线教师亲力

专家咨询指导,一线教师亲力;内容组织以教学需求为线索;注重理论知识学习,注重学习能力培养,强调案例分析,注重工程技术能力锻炼。

经济要发展,国力要增强,教育必须先行。教育要靠教师和教材,因此建立一支高水平的教材编写队伍是社会发展的关键,特希望有志于教材建设的教师能够加入到本团队。通过本系列教材的辐射,培养一批热心为读者奉献的编写教师团队。

清华大学出版社

前　　言

数据结构与算法内容丰富,包含了计算机科学与技术的许多重要方面。分析和解决问题的思路和方法新颖,技巧性强,对学生的计算机软件素质的培养作用明显。培养和训练学生选用合适的数据结构与算法设计方法编写质量高、风格好的应用程序,并具备评价算法优劣的能力至关重要。

本书采用 C++ 面向对象的观点介绍数据结构与算法,并使用模板程序设计技术,与采用面向过程的传统观点相比优势较大,使所设计的程序更容易实现代码重用,在提供通用性和灵活性的同时,又保证了效率。本书已将面向对象程序设计的思想融合到数据结构与算法中,读者通过学习可进一步提高面向对象程序设计的能力。

全书共分为 11 章。

第 1 章是基础知识,介绍了基本概念及其术语,抽象数据类型的实现,还讨论算法的概念和算法分析的简单方法。作为预备知识,读者应具有一定的 C++ 程序设计的基础。但是为了降低读者的门槛,本章还介绍了要用的 C++ 的主要知识点,并介绍了实用程序软件包。

第 2 章引入线性表,详细讨论线性表的顺序存储结构与链式存储结构。在讨论链式存储结构时,首先仿照传统方法实现线性表,然后在此基础之上,在链表结构中保存当前位置和元素个数。这样,在难度增加不大的情况下提高算法效率,使学生逐步体会改进算法的途径与方法。

第 3 章介绍了栈和队列,讨论了栈和队列的顺序存储结构与链式存储结构,用栈实现了表达式求值。通过学习能掌握各种栈和队列的实现与使用方法,对后继课程(如操作系统原理和编译原理)的学习打下良好的基础。本章还讨论了优先队列,使队列应用更加广泛。

第 4 章介绍串,详细讨论了串的存储结构与模式匹配算法,为开发串应用(如实现文本编辑软件)软件打下坚实的基础。

第 5 章介绍数组和广义表,详细讨论了数组,特殊矩阵,稀疏矩阵和广义表的存储结构及实现方法,首次提出了广义表的使用空间表存储结构,并使用广义表实现了 m 元多项式的表示。

第 6 章介绍了树结构,讨论了二叉树、线索二叉树、树、森林及其哈夫曼树的结构及其实现,还应用哈夫曼编码实现了压缩软件。

第 7 章介绍图结构,实现了图的常用存储结构,并讨论了图的相关应用,实现了相应算法(如求最小生成树的 Prim 算法与 Kruskal 算法,求最短路径的 Dijkstra 算法与 Floyd 算法)。

第 8 章介绍查找,讨论了静态查找表、动态查找表与散列表,还讨论了二叉排序树、二叉平衡树与 B 树,并实现了所有算法。

第 9 章介绍排序,以简洁方式实现各种排序算法,还测试了各种排序算法的实际运行时间。

第 10 章介绍了文件,讨论了主存储器和辅助存储器,以及各种常用文件结构,还特别介绍了在数据库中经常采用的 VSAM 文件,对读者研究与学习数据库有一定的帮助。

第 11 章介绍了算法设计技术、分析技术与可计算问题,详细讨论了各种算法设计技术(如贪心算法、分治算法、回溯算法)的使用方法并实现了各种算法,对算法分析技术和可计算问题也进行了深入浅出的讨论。对读者的算法设计和分析的理论和实践都有极大的帮助。

对于初学者,要完全独立编写数据结构与算法的代码是相当困难的。因此,本书讨论的数据结构与算法都加以实现并进行了严格测试,提供了完整的测试程序,读者可参考这些测试程序编写相关算法。但是,如果只会使用已有的数据结构编写简单的程序也不利于读者对数据结构与算法的深入理解,以及研究新数据结构与算法的能力。因此,本书的习题不但包括了基本练习题,还包括了仿照书中数据结构构造新数据结构的题目,或改造已有算法的题目,这样使读者具有构造新结构及改造或改进算法的能力。

本书各章还提供了实例研究,主要提供给那些精力充沛的学生深入学习与研究,这些实例包括对正文内容的补充(例如第 9.9.3 小节中的用堆实现优先队列)、读者可能感兴趣但感到无从下手的算法(例如第 1.6.2 小节中的计算任意位数的 π)、离散数学中学习的著名算法的实现(例如第 7.7.1 小节中的周游世界问题——哈密尔顿圈与第 7.7.2 小节中的一笔画问题——欧拉问题)以及应用所学知识解决实际问题(例如第 6.8.2 小节中的 Huffman 压缩算法)。通过读者对实例研究的学习,可提高实际应用数据结构与算法的能力。当然,这可能有一定的难度,但应比读者想象的更易学习与掌握。

现在,各校在开设“数据结构与算法”课时都安排有上机实验课时,因此本书每章都安排有上机实验题,这些实验题不但包括读者感兴趣的实验(例如纸牌游戏——“21 点”),数据结构与算法基本应用的实验(例如编写一个程序读入一个字符串,统计字符串中出现的字符及次数,然后输出结果,要求用一个二叉排序树来保存处理结果,结点的数据元素由字符与出现次数组成,关键字为字符),对课本数据结构与算法改进的实验(例如改进本书实现的求最小生成树的 Kruskal 算法,用最大优先队列来实现按照边的权值顺序处理,用等价关系判断两个结点是否属于同一棵自由树以及合并自由树),还包括了解决实际问题的实验(例如采用散列文件实现电话号码查找系统),通过实验能极大地提高读者对数据结构与算法的应用能力。

为了进一步提高读者运用数据结构与算法的水平,现在很多学校还开设了“数据结构与算法课程设计”。为此,本书的附录提供了 11 个课程设计项目,这些项目包括了接近实际课题的题目(例如开发排课软件与公园导游系统)、容易引起读者兴趣的项目(例如理论计算机科学家族谱的文档/视图模式)与需要通过查找资料进一步提高的题目(例如采用自适应形式的哈夫曼编码方案开发压缩软件)。课程设计项目一般都提供功能的扩展方法,基础较差的读者可只实现基础功能,对数据结构与算法有兴趣的读者可实现更强的功能,这样使不同层次的读者都会有所收获,通过做这些项目能快速提高读者解决实际问题的能力。

为了尽快提高读者的学习能力,本书各章还提供了深入学习导读,包含了本书作者实现相关数据结构与算法的最原始思想的资料来源,也包括了进一步学习的参考资料,极大地方便读者与教师查阅资料。

本教材在内容组织上特别考虑了读者的可接受性;在算法实现时,重点考虑了程序的可读性,为实现更强的功能,一般采用启发的方式在习题、上机实验或课程设计中实现,这样容易培养起读者的学习兴趣,使读者感到自己具有发展或改进已有算法的能力,也会使读者感到自己已达到计算机高手的自信心。

本书作者都活跃在教学研究第一线上,同时有的作者还具有深厚的数学功底。因此,本书不但完成了所有算法的测试程序,对算法分析的相关公式进行了严格的数学推理,还独立地从数学上严格推出了一种产生泊松随机数的算法(见附录 B)。事实上,用同样的方法可产生任何离散随机分布(例如二项分布),本书作者还首次对本书中关于计算任意位数 π 的算法作了严格的理论推导。

本书采用了模板程序设计技术,现在模板技术已成为现代 C++ 语言的风格基础,C++ 98(1998 年标准化的 C++)提供的标准程序库中有 80% 的成分是使用模板机制实现的 STL (Standard Template Library,标准模板库)。而国内现阶段教学并未重视 C++ 的模板程序设计,书籍资料也不是很多。作者认为在 C++ 中,只要模仿本书算法,读者会在不知不觉中掌握模板程序设计技巧。

现在来讨论一下在国外"数据结构与算法"课程上机教学时喜欢采用的 STL。实际上,STL 是 AT&T 贝尔实验室和 HP 研究实验室的研究人员将模板程序设计和面向对象程序设计的原理结合起来,创造的一套研究数据结构与算法的一种统一的方法,现在已成为 C++ 标准库的一部分。STL 提供了实现数据结构的新途径,它将(数据)结构(即组织数据的存储结构)抽象为容器,将之分为 3 类:序列容器、关联容器和适配器容器。通过使用模板和迭代器,STL 使得程序员能够将广泛的通用算法应用到各种容器类上。通过本书作者的研究与了解,STL 只覆盖了数据结构中的线性结构和树结构,并没有覆盖图部分。因此,对数据结构来讲,STL 并不完备。同时,如果读者上机编程都只使用 STL 解决数据结构的相关算法,可能使读者在数据结构编程方面,只会使用 STL,而不能独自设计新数据结构。本书采用模板方法实现了书中所有的数据结构算法,应比 STL 更完备。同时,STL 中包含的源代码可读性差,不适合作为教学使用,本书的算法源程序首要强调可读性,使读者容易接受与模仿,并且读者可进行改进或修改算法实现。因此,在某种意义上讲,本书提供的关于数据结构与算法实现的类模板与函数模板是一种 GTL(General Template Library)或 OSGTL (Open Source General Template Library)。读者也可由作者个人主页提供的软件包(具体内容请参看附录 C)来进行实际数据结构与算法方面的软件开发。当然,通过本书的学习,再返回来学习 STL 的应用,将会达到事半功倍的效果。读者只要找一本介绍 STL 的书籍或上网找一些介绍使用 STL 的文档,并用 STL 试着编程即可完全掌握 STL 的使用。

现在谈谈有关 C++ 编译器的问题,在 C++ 之外的任何编程语言中,编译器都没有受到过如此重视。这是因为 C++ 是一门非常复杂的语言,以至于编译器也难于构造。我们常用的编译器都不能完全符合 C++ 标准,以至于本书的部分测试不得不使用条件编译技术来适应不同 C++ 编译器,下面介绍一些常用的优秀 C++ 编译器。

(1) Visual C++ 编译器:由微软开发,现在主要流行 Visual C++ 6.0、Visual C++ 2005 以及 Visual C++ 2005 Express,特点是集成开发环境用户界面友好,信息提示准确,调试方便,对模板支持最完善。Visual C++ 6.0 对硬件环境要求低,现在安装的计算机最多,但对标准 C++ 兼容只有 83.43%。Visual C++ 2005 与 Visual C++ 2005 Express 在软件提示信息上做了进一步的优化与改进,并且对标准 C++ 兼容达到了 98% 以上的程度,但对硬件的要求较高。同时,Visual C++ 2005 Express 是一种轻量级的 Visual C++ 软件,易于使用。对于编程爱好者、学生和初学者来说，Visual C++ 2005 Express 是很好的编程工具，微软在 2006 年 4 月 22 日正式宣布 Visual Studio 2005 Express 版永久免费。

（2）GCC 编译器：著名的开源 C++ 编译器。是类 UNIX 操作系统（例如 Linux）下编写 C++ 程序的首选，有非常好的可移植性，可以在非常广泛的平台上使用，也是编写跨平台、嵌入式程序很好的选择。GCC 3.3 与标准 C++ 兼容大概能够达到 96.15%。现已有一些移植在 Windows 环境下使用 GCC 编译器的 IDE（集成开发环境），例如 Dev-C++ 与 MinGW Developer Studio。其中，Dev-C++ 是能够让 GCC 在 Windows 下运行的集成开发环境，提供了与专业 IDE 相媲美的语法高亮、代码提示、调试等功能；MinGW Developer Studio 是跨平台下的 GCC 集成开发环境，目前支持 Windows、Linux 和 FreeBSD。根据作者的实际使用，感觉使用 GCC 编译器的 IDE 错误信息提示的智能较低，错误提示信息不太准确，还有就是对模板支持较差，对语法检查较严格，在 Visual C++ 编译器中编译通过的程序可能在 GCC 编译器的 IDE 还会显示有错误信息。

本书所有算法都同时在 Visual C++ 6.0、Visual C++ 2005、Visual C++ 2005 Express、Dev-C++ 和 MinGW Developer Studio 中通过测试。读者可根据实际情况选择适当的编译器，建议选择 Visual C++ 2005。

教师可采取多种方式来使用本书讲授数据结构，数据结构与算法分析，数据结构与算法设计，数据结构与算法等课程，应该根据学生的背景知识以及课程的学时数来进行内容的取舍。为满足不同层次的教学需求，本教材使用了分层的思想，分层方法如下：没有加星号（＊）及双星号（＊＊）的部分是基本内容，适合所有读者学习；加星号的部分适合计算机专业的读者深入学习；加有双星号的部分适合于感兴趣的同学研究，尤其适合于那些有志于 ACM 竞赛的读者加以深入研究。下面给出了几种可能的课程安排，建议习题及实验的主要形式是让学生编写并调试一些程序。开始时程序可以比较短，随着课程的深入，程序将逐渐变大。学生应根据课堂上所讲授的主题同步阅读课本相关内容。

学 分	大约课时数	内　　容
2	32	选讲第 1 章～第 9 章中没有打星号（＊）及双星号（＊＊）的内容
3	48	第 1 章～第 10 章中没有打星号（＊）及双星号（＊＊）的内容
4	64	第 1 章～第 11 章中没有打星号（＊）及双星号（＊＊）的内容
5	80	第 1 章～第 11 章中没有打星号（＊）及双星号（＊＊）的内容，选讲部分打有星号（＊）的内容
6	96	第 1 章～第 11 章中没有打双星号（＊＊）的内容，选讲部分打有双星号（＊＊）的内容

作者为本书提供了全面的教学支持，如果在教学或学习过程中发现与本书有关的任何问题都可以与作者联系（E-mail：youhongyue@cs.scu.edu.cn），作者将尽力满足读者的要求，并可能将解答公布在作者的教学网站（http://teachhelp.changeip.net:9988/或 http://teachhelp.3322.org:9988/）上。另外，在作者的教学网站上还将提供如下内容。

（1）提供书中所有算法在 Visual C++ 6.0、Visual C++ 2005、Visual C++ 2005 Express、Dev-C++ 和 MinGW Developer Studio 开发环境中的测试程序，今后还会提供当时流行的 C++ 开发环境的测试程序，每种开发环境还将提供基本开发过程的文档；还提供本书作者开发的软件包(包含所有本书所讲的数据结构与算法的类模板与函数模板)。

(2) 提供教学用 PowerPoint 幻灯片 PPT 课件。

(3) 向教师提供所有习题、上机实验题与课程设计项目的解答或参考程序,对学生来讲,将在每学期期末(第 15 周～第 20 周)公布解压密码。

(4) 数据结构与算法问答专栏。

(5) 提供至少 8 套数据结构与算法模拟试题及其解答,以供学生期末及其考研复习,也可供教师出考题时参考。

(6) 提供数据结构与算法相关的其他资料(例如作者收集的计算任何位数 π 的资料,Dev-C++ 与 MinGW Developer Studio 软件,流行免费 C++ 编译器的下载网址)。

希望各位读者能够抽出宝贵的时间将建议或意见(当然也可以发表对国内外"数据结构与算法"课程教学的任何意见)寄给作者,为我们修订教材提供重要参考。

孙界平、张卫华、邹昌文、王文昌、周焯华、胡开文、沈洁、周德华与欧阳等人对本书做了大量的工作,包括提供资料,调试算法,以及参与部分章节的编写;作者还要感谢为本书提供直接或间接帮助的每一位朋友,由于他们热情的帮助与鼓励,激发了写好本书的信心以及热情。

在此还要感谢清华大学出版社的编辑及评审专家,他们为本书的出版倾注了大量热情。正是由于他们具有前瞻性的眼光才让读者有机会看到本书。

尽管作者秉着负责任的态度编写这本书,并尽了最大努力,但由于水平有限,书中难免有不妥之处,因此,敬请各位读者不吝赐教,以便作者不断提高,提高写作水平。

作　者

2009 年 2 月

目　　录

第1章 绪 论

可能有人认为,随着计算机的功能越来越强大和运行速度越来越快,程序运行效率已变得越来越不重要了。然而,计算机功能越强大,人们就越要尝试解决更加复杂的问题,而更复杂的问题需要更大的计算量,这使得对程序的运行效率有更高的要求,工作越复杂越偏离人们的日常经验,使得从事软件开发的人必须学习和具备彻底理解隐藏在程序设计后面的一般原理——数据结构和算法。

从本质上讲,数据结构与算法的原理和方法独立于具体描述语言,然而只能使用具体的某种计算机语言才能在计算机上实现。本书采用目前普遍使用的 C++ 程序设计语言来描述各种数据结构与算法,假设读者具有程序设计基础,了解 C++ 的基本结构和语法。为了使读者更好理解,本章将对 C++ 的基本结构和语法进行介绍。

1.1 数据结构的概念和学习数据结构的必要性

对于数值计算问题的解决方法,主要是用数学方程建立数学模型,例如天气预报的数学模型为二阶椭圆偏微分方程;预测人口增长的数学模型为常微分方程。求解这些数学模型的方法是计算数学研究的范畴,例如采用差分算法、有限元算法和无限元算法等。

对于非数值计算问题,主要采用数据结构的方法建立数学模型,下面通过实例加以说明。

例 1.1 在人事管理系统中,包含有"员工基本信息"表格,包括了许多员工基本信息记录(例如,包含有编号,姓名,性别,籍贯,家庭住址,生日,如表 1.1 所示),将这些记录按照一定的顺序存放在"员工基本信息"表格中,每个员工基本信息记录按顺序排列,形成员工基本信息记录的线性序列,这是一种最简单的线性表结构。

表 1.1 员工基本信息

学 号	姓 名	性别	籍贯	家 庭 住 址	生 日
1001	刘靖	女	北京	人民北路 26 号	1985.12.18
1002	朱洪顺	男	成都	一环路北 3 段 56 号	1986.6.28
1003	李世红	男	太原	二环路东 6 段 168 号	1983.10.16
1004	陈冠杰	男	杭州	解放路 18 号	1982.11.29
1005	游倩华	女	苏州	人民西路 98 号	1988.6.8
1006	林键忠	男	青岛	人民西路 69 号	1986.2.28
1007	李代靖	女	太原	一环路东 6 段 16 号	1985.3.19
1008	刘茜	女	广州	一环路南 8 段 6 号	1981.8.18

例 1.2 典型的 UNIX 文件系统结构如图 1.1 所示,属于树结构,是一棵倒置的"树",此处"树根"代表整个系统,用根目录"/"表示;下一层表示子系统,如 bin、lib 和 user 等,"叶子"就是文件,如 LinkList.h 和 SqList.h 等。

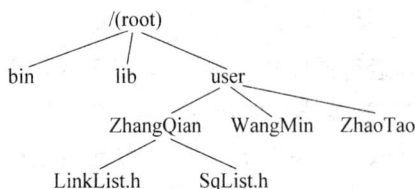

图 1.1　UNIX 文件系统结构图　　　　图 1.2　网站之间的"图"状结构

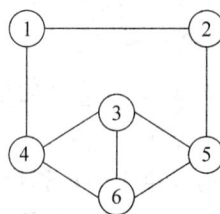

例 1.3 要在 n 个网站建立通信网格,要求使得网络中任一网站出现故障时,整个网络仍能正常通信。如图 1.2 所示,这些网站之间形成一种图结构。

从上面的实例可以看出,非数值计算问题的数学模型已不是数学方程,而是线性表、树和图等数据结构。简单地说,数据结构的研究范畴主要是非数值计算问题的操作对象及它们之间的关系,以及在计算机中的表示和实现。

如果有足够的存储空间存储一组操作对象,总可以查找指定的操作对象,显示不同的操作对象,或者将这些操作对象排序成任何期望的顺序,或者修改任何特定的操作对象。有可能对任何数据结构执行必需的操作,而选择不同的数据结构可能会产生很大的差异,同样的一个问题,选择一种数据结构可能在几秒内就运行完毕,而选择另一种数据结构可能需要几天时间才能完成运行。

在选择数据结构解决特别问题时,只有通过预先分析问题来确定必须达到的性能目标,才有可能挑选出恰当的数据结构。水平不高的程序设计人员往往忽视这一分析过程,而直接选用他们习惯使用的、但与问题不相称的数据结构,结果设计出效率低的程序。相反,当使用简单的设计就能达到目标时,选择复杂的数据结构来改进程序也没有必要。

1.2　数据结构的基本概念

本节将介绍数据结构的基本概念,根据作者的经验,初学者对这些概念在开始时会感到非常抽象,难于理解,但随着不断地学习,一定会融会贯通并加以深刻理解。

1.2.1　数据

数据是客观事物的符号表示,是计算机中可以操作的对象,也就是一切能输入到计算机中并能被处理的符号的总称。

数据是一个广义的概念,可以是数值型数据,例如整数、实数和复数等,主要应用于工程计算,相信读者都比较熟悉;也可以是非数值型数据,例如文字、图形和语音等。

1.2.2　数据元素和数据项

数据元素一般在计算机中能作为整体进行处理,是数据的基本单位。数据元素也称为记录,有的数据元素由若干**数据项**所组成,例如在员工基本信息表中,每个员工记录是一个数据元素,而员工的编号、姓名、性别、籍贯、家庭住址和生日等内容为数据项,数据项是不可分割的最小单位。

1.2.3　数据结构

在现实世界中,不同数据元素之间不是独立的,而是存在着特定的关系,我们将这些关系称为**结构**,**数据结构**指相互之间存在着一定关系的数据元素的集合。

为了方便起见,用示意图表示数据结构,这种图称为**逻辑结构图**。具体表示为,用小圆圈表示数据元素,用小圆圈之间带有箭头的线段表示数据元素的有序对。具体地讲,对于有序对$<u,v>$,可表示为图1.3所示。

u称为v的前驱,v称为u的后继,数据元素之间的**关系**定义为有序对的集合。

根据数据元素之间关系的特性,有如下4类基本结构。

1. 集合结构

在数据结构中,如果不考虑数据元素之间的关系,这种结构称为**集合结构**。在集合结构中,各个数据元素是"平等"的,它们的共同属性是"同属于一个集合",如图1.4所示。

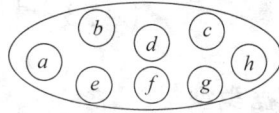

图1.3　有序对$<u,v>$示意图　　　　图1.4　集合结构示意图

2. 线性结构

线性结构中的数据元素之间存在一个对应一个的关系,也就是除了第一个数据元素没有前驱,最后一个数据元素无后继以外,其他数据元素都有唯一的前驱和后继,如图1.5所示。

3. 树状结构

树状结构中的数据元素之间存在着一个对应多个的关系。数据元素之间存在着层次关系,也就是除了

图1.5　线性结构示意图

一个特殊的称为树根的数据元素无前驱外,其他数据元素都有唯一的前驱,如图1.6所示。

4. 图状结构

图状结构中的数据元素之间存在多个对应多个的关系,也就是任一数据元素可能有多个前驱和后继,如图1.7所示。

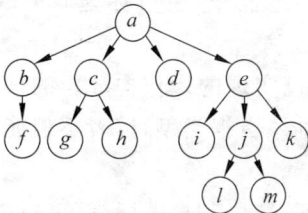

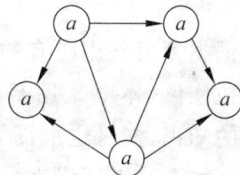

图1.6　树状结构示意图　　　　图1.7　图状结构示意图

数据结构可以定义为如下形式的二元组：

$$DataStructure = (D, S)$$

其中，D 是一个数据元素的集合，S 是定义在 D 中的数据元素之间关系的有限集合。下面通过实例加以说明。

例 1.4 线性表可定义成如下形式的数据结构：

$$List = (D, S)$$

其中，$D = \{ a_i \mid a_i \in ElemSet, 1 \leqslant i \leqslant n \}$，ElemSet 为某个数据元素的集合，$S = \{R\}$，$R = \{<a_{i-1}, a_i> \mid 2 \leqslant i \leqslant n\}$。

上面数据结构的形式定义实际上是一种数学描述，也就是从解决问题的实际出发，为实现必要的功能建立数学模型，其结构定义中的关系用于描述数据元素之间的逻辑关系，是面向问题的，称为**逻辑结构**。数据结构在计算机中的表示称为**物理结构**或**存储结构**，物理结构是面向计算机的。

本书后面讨论数据结构时，不但要讨论典型的逻辑结构，同时还应讨论逻辑结构相应的物理结构，以及数据结构的相关操作及其实现。

1.3 抽象数据类型及其实现

1.3.1 数据类型

在程序设计语言中已学过各种数据类型，如 C 语言的基本数据类型——整型和浮点型。这些数据类型规定了使用这些类型时的取值范围，同时还规定类型可以使用的不同操作，例如 32 位长的整型类型数据的取值范围是 $-2^{31} \sim 2^{31}-1$，能进行的操作有双目运算符 $+$、$-$、$*$、$/$、$\%$，单目运算符 $+$、$-$，关系运算符 $<$、$>$、$<=$、$>=$、$==$、$!=$，赋值运算符 $=$ 等。在 C 语言中还提供了一些构造类型，例如数组类型、结构体类型等，程序员可以根据需要定义数据类型。在本书中，**数据类型**是指一组性质相同的值的集合以及定义在此集合上的一些操作的总称。

1.3.2 抽象数据类型

抽象指抽取出事物具有普遍性的本质。据说在欧洲古代没有 3 及 3 以上的概念，他们在数数时，3 及 3 以上的数都称为 many，也就是说他们还没有抽象出 3 及 3 以上的自然数。可以看出，只有抽象才具有普遍性，**抽象数据类型**（abstract data type，ADT）指定义用于表示应用问题的数据模型，以及定义在此数据模型上的一组操作（也可称为服务或方法）的总称。

抽象数据类型可利用已有的数据类型来实现，并用已实现的操作构成新的操作。为使读者易于上机实践，本书采用 C++ 程序设计语言实现抽象数据类型，读者不但能学到数据结构与算法的知识，同时也加深了程序面向技术的领悟。

考虑到可能有读者还没学过 C++ 程序设计语言，下面对 C++ 进行简单讨论。读者最好将所有的实例上机运行，并在学习后面章节时随时查阅相关内容，这样随着学习进度的深入，自然就掌握了 C++ 。

1.3.3 C++ 程序的典型构架

下面以 C++ 的一个简单程序为例来说明 C++ 程序的典型构架,程序功能是输出 Hello world!。

此程序由如下 3 个文件组成:

```cpp
//文件路径名:e1_1\hello.h
#ifndef__HELLO_H__                    //如果没有定义__HELLO_H__
#define __HELLO_H__                   //那么定义__HELLO_H__

void Hello(void);                     //函数原型

#endif
```

```cpp
//文件路径名:e1_1\hello.cpp
#include <iostream>                   //包含 cout
using namespace std;                  //标准库包含在命名空间 std 中
#include "hello.h"                    //包含 Hello()的原型

void Hello(void)
//操作结果:显示 Hello, world!
{
    cout<<"Hello, world!"<<endl;      //用 cout 和<<输出,endl 表示回车换行
}
```

```cpp
//文件路径名:e1_1\main.cpp
#include <stdlib.h>                   //包含库函数 system()的原型
#include "hello.h"                    //提供 Hello()函数的原型

int main()
{
    Hello();                          //调用 Hello()函数显示:Hello, world!

    system("PAUSE");                  //调用库函数 system()
    return 0;                         //返回值 0,返回操作系统
}
```

C++ 的程序文件主要分为如下两类。

(1) 头文件(扩展名为.h):一般用于存放函数原型,在上面实例中,hello.h 中存储有 Hello()的函数原型。

(2) 源程序文件(扩展名为.cpp):在上面实例中,主程序文件 main.cpp 中通过 ♯include "hello.h"包含了头文件 hello.h,这样便实现了对函数原型或类的使用。

在 C++ 的典型构架中,源程序文件主要存放函数和类的实现。在本例中,hello.cpp 包含了函数 Hello()的实现,在 C++ 中一般将函数原型与函数实现分别存放在头文件与源程

序文件中。这两个文件的文件名相同,只是扩展名不同,在编译时对函数实现进行编译,在连接时实现对函数的引用。然而,对于用模板给出的参数化数据类型的函数,如果将函数体单独存放于一个源程序文件中,由于在编译这个源程序文件时还无法确定模板给出的参数化数据类型的具体类型,这时无法进一步编译,这样在连接时无法确定函数实现的代码,将会出现连接错误,这时只能将函数声明和实现放在同一个头文件中。

主程序文件 main.cpp 用于调用函数 Hello()实现打印"hello,world!"。

1.3.4 C++ 的类和对象

C++ 主要通过类和对象支持面向对象程序设计技术,C++ 的类在本质上就是 C 语言中结构体的扩充,对象实质是类型为类的变量。在类中不但可以包含数据成员,还可以包含函数成员,并且规定了对类中成员的三级访问权限:public、private 和 protected。

(1) 在 public 中声明的成员可以在程序中直接进行访问。

(2) 在 private 和 protected 中声明的成员可以被此类的成员函数及声明为友元(friend)的函数所访问。

(3) 在 protected 中声明的成员可以被此类派生的类所访问,而在 private 中声明的成员则不能被此类派生的类所访问。

下面是 Rectangle 类的声明和实现,在 C++ 中一般将类声明放在头文件中,将类实现放在源程序文件中。

```cpp
//文件路径名:e1_2\rectangle.h
#ifndef _ _RECTANGLE_H_ _                //如果没有定义_ _RECTANGLE_H_ _
#define _ _RECTANGLE_H_ _                //那么定义_ _RECTANGLE_H_ _

class Rectangle
{
//私有成员
private:
    int length, width, height;          //长方体的长宽高

//公有成员
public:
    Rectangle(int len, int wd, int ht);  //构造函数
    virtual ~Rectangle(void){}           //析构函数
    int Volume(void);                    //返回长方体的体积
};

#endif


//文件路径名:e1_2\rectangle.cpp
#include "rectangle.h"                   //包含类 Rectangle 的声明

Rectangle::Rectangle(int len, int wd, int ht)
```

```
//操作结果: 由 len、ed、ht 构造长方体
{
    length=len;
    width=wd;
    height=ht;
}


int Rectangle::Volume(void)
//操作结果: 返回长方体的体积
{
    return length * width * height;
}


//文件路径名:e1_2\main.cpp
#include <stdlib.h>                          //包含库函数 system()的原型
#include <iostream>                          //包含 cout
using namespace std;                         //标准库包含在命名空间 std 中
#include "rectangle.h"                       //提供类 Rectangle 的声明


int main(void)
{
    Rectangle thisRectangle(6, 8, 9);        //构造一个长方体

    int volume=thisRectangle.Volume();       //计算长方体的体积
    cout<<volume<<endl;                      //显示长方体的体积

    system("PAUSE");                         //调用库函数 system()
    return 0;                                //返回值 0, 返回操作系统
}
```

在定义一个对象时,将自动调用构造函数,构造函数名与类名相同。上面实例中构造函数原型 Rectangle(int len, int wd, int ht)表示由 len、wd 和 ht 分别作为长方体的长、宽和高定义一个长方体对象。

当对象被释放时,将自动地调用析构函数,析构函数名由~后面接类名,析构函数主要用于含有指针的数据成员中释放动态数据成员。上面实例中由于没有动态数据成员,所以析构函数不作任何操作。

1.3.5 C++的友元函数

友元(friend)函数需在类声明中用关键字 friend 加以声明,友元函数不是类的函数成员,但是友元函数能引用类的私有成员(private)和保护成员(protected)。下面将上例中类 Rectangle 的成员函数 Volume()改为友元函数,希望读者加以体会。

```
//文件路径名:e1_3\rectangle.h
#ifndef __RECTANGLE_H__                       //如果没有定义__RECTANGLE_H__
#define __RECTANGLE_H__                       //那么定义__RECTANGLE_H__
```

```cpp
class Rectangle
{
//私有成员
private:
    int length, width, height;                    //长方体的长宽高

//公有成员
public:
    Rectangle(int len, int wd, int ht);           //构造函数
    virtual ~Rectangle(void){};                   //析构函数
    friend int Volume(Rectangle oRectangle);      //返回长方体的体积
};

#endif


//文件路径名:e1_3\rectangle.cpp
#include "rectangle.h"                            //包含类 Rectangle 的声明

Rectangle::Rectangle(int len, int wd, int ht)
//操作结果: 由 len、ed、ht 构造长方体
{
    length=len;
    width=wd;
    height=ht;
}


int Volume(Rectangle oRectangle)
//返回长方体的体积
{
    return oRectangle.length * oRectangle.width * oRectangle.height;
}


//文件路径名:e1_3\main.cpp
#include <stdlib.h>                               //包含库函数 system()的原型
#include <iostream>                               //包含 cout
using namespace std;                              //标准库包含在命名空间 std 中
#include "rectangle.h"                            //提供类 Rectangle 的声明

int main(void)
{
    Rectangle thisRectangle(6, 8, 9);             //构造一个长方体
```

```
    int volume=Volume(thisRectangle);              //计算长方体的体积
    cout<<volume<<endl;                            //显示长方体的体积

    system("PAUSE");                               //调用库函数 system()
    return 0;                                       //返回值 0,返回操作系统
}
```

1.3.6　运算符重载

在 C++ 语言中,运算符是作为函数来处理的,用户可用关键字 operator 加上运算符来表示函数,这种函数称为运算符重载函数。例如,两个复数相加可定义如下函数:

```
Complex Add (const Complex &a, const Complex &b);
```

但人们习惯用"+"表示相加,用运算符重载表示如下:

```
Complex operator+ (const Complex &a, const Complex &b);
```

运算符与普通函数使用的不同之处是普通函数参数出现在圆括号内,而运算符的参数出现在运算符的左右两侧。运算符重载有两种方式。

(1) 将运算符重载为全局函数。这时只有一个参数的运算符称为单目运算符,有两个参数的运算符叫做双目运算符,这种情况常声明为类的友元,以便引用类的私有成员。例如,复数加法运算符"+"可重载如下:

```
friend Complex operator+ (const Complex &a, const Complex &b);
```

(2) 运算符被重载为类的成员函数。此时对象自己成了左侧参数,所以单目运算符没有参数,双目运算符只有一个右侧参数。例如,复数加减法运算符"+"与"-"的可重载如下:

```
Complex operator- (const Complex &a);
```

下面是实例程序。

```
//文件路径名:e1_4\complex.h
#ifndef _ _COMPLEX_H_ _                            //如果没有定义_ _COMPLEX_H_ _
#define _ _COMPLEX_H_ _                            //那么定义_ _COMPLEX_H_ _

class Complex
{
private:
    double dRealPart;                              //实部
    double dImagePart;                             //虚部

public:
    Complex(double rp=0, double ip=0);
        //构造函数,构造复数,其实部和虚部分别被赋以参数 rp 和 ip 的值
    virtual ~Complex(void) {};                     //析构函数,复数被销毁
    void Show(void);                               //将实部赋为 e
```

```
    friend Complex operator + (const Complex &a, const Complex &b);
            //作为全局函数加法运算符"+"的重载, 一般作为友元函数
    Complex operator - (const Complex &a);      //作为成员函数减法运算符"-"的重载
};

#endif
```

```
//文件路径名名:e1_4\complex.cpp
#ifdef _MSC_VER                                    //表示是 VC
#if _MSC_VER==1200                                 //表示 VC6.0
#include <iostream.h>                              //包含 cout
#else                                              //其他版本的 VC++
#include <iostream>                                //包含 cout
using namespace std;                               //标准库包含在命名空间 std 中
#endif      //_MSC_VER==1200
#else                                              //非 VC
#include <iostream>                                //包含 cout
using namespace std;                               //标准库包含在命名空间 std 中
#endif      //_MSC_VER
#include "complex.h"                               //提供类 Complex 及友元函数 operator+ ()的声明


Complex::Complex(double rp, double ip)
//操作结果:构造复数,其实部和虚部分别被赋以参数 rp 和 ip 的值
{
    dRealPart=rp;
    dImagePart=ip;
}


void Complex::Show(void)
//操作结果:显示复数
{
    cout<<dRealPart;                               //显示实部
    //对虚部进行讨论,分别加以显示
    if (dImagePart<0 && dImagePart!=-1)
        cout<<dImagePart<<"i"<<endl;
    else if (dImagePart==-1)
        cout<<"-i"<<endl;
    else  if (dImagePart>0 && dImagePart!=1)
        cout<<"+ "<<dImagePart<<"i"<<endl;
    else if (dImagePart==1)
        cout<<"+i"<<endl;

}
```

```
Complex operator + (const Complex &a, const Complex &b)
//操作结果：作为全局函数加法运算符"+"的重载，一般作为友元函数
{
    Complex c;
    c.dRealPart=a.dRealPart+b.dRealPart;
    c.dImagePart=a.dImagePart+b.dImagePart;
    return c;
}
```

```
Complex Complex::operator - (const Complex &a)
//操作结果：作为成员函数减法运算符"-"的重载
{
    Complex c;
    c.dRealPart=dRealPart-a.dRealPart;
    c.dImagePart=dImagePart-a.dImagePart;
    return c;
}
```

```cpp
//文件路径名:e1_4\main.cpp
#include <stdlib.h>                    //包含库函数 system()的原型
#ifdef _MSC_VER                        //表示是 VC
#if _MSC_VER==1200                     //表示 VC6.0
#include <iostream.h>                  //包含 cout
#else                                  //其他版本的 VC++
#include <iostream>                    //包含 cout
using namespace std;                   //标准库包含在命名空间 std 中
#endif     //_MSC_VER==1200
#else                                  //非 VC
#include <iostream>                    //包含 cout
using namespace std;                   //标准库包含在命名空间 std 中
#endif     //_MSC_VER
#include "complex.h"                   //提供类 Complex 及友元函数 operator+ ()的声明

int main()
{
    Complex z1(6, 8);                  //通过构造函数自动地生成复数 z=6+8i
    z1.Show();

    Complex z2(8, 9);                  //通过构造函数自动地生成复数 z=8+9i
    z2.Show();

    Complex z3;
    z3=z1+z2;                          //z3=z1+z2=14+17i
    z3.Show();
```

· 11 ·

```
    Complex z4;
    z4=z2-z1;                              //z4=z2-z1=2+i
    z4.Show();

    system("PAUSE");                       //调用库函数 system()
    return 0;                              //返回值 0,返回操作系统
}
```

注意:经过实际测试,在重载运算符"＋"与"－"时,Visual C++ 6.0 只在包含 iostream.h 时才能通过编译,而 Visual C++ 2005、Visual C++ 2005 Express、MinGW Developer Studio 与 Dev-C++ 4.9.9.2 只能在包含 iostream 时通过编译,并且 Visual C++ 2005 只支持 iostream,并且在 VC 中有宏_MSC_VER 表示版本号。对于 Visual C++ 6.0, _MSC_VER 的值为 1200,因此本题中通过条件编译方式使程序能自适应各种 C++ 的编译器。

1.3.7　C++ 的参数传递

C++ 有两种参数传递方式:传值和引用。

(1) 传值方式。传值方式是默认的方式,在调用函数时,将实参的值传递给函数局部存储区相应参数的副本,函数对副本进行操作,只修改副本的值,而不会修改实参的值。

(2) 引用方式。引用方式需在形参声明时参数名前加上符号 &,在调用函数时,被传递的不是实参的值,而是实参的地址,函数通过地址存取实参,这样函数可修改实参的值。在 C 语言中,引用是通过指针实现的,通过指针编程难度更高。

下面是一个引用 & 方式和指针方式传递参数的实例。

```
//文件路径名:e1_5\swap.h
#ifndef __SWAP_H__                         //如果没有定义__SWAP_H__
#define __SWAP_H__                         //那么定义__SWAP_H__

void Swap(int &a, int &b);                 //函数原型,用引用 & 传递方式实现
void Swap(int * pa, int * pb);             //函数原型,用指针传递方式实现

#endif

//文件路径名:e1_5\swap.cpp
#include <iostream>                        //包含 cout
using namespace std;                       //标准库包含在命名空间 std 中
#include "swap.h"                           //包含 Swap()的原型

void Swap(int &a, int &b)
//操作结果:用引用 & 传递方式实现交换参数值
{
    int tem;
```

```
    //循环赋值
    tem=a;
    a=b;
    b=tem;
}
```

```
void Swap(int * pa, int * pb)
//操作结果：用指针传递方式实现交换参数值
{
    int tem;

    //循环赋值
    tem= * pa;
    * pa= * pb;
    * pb=tem;
}
```

```
//文件路径名:e1_5\main.cpp
#include <stdlib.h>                      //包含库函数 system()的原型
#include <iostream>                      //包含 cout
using namespace std;                     //标准库包含在命名空间 std 中
#include "swap.h"                        //提供 Swap()函数的原型

int main()
{
    int a=2, b=3;
    cout<<"交换前:"<<a<<","<<b<<endl;
    Swap(a, b);
    cout<<"交换后:"<<a<<","<<b<<endl;

    int u=6, v=8;
    cout<<"交换前:"<<u<<","<<v<<endl;
    Swap(&u, &v);
    cout<<"交换后:"<<u<<","<<v<<endl;

    system("PAUSE");                     //调用库函数 system()
    return 0;                            //返回值 0,返回操作系统
}
```

上面的函数 Swap()通过引用 & 方式或指针方式传递参数，都达到了交换参数值的目的，但用指针时更容易出错。

说明：

(1) 将数组作为值参传递时，由于数组名实际表示数组的起始存储地址，传递的是数据第一个元素的地址，这样对数组元素的修改本质是对实参数组元素的修改。

(2) 当对象作为值参传递时，为了节省传递时资源开销，本书一般声明为 const Type

&,也就是常值引用,这样在函数体内部不能修改参数。

1.3.8 C++ 的输入输出

C++ 中通过流(stream)操作实现标准输入输出,在 C++ 中有两个类:istream 和 ostream。istream 类对应于输入流,cin 是 istream 类对应的标准输入对象;ostream 类对应于输出流,cout 是 ostream 类对应的标准输出对象。操作符<<用于输出,操作符>>用于输入,下面是实例程序。

```cpp
//文件路径名:e1_6\main.h
#include <iostream>
using namespace std;              //标准库包含在命名空间 std 中
#include <stdlib.h>               //包含库函数 system()原型

int main(void)
{
    int n, s=0;

    cout<<"请输入自然数 n:";      //标准输出
    cin>>n;                       //标准输入
    while (n<0)
    {
        cout<<"n 不能为负!请重新输入:"<<endl;   //标准输出,endl 表示回车换行
        cin>>n;                   //重新输入 n
    }

    for (int i=1; i<=n; i++)
        s=s+i;
    cout<<"1+2+...+"<<n<<"="<<s<<endl;   //标准输出

    system("PAUSE");              //调用库函数 system()
    return 0;                     //返回值 0,返回操作系统
}
```

C++ 的文件输入输出流包含在头文件<fstream.h>中,执行输入流的对象应声明为 ifstream 类,执行输出流的对象应声明为 ofstream 类,执行输入输出流的对象应声明为 fstream 类,下面是实例程序。

```cpp
//文件路径名:e1_7\main.cpp
//显示文本文件
#include <iostream>
#include <fstream>
using namespace std;              //标准库包含在命名空间 std 中
#include <stdlib.h>               //包含库函数 system()及 exit()原型的
                                  //头文件
```

```
#define MAX_LINE_LENGTH 100

int main(int argc, char * argv[])
{
    if (argc!=2)
    {
        cout<<"用法：ShowFile 文本文件名"<<endl;
        system("PAUSE");                      //调用库函数 system()
        exit(1);                              //非正常退出
    }

    ifstream inFile(argv[1]);                 //输入文本文件
    if (inFile.fail())
    {
        cout<<"打开文件"<<argv[1] <<"失败!"<<endl;
        system("PAUSE");                      //调用库函数 system()
        exit(2);                              //非正常退出
    }

    char str[MAX_LINE_LENGTH];
    inFile>>str;                              //输入字符串 str
    while (!inFile.eof())
    {   //文件 inFile 未结束,则循环
        cout<<str<<endl;                      //输出字符串 str
        inFile>>str;                          //输入字符串 str
    }

    inFile.close();                           //关闭文件 inFile

    system("PAUSE");                          //调用库函数 system()
    return 0;                                 //返回值 0, 返回操作系统
}
```

1.3.9 有关 C++ 的动态存储分配

在 C++ 中,不但具有 C 语言中的动态存储分配函数 malloc() 和 free(),而且还提供了更易使用的新命令：new 和 delete。在 C++ 中使用 new 分配的存储单元必须用 delete 进行释放。

new 命令的使用格式如下：

new 被建立对象的数据类型

或

new 被建立对象的数据类型 [分配存储单元个数]

new 命令返回指向被建立对象的指针。第一种格式适合于建立单个对象,而第二种格

式实际是建立一个对象数组。

delete 命令的使用格式如下：

delete 指向被释放对象的指针

或

delete []指向被释放对象数组的指针

第一种格式适合于释放单个对象，而第二种格式实际是释放对象数组。
下面是实例程序。

```cpp
//文件路径名:e1_8\main.cpp
//显示文本文件内容
#include <iostream>
#include <fstream>
using namespace std;                    //标准库包含在命名空间 std 中
#include <stdlib.h>                      //包含 exit()及 system()函数原型的头文件
#include <string.h>                      //包含 strcpy()函数原型的头文件

#define MAX_LINE_LENGTH 100

int main(int argc, char * argv[])
{
    ifstream * inFilePtr;
    char * strPtr, * strFileNamePtr;
    strPtr=new char[MAX_LINE_LENGTH];                   //动态分配存储空间
    strFileNamePtr=new char[MAX_LINE_LENGTH];           //动态分配存储空间

    if (argc!=2)
    {
        cout<<"请输入要显示的文本文件名:";
        cin>>strFileNamePtr;
    }
    else
    {
        strcpy(strFileNamePtr, argv[1]);
    }

    inFilePtr=new ifstream(strFileNamePtr);             //输入文件
    if (inFilePtr==NULL)
    {
        cout<<"打开文件"<<strFileNamePtr <<"失败!"<<endl;
        exit(1);                                        //非正常退出
    }

    while (!inFilePtr->eof())
    {   //当文件 inFilePtr 未结束时循环
```

```
        inFilePtr->getline(strPtr, MAX_LINE_LENGTH);        //读入一行字符
        cout<<strPtr<<endl;                                 //显示一行字符
    }

    delete []strPtr;                                        //动态释放字符串
    delete []strFileNamePtr;                                //动态释放字符串
    delete inFilePtr;                                       //动态释放文件对象

    system("PAUSE");                                        //接收任一字符
    return 0;                                               //正常退出
}
```

1.3.10 结构与类

C++中的类(class)实际上是结构(struct)的扩充。在 C++ 中,类与结构的区别在于:在结构中默认的访问权限是 public,而在类中默认的访问权限是 private。除此之外,类与结构是等价的。

1.3.11 C++ 的模板

对于序列排序,可以是整数序列、字符串序列等,如按 C 语言的方法只能分别编写程序。在 C++ 中使用模板(template)代替任意类型的序列,这样就不需分别编写程序,也就是实现了代码的复用。在有模板的算法中,只能将函数声明与函数实现放在同一个文件中,为方便与统一起见,本书以后都将函数声明与函数实现放在头文件中。下面是序列起泡排序的程序。

```
//文件路径名:e1_9\bubblesort.h
#ifndef _ _BUBBLESORT_H_ _
#define _ _BUBBLESORT_H_ _

#define MAX_SIZE 100
#include <iostream>
using namespace std;

//类模板的声明部分
template <class ElemType>
class DataList
{
private:
    ElemType data[MAX_SIZE];                        //存储数据元素值
    int size;                                       //元素个数
    void Swap(const int mark1, const int mark2);    //交换 data[mark1]与 data[mark2]
public:
    DataList(int sz=6) : size(sz) {};               //构造函数模板
    ~DataList(void) {};                             //析构函数模板
    void SelectSort(void);                          //选择排序
```

```cpp
    void Input(void);                                    //输入数据元素值
    void Show(void);                                     //显示数据元素值
};


//类模板的实现部分
template <class ElemType>
void DataList<ElemType>::Swap(const int mark1, const int mark2)
//操作结果: 交换 data[mark1]与 data[mark2]
{
    //使用循环赋值交换 data[mark1]与 data[mark2]
    ElemType temp;
    temp=data[mark1];
    data[mark1]=data[mark2];
    data[mark2]=temp;
}


template <class ElemType>
void DataList<ElemType>::SelectSort(void)
//操作结果: 选择排序
{
    for (int i=0; i<size-1; i++)
    {   //在 data[i]~data[size-1]之间选出最小元素 data[currLargePos]
        int currLargePos =i;                             //假设 data[i]为当前的最小元素
        for (int j=i+1; j<size; j++)
        {   //在 data[i]~data[size-1]之间找出真正的最小元素
            if (data[j]<data[currLargePos])
            {   //如果 data[j]小于当前的最小元素 data[currLargePos],则将 j 赋给 currLargePos
                currLargePos=j;
            }
        }
        if (currLargePos!=i)
        {   //当 data[i]不为最小元素,则交换 data[kcurrLargePos]与 data[i]
            Swap(currLargePos, i);
        }
    }
}


template <class ElemType>
void DataList<ElemType>::Input(void)
//操作结果: 输入数据元素值
{
    cout<<"输入元素个数:";
    cin>>size;
    for (int i=0; i<size; i++)
    {
```

```
        cout<<"输入第"<<i+1<<"个数据元素:";
        cin>>data[i];
    }
}


template <class ElemType>
void DataList<ElemType>::Show(void)
//操作结果:显示数据元素值
{
    cout<<"元素:";
    for (int i=0; i<size; i++)
        cout<<data[i]<<" ";
    cout<<endl;
    cout<<"元素个数:"<<size<<endl;
}


#endif



//文件路径名:e1_9\main.cpp
#include <iostream>
#include "selectsort.h"
#include <stdlib.h>                    //包含库函数 system()原型的头文件
const int SIZE=6;
using namespace std;

int main(void)
{
    DataList<int>  List(SIZE);

    List.Input();                      //输入元素个数及元素值
    cout<<"排序前:"<<endl;
    List.Show();                       //显示排序前的元素值
    List.SelectSort();                 //排序
    cout<<"排序后:"<<endl;
    List.Show();                       //显示排序后的元素值

    system("PAUSE");                   //调用库函数 system()
    return 0;                          //返回值 0,返回操作系统
}
```

1.4   算法和算法分析

1.4.1   算法

　　算法是解决特定问题求解步骤的描述,在计算机中为指令的有限序列,并且每条指令表

示为一个或多个操作。对于给定的问题可以有多种算法来解决,本书的有些问题给出了多种算法。

一个算法应具有如下几条性质才能称为是一种解决特定问题的算法。

1. 正确性

正确性指必须完成所期望的功能,也就是应当满足以特定的"规格说明"方式给出的需求。对算法是否"正确"的理解可以有如下4个层次。

(1) 程序中不含任何语法错误,这一层次很容易达到,只要源程序能编译成功就没有语法错误了。

(2) 程序对于几组输入数据能够得出满足要求的结果,这一层次也容易达到。一般程序员编写完程序后都要进行测试,都要输入几组数据,只有输出都能达到正确的结果才算编写完算法。

(3) 程序对于精心选择的、典型的、苛刻的并带有刁难性的几组输入数据能够得出满足要求的结果,这一层次一般也能达到。一般软件公司都有专门的测试小组,都会选择如边界数据、非法数据、有效数据进行测试,经过测试后的算法应能达到要求。

(4) 程序对于一切输入数据都能得出满足要求的结果,这一层次只有简单的算法才能达到,对于大型算法一般都无法达到。

软件公司通常以第(3)层次意义的正确性作为衡量一个算法是否合格的标准。

2. 具体性

一个算法必须由一系列具体操作组成,这里的"具体"指所有操作都必须经过已实现的基本操作有限次来实现,并且所有操作都是可读的、可执行的,每一操作必须在有限时间内完成。

3. 确定性

算法中的所有操作都必须有确切的含义,不能产生歧义,算法的执行者或阅读者都能明确其含义及如何执行。

4. 有限性

算法必须在执行有限步后结束,并且每一步都在有限时间内完成,如果一个算法要由无限步操作才能结束(例如无限循环),这样的算法在计算机上无法在有限时间内完成,也就是说算法没实际意义。

5. 可读性

算法应具备良好的可读性,这样的算法有利于算法的查错及对算法的理解。一般算法的逻辑必须清楚、结构简单,所有标识符必须具有实际含义,在算法中必须加入适当的注释说明算法的功能、输入输出参数的使用规则以及算法各程序段的功能描述等内容。

6. 健壮性

健壮性指输入数据非法时,算法能作适当的处理并作出反应,而不应死机或输出异常结果。软件公司在测试程序时通常都会有意输入无效数据,例如在输入数值时有意输入字符,要求程序必须作出适当的处理。

1.4.2 算法分析

对于一个算法的评价,首先应考虑算法的正确性,其次是运算量(即运行效率的高低),

有时还要考虑算法所占的存储空间的大小,为定性分析引入了时间复杂度与空间复杂度的概念,本书重点考虑时间复杂度。

1. 时间复杂度

算法从组成来讲,由控制结构(一般高级语言都具有的顺序结构、分支结构与循环结构)和基本操作组成,算法的时间性能是这两部分的综合效果,为方便比较不同算法,通常会选择一种特定问题的基本操作,以此基本操作执行次数作为算法的时间度量。

一个特定算法的"运行工作量"的大小,一般依赖于问题的规模(通常用整数量 n 表示)。或者说,它是问题规模的函数。算法中基本操作执行次数通常为问题规模 n 的某个函数 $f(n)$,则算法时间度量为 $T(n)=O(f(n))$。[①]

$O(f(n))$ 称为算法的渐近时间复杂度,或简称为时间复杂度。

例 1.5 对于交换两个数据元素的算法,可采用循环赋值法,具体 C++ 程序如下:

```
//文件路径名:s1_5\alg.h
template <class ElemType>
void  Swap(ElemType &a, ElemType &b)
//操作结果:使用循环赋值交换 a 和 b 之值
{
    ElemType tem;
    tem=a;
    a=b;
    b=tem;
}
```

基本操作为赋值"=",运算次数为 3,即 $f(n)=3$,所以 $T(n)=O(3)=O(1)$,对于排序算法通常将交换两个元素当作基本操作。

例 1.6 查找具有 n 个元素的一维数组中的最大元素值的算法,可采用依次遍历数组中的元素,并记下最大元素的下标的方法,具体 C++ 程序如下:

```
//文件路径名:s1_6\alg.h
template <class ElemType>
int Largest(ElemType a[], int n)
//操作结果:求数组 a[0..n-1]中的最大元素
{
    ElemType currLargePos=0;              //暂存当前已找到的最大元素位置
    for (int i=1; i<n; i++)
        if (a[i]>a[currLargePos])         //如果 a[i]更大
            currLargePos=i;               //那么用暂存它的位置
    return currLargePos;                  //返回最大元素的下标
}
```

问题的规模为 n,基本操作为比较两个元素值,比较次数为 $f(n)=n$,所以时间复杂度

---

① O 为大写英文字母,对于非负函数 $T(n)$,若存在两个正常数 c 和 n_0,对任意 $n>n_0$,有 $T(n)\leqslant cf(n)$,则称 $T(n)$ 在集合 $O(f(n))$ 中,一般简写为 $T(n)=O(f(n))$。

$T(n) = O(f(n)) = O(n)$。

例 1.7 求矩阵中各元素和的算法,可采用依次遍历矩阵中的元素并求其和的方法,具体 C++程序如下:

```
//文件路径名:s1_7\alg.h
template <class ElemType>
ElemType Sum( ElemType a[][MAX_SIZE], int n)
//操作结果:返回矩阵 a 中元素之和
{
    ElemType s=0;                           //暂存和
    for (int i=0; i<n; i++)
        for (int j=0; j<n; j++)
            s=s+a[i][j];                    //遍历求和
    return s;                               //返回元素之和
}
```

问题的规模为 n,基本操作为加法"+",操作次数为 $f(n)=n^2$,所以 $T(n)=O(f(n))=O(n^2)$。

一般常见的时间复杂度有以下几种。

(1) $O(1)$:常数阶时间复杂度,此种时间复杂度的算法运行时间效率最高。

(2) $O(n)$、$O(n^2)$、$O(n^3)$、…:多项式阶时间复杂度,大部分算法的时间复杂度为多项式阶时间复杂度,$O(n)$ 称为 1 阶时间复杂度,$O(n^2)$ 称为 2 阶时间复杂度,$O(n^3)$ 称为 3 阶时间复杂度等。

(3) $O(2^n)$:指数阶时间复杂度,它的运行效率最低,这种时间复杂度的算法根本不实用。

(4) $O(n\log n)$ 和 $O(\log n)$:对数阶时间复杂度,此种时间复杂度效率除常数阶时间复杂度以外,它的效率最高。

有时算法中的基本操作重复执行次数与问题的输入数据集有关,下面是插入排序算法:

```
//文件路径名:e1_10\alg.h
template <class ElemType>
void InsertSort(ElemType a[], int n)
//操作结果:对数组 a 使用插入排序进行排序
{
    for ( int i=1; i<n; i++)
    {   //第 i 趟插入排序
        for (int j=i; j >  0 && a[j]<a[j-1]; j--)
        {   //将比 a[j]大的记录都交换到 a[j]的后面
            Swap<ElemType>(a[j], a[j-1]);
        }
    }
}
```

上面算法的基本操作为交换两个元素 Swap,当 a 中元素按从小到大有序时,基本操作

Swap 的执行次数为 0；当 a 中元素按从大到小有序时，基本操作 Swap 的执行次数为 $\frac{n(n-1)}{2}$，这种算法通常计算基本操作重复执行次数的平均值，也就是对每种可能的输入序列的期望值，这种时间复杂度称为平均时间复杂度。然而在很多情况下，平均时间复杂度难于计算，因此通常也讨论算法在最坏情况下的时间复杂度，例如上面实例中当 a 中元素按从大到小有序时，基本操作重复执行次数最大，这时最坏时间复杂度为 $T(n)=O\left(\frac{n(n-1)}{2}\right)=O(n^2)$。本书后面分析算法时间性能时，除特别指明外，都指最坏时间复杂度。

2. 空间复杂度

与时间复杂度类似，算法中所需存储空间通常为问题规模 n 的某个函数 $f(n)$，算法空间度量为 $S(n)=O(f(n))$。

$O(f(n))$ 称为算法的空间复杂度。

存储空间越来越大，对于常用算法存储空间已能满足实际的需求，因此本书后面主要考虑时间复杂度。

*1.5　实用程序软件包

一些语句在逻辑上不相关，但却经常使用，将它们收集起来形成实用程序软件包，今后所有程序都可用它，在本书开发的几乎所有程序中包含有"文件包含"处理。

```
#include "utility.h"
```

这样允许程序访问此实用程序软件包的内容。

1. 系统依赖性

在实用程序软件包中包含有常用的标准库系统，这些库文件的名字因为使用 ANSI 版还是旧版本的 C++ 而有所不同。将这些依赖系统的特征收集在实用程序软件包中，使程序不依赖于系统中 C++ 的精确版本，这样可改进程序的可移植性，可以在不同版本的编译器中轻易地编译它们。

ANSI C++ 中的标准库包含在命名空间 std 中，为了能不带域解析运算符使用标准库，在 ANSI C++ 实用程序软件包中加入命令 using namespaced std。ANSI 版 utility.h 内容如下。

```
//ANSI C++ 标准库头文件
#include <string>              //标准串和操作
#include <iostream>            //标准流操作
#include <limits>              //极限
#include <cmath>               //数学函数
#include <fstream>             //文件输入输出
#include <cctype>              //字符处理
#include <ctime>               //日期和时间函数
#include <cstdlib>             //标准库
#include <cstdio>              //标准输入输出
#include <iomanip>             //输入输出流格式设置
```

```
#include <cstdarg>                    //支持变长函数参数
#include <cassert>                    //支持断言
using namespace std;                  //标准库包含在命名空间 std 中
```

在旧版 C++ 中,标准库头文件有所不同,下面的内容适合带有旧版 C++ 的某些系统。

```
//旧版 C++标准库头文件
#include <string.h>                   //标准串和操作
#include <iostream.h>                 //标准流操作
#include <limits.h>                   //极限
#include <math.h>                     //数学函数
#include <fstream.h>                  //文件输入输出
#include <ctype.h>                    //字符处理
#include <time.h>                     //日期和时间函数
#include <stdlib.h>                   //标准库
#include <stdio.h>                    //标准输入输出
#include <iomanip.h>                  //输入输出流格式设置
#include <stdarg.h>                   //支持变长函数参数
#include <assert.h>                   //支持断言
```

说明:在 Visual C++ 6.0 中同时适合 ANSI C++ 和旧版 C++ ,并且有对此运算符重载(例如"+"),ANSI C++ 还不能通过编译,Visual C++ 2005 和 Visual C++ 2005 Express 只支持 ANSI C++ ,MinGW Developer Studio 和 Dev-C++ 同时适合 ANSI C++ 和旧版 C++ ,本书通过条件编译实现自适应各版本的 C++ 编译器。

2. 用户定义枚举类型 StatusCode

为了表示各种状态信息,在实用程序软件包中定义了枚举类型 StatusCode 以供使用,具体声明如下:

```
//自定义类型
enum StatusCode {SUCCESS, FAIL, UNDER_FLOW, OVER_FLOW,RANGE_ERROR, DUPLICATE_ERROR, NOT_
PRESENT, ENTRY_INSERTED, ENTRY_FOUND, VISITED, UNVISITED};
```

3. 定义宏 DEFAULT_SIZE 和 DEFAULT_INFINITY

有些存储结构的构造函数在初始化时需要提供元素个数的默认值的宏,有时还需要定义表示无穷大的宏。为方便起见,专门定义宏如下:

```
#define DEFAULT_SIZE 100             //默认元素个数
#define DEFAULT_INFINITY 1000000     //默认无穷大
```

4. GetChar()函数

经常会遇到要用户输入需跳过空格及制表符,例如在输入一个表达式时,并不需要空格及制表符,为此编写了 GetChar()函数实现此功能。具体定义如下:

```
static char GetChar(istream &inStream)
//操作结果:从输入流 inStream 中跳过空格、换行符及制表符获取一字符
{
    char ch;                          //临时变量
    while ((ch= (inStream).peek())!= EOF    //文件结束符(peek 函数从输入流中接收 1
```

```
                                        //字符,流的当前位置不变)
    && ((ch=(inStream).get())==' '      //空格(get 函数从输入流中接收 1 字符,流
                                        //的当前位置向后移 1 个位置)
    ||ch=='\t'));                       //制表符

    return ch;                          //返回字符
}
```

　　说明：将 GetChar() 函数及后面的函数说明为静态函数,使函数的作用域只局限于被包含的源程序文件,这样可避免在一个程序中有多个源程序文件都包含 GetChar() 等函数的定义时出现程序连接错误。

5. UserSaysYes() 函数

　　在很多程序中都可加入 UserSaysYes() 函数,而在标准库中并没有此函数,为此在 utility.h 中加入此函数的定义。具体定义如下：

```
static bool UserSaysYes()
//操作结果：当用户肯定回答(yes)时,返回 true;用户否定回答(no)时,返回 false
{
    char ch;                         //用户回答字符
    bool initialResponse=true;       //初始回答

    do
    {        //循环直到用户输入恰当的回答为止
        if (initialResponse)
        {      //初始回答
            cout<<"(y, n)?";
        }
        else
        {      //非初始回答
            cout<<"用 y 或 n 回答:";
        }

        ch=GetChar();                //从输入流跳过空格及制表符获取一字符
        initialResponse=false;
    } while (ch!='y' && ch!='Y' && ch !='n' && ch!='N');
    while (GetChar()!='\n');         //跳过当前行后面的字符

    if (ch=='y' || ch=='Y') return true;
    else return false;
}
```

6. 定时器(Timer)类

　　在比较不同算法与数据结构时,了解一个程序与另一个程序运行的计算机时间是非常有用的,为此目的,开发了一个实用的定时器类 Timer,它的构造函数用于启动定时器的工

作。如果要重新设置定时器,可使用 Timer 类的方法 reset(),方法 elapsed_time()用于返回从 Timer 对象启动或最后一次调用方法 reset()后所使用的 CPU 时间。

在 C++ 系统中提供了头文件 ctime 或 time. h,它包含了标准函数 clock()以及类型 clock_t,函数 clock()返回程序从开始运行到现在经过的嘀嗒(ticks)数,函数 clock()返回值类型为 clock_t。clock_t 在 Visual C++ 6.0 中的声明如下:

```
typedef long clock_t;
```

说明:在 C++ 中,每秒的嘀嗒(ticks)数等于 CLK_TCK,所以时间间隔的嘀嗒(ticks)数除以 CLK_TCK 就是时间间隔的秒数。

Timer 类的声明如下:

```
//定时器类 Timer
class Timer
{
private:
//数据成员
    clock_t startTime;                        //起始时间

public:
// 方法声明
    Timer() {startTime=clock(); }             //构造函数
    ~Timer() {};                              //析构函数
    double ElapsedTime()                      //返回已过的时间
    {
        clock_t endTime=clock();              //结束时间
        return (double)(endTime-startTime)/(double)CLK_TCK;
                        //返回从 Timer 对象启动或最后一次调用 reset()后所使用的 CPU 时间
    }
    void Reset() { startTime=clock(); }       //重置开始时间
};
```

7. 通用异常(Error)类

异常处理是提高程序健壮性的重要手段。在编写程序时,应该考虑到程序可能会出现的异常,在程序中加入异常处理的相关代码。异常处理的基本结构 throw、try 和 catch 的一般语法如下:

```
throw <表达式> ;                              //抛出异常

try
{
    //try 语句块
}
catch(类型 1  参数 1)
{
    //针对类型 1 的异常处理
```

```
}
catch(类型 2  参数 2)
{
    //针对类型 2 的异常处理
}
  ┇
catch(类型 n  参数 n)
{
    //针对类型 n 的异常处理
}
```

异常处理的基本执行过程：程序正常执行到达 try 语句以后，接着执行 try 块内的保护段。如果在执行保护段程序期间没有引起异常，那么跟在 try 块后的 catch 子句就不执行，程序从 try 块后跟随的最后一个 catch 子句后面的语句继续执行下去。如果在执行保护段程序期间或在保护段调用的任何函数中有异常被抛出，则创建一个 throw 表达式中的异常对象。从抛出的异常类型去寻找一个 catch 处理程序以捕获该异常。如果找到了一个匹配的 catch 处理程序，也就是说 catch 捕获到这个异常了，则其形参通过复制异常对象进行初始化。在形参被初始化之后，开始析构那些在与 catch 相对应的 try 块开始和异常丢弃地点之间创建的(但尚未析构的)所有对象。析构顺序正好与构造顺序相反。之后执行 catch 处理程序，接下来程序跳转到 catch 之后的语句开始执行。

说明：如果没有找到匹配的异常 catch 处理程序，则自动调用 terminate() 函数。terminate() 函数是标准运行库在异常处理上的最后一道防线，如果 terminate() 被调用了，程序就会终止。

在本书中为处理异常，专门建立了一个通用异常类 Error，使用户程序处理异常变得更加简单。Error 类的声明如下：

```
//通用异常类
class Error
{
private:
//数据成员
    char message[MAX_ERROR_MESSAGE_LEN];        //异常信息


public:
// 方法声明
    Error(char mes[]="一般性异常!")              //构造函数
    {
        strcpy(message, mes);                    //复制异常信息
    }
    ~Error(void) {};                             //析构函数
    void Show() const                            //显示异常信息
    {
        cout<<message<<endl;                     //显示异常信息
    }
```

```
};
```

8. 有关随机数的函数

在编写测试程序时,使用随机数生成测试数据更具有代表性,为了更好地应用,特编写有关随机数的几个函数,具体函数实现如下:

```
static void SetRandSeed()
//操作结果:设置当前时间为随机数种子
{
    srand((unsigned)time(NULL));
}


static int GetRand(int n)
//操作结果:生成 0~n-1 之间的随机数
{
    return rand()% (n);
}


static int GetRand()
//操作结果:生成随机数
{
    return rand();
}


static int GetPoissionRand(double expectValue)
// 操作结果:生成期望值为 expectValue 泊松随机数
{
    double x=rand() / (double)(RAND_MAX+1);            //x 均匀分布于[0, 1)
    int k=0;
    double p=exp(-expectValue);         //pk 为泊松分布值
    double s=0;                         //sk 用于求和 p0+p1+…+pk-1

    while (s<=x)
    {   //当 sk<=x 时循环,循环结束后 sk-1<=x<sk
        s+=p;                          //求和
        k++;
        p=p* expectValue/k;            //求下一项 pk
    }
    return k-1;                        //k-1 的值服从期希值为 expectValue 的泊松分布
}
```

说明:利用上面的 GetPoissionRand()函数可得到一个非负整数序列满足给定期希值的泊松分布。GetPoissionRand()函数的理论推导可参附录 B。泊松分布适合用于事件驱动中模拟离散产生的事件。

9. 其他实用函数

下面是本书中经常用到的实用函数,使用这些函数将使编程更简单。

```
template < class ElemType >
void Swap(ElemType &e1, ElemType &e2)
//操作结果：交换 e1、e2 之值
{
    ElemType temp;                              //临时变量
    //循环赋值实现交换 e1、e2
    temp=e1;    e1=e2;    e2=temp;
}


template<class ElemType>
void Display(ElemType elem[], int n)
//操作结果：显示数组 elem 的各数据元素值
{
    for (int i=0; i<n; i++)
    {   //显示数组 elem
        cout<<elem[i]<<"  ";
    }
    cout<<endl;
}


template < class ElemType>
void Write(ElemType &e)
//操作结果：显示数据元素
{
    cout<<e<<"  ";
}
```

10. 实用程序软件包测试程序

下面是使用实用程序软件包的测试程序，程序功能为测试两个矩阵相乘所用的时间，并加入了异常处理机制。

```
#include "utility.h"                          //实用程序软件包头文件
#define NUM 280


int main(void)
{
    try                                       //用 try 封装可能出现异常的代码
    {
        if (NUM>280) throw Error("NUM值太大了！");    //抛出异常

        int a[NUM+1][NUM+1], b[NUM+1][NUM+1], c[NUM+1][NUM+1];
        bool isContinue=true;
        Timer objTimer;

        while (isContinue)
```

```
    {
        int i, j, k;
        SetRandSeed();                            //以当前时间作为随机数的种子
        objTimer.Reset();                         //重置当前时间为开始时间

        //生成随机的 a 与 b 的元素值
        for (i=1; i<=NUM; i++)
            for (j=1; j<=NUM; j++)
            {
                a[i][j]=GetRand();                //生成随机数
                b[i][j]=GetRand();                //生成随机数
            }

        //求 c=ab
        for (i=1; i<=NUM; i++)
            for (j=1; j<=NUM; j++)
            {
                c[i][j]=0;
                for (k=1; k<=NUM; k++)
                    c[i][j]=c[i][j]+a[i][k] * b[k][j];    //累加求和
            }

        cout<<"用时:"<<objTimer.ElapsedTime()<<"秒."<<endl;
        cout<<"是否继续";
        isContinue=UserSaysYes();
    }
}
catch (Error err)                                 //捕捉并处理异常
{
    err.Show();                                   //显示异常信息
}

system("PAUSE");                                  //调用库函数 system()
return 0;                                         //返回值 0,返回操作系统
}
```

**1.6 实 例 研 究

1.6.1 生命游戏

　　生命游戏是一个简单,但却有趣的程序。在一个棋盘上的网格中可能有生命体。每一生命体在时间 t 时,会依照环绕着它的 8 个相邻的网格的特性而决定在时间 $t+1$ 时是否能生存下去。如果某一网格在时间 t 时。

（1）有一个生命体，但它的相邻网格的生命体个数少于或等于 1 个，或者是大于 3 个，那就会因为不够稠密或太过稠密，这个生命体在时间 $t+1$ 时就会死亡；换言之，在 $t+l$ 时间，那一格中不会存在生命体。如图 1.8 所示。

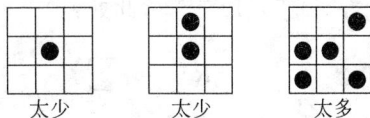

图 1.8

（2）当生命体的相邻网格的生命体个数为 2 个或 3 个时，就可以继续生存。如图 1.9 所示。

（3）如果某网格没有生命体，而那一网格的相邻网格的生命体个数恰有 3 个时，当时间为 $t+1$ 时，那一网格就会生出一个生命体。如图 1.10 所示。

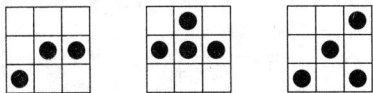
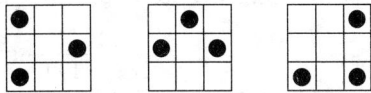

图 1.9   图 1.10

（4）其他情形不会造成新的生命体出生。

生命游戏的具体实现请读者从作者教学网站下载。

1.6.2 计算任意位数的 π

大家都知道 π＝3.1415926…无穷多位，历史上很多人都在计算这个数，一直认为这是一个非常复杂的问题。现在有了计算机，这个问题就变得简单了。

下面计算 π 的无穷级数是日本数学家会田安明(1747—1817)首先推导出来的。

$$\frac{\pi}{2}=1+\frac{1}{3}+\frac{1\times 2}{3\times 5}+\frac{1\times 2\times 3}{3\times 5\times 7}+\cdots+\frac{n!}{(2n+1)!!}+\cdots$$

这个公式是计算 π/2 的，为计算 π 的值，将上面的无穷级数变形为

$$\pi=2+2\times 1/3+2\times 1/3\times 2/5+2\times 1/3\times 2/5\times 3/7+\cdots$$

利用上面的级数很容易编写出如下计算 π 的程序：

```
//文件路径名:e1_11\pi.h
double Pi()
{
    double s=2, u=2;        //s 表示级数之和, u 表示级数的第 0 项
    int a=1, b=3;           //设通项为 2×1/3×2/5×3/7×…×a/b,第 1 项为 2×1/3,a=1,b=3
    while (u>1e-15)
    {
        u=u * a / b;        //递推计算下一项
        s+=u;               //累加到 s
        a++;                //下一项的 a
        b+=2;               //下一项的 b
    }

    return s;               //返回级数之和
}
```

为了计算任意位数的 π,假设要计算 p 位。为避免误差,需多计算 6 位,设余项 $R_{n+1} < 0.5 \times 10^{-(p+5)}$,此处:

$$R_{n+1} = \sum_{i=n+1}^{\infty} \frac{2 \times i!}{(2i+1)!!} = \sum_{i=n+1}^{\infty} \left(2 \times \frac{1}{3} \times \frac{2}{5} \times \cdots \times \frac{i}{2i+1} \right)$$

$$< \sum_{i=n+1}^{\infty} \frac{1}{2^{i-1}} = \frac{1}{2^{n-1}}$$

由 $\frac{1}{2^{n-1}} \leqslant \frac{1}{2} \times 10^{-(p+5)}$ 可解得 $n \geqslant \frac{p+5}{\lg 2} + 2$,可取 $n = \left\lfloor \dfrac{p+5}{\lg 2} \right\rfloor + 3$,符号 $\lfloor x \rfloor$ 表示不大于 x 的最大整数。反之,$\lfloor x \rfloor$ 表示不小于 x 的最小整数,对于通项 a_i,$a_0 = 2$,$i > 0$ 时有如下关系

$$a_i = \frac{2 \times i!}{(2i+1)!!} = \frac{2 \times (i-1)!}{(2i-1)!!} \times \frac{i}{2i+1} = \frac{a_{i-1} i}{2i+1}$$

假设计算结果保留 k 位(1 位整数,$k-1$ 位小数),用 C++ 由 a_{i-1} 计算 a_i 时将产生截尾误差,设 a_{i-1} 的误差为 ε_{i-1},则有

$$a_{i-1} = a'_{i-1} + \varepsilon_{i-1}$$

设计算 $a''_i = \dfrac{a'_{i-1} i}{2i+1}$ 的截尾误差为 ε'_i($0 \leqslant \varepsilon'_i < 10^{-(k-1)}$),则有

$$\frac{a'_{i-1} i}{2i+1} = a'_i + \varepsilon'_i$$

进一步可得

$$a_i = \frac{a_{i-1} i}{2i+1} = \frac{(a'_{i-1} + \varepsilon_{i-1}) i}{2i+1} = \frac{a'_{i-1} i}{2i+1} + \frac{\varepsilon_{i-1} i}{2i+1}$$

$$= a'_i + \varepsilon'_i + \frac{\varepsilon_{i-1} i}{2i+1}$$

可知计算 a_i 的误差为

$$\varepsilon_i = \varepsilon'_i + \frac{\varepsilon_{i-1} i}{2i+1}$$

由于 $\varepsilon_0 = 0$,$0 \leqslant \varepsilon'_i < 10^{-(k-1)}$,由数学归纳法易知 $0 \leqslant \varepsilon_i < 2 \times 10^{-(k-1)}$ 可知计算的总误差为

$$\sum_{i=1}^{n} \varepsilon_i < \sum_{i=1}^{n} 2 \times 10^{-(k-1)} = 2n \, 10^{-(k-1)}$$

为使余项与总计算误差之和 R' 小于 $10^{-(p+5)}$,可设

$$2n \, 10^{-(k-1)} \leqslant \frac{1}{2} \times 10^{-(p+5)}$$

解得 $k \geqslant p + 6 + \lg 4n$。取 $k = p + 7 + \lfloor \lg 4n \rfloor$,设计算级数的前 n 项的和前 k 位为 $d'_0 . d'_1 d'_2 \cdots d'_{k-1}$,这时有

$$\pi = d'_0 . d'_1 d'_2 \cdots d'_{k-1} + R'$$

其中 R' 满足

$$0 \leqslant R' = \sum_{i=1}^{n} \varepsilon_i + \sum_{i=n+1}^{\infty} \frac{2 \times i!}{(2i+1)!!} < \frac{1}{2} \times 10^{-(p+5)} + \frac{1}{2} \times 10^{-(p+5)}$$

$$= 10^{-(p+5)}$$

设 $\pi = d_0.d_1d_2d_3\cdots = \sum\limits_{i=0}^{\infty} d_i \times 10^{-i}$，此处 $d_0 = 3, d_1 = 1, d_2 = 4, d_3 = 1, \cdots$。设

$R = \sum\limits_{i=p+6}^{\infty} d_i \times 10^{-i}$（$R''$ 为截尾误差），则 R 满足

$$0 \leqslant R < 10^{-(p+5)}$$

这时有

$$|d_0.d_1d_2\cdots d_{p+5} - d'_0.d'_1d'_2\cdots d'_{k-1}| = |R - R'| \leqslant \max\{R, R'\} < 10^{-(p+5)}$$

进而可得

$$= \left| d_0.d_1d_2\cdots d_{p+5} - d'_0.d'_1d'_2\cdots d'_{k-1} + \sum_{i=p+6}^{k-1} d'_i \times 10^{-i} \right|$$

$$\leqslant |d_0.d_1d_2\cdots d_{p+5} - d'_0.d'_1d'_2\cdots d'_{k-1}|$$

$$+ \sum_{i=p+6}^{k-1} d'_i \times 10^{-i} < 10^{-(p+5)} + 10^{-(p+5)}$$

$$= 2 \times 10^{-(p+5)}$$

各项乘以 10^{p+5} 可得

$$|d_0d_1d_2\cdots d_{p+5} - d'_0d'_1d'_2\cdots d'_{p+5}| < 2$$

也就是 $d_0d_1d_2\cdots d_{p+5}$ 与 $d'_0d'_1d'_2\cdots d'_{p+5}$ 最多相差 1，当 $d_pd_{p+1}d_{p+2}d_{p+3}d_{p+4}d_{p+5}=000000$，并且 $d_0d_1d_2\cdots d_{p+5}$ 被借 1 时（此时 $d'_pd'_{p+1}d'_{p+2}d'_{p+3}d'_{p+4}d'_{p+5}=999999$），或者 $d_pd_{p+1}d_{p+2}d_{p+3}d_{p+4}d_{p+5}=999999$，并且 $d_0d_1d_2\cdots d_{p+5}$ 被进 1 时（此时 $d'_pd'_{p+1}d'_{p+2}d'_{p+3}d'_{p+4}d'_{p+5}=000000$），$d_0d_1d_2\cdots d_{p-1}$ 与 $d'_0d'_1d'_2\cdots d'_{p-1}$ 才不相等，其他情况下 $d_0d_1d_2\cdots d_{p-1}$ 与 $d'_0d'_1d'_2\cdots d'_{p-1}$ 相等。

对于多位数的乘法，仿照乘法算式

$$\begin{array}{r} 3.1415 \\ \times\quad 3 \\ \hline 9.4245 \end{array}$$

对于 p 位数 $u_0.u_1u_2\cdots u_{p-1}$ 乘以 a，当乘到 u_i 时，设低位产生的进位为 d，则乘积的第 i 位为 $(u_i \times a + d)\%10$，向高位的进位为 $(u_i \times a + d)/10$。

对于多位数的除法，仿照除法算式

$$\begin{array}{r} 2\ 1 \\ 31\overline{)6\ 5\ 4} \\ 6\ 2 \\ \hline 3\ 4 \\ 3\ 1 \\ \hline 3 \end{array}$$

对于 p 位数 $u_0.u_1u_2\cdots u_{p-1}$ 除以 b，当除到 u_i 时，设高位产生的余数为 d，将余数 d 扩大 10 倍后与 u_i 相加 $u_i + 10 \times d$，这样产生的商的第 i 位为 $(u_i + 10 \times d)/10$，产生的余数为 $(u_i + 10 \times d)\%10$。

根据上面的分析容易实现计算任意位数 π 的程序如下：

```
//文件路径名:e1_12\alg.h
void Pi(int precision)
```

```
{
    ofstream outFile("pi.txt");                          //存储结果的文件
    unsigned int n= (unsigned int)((precision+5)/log10((double)2))+3;
        //计算到第 n 项为止
    int aSize=precision+7+(int)log10((double)4 * n);     //定义数组大小
    char * s;           //s 为级数之和,也就是 PI 为 s[0]. s[1] s[2] s[3] s[4] … s[aSize-1]
    char * u;           //u 为级数的通项
    int a=1, b=3;       //设通项为 2 * 1/3 * 2/5 * 3/7 … * a/b,第 1 项为 2 * 1/3,a=1,b=3
    int i;              //临时变量

    s=new char[aSize];            //为 s 分配存储空间
    u=new char[aSize];            //为 u 分配存储空间
    memset(s, 0, aSize);          //将 s 的各项初始化为 0
    memset(u, 0, aSize);          //将 u 的各项初始化为 0

    s[0]=2;                       //级数的第 0 项
    u[0]=2;                       //级数的第 0 项


    for (unsigned int count=0; count<=n; count++)
    {
        //计算 u * =a;
        int c;                    //临时变量
        int d=0;                  //此处 d 表示计算过程中的进位部分
        for (i=aSize-1; i>=0; i--)
        {
            c=u[i] * a+d;         //计算乘积
            u[i]=c%10;            //第 i 位
            d=c/10;               //进位
        }


        //计算 u/=b;
        d=0;                      //此处 d 表示计算过程中的余数
        for (i=0; i<aSize; i++)
        {
            c=u[i]+d * 10;        //将余数 d 扩大 10 倍后加到 u[i]
            u[i]=c/b;             //计算新的第 i 位
            d=c%b;                //计算新的余数
        }


        //计算 s+=u;
        for (i=aSize-1; i>0; i--)
        {
            c=s[i]+u[i];          //计算和
            s[i]=c%10;            //计算新的第 i 位
```

```
            s[i-1]+=c/10;        //进位
        }

        a++;                     //下一项的 a
        b+=2;                    //下一项的 b
    }

    //将结果输出到文件 pi.txt 中
    outFile<<(int)s[0]<<".";
    for (i=1; i<precision; i++)
    {
        outFile<<(int)s[i];
    }
    outFile<<endl;
    if (s[precision]==9 && s[precision+1]==9 && s[precision+2]==9 &&
        s[precision+3]==9 && s[precision+4]==9 && s[precision+5]==9 ||
        s[precision]==0 && s[precision+1]==0 && s[precision+2]==0 &&
        s[precision+3]==0 && s[precision+4]==0 && s[precision+5]==0)
    {   //计算的 PI 最后几位可能有误差
        outFile<<"最后几位可能有误差"<<endl;
    }

    outFile.close();            //关闭文件
    delete []s;                 //释放 s
    delete []u;                 //释放 u
}
```

上面程序中的数组 u 表示通项,随着计算项数的增加,u 的前面会出现很多 0,为提高计算效率,用 noZeroPos 标记数组 u 的第一个非 0 元素的下标,这样只需计算非 0 项即可。具体实现如下:

```
//文件路径名:e1_13\alg.h
void Pi(int precision)
{
    ofstream outFile("pi.txt");                          //存储结果的文件
    unsigned int n=(unsigned int)((precision+5) / log10((double)2))+3;
        //计算到第 n 项为止
    int aSize=precision+7+(int)log10((double)4 * n);     //定义数组大小
    char * s;       //s 为级数之和,也就是 PI 为 s[0]. s[1] s[2] s[3] s[4] … s[aSize-1]
    char * u;       //u 为级数的通项
    int a=1, b=3;   //设通项为 2 * 1/3 * 2/5 * 3/7 * … * a/b,第 1 项为 2 * 1/3,a=1,b=3
    int i;          //临时变量

    s=new char[aSize];             //为 s 分配存储空间
    u=new char[aSize];             //为 u 分配存储空间
```

```
    memset(s, 0, aSize);              //将 s 的各项初始化为 0
    memset(u, 0, aSize);              //将 u 的各项初始化为 0

    s[0]=2;                           //级数的第 0 项
    u[0]=2;                           //级数的第 0 项
    int noZeroPos=0;                  //数组 u 的第一个非 0 元素的下标

    for (unsigned int count=0; count<=n; count++)
    {
        //计算 u *= a;
        int c;                        //临时变量
        int d=0;                      //此处 d 表示计算过程中的进位部分
        for (i=aSize-1; i>=noZeroPos; i--)
        {
            c=u[i] * a+d;             //计算乘积
            u[i]=c%10;                //第 i 位
            d=c/10;                   //进位
        }
        for (i=noZeroPos-1; i>=0 && d>0; i--)
        {   //u * a 向高位的进位
            c=u[i] * a+d;             //计算乘积
            u[i]=c%10;                //第 i 位
            d=c/10;                   //进位
        }
        noZeroPos=i+1;                //新的数组 u 的第一个非 0 元素的下标

        //计算 u/=b;
        d=0;                          //此处 d 表示计算过程中的余数
        for (i=noZeroPos; i<aSize; i++)
        {
            c=u[i]+d * 10;            //将余数 d 扩大 10 倍后加到 u[i]
            u[i]=c/b;                 //计算新的第 i 位
            d=c%b;                    //计算新的余数
            if (u[i]!=0) break;
        }
        noZeroPos=i;                  //新的数组 u 的第一个非 0 元素的下标
        for (i=noZeroPos+1; i<aSize; i++)
        {
            c=u[i]+d * 10;            //将余数 d 扩大 10 倍后加到 u[i]
            u[i]=c/b;                 //计算新的第 i 位
            d=c%b;                    //计算新的余数
        }

        //计算 s+=u;
```

```
        for (i=aSize-1; i>=noZeroPos; i--)
        {
            c=s[i]+u[i];                //计算和
            s[i]=c%10;                  //计算新的第 i 位
            s[i-1]+=c/10;               //进位
        }
        for(i=noZeroPos-1; i>=0; i--)
        {
            c=s[i];                     //s[i]可能大于 10,产生新的进位
            s[i]=c%10;                  //计算新的第 i 位
            if (c / 10==0) break;       //无进位
            s[i-1]+=c/ 0;               //进位
        }

        a++;                            //下一项的 a
        b+=2;                           //下一项的 b
    }


    //将结果输出到文件 pi.txt 中
    outFile<< (int)s[0]<<".";
    for (i=1; i<precision; i++)
    {
        outFile<< (int)s[i];
    }
    outFile<<endl;
    if (s[precision]==9 && s[precision+1]==9 && s[precision+2]==9 &&
        s[precision+3]==9 && s[precision+4]==9 && s[precision+5]==9 ||
        s[precision]==0 && s[precision+1]==0 && s[precision+2]==0 &&
        s[precision+3]==0 && s[precision+4]==0 && s[precision+5]==0)
    {   //计算的 PI 最后几位可能有误差
        outFile<<"最后几位可能有误差"<<endl;
    }

    outFile.close();                    //关闭文件
    delete []s;                         //释放 s
    delete []u;                         //释放 u
}
```

1.7 深入学习导读

本章涉及的大部分问题都是数据结构与算法的相关概念及 C++ 基础,Cliford A. Shaffer. 所著的《A Practical Introduction to Data Structures and Algorithm Analysis. Second Edition》[2]对于算法分析有较深刻的描述,严蔚敏与吴伟民编著《数据结构(C 语言

版）》[12]对数据结构与算法的概念进行了准确的描述与定义,有关 C++ 部分可参考李涛、游洪跃、陈良银与李琳编写的《C++：面向对象程序设计》[19]与林瑶、蒋晓红与彭卫宁等译的《C++ 大学自学教程(第 7 版)》[18]。

本书的实用程序软件包的思想来源于 Robert L. Kruse, Alexander J. Ryba. 所著的《Data Structures and Program Design in C++ 》[1]。

生命游戏参考了冼镜光编著的《C 语言名题精选百则技巧篇》[21]与 Robert L. Kruse, Alexander J. Ryba. 所著的《Data Structures and Program Design in C++ 》[1]。

计算任意位数的 π 来源于互联网,在作者的教学主页 http://cs. scu. edu. cn/~ youhongyue 中收集一些关于计算任意位数 π 算法的帖子,网上的算法都没有严格的分析,本书作者对计算任意位数 π 作了严格的分析。

习 题 1

1. 设数据逻辑结构如下：

DS＝(D,S)

D＝{1,2,3,4}

S＝{R}

R＝{(1,2),(2,3),(3,4),(4,1)}

试画出 DS 所对应的逻辑结构图。

2. 设有图 1.11 所示的逻辑结构图,试给出数据结构形式。

3. 简述数据的逻辑结构与存储结构的含义及它们之间的关系。

4. 试求下面程序段中语句 x＝x－1 的执行次数。

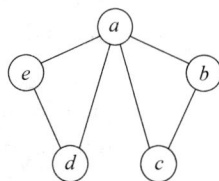

图 1.11 逻辑结构图

```
for(i=1;i<=n-1;i++)
  for(j=i+1;j<=n;j++)
    x=x-1;
```

*5. 试给出以下算法的时间复杂度。

```
void Hanoi(int n, char a, char b, char c)
//操作结果：将塔座 a 上按直径由小到大且自上而下编号为 1 到 n 的 n 个圆盘按规则(每次
//移动时要保持小圆盘放在大圆盘的上面)搬移到塔座 c 上,b 作辅助塔座
{
    if (n==1)
        cout<<n<<":"<<a<<"->"<<c<<endl;          //语句 1
    else
    {
        Hanoi(n-1, a, c, b);                      //语句 2
        cout<<n<<":"<<a<<"->"<<c<<endl;          //语句 3
        Hanoi(n-1, b, a, c);                      //语句 4
    }
}
```

6. 试编写一算法,实现将输入的 3 个整数 x, y, z 按从小到大的顺序排列起来。

** 7. 试修改生命游戏的成员 Game(),在游戏功能不变的情况下,尽量将内层循环的循环体内的语句移到外层循环体中,这样可以加快程序运行速度。

** 8. 计算任意位数 π 的算法中,用数组 s[aSize]存储级数之和,用数组 u[aSize]存储级数的通项,数组的每个元素存储 1 位数字,占用 1B,试用位段数组来同时存储级数之和与通项,使每个数字占用 4 位存储空间,这样可以节约存储空。

上机实验题 1

1. 石头、剪刀、布游戏:在此游戏中,孩子们用手表示石头、剪刀或布中的一个,出拳头表示石头,伸出两根手指表示剪刀,伸手表示布,孩子们面对面地数到 3 时做出他们的选择,如果所作选择是一样的,则表示平局,否则就按如下规则决定胜负:

(1) 石头砸坏剪刀;

(2) 剪刀剪碎布;

(3) 布覆盖石头。

试编程实现电脑与人进行游戏。

2. 纸牌游戏——"21 点":"21 点"是一个古老的扑克牌游戏,游戏规则是:各个参与者设法使自己的牌达到总分 21 而不超过这个数值。扑克牌的分值取它们的面值,A 充当 1 分或者 11 分(由玩家自己确定选择一种分值),J、Q 和 K 人头牌都是 10 分。

庄家对付 1～7 个玩家。在一局开始时,包括庄家在内的所有参与者都有两张牌。玩家可以看到他们的所有牌以及总分,而庄家有一张牌暂时是隐藏的。接下来,只要愿意,各个玩家都有机会依次再拿一张牌。如果某个玩家的总分超过了 21(称为"引爆"),那么这个玩家就输了。在所有玩家都拿了额外的牌后,庄家将显示它隐藏的牌。只要庄家的总分等于或小于 16,那么他就必须再拿牌。如果庄家引爆了,那么还没有引爆的所有玩家都将获胜。否则,将余下的各玩家的总分与庄家的总分做比较,如果玩家的总分大于庄家的总分,则玩家获胜。如果二者的总分相同,则玩家与庄家打成平局。

编写程序实现游戏,计算机作为庄家,1～7 个人作为普通玩家参与游戏。游戏程序运行输出如下所示。

```
多少人加入游戏?(1~7):2
输入第 1 位玩家的姓名:张三
输入第 2 位玩家的姓名:李四
游戏开始
庄家:<隐藏> 梅花 7
张三:红桃 7  方块 J  总分值 17
李四:红桃 J  红桃 3  总分值 13

张三,你想再要一张牌吗(y, n)?n
李四,你想再要一张牌吗(y, n)?y
李四:红桃 J  红桃 3  梅花 10  总分值 23
```

李四引爆！
庄家：方块 10　梅花 7　总分值 17

张三，唉，你打平局了！
李四，对不起，你输了！
你想再玩一次吗(y，n)？

第2章 线性表

线性表是基本的数据结构,有着广泛的应用,比如存储一些数值、字符、工资信息、销售信息等,最直接、最简单的方法是将它们存储在一个线性表中,线性表本质就是序列,本章将讨论线性表的逻辑结构和存储结构以及线性表在表示多项式方面的应用。

2.1 线性表的逻辑结构

线性表是由类型相同的数据元素组成的有限序列,不同线性表的数据元素类型可以不同,可以是最简单的数值和字符,也可以是比较复杂的信息。

例如,由 26 个大写英语字母组成的字母表:

('A', 'B', 'C', …, 'Z')

是一个线性表,其中的数据元素是大写英语字母。

又如,一个人一年中每个月的收入可以由线性表的形式给出:

(1988, 1689, 2108, 2218, 2198, 2318, 2668, 2589, 2816, 2968, 3298, 3698)

线性表中的数据元素是整数。

在复杂一些的线性表中,通常数据元素一般由数据项组成,这时一般将数据元素称为记录,例如职工基本信息表如表 2.1 所示,每个职工记录由编号、姓名、性别、籍贯、生日和基本工资组成。

表 2.1 职工基本信息表

编　号	姓名	性别	籍贯	生　　日	基本工资
100006	张靖	女	成都	1982-8-18	1988
100018	李杰	男	北京	1988-6-8	2108
102019	李倩	女	上海	1979-11-16	2516
102066	王小明	男	天津	1981-12-19	2398
102689	吴晓娟	女	重庆	1976-6-8	3128

由上面的示例可以知道线性表中的数据元素都属于同一个数据集合,相邻元素之间存在着序偶关系,线性表可简单表示为:

$$(a_1, a_2, a_3, \cdots, a_i, a_{i+1}, \cdots, a_n)$$

线性表中 a_i 领先于 a_{i+1},a_i 称为 a_{i+1} 的直接前驱,简称为前驱,a_{i+1} 称为 a_i 的直接后继,简称为后继。

为更精确地定义线性表,下面给出线性表的形式定义:

$$LinearList = (D, R)$$

其中，$D=\{a_i \mid a_i \in D, i=1,2,3,\cdots,n, n \geqslant 0\}$，$D$ 为某个数据集合；$R=\{N\}$，$N=\{<a_i,$ $a_{i+1}> \mid i=1,2,\cdots,n-1\}$。

说明：

（1）N 为一个有序对的集合，用于表示线性表中数据元素之间的相邻关系。

（2）线性表中数据元素的个数 n 称为线性表的长度，当 $n=0$ 时称为空表。

其中，a_1 为第一个数据元素，a_n 为最后一个数据元素；$i=1,2,\cdots,n-1$ 时，a_i 有且仅有一个直接后继；当 $i=2,3,\cdots,n$ 时，a_i 有且仅有一个直接前驱。

在实际应用中，线性表还包括了如下的基本操作。

1）int Length() const

初始条件：线性表已存在。

操作结果：返回线性表元素个数。

2）bool Empty() const

初始条件：线性表已存在。

操作结果：如线性表为空，则返回 true，否则返回 false。

3）void Clear()

初始条件：线性表已存在。

操作结果：清空线性表。

4）void Traverse(void (* visit)(const elemType &)) const

初始条件：线性表已存在。

操作结果：依次对线性表的每个元素调用函数(* visit)。

5）StatusCode GetElem(int position, ElemType &e) const

初始条件：线性表已存在，1≤position≤Length()。

操作结果：用 e 返回第 position 个元素的值。

6）StatusCode SetElem(int position, const ElemType &e)

初始条件：线性表已存在，1≤position≤Length()。

操作结果：将线性表的第 position 个位置的元素赋值为 e。

7）StatusCode Delete(int position, ElemType &e)

初始条件：线性表已存在，1≤position≤Length()。

操作结果：删除线性表的第 position 个位置的元素，并用 e 返回其值，长度减 1。

8）StatusCode Insert(int position, const ElemType &e)

初始条件：线性表已存在，1≤position≤Length()+1。

操作结果：在线性表的第 position 个位置前插入元素 e，长度加 1。

在具体实现时，还可能包括其他操作，本书开发的软件包中不但都包含上述基本操作，还根据 C++ 语言的特点加入了一些其他操作，如赋值操作（由赋值运算符重载实现）、由已知线性表构造新线性表（由复制构造函数实现）等；C++ 实现中上面的操作通常也称为方法。

2.2 线性表的顺序存储结构

线性表的实现有两种方法——顺序表和链表，本节讨论顺序表的实现，下一节讨论链表的实现。

在顺序实现中,数据存储在一个长度为 maxSize,数据类型为 ElemType 的数组中,并用 count 存储在数组中的长线性表的实际元素个数,具体声明如下:

```
//顺序表类模板
template <class ElemType>
class SqList
{
protected:
//顺序表实现的数据成员:
    int count;                                              //元素个数
    int maxSize;                                            //顺序表最大元素个数
    ElemType * elems;                                       //元素存储空间

//辅助函数模板
    bool Full() const;                                      //判断线性表是否已满
    void Init(int size);                                    //初始化线性表

public:
//抽象数据类型方法声明及重载编译系统默认方法声明:
    SqList(int size=DEFAULT_SIZE);                          //构造函数模板
    virtual ~SqList();                                      //析构函数模板
    int Length() const;                                     //求线性表长度
    bool Empty() const;                                     //判断线性表是否为空
    void Clear();                                           //将线性表清空
    void Traverse(void (* visit)(const ElemType &)) const;  //遍历线性表
    StatusCode GetElem(int position, ElemType &e) const;    //求指定位置的元素
    StatusCode SetElem(int position, const ElemType &e);    //设置指定位置的元素值
    StatusCode Delete(int position, ElemType &e);           //删除元素
    StatusCode Insert(int position, const ElemType &e);     //插入元素
    SqList(const SqList<ElemType> &copy);                   //复制构造函数模板
    SqList<ElemType> &operator= (const SqList<ElemType> &copy);     //重载赋值运算符
};
```

大部分函数模板(SqList、~ SqList、Length、Empty、Clear、Traverse、GetElem 和 SetElem)及相关的辅助函数模板的实现都比较简单,本书在所有数据结构的实现中都引入了模板参数,可能读者感到比较困难,实际上由于使用并不复杂,只要多用自然就会掌握,下面是具体实现。

```
template <class ElemType>
bool SqList<ElemType>::Full() const
//操作结果:如线性表已满,则返回 true,否则返回 false
{
    return count==maxSize;
}

template <class ElemType>
```

```
void SqList<ElemType>::Init(int size)
//操作结果：初始化线性表为最大元素个数为 size 的空线性表
{
    maxSize=size;                              //最大元素个数
    if (elems!=NULL) delete []elems;           //释放存储空间
    elems=new ElemType[maxSize];               //分配存储空间
    count=0;                                   //空线性表元素个数为 0
}


template <class ElemType>
SqList<ElemType>::SqList(int size)
//操作结果：构造一个最大元素个数为 size 的空顺序表
{
    elems=NULL;                                //未分配存储空间前,elems 为空
    Init(size);                                //初始化线性表
}


template <class ElemType>
SqList<ElemType>::~SqList()
//操作结果：销毁线性表
{
    delete []elems;                            //释放存储空间
}


template <class ElemType>
int SqList<ElemType>::Length() const
//操作结果：返回线性表元素个数
{
    return count;
}


template <class ElemType>
bool SqList<ElemType>::Empty() const
//操作结果：如线性表为空,则返回 true,否则返回 false
{
    return count==0;
}


template <class ElemType>
void SqList<ElemType>::Clear()
//操作结果：清空线性表
{
    count=0;
}


template <class ElemType>
```

```
void SqList<ElemType>::Traverse(void (* visit)(ElemType &))
//操作结果：依次对线性表的每个元素调用函数(* visit)
{
    for (int curPosition=1; curPosition<=Length(); curPosition++)
    {   //对线性表的每个元素调用函数(* visit)
        (* visit)(elems[curPosition-1]);
    }
}


template <class ElemType>
StatusCode SqList<ElemType>::GetElem(int position, ElemType &e) const
//操作结果：当线性表存在第 position 个元素时,用 e 返回其值,返回 ENTRY_FOUND,
//      否则返回 NOT_PRESENT
{
    if(position<1 || position>Length())
    {   //position 范围错
        return NOT_PRESENT;                      //元素不存在
    }
    else
    {   //position 合法
        e=elems[position-1];
        return ENTRY_FOUND;                      //元素存在
    }
}


template <class ElemType>
StatusCode SqList<ElemType>::SetElem(int position, const ElemType &e)
//操作结果：将线性表的第 position 个位置的元素赋值为 e,
//      position 的取值范围为 1≤position≤Length(),
//      position 合法时函数返回 SUCCESS,否则函数返回 RANGE_ERROR
{
    if (position<1 || position>Length())
    {   //position 范围错
        return RANGE_ERROR;                      //位置错
    }
    else
    {   //position 合法
        elems[position-1]=e;
        return SUCCESS;                          //成功
    }
}
```

下面讨论比较复杂的操作,对于线性表的插入操作,是在线性表的第 $i-1$ 个元素与第 i 个元素之间插入元素 e,如下所示：

插入前：

$$(a_1, a_2, a_3, \cdots, a_{i-1}, a_i, \cdots, a_n)$$

插入后：

$$(a_1, a_2, a_3, \cdots, a_{i-1}, e, a_i, \cdots, a_n)$$

插入前长度为 n，插入后长度为 $n+1$，数据元素 a_{i-1} 和 a_i 之间的关系 $<a_{i-1}, a_i>$ 插入后将变为 $<a_{i-1}, e>$ 和 $<e, a_i>$。在线性表的顺序实现中，逻辑上相邻的数据元素的物理位置也是相邻的，因此从插入位置开始的元素 $a_i, \cdots, a_n$ 将依次后移，如图 2.1 所示。

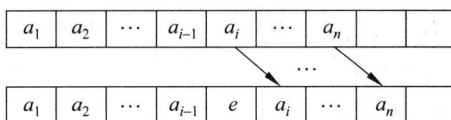

图 2.1 顺序表插入元素示意图

算法实现如下：

```cpp
template <class ElemType>
StatusCode SqList<ElemType>::Insert(int position, const ElemType &e)
//操作结果：在线性表的第 position 个位置前插入元素 e,
//    position 的取值范围为 1≤position≤Length()+1
//    如线性表已满,则返回 OVER_FLOW,
//    如 position 合法,则返回 SUCCESS, 否则返回 RANGE_ERROR
{
    int len=Length();
    ElemType tmp;
    if (Full())
    {   //线性表已满返回 OVER_FLOW
        return OVER_FLOW;
    }
    else if (position<1||position>len+1)
    {   //position 范围错
        return RANGE_ERROR;
    }
    else
    {   //成功
        count++;                              //插入后元素个数将自增 1
        for (int curPosition=len; curPosition>=position; curPosition--)
        {   //插入位置之后的元素右移
            GetElem(curPosition, tmp); SetElem(curPosition+1, tmp);
        }

        SetElem(position, e);                 //将 e 赋值到 position 位置处
        return SUCCESS;                       //插入成功
    }
}
```

设 p_i 为第 i 个元素前插入一个元素的概率，由于在第 i 个元素前插入一个元素所需移动的元素次数为 $n-i+1$，所以在长度为 n 的线性表中插入元素时移动元素的平均次数为

$$\sum_{i=1}^{n+1} p_i(n-i+1)$$

不失一般性可假设在线性表的任意位置上插入一个元素的概率都相等，即

$$p_i = \frac{1}{n+1}$$

这时平均移动次数为

$$\sum_{i=1}^{n+1} p_i(n-i+1) = \sum_{i=1}^{n+1} \frac{n-i+1}{n+1} = \frac{n}{2}$$

由上面公式可知插入算法 Insert 的时间复杂度为 $O(n)$。

对于线性表的删除操作,是删除线性表的第 i 个元素,如图 2.2 所示:

删除前:

$$(a_1, a_2, a_3, \cdots, a_{i-1}, a_i, a_{i+1}, \cdots, a_n)$$

删除后:

$$(a_1, a_2, a_3, \cdots, a_{i-1}, \ a_i, \cdots, a_n)$$

删除前长度为 n,删除后长度为 $n-1$,数据元素 a_{i-1}、a_i 和 a_{i-1} 之间的逻辑关系将发生变化,删除前为 $<a_{i-1}, a_i>$,$<a_i, a_{i-1}>$,删除后为 $<a_{i-1}, a_{i-1}>$,如图 2.2 所示,从图中可知,删除后从删除位置开始的元素 $a_{i+1}, \cdots, a_n$ 将依次前移。

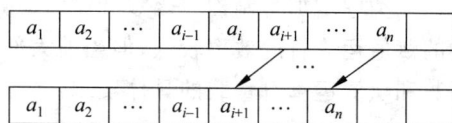

图 2.2 顺序表删除元素示意图

算法实现如下:

```
template <class ElemType>
StatusCode SqList<ElemType>::Delete(int position, ElemType &e)
//操作结果:删除线性表的第 position 个位置的元素,并用 e 返回其值,
//position 的取值范围为 1≤position≤Length(),
//position 合法时返回 SUCCESS,否则返回 RANGE_ERROR
{
    int len=Length();
    ElemType tmp;

    if (position<1||position>=len)
    {   //position 范围错
        return RANGE_ERROR;
    }
    else
    {   //position 合法
        GetElem(position, e);                        //用 e 返回被删除元素的值
        for (int curPosition=position+1; curPosition<=len; curPosition++)
        {    //被删除元素之后的元素依次左移
            GetElem(curPosition, tmp); SetElem(curPosition-1, tmp);
        }
        count--;                                     //删除后元素个数将自减 1
        return SUCCESS;
    }
}
```

设 q_i 为删除第 i 个元素的概率,删除第 i 个元素需移动元素的次数为 $n-i$,所以在长度为 n 的线性表中删除元素时移动元素的平均次数为

$$\sum_{i=1}^{n} q_i(n-i)$$

不失一般性可假设在线性表的任意位置上插入一个元素的概率都相等,即

$$q_i = \frac{1}{n}$$

这时平均移动次数为

$$\sum_{i=1}^{n} q_i(n-i) = \sum_{i=1}^{n} \frac{n-i}{n} = \frac{n-1}{2}$$

由上面公式可知删除算法 Delete 的时间复杂度为 $O(n)$。

在类中增加复制构造函数和赋值运算符重载在有的算法中能增加程序的可读性,虽然类的赋值运算符的效率较低,但当前大部分算法中可读性比效率更重要。下面是复制构造函数和赋值运算符重载的具体实现:

```
template <class ElemType>
SqList<ElemType>::SqList(const SqList<ElemType> &copy)
//操作结果:由线性表 copy 构造新线性表——复制构造函数模板
{
    int copyLength=copy.Length();              //copy 的长度
    ElemType e;

    elems=NULL;                                //未分配存储空间前,elems 为空
    Init(copy.maxSize);                        //初始化新线性表
    for (int curPosition=1; curPosition<=copyLength; curPosition++)
    {  //复制数据元素
        copy.GetElem(curPosition, e);          //取出第 curPosition 个元素
        Insert(Length()+1, e);                 //将 e 插入到当前线性表
    }
}


template <class ElemType>
SqList<ElemType> &SqList<ElemType>::operator= (const SqList<ElemType> &copy)
//操作结果:将线性表 copy 赋值给当前线性表——重载赋值运算符
{
    if (&copy!=this)
    {
        int copyLength=copy.Length();          //copy 的长度
        ElemType e;

        Init(copy.maxSize);                    //初始化当前线性表
        for (int curPosition=1; curPosition<=copyLength; curPosition++)
        {  //复制数据元素
            copy.GetElem(curPosition, e);      //取出第 curPosition 个元素
```

```
            Insert(Length()+1, e);              //将 e 插入到当前线性表
        }
    }
    return * this;
}
```

线性表的顺序存储结构有如下特点。

(1) 线性表的顺序存储结构用一组地址连续的存储单元依次存储线性表的元素。

(2) 线性表的顺序存储结构用元素在存储器中的"物理位置相邻"表示线性表中数据元素之间的逻辑关系,设 $LOC(a_i)$ 表示数据元素 a_i 的存储位置,L 为每个元素占用的存储单元个数,则有如下关系:

$$LOC(a_{i+1})=LOC(a_i)+L$$

$$LOC(a_i)=LOC(a_1)+(i-1)L$$

(3) 线性表的顺序存储结构可直接随机存取任一个数据元素,所以线性表的顺序存储结构是一种随机存取的存储结构。

(4) 在进行插入或删除操作时需移动大量的数据元素。

下面通过实例应用顺序表进行更复杂的操作。

例 2.1 设计顺序表存储的两个集合求差集的算法。

设 la,lb 是两个顺序表,分别表示两个给定的集合 A 和 B,求 A 与 B 的差集 $C=A-B$。用顺序表 lc 表示集合 C。分别将 la 中元素取出,再在 lb 中进行查找,如没有在 lb 中出现,则将其插入到 lc 中。

具体算法如下:

```
//文件路径名:s2_1\alg.h
template <class ElemType>
void Difference(const SqList<ElemType> &la, const SqList<ElemType> &lb, SqList
    <ElemType>&lc)
//操作结果: 用 lc 返回 la 和 lb 表示的集合的差集
//方法: 在 la 中取出元素,在 lb 中进行查找,如果未在 lb 中出现,将其插入到 lc
{
    ElemType aItem, bItem;

    lc.Clear();                          //清空 lc
    for (int aPosition=1; aPosition<=la.Length(); aPosition++)
    {
        la.GetElem(aPosition, aItem);        //取出 la 的一个元素 aItem
        bool isExist=false;                  //表示 aItem 是否在 lb 中出现
        for (int bPosition=1; bPosition<=lb.Length(); bPosition++)
        {
            lb.GetElem(bPosition, bItem);    //取出 lb 的一个元素 bItem
            if (aItem==bItem)
            {
                isExist=true;                //aItem 同时在 la 和 lb 中出现,置 isExist 为 true
                break;                       //退出内层循环
```

```
        }
    }
    if (!isExist)
    {   //aItem在la中出现,而在lb中未出现,将其插入到lc中
        lc.Insert(lc.Length()+1, aItem);
    }
    }
}
```

例 2.2 已知顺序表 la 的元素类型为 int。设计算法将其调整为左右两部分,左边所有元素为奇数,右边所有元素为偶数,并要求算法的时间复杂度为 $O(n)$。

本题算法的主要思路是设置 leftPosition＝1 和 rightPosition＝la.Length(),la 的第 leftPosition 个数据元素为 aItem,第 rightPosition 个数据元素为 bItem;当 aItem 为奇数时,则 leftPosition＋＋;当 bItem 为偶数时,则 rightPosition－－;当 aItem 为偶数,bItem 为奇数时,将 aItem 置换 la 的第 rightPosition 个元素,bItem 置换 la 的第 leftPosition 个元素,并且 leftPosition＋＋ 和 rightPosition－－;直到 leftPosition＝＝rightPosition 时为止,算法复杂度为 $O(n)$。

具体算法如下:

```
//文件路径名:s2_2\alg.h
void Adjust(SqList<int> &la)
//操作结果:将la调整为左右两部分,左边所有元素为奇数,右边所有元素为
//偶数,并要求算法的时间复杂度为O(n)
{
    int leftPosition=1, rightPosition=la.Length();
    int aItem, bItem;
    while (leftPosition<rightPosition)
    {
        la.GetElem(leftPosition, aItem);
        la.GetElem(rightPosition, bItem);
        if (aItem%2==1)
        {   //aItem为奇数
            leftPosition++;
        }
        else if (bItem%2==0)
        {   //bItem为偶数
            rightPosition--;
        }
        else
        {   //aItem为偶数, bItem为奇数
            la.SetElem(leftPosition++, bItem);
                //bItem置换la的第leftPosition个元素,并且leftPosition++
            la.SetElem(rightPosition--, aItem);
                //aItem置换la的第rightPosition个元素,并且rightPosition--
        }
```

```
        }
    }
```

2.3 线性表的链式存储结构

采用上一节介绍的顺序存储结构可随机存取线性表中的任一元素,但作插入删除操作时需要移动大量的元素,本节介绍的链式存储结构不要求逻辑上相邻的数据元素在物理位置上也相邻,插入删除操作时不需要移动元素。

2.3.1 单链表

单链表是一种最简单的线性表的链式存储结构,单链表也称为线性链表,用它来存储线性表时,每个数据元素用一个结点(node)来存储,一个结点由两个成分域组成,一个是**存放数据元素**的 data,称为数据域,另一个是存储指向此链表下一个结点的指针 next,称为指针域,如图 2.3 所示,如 p 指向结点,则结点的数据域为 $p->data$,指针域为 $p->next$,$p->next$ 指向结点的后继。

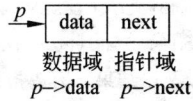

图 2.3 单链表结点示意图

一个线性表 $(a_1, a_2, a_3, \cdots, a_n)$ 的单链表结构通常如图 2.4 所示,在图中最前增加了一个结点,这个结点没有存储任何数据元素,我们称为头结点,在单链表中增加头结点虽然增加了存储空间,但算法实现更简单,效率更高,单链表的头结点的地址可从指针 head 找到,指针 head 称为头指针,其他结点的地址由前驱的 next 域得到。

注:线性链表也可以没有头结点,读者可作为练习加以实现。

当单链表中没有数据元素时,只有一个头结点,这时 $head->next==NULL$,如图 2.5 所示。

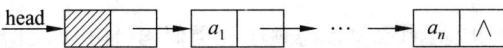

图 2.4 单链表结构示意图

图 2.5 空单链表示意图

线性表的链式存储结构有如下特点:

(1) 数据元素之间的逻辑关系由结点中的指针域表示;

(2) 每个元素的存储位置由其直接前驱的指针域所指示;

(3) 线性表的链式存储结构是非随机存取的存储结构;

(4) 线性表的链式存储结构中的尾结点的直接后继为空(即此结点的指针域为空)。

线性链表用结点中的指针域来表示数据元素之间的逻辑关系,这样逻辑上相邻的两个元素不要求物理存储位置也相邻,下面是结点和线生链表的类声明,在这里结点使用结构 struct 来实现,所有成员都是公共的,也就是结点结构没有封装,在使用时一般将它作为已封装的其他数据结构的 private 或 protected 成员。正是由于这个原因,实现无封装的结点既安全又方便。

结点类模板比较简单,它的定义如下:

```
//结点类模板
template <class ElemType>
struct Node
{
//数据成员:
    ElemType data;                      //数据域
    Node<ElemType> * next;              //指针域

//构造函数模板:
    Node();                            //无参数的构造函数模板
    Node(ElemType item, Node<ElemType> * link=NULL);    //已知数据域和指针域建立结构
};

//结点类模板的实现部分
template<class ElemType>
Node<ElemType>::Node()
//操作结果: 构造指针域为空的结点
{
    next=NULL;
}

template<class ElemType>
Node<ElemType>::Node(ElemType item, Node<ElemType> * link)
//操作结果: 构造一个数据域为 item 和指针域为 link 的结点
{
    data=item;
    next=link;
}
```

线性链表简单实现为数据成员只有头指针,成员函数模板与顺序表类似,具体声明如下:

```
//简单线性链表类模板
template <class ElemType>
class SimpleLinkList
{
protected:
//链表实现的数据成员:
    Node<ElemType> * head;              //头结点指针

//辅助函数模板
    Node<ElemType> * GetElemPtr(int position) const;
        //返回指向第 position 个结点的指针
    void Init();                        //初始化线性表

public:
//抽象数据类型方法声明及重载编译系统默认方法声明:
```

```
    SimpleLinkList();                              //无参数的构造函数模板
    virtual ~SimpleLinkList();                     //析构函数模板
    int Length() const;                            //求线性表长度
    bool Empty() const;                            //判断线性表是否为空
    void Clear();                                  //将线性表清空
    void Traverse(void (*visit)(const ElemType &)) const;        //遍历线性表
    StatusCode GetElem(int position, ElemType &e) const;         //求指定位置的元素
    StatusCode SetElem(int position, const ElemType &e);         //设置指定位置的元素值
    StatusCode Delete(int position, ElemType &e);                //删除元素
    StatusCode Insert(int position, const ElemType &e);          //插入元素
    SimpleLinkList(const SimpleLinkList<ElemType> &copy);        //复制构造函数模板
    SimpleLinkList<ElemType> &operator=(const SimpleLinkList<ElemType> &copy);
        //重载赋值运算符
};
```

在单链表中，如果 p 指向线性链表的第 i 个数据元素(结点 a_i)，则 $p->$next 指向第 $i+1$ 个数据元素(结点 a_{i+1})，也就是如果 $p->$data$==a_i$，则 $p->$neat$->$data$==a_{i+1}$，在线性链表中存取第 i 个数据元素必须从头指针出发进行查找，下面用辅助函数模板 GetElemPtr 实现：

```
template<class ElemType>
Node<ElemType> * SimpleLinkList<ElemType>::GetElemPtr(int position) const
//操作结果：返回指向第 position 个结点的指针
{
    Node<ElemType> * tmpPtr=head;        //用 tmpPtr 遍历线性表以查找第 position 个结点
    int curPosition=0;                   //tmpPtr 所指结点的位置

    while (tmpPtr!=NULL && curPosition<position)
    //顺指针向后查找，直到 tmpPtr 指向第 position 个结点
    {
        tmpPtr=tmpPtr->next;
        curPosition++;
    }

    if (tmpPtr!=NULL && curPosition==position)
    { //查找成功
        return tmpPtr;
    }
    else
    { //查找失败
        return NULL;
    }

}
```

上面算法的基本操作是比较 curPosition 和 position 并后移指针 tmpPtr，执行次数与数

据元素在线性表中的位置有关,如 $0 \leqslant i \leqslant n$,则执行次数为 i,可知时间复杂度为 $O(n)$。

线性链表的方法 LinkList、~LinkList、Length、Empty、Clear、Traverse、GetElem 和 SetElem 及相关的辅助函数 Init 的实现都比较简单,下面是具体实现。

```
template <class ElemType>
void SimpleLinkList<ElemType>::Init()
//操作结果：初始化线性表
{
    head=new Node<ElemType>;                //构造头指针
}


template <class ElemType>
SimpleLinkList<ElemType>::LinkList()
//操作结果：构造一个空链表
{
    Init();
}


template <class ElemType>
SimpleLinkList<ElemType>::~LinkList()
//操作结果：销毁线性表
{
    Clear();                                //清空线性表
    delete head;                            //释放头结点所指空间
}


template <class ElemType>
int SimpleLinkList<ElemType>::Length() const
//操作结果：返回线性表元素个数
{
    int count=0;                            //计数器
    for (Node<ElemType> * tmpPtr=head->next; tmpPtr!=NULL; tmpPtr=tmpPtr->next)
    {   //用 tmpPtr 依次指向每个元素
        count++;                            //对线性表的每个元素进行计数
    }
    return count;
}


template <class ElemType>
bool SimpleLinkList<ElemType>::Empty() const
//操作结果：如线性表为空,则返回 true,否则返回 false
{
    return head->next==NULL;
}
```

```
template <class ElemType>
void SimpleLinkList<ElemType>::Clear()
//操作结果：清空线性表
{
    ElemType tmpElem;                      //临时元素值
    while (Length()>0)
    {   //线性表非空,则删除第 1 个元素
        Delete(1, tmpElem);
    }
}


template <class ElemType>
void SimpleLinkList<ElemType>::Traverse(void (* visit)(const ElemType &)) const
//操作结果：依次对线性表的每个元素调用函数(* visit)
{
    for (Node<ElemType> * tmpPtr=head->next; tmpPtr!=NULL; tmpPtr=tmpPtr->next)
    {   //用 tmpPtr 依次指向每个元素
        (* visit)(tmpPtr->data);            //对线性表的每个元素调用函数(* visit)
    }
}


template <class ElemType>
StatusCode SimpleLinkList<ElemType>::GetElem(int position, ElemType &e) const
//操作结果：当线性表存在第 position 个元素时,用 e 返回其值,返回 ENTRY_FOUND,
//    否则返回 NOT_PRESENT
{
    if (position<1||position>Length())
    {   //position 范围错
        return RANGE_ERROR;
    }
    else
    {   //position 合法
        Node<ElemType> * tmpPtr;
        tmpPtr=GetElemPtr(position);     //取出指向第 position 个结点的指针
        e=tmpPtr->data;                  //用 e 返回第 position 个元素的值
        return ENTRY_FOUND;
    }
}


template <class ElemType>
StatusCode SimpleLinkList<ElemType>::SetElem(int position, const ElemType &e)
//操作结果：将线性表的第 position 个位置的元素赋值为 e,
//    position 的取值范围为 1≤position≤Length(),
//    position 合法时返回 SUCCESS,否则返回 RANGE_ERROR
{
```

```
    if (position<1‖position>Length())
    {   //position 范围错
        return RANGE_ERROR;
    }
    else
    {   //position 合法
        Node<ElemType> * tmpPtr;
        tmpPtr=GetElemPtr(position);    //取出指向第 position 个结点的指针
        tmpPtr->data=e;                 //设置第 position 个元素的值
        return SUCCESS;
    }
}
```

下面讨论"插入"和"删除"操作,对于"插入"操作,设在线性链表的数据元素 a 和 b 之间插入 e,已知 tmpPtr 为指向数据元素 a 的指针,如图 2.6(a)所示。

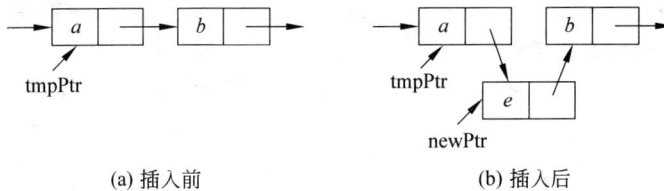

(a) 插入前   (b) 插入后

图 2.6　在单链表中插入结点示意图

为插入数据元素 e,应生成一个数据域为 e,指针域为 tmpPtr→next(指向 b)的新结点,设 newPtr 指向新结点,可用如下语句实现:

```
newPtr=new Node<ElemType> (e, tmpPtr->next);
```

由于插入后 a 的结点为 e,如图 2.6(b)所示,可用如下语句实现:

```
tmpPtr->next=newPtr;
```

"插入"方法的算法实现如下:

```
template <class ElemType>
StatusCode SimpleLinkList<ElemType>::Insert(int position, const ElemType &e)
//操作结果: 在线性表的第 position 个位置前插入元素 e
//    position 的取值范围为 1≤position≤Length()+1
//    position 合法时返回 SUCCESS, 否则返回 RANGE_ERROR
{
    if (position<1‖position>Length()+1)
    {   //position 范围错
        return RANGE_ERROR;                      //位置不合法
    }
    else
    {   //position 合法
        Node<ElemType> * tmpPtr;
        tmpPtr=GetElemPtr(position-1);           //取出指向第 position-1 个结点的指针
```

```
        Node<ElemType> * newPtr;
        newPtr=new Node<ElemType> (e, tmpPtr->next);//生成新结点
        tmpPtr->next=newPtr;                    //将 tmpPtr 插入到链表中
        return SUCCESS;
    }
}
```

对于"删除"操作,如图 2.7 所示,设要删除数据元素 b,tmpPtr 指向 b 的前驱,nextPtr 指向 b,删除结点后只需修改 a 的指针域即可,可用如下语句实现:

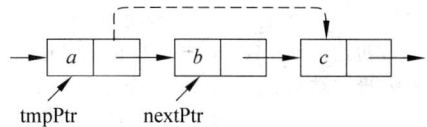

图 2.7　在单链表中删除结点示意图

```
tmpPtr->next=nextPtr->next;
```

"插入"方法的算法实现如下:

```
template <class ElemType>
StatusCode SimpleLinkList<ElemType>::Delete(int position, ElemType &e)
//操作结果:删除线性表的第 position 个位置的元素,并用 e 返回其值,
//    position 的取值范围为 1≤position≤Length(),
//    position 合法时返回 SUCCESS,否则返回 RANGE_ERROR
{
    if (position<1||position>Length())
    { //position 范围错
        return RANGE_ERROR;
    }
    else
    { //position 合法
        Node<ElemType> * tmpPtr;
        tmpPtr=GetElemPtr(position-1);          //取出指向第 position-1 个结点的指针
        Node<ElemType> * nextPtr=tmpPtr->next;  //nextPtr 为 tmpPtr 的后继
        tmpPtr->next=nextPtr->next;             //删除结点
        e=nextPtr->data;                        //用 e 返回被删结点元素值
        delete nextPtr;                         //释放被删结点
        return SUCCESS;
    }
}
```

线性链表的复制构造函数和赋值语句重载的算法与顺序表的相应算法完全相同,此处从略。

下面通过实例应用线性链表进行更复杂的操作。

例 2.3　已知线性链表 la 和 lb 中的数据元素按值递增,现在要将 la 和 lb 合并为新的线性表 lc,使 lc 中的数据元素仍递增有序。

lc 中的数据元素不是 la 中的数据元素就是 lb 中的数据元素,先将 lc 清空,然后将 la 和 lb 中的数据元素依次插入到 lc 中即可。为使 lc 中数据元素仍有序,设 la 的当前数据元素为 aItem,lb 的当前数据元素为 bItem,应插入到 lc 中的数据元素是 cItem,则有如下关系:

$$cItem= \begin{cases} aItem & \text{当 } aItem<bItem \\ bItem & \text{当 } aItem\geq bItem \end{cases}$$

显然只是将 aItem 和 bItem 顺次取 la 和 lb 的数据元素即可,具体算法如下:

```
//文件路径名:s2_3\alg.h
template <class ElemType>
void MergeList(const SimpleLinkList<ElemType> &la, const SimpleLinkList
    <ElemType> &lb, SimpleLinkList<ElemType> &lc)
//初始条件: la 和 lb 中数据元素递增有序
//操作结果: 将 la 和 lb 合并为 lc,使 lc 中数据元素仍递增有序
{
    ElemType aItem, bItem;                           //la 和 lb 中当前数据元素
    int aLength=la.Length(), bLength=lb.Length();    //la 和 lb 的长度
    int aPosition=1, bPosition=1;                    //la 和 lb 的当前元素序号

    lc.Clear();                                      //清空 lc
    while (aPosition<=aLength && bPosition<=bLength )
    {   //取出 la 和 lb 中数据元素进行归并
        la.GetElem(aPosition, aItem);                //取出 la 中数据元素
        lb.GetElem(bPosition, bItem);                //取出 lb 中数据元素
        if (aItem<bItem)
        {   //归并 aItem
            lc.Insert(lc.Length()+1, aItem);         //插入 aItem 到 lc
            aPosition++;                             //指向 la 下一数据元素
        }
        else
        {   //归并 bItem
            lc.Insert(lc.Length()+1, bItem);         //插入 bItem 到 lc
            bPosition++;                             //指向 lb 下一数据元素
        }
    }

    while (aPosition<=aLength)
    {   //归并 la 中剩余数据元素
        la.GetElem(aPosition, aItem);                //取出 la 中数据元素
        lc.Insert(lc.Length()+1, aItem);             //插入 aItem 到 lc
        aPosition++;                                 //指向 la 下一数据元素
    }

    while (bPosition<=bLength)
    {   //归并 lb 中剩余数据元素
        lb.GetElem(bPosition, bItem);                //取出 lb 中数据元素
        lc.Insert(lc.Length()+1, bItem);             //插入 bItem 到 lc
        bPosition++;                                 //指向 lb 下一数据元素
    }
}
```

例 2.4 用线性链表将线性表的元素逆置,也就是将线性表$(a_1,a_2,a_3,\cdots,a_n)$转换为$(a_n,a_{n-1},a_{n-2},\cdots,a_1)$。

本题只要对 position 从 1 到 $n/2$ 交换 a_{position} 与 $a_{n-\text{position}+1}$ 即可达到本题要求。下面是具体算法:

```
//文件路径名:s2_4\alg.h
template <class ElemType>
void Reverse(SimpleLinkList<ElemType> &la)
//操作结果:将 la 中元按逆置
{
    ElemType aItem, bItem;
    for (int position=1; position<=la.Length()/2; position++)
    {
        //取出 la 中的元素
        la.GetElem(position, aItem);               //取出 la 的第 Position 个元素 aItem
        la.GetElem(la.Length()-position+1, bItem);
                                                   //取出 la 的第 n-Position +1个元素 bItem

        //互交位置存入 la 中
        la.SetElem(position, bItem);               //bItem 存入在 Position 处
        la.SetElem(la.Length()-position +1, aItem);    //aItem 存入在 n-Position +1 处
    }
}
```

2.3.2 循环链表

循环链表是另一种形式的线性表链式存储结构,它的结点结构与单链表相同,与单链表不同的是在循环链表中表尾结点的 next 指针域不空(NULL),而是指向头结点,如图 2.8(a)所示,循环链表为空的条件为 head—>next==head,如图 2.8(b)所示。

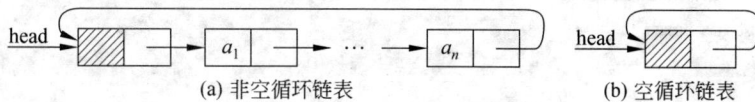

图 2.8 循环链表示意图

循环链表的操作与线性表的操作基本相同,只是将算法中的循环条件改为 tmpPtr 是否等于头指针,下面是循环链表类模板的声明:

```
//简单循环链表类模板
template <class ElemType>
class SimpleCircLinkList
{
protected:
//循环链表实现的数据成员:
    Node<ElemType> * head;                     //头结点指针
```

```
//辅助函数模板
    Node<ElemType> * GetElemPtr(int position) const;
                                        //返回指向第 position 个结点的指针
    void Init();                        //初始化线性表

public:
//抽象数据类型方法声明及重载编译系统默认方法声明:
    SimpleCircLinkList();                       //无参数的构造函数模板
    virtual ~SimpleCircLinkList();              //析构函数模板
    int Length() const;                         //求线性表长度
    bool Empty() const;                         //判断线性表是否为空
    void Clear();                               //将线性表清空
    void Traverse(void (* visit)(const ElemType &)) const;      //遍历线性表
    StatusCode GetElem(int position, ElemType &e) const;        //求指定位置的元素
    StatusCode SetElem(int position, const ElemType &e);        //设置指定位置的元素值
    StatusCode Delete(int position, ElemType &e);               //删除元素
    StatusCode Insert(int position, const ElemType &e);         //插入元素
    SimpleCircLinkList(const SimpleCircLinkList<ElemType> &copy);     //复制构造函数模板
    SimpleCircLinkList<ElemType> &operator= (const SimpleCircLinkList<ElemType> &copy);
    //重载赋值运算符
};
```

下面只列出循环链表中与线性链表算法实现具有不同地方的算法,不同之处的语句用阴影部分加以表示,供读者参考:

```
template<class ElemType>
Node<ElemType> * SimpleCircLinkList<ElemType>::GetElemPtr(int position) const
//操作结果: 返回指向第 position 个结点的指针
{
    if (position==0)
    {   //头结点的序号为 0
        return head;
    }

    Node<ElemType> * tmpPtr=head->next;   //用 tmpPtr 遍历线性表以查找第 position 个结点
    int curPosition=1;                    //tmpPtr 所指结点的位置

    while (tmpPtr!=head && curPosition<position)
    //顺指针向后查找,直到 tmpPtr 指向第 position 个结点
    {
        tmpPtr=tmpPtr->next;
        curPosition++;
    }

    if (tmpPtr!=head && curPosition==position)
```

```
            {    //查找成功
                return tmpPtr;
            }
        else
            {    //查找失败
                return NULL;
            }

}


template <class ElemType>
void SimpleCircLinkList<ElemType>::Init()
//操作结果：初始化线性表
{
        head=new Node<ElemType>;                    //构造头指针
        head->next=head;                            //空循环链表的头结点后继为头结点本身
}


template <class ElemType>
int SimpleCircLinkList<ElemType>::Length() const
//操作结果：返回线性表元素个数
{
        int count=0;                                //计数器
        for (Node<ElemType> * tmpPtr=head->next; tmpPtr!=head; tmpPtr=tmpPtr->next)
            {    //用 tmpPtr 依次指向每个元素
                count++;                            //对线性表的每个元素进行计数
            }
        return count;
}


template <class ElemType>
bool SimpleCircLinkList<ElemType>::Empty() const
//操作结果：如线性表为空，则返回 true,否则返回 false
{
        return head->next==head;
}


template <class ElemType>
void SimpleCircLinkList<ElemType>::Traverse (void (* Visit) (ElemType &))
//操作结果：依次对线性表的每个元素调用函数(＊visit)
{
        for (Node<ElemType> * tmpPtr=head->next; tmpPtr!=head; tmpPtr=tmpPtr->next)
            {    //用 tmpPtr 依次指向每个元素
                (* Visit) (tmpPtr->data);           //对线性表的每个元素调用函数(＊visit)
            }
}
```

例 2.5 用循环链表求解约瑟夫问题：一个旅行社要从 n 个游客中选出一名旅客,为他提供免费旅行服务,选择方法是让 n 个游客围成一个圆圈,然后从信封中取出一张纸条,用上面写着的正整数 $m(m<n)$ 作为报数值,第一个人从 1 开始一个人一个人按顺时针报数,报到第 m 个游客时,令其出列。然后再从下一个人开始,从 1 顺时针报数,报到第 m 个游客时,再令其出列,……,如此下去,直到圆圈中只剩一个人为止。此人即为优胜者,将获免费旅行服务,例如 $n=8,m=3$,出列的顺序将为 3、6、1、5、2、8、4,最初编号为 7 的游客将获免费旅行服务。

用 position 表示指向当前报数到的游客在循环链表 la 中的序号,则每报一次数时,position++,当 position>la.Length() 时,令 position=1,报数到 m 时,position 所表示的游客出列,也就是删除循环链表的第 position 个结点,下一轮报数时,应从循环链表的第 position 个结点所表示的人开始报数,而这时已作了 position++ 操作,所以出列后应作 position-- 操作;这样出列 $n-1$ 个人时,圆圈中就只剩一个人。具体算法如下:

```
//文件路径名:s2_5\alg.h
void Josephus(int n, int m)
//操作结果:n个人围成一个圆圈,首先第 1 个人从 1 开始一个人一个人顺时针报数,
//        报到第 m 个人,令其出列。然后再从下一个人开始,从 1 顺时针报数报到第 m
//        个人,再令其出列,……,如此下去, 直到圆圈中只剩一个人为止。此人即为
//        优胜者

{
    SimpleCircLinkList<int> la;          //定义空循环链表
    int position=0;                      //报数到的人在链表中序号
    int out, winer;
    for (int k=1; k<=n; k++)
        la.Insert(k, k);                 //建立数据域为 1,2,…,n 的循环链表

    cout<<"出列者:";
    for (int i=1; i<n; i++)              //循环 n-1 次,让 n-1 个人出列
    {
        for (int j=1; j<=m; j++)         //从 1 报数到 m
        {
            position++;
            if (position>la.Length())
                position=1;
        }
        la.Delete(position--, out);      //报数到 m 的人出列
        cout<<out<<" ";
    }

    la.GetElem(1, winer);                //剩下的一个人为优胜者
    cout<<endl<<"优胜者:"<<winer<<endl;
}
```

2.3.3 双向链表

在前面讨论的链表中的结点结构只有一个指向后继的指针域,这样便只能从左向右进行查找其他结点,如要查找前驱,则只有从表头出发进行查找,效率较低,本节研究用双向链表来解决这个问题。

双向链表的结点中有两个指针域,分别指向前驱和后继,back 是指向前驱的指针,next 是指向后继的指针,如图 2.9 所示。双向链表的结点类模板声明及实现如下:

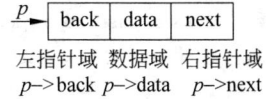

```
//结点类模板
template <class ElemType>
struct DblNode
{
//数据成员:
    ElemType data;                                  //数据域
    DblNode<ElemType> * back;                        //指向前驱的指针域
    DblNode<ElemType> * next;                        //指向后继的指针域

//构造函数模板:
    DblNode();                                       //无数据的构造函数
    DblNode(ElemType,
        DblNode<ElemType> * linkBack=NULL,
        DblNode<ElemType> * linkNext=NULL);          //已知数据域和指针域建立结构
};

//结点类模板的实现部分
template< class ElemType>
DblNode<ElemType> ::DblNode()
//操作结果:构造指针域为空的结点
{
    next=NULL;
}

template< class ElemType>
DblNode<ElemType> ::DblNode(ElemType, DblNode<ElemType> * linkBack,
    DblNode<ElemType> * linkNext);
//操作结果:构造一个数据域为 item 和指针域为 linkBack 和 linkNext 的结点
{
    data=item;
    back=linkBack;
    next=linkNext;
}
```

双向链表通常采用带头结点的循环链表形式,双向链表和空双向链表如图 2.10 所示,双向链表的类模板声明如下:

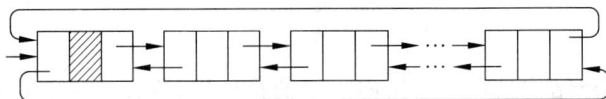

(a) 非空双向链表示意图　　　　　　　(b) 空双向链表示意图

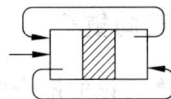

图 2.10　双向链表示意图

```
//简单双向循环链表类模板
template <class ElemType>
class SimpleDblLinkList
{
protected:
//循环链表实现的数据成员：
    DblNode<ElemType> * head;          //头结点指针

//辅助函数模板
    DblNode<ElemType> * GetElemPtr(int position) const;
        //返回指向第 position 个结点的指针
    void Init();                       //初始化线性表

public:
//抽象数据类型方法声明及重载编译系统默认方法声明：
    SimpleDblLinkList();               //无参数的构造函数模板
    virtual ~SimpleDblLinkList();      //析构函数模板
    int Length() const;                //求线性表长度
    bool Empty() const;                //判断线性表是否为空
    void Clear();                      //将线性表清空
    void Traverse(void (* visit)(const ElemType &)) const;        //遍历线性表
    StatusCode GetElem(int position, ElemType &e) const;          //求指定位置的元素
    StatusCode SetElem(int position, const ElemType &e);          //设置指定位置的元素值
    StatusCode Delete(int position, ElemType &e);                 //删除元素
    StatusCode Insert(int position, const ElemType &e);           //插入元素
    SimpleDblLinkList(const SimpleDblLinkList<ElemType> &copy);   //复制构造函数模板
    SimpleDblLinkList<ElemType> &operator= (const SimpleDblLinkList<ElemType> &copy);
        //重载赋值运算符
};
```

　　双向链表的实现与循环链表的实现除了"插入"和"删除"操作之外完全相同,图 2.11 是插入操作示意图,设 tmpPtr 指向 a,nextPtr 指向 b,元素 e 插在 a 和 b 之间,newPtr 指向被插入结点,则显示 newPtr->back＝tmpPtr 和 newPtr->next＝nextPtr,可用如下的语句实现:

```
newPtr=new DblNode<ElemType> (e, tmpPtr, nextPtr);      //生成新结点
```

这时只需要再将 a 的右指针域和 b 的左指针域分别指向 e 即可,可用如下语句实现:

```
tmpPtr->next=newPtr;                    //修改向右的指针
```

· 64 ·

nextPtr->back=newPtr;   //修改向左的指针

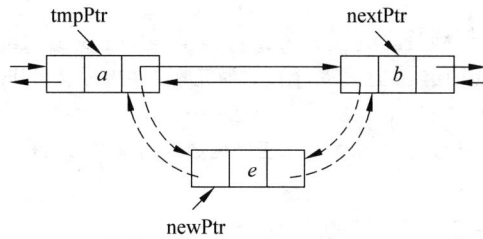

图 2.11   双向链表插入结点示意图

具体"插入"算法如下：

```
template <class ElemType>
StatusCode SimpleDblLinkList<ElemType>::Insert(int position, const ElemType &e)
//操作结果：在线性表的第 position 个位置前插入元素 e
//      position 的取值范围为 1≤position≤Length()+1
//      position 合法时返回 SUCCESS, 否则返回 RANGE_ERROR
{
    if (position<1 ‖ position>Length()+1)
    {   //position 范围错
        return RANGE_ERROR;                      //位置不合法
    }
    else
    {   //position 合法
        DblNode<ElemType> * tmpPtr, * nextPtr, * newPtr;
        tmpPtr=GetElemPtr(position-1);         //取出指向第 position-1 个结点的指针
        nextPtr=tmpPtr->next;                  //nextPtr 指向第 position 个结点
        newPtr=new DblNode<ElemType> (e, tmpPtr, nextPtr);    //生成新结点
        tmpPtr->next=newPtr;                   //修改向右的指针
        nextPtr->back=newPtr;                  //修改向左的指针
        return SUCCESS;
    }
}
```

图 2.12 是双向链表删除操作示意图，设 tmpPtr 指向被删除的结点，删除后的结点之间的关系由虚线表示，指针域将发生如下的变化：

```
tmpPtr->back->next=tmpPtr->next;          //修改向右的指针
tmpPtr->next->back=tmpPtr->back;          //修改向左的指针
```

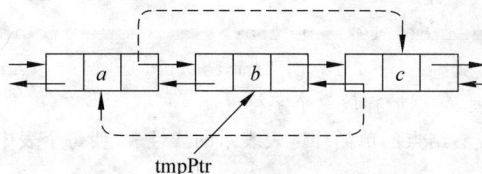

图 2.12   双向链表"删除"操作示意图

具体"删除"算法如下：

```
template <class ElemType>
StatusCode SimpleDblLinkList<ElemType>::Delete(int position, ElemType &e)
//操作结果: 删除线性表的第 position 个位置的元素, 并用 e 返回其值,
//     position 的取值范围为 1≤position≤Length(),
//     position 合法时函数返回 SUCCESS,否则函数返回 RANGE_ERROR
{
    if (position<1||position>Length())
    {   //position 范围错
        return RANGE_ERROR;
    }
    else
    {   //position 合法
        DblNode<ElemType> * tmpPtr;
        tmpPtr=GetElemPtr(position);          //取出指向第 position 个结点的指针
        tmpPtr->back->next=tmpPtr->next;      //修改向右的指针
        tmpPtr->next->back=tmpPtr->back;      //修改向左的指针
        e=tmpPtr->data;                       //用 e 返回被删结点元素值
        delete tmpPtr;                        //释放被删结点
        return SUCCESS;
    }
}
```

*2.3.4   在链表结构中保存当前位置和元素个数

前面讲解了线性表的 3 种链式存储结构,这 3 种结构实现比较一致,处理简单,特别适合于初学者,但许多应用程序是按顺序处理线性表中的数据元素,也就是处理完一个数据元素后再处理下一个数据元素,也可能要几次引用同一个数据元素,比如在访问下一个数据元素之前做 GetElem 和 SetElem 操作,对于这类应用程序,前面的链表实现效率低下,下面通过一个实例加以说明。

例 2.6   设 la 是单链表,数据域存放一个字符,该字符可能是英文字母字符或数字字符或其他字符。编写算法构造 3 个以单循环链表表示的线性表,使每个表中只含同一类字符(要求时间复杂度为 $O(n)$)。

如果不要求时间复杂度为 $O(n)$,本题程序实现本不难,比如将 la 中的字符依次取出,再根据字符的类型(英文字母字符或数字字符或其他字符)插入到 3 个单循环链表中。具体算法实现如下:

```
//文件路径名:s2_6_1\alg.h
void Decompose(const SimpleLinkList<char> &la, SimpleCircLinkList<char> &letter,
    SimpleCircLinkList<char> &digit, SimpleCircLinkList<char> &other)
//初始条件:la 是单链表,数据域存放一个字符
//操作结果:构造 3 个带头结点的单循环链表表示的线性表,使每个表中只含同一类字符
{
    char ch;
```

```
int laLength=la.Length();
for (int position=1; position<=laLength; position++)
{
    //取出 la 中的元素
    la.GetElem(position, ch);                    //取出 la 的第 Position 个字符
    if ('a'<=ch && ch<='z' || 'A'<=ch && ch<='Z')
        letter.Insert(1, ch);                    //ch 为字母,插入在 letter 中
    else if ('0'<=ch && ch<='9')
        digit.Insert(1, ch);                     //ch 为数字,插入在 digit 中
    else
        other.Insert(1, ch);                     //ch 为其他字符,插入在 other 中
}
```

for 循环中的基本操作为 GetElem(position，ch)，GetElem(position，ch)实现时先要执行将指针指向第 position 个字符的操作 GetElemPtr(position)，主要实现语句如下：

```
int curPosition=0;                              //tmpPtr 所指结点的位置
while (tmpPtr!=NULL && curPosition<position)
{  //顺指针向后查找,直到 tmpPtr 指向第 position 个结点
    tmpPtr=tmpPtr->next;
    curPosition++;
}
```

基本操作为 tmpPtr＝tmpPtr－>next，重复执行 position 次，GetElem(position，ch)实现中 tmpPtr＝tmpPtr－>next 重复执行 position，可知上面算法中 tmpPtr＝tmpPtr－>next 重复执行次数 $1+2+3+\cdots+$ laLength＝laLength(laLength＋1)/2，设 $n=$laLength，则时间复杂度为 $O(n(n+1)/2)=O(n^2)$。

为使时间复杂度为 $O(n)$，可将算法函数定义成线性链表类模板的友元，为了使其他程序中不用到此友元，使用了标识符_FRIEND_VOID_DECOMPOSE_相关的条件编译，为此在本程序的 main()函数所在文件的最前面加上如下的宏定义：

```
#define __FRIEND_VOID_DECOMPOSE__
    //定义宏,以便在 SimpleLinkList 类中加入友元函数 Decompose
```

线性链表类模板的友元声明与算法具体实现如下：

```
//简单线性链表类模板:
template <class ElemType>
class SimpleLinkList
{
protected:
//链表实现的数据成员:
    Node<ElemType> * head;        //头结点指针

//辅助函数模板:
    Node<ElemType> * GetElemPtr(int position) const;   //返回指向第 position 个结点的指针
```

```cpp
        void Init();                          //初始化线性表

public:
//抽象数据类型方法声明及重载编译系统默认方法声明:
        SimpleLinkList();                     //无参数的构造函数模板
        virtual ~SimpleLinkList();            //析构函数模板
        int Length() const;                   //求线性表长度
        bool Empty() const;                   //判断线性表是否为空
        void Clear();                         //将线性表清空
        void Traverse(void (* visit)(const ElemType &)) const;   //遍历线性表
        StatusCode GetElem(int position, ElemType &e) const;     //求指定位置的元素
        StatusCode SetElem(int position, const ElemType &e);     //设置指定位置的元素值
        StatusCode Delete(int position, ElemType &e);            //删除元素
        StatusCode Insert(int position, const ElemType &e);      //插入元素
        SimpleLinkList(const SimpleLinkList<ElemType> &copy);    //复制构造函数模板
        SimpleLinkList<ElemType> &operator=(const SimpleLinkList<ElemType> &copy);
                //重载赋值运算符


        //定义成友元,使用 protected 成员
        friend void Decompose(const SimpleLinkList<char> &la, SimpleCircLinkList<char> &letter,
            SimpleCircLinkList<char> &digit, SimpleCircLinkList<char> &other);


};
//文件路径名:s2_6_2\alg.h
void Decompose(const SimpleLinkList<char> &la, SimpleCircLinkList<char> &letter,
    SimpleCircLinkList<char> &digit, SimpleCircLinkList<char> &other);
//初始条件:la 是单链表,数据域存放一个字符
//操作结果:构造 3 个带头结点的单循环链表表示的线性表,使每个表中只含同一类字符
{
    char ch;
    Node<char> * laCurPtr=la.head->next;      //用 laCurPtr 遍历 la

    while (laCurPtr!=NULL)
    {
        ch=laCurPtr->data;                    //取出数据元素
        if ('a'<=ch && ch<='z' || 'A'<=ch && ch<='Z')
            letter.Insert(1, ch);             //ch 为字母,插入在 letter 中
        else if ('0'<=ch && ch<='9')
            digit.Insert(1, ch);              //ch 为数字,插入在 digit 中
        else
            other.Insert(1, ch);              //ch 为其他字符,插入在 other 中

        laCurPtr=laCurPtr->next;              //移向后继
    }
}
```

辅助算法 DecomposeHelp 中 while 的循环体的执行时间为 $O(1)$,显然整个算法的时间复杂度为 $O(n)$。

上面为提高算法效率,通过类的友元函数操作 protected 成员,这与类的封装性相矛盾,当然作为练习数据结构的基本操作也是可取的,但可读性降低了,现代软件工程对可读性的要求比时间性能更高。下面探讨解决问题的办法。

上面第一个算法实现的本质是访问线性表中的某个元素的每个操作都是从线性表的起始处开始查找,直到找到为止,如果能够记住表中上一次使用的位置,并且下一个操作引用同一个或后一个位置,这样显然从上次用过的位置开始查找将会更有效率,这样就像更换一个性能更高的 CPU 就能加速程序的执行速度一样,既简单又方便。

当然并不是所有操作都从记住上次访问位置得到加速,比如对单链表,某程序要从表尾部开始,以逆序访问单链表中的元素,则每次访问都需要从单链表的起始处开始查找,这是由于单链表是单向的,记住上次的位置无助于查找它的前驱结点。

方法 GetElem 会产生一个问题,此方法已被定义成常方法,但在使用时需改变上次用过的位置,当然并没有改变线性表对象的真实值的元素顺序,在 C++ 中可用关键字 mutale 定义表示位置的数据成员,这样虽然 GetElem 是常方法,仍然可以修改表示位置的数据成员。

还有大量操作都要求表长,求表长的方法 Length 是通过遍历线性表来对元素进行计数的,时间复杂度为 $O(n)$,如能在结构中记住元素个数,这样方法 Length 的时间复杂度就变成 $O(1)$ 了,这样就能提高操作效率。

下面是单链表、循环链表和双向链表加上了当前位置和元素个数的类声明和相应修改过的辅助函数模板和方法的实现。

1) 修改单链表的类模板声明和相应修改过的辅助函数模板和方法的实现

```
//线性链表类模板
template <class ElemType>
class LinkList
{
protected:
//链表实现的数据成员:
    Node<ElemType> * head;                    //头结点指针
    mutable int curPosition;                   //当前位置的序号
    mutable Node<ElemType> * curPtr;           //指向当前位置的指针
    int count;                                 //元素个数

//辅助函数模板
    Node<ElemType> * GetElemPtr(int position) const;  //返回指向第 position 个结点的指针
    void Init();                               //初始化线性表

public:
//抽象数据类型方法声明及重载编译系统默认方法声明:
    LinkList();                                //无参数的构造函数模板
    virtual ~LinkList();                       //析构函数模板
```

```
    int Length() const;                                         //求线性表长度
    bool Empty() const;                                         //判断线性表是否为空
    void Clear();                                               //将线性表清空
    void Traverse(void (* visit)(const ElemType &)) const;      //遍历线性表
    StatusCode GetElem(int position, ElemType &e) const;        //求指定位置的元素
    StatusCode SetElem(int position, const ElemType &e);        //设置指定位置的元素值
    StatusCode Delete(int position, ElemType &e);               //删除元素
    StatusCode Insert(int position, const ElemType &e);         //插入元素
    LinkList(const LinkList<ElemType> &copy);                   //复制构造函数模板
    LinkList<ElemType> &operator= (const LinkList<ElemType> &copy);
        //重载赋值运算符
};


template<class ElemType>
Node<ElemType> * LinkList<ElemType>::GetElemPtr(int position) const
//操作结果：返回指向第 position 个结点的指针
{
    if (curPosition>position)
    {   //当前位置在所查找位置之后,只能从表头开始操作
        curPosition=0;
        curPtr=head;
    }

    for (; curPosition<position; curPosition++)
        curPtr=curPtr->next;                                    //查找位置 position

    return curPtr;
}


template <class ElemType>
void LinkList<ElemType>::Init()
//操作结果：初始化线性表
{
    head=new Node<ElemType>;                                    //构造头指针
    curPtr=head;     curPosition=0;                             //初始化当前位置
    count=0;                                                    //初始化元素个数
}


template <class ElemType>
int LinkList<ElemType>::Length() const
//操作结果：返回线性表元素个数
{
    return count;
}
```

```cpp
template <class ElemType>
StatusCode LinkList<ElemType> ::Delete(int position, ElemType &e)
//操作结果：删除线性表的第 position 个位置的元素，并用 e 返回其值，
//position 的取值范围为 1≤position≤Length(),
//position 合法时返回 SUCCESS,否则返回 RANGE_ERROR
{
    if (position<1‖position>Length())
    {   //position 范围错
        return RANGE_ERROR;
    }
    else
    {   //position 合法
        Node<ElemType> * tmpPtr;
        tmpPtr=GetElemPtr(position-1);              //取出指向第 position- 1个结点的指针
        Node<ElemType> * nextPtr=tmpPtr->next;      //nextPtr 为 tmpPtr 的后继
        tmpPtr->next=nextPtr->next;                 //删除结点
        e=nextPtr->data;                            //用 e 返回被删结点元素值
        if (position==Length())
        {   //删除尾结点,当前结点变为头结点
            curPosition=0;                          //设置当前位置的序号
            curPtr=head;                            //设置指向当前位置的指针
        }
        else
        {   //删除非尾结点,当前结点变为第 position 个结点
            curPosition=position;                   //设置当前位置的序号
            curPtr=tmpPtr->next;                    //设置指向当前位置的指针
        }
        count--;                                    //删除成功后元素个数减 1

        delete nextPtr;                             //释放被删结点
        return SUCCESS;
    }
}


template <class ElemType>
StatusCode LinkList<ElemType>::Insert(int position, const ElemType &e)
//操作结果：在线性表的第 position 个位置前插入元素 e
//      position 的取值范围为 1≤position≤Length()+1
//      position 合法时返回 SUCCESS, 否则返回 RANGE_ERROR
{
    if (position<1‖position>Length()+1)
    {   //position 范围错
        return RANGE_ERROR;                         //位置不合法
    }
    else
```

```
    {   //position合法
        Node<ElemType> * tmpPtr;
        tmpPtr=GetElemPtr(position-1);                //取出指向第 position- 1个结点的指针
        Node<ElemType> * newPtr;
        newPtr= new Node<ElemType> (e,tmpPtr->next);  //生成新结点
        tmpPtr->next=newPtr;                          //将 tmpPtr 插入到链表中
        curPosition=position;                         //设置当前位置的序号
        curPtr=newPtr;                                //设置指向当前位置的指针
        count++;                                      //插入成功后元素个数加 1
        return SUCCESS;
    }
}
```

注释：上面的辅助函数模板 GetElemPtr(position)只供类方法调用,在调用前都已对参数的有效性进行了判断,只有有效参数值才调用,所以返回指针一定是非空的,这样就不必再作合法性检查了,提高了算法效率。

2）修改循环链表的类模板声明和相应修改过的辅助函数模板和方法的实现

```
//循环链表类模板
template <class ElemType>
class CircLinkList
{
protected:
//循环链表实现的数据成员：
    Node<ElemType> * head;                //头结点指针
    mutable int curPosition;              //当前位置的序号
    mutable Node<ElemType> * curPtr;      //指向当前位置的指针
    int count;                            //元素个数


//辅助函数模板
    Node<ElemType> * GetElemPtr(int position) const;   //返回指向第 position 个结
                                                        //点的指针
    void Init();                          //初始化线性表

public:
//抽象数据类型方法声明及重载编译系统默认方法声明：
    CircLinkList();                       //无参数的构造函数模板
    int ~CircLinkList();                  //析构函数模板
    int Length() const;                   //求线性表长度
    bool Empty() const;                   //判断线性表是否为空
    void Clear();                         //将线性表清空
    void Traverse(void (* visit)(const ElemType &)) const;   //遍历线性表
    StatusCode GetElem(int position, ElemType &e) const;     //求指定位置的元素
    StatusCode SetElem(int position, const ElemType &e);     //设置指定位置的元素值
    StatusCode Delete(int position, ElemType &e);            //删除元素
```

```cpp
    StatusCode Insert(int position, const ElemType &e);        //插入元素
    CircLinkList(const CircLinkList<ElemType> &copy);          //复制构造函数模板
    CircLinkList<ElemType> &operator= (const CircLinkList<ElemType> &copy);
        //重载赋值运算符
};


template<class ElemType>
Node<ElemType> * CircLinkList<ElemType>::GetElemPtr(int position) const
//操作结果：返回指向第 position 个结点的指针
{
    while (curPosition!=position)
    {
        curPosition= (curPosition+1)%(Length()+1);            //序号在 0~length()之间
        curPtr=curPtr->next;                                  //curPtr 指向后继
    }
    return curPtr;
}


template <class ElemType>
void CircLinkList<ElemType>::Init()
//操作结果：初始化线性表
{
    head= new Node<ElemType>;                //构造头指针
    head->next=head;                         //空循环链表的头结点后继为头结点本身
    curPtr=head;      curPosition=0;         //初始化当前位置
    count=0;                                 //初始化元素个数
}


template <class ElemType>
int CircLinkList<ElemType>::Length() const
//操作结果：返回线性表元素个数
{
    return count;
}


template <class ElemType>
StatusCode CircLinkList<ElemType>::Delete(int position, ElemType &e)
//操作结果：删除线性表的第 position 个位置的元素，并用 e 返回其值，
//    position 的取值范围为 1≤position≤Length()，
//    position 合法时返回 SUCCESS,否则返回 RANGE_ERROR
{
    if (position<1||position>Length())
    {   //position 范围错
        return RANGE_ERROR;
    }
```

```
        else
        {   //position合法
            Node<ElemType> * tmpPtr;
            tmpPtr=GetElemPtr(position-1);          //取出指向第 position-1 个结点的指针
            Node<ElemType> * nextPtr=tmpPtr->next;      //nextPtr 为 tmpPtr 的后继
            tmpPtr->next=nextPtr->next;              //删除结点
            e=nextPtr->data;                        //用 e 返回被删结点元素值
            if (position==Length())
            {   //删除尾结点,当前结点变为头结点
                curPosition=0;                      //设置当前位置的序号
                curPtr=head;                        //设置指向当前位置的指针
            }
            else
            {   //删除非尾结点,当前结点变为第 position 个结点
                curPosition=position;               //设置当前位置的序号
                curPtr=tmpPtr->next;                //设置指向当前位置的指针
            }
            count--;                                //删除成功后元素个数减 1
            delete nextPtr;                         //释放被删结点
            return SUCCESS;
        }
    }


template <class ElemType>
StatusCode CircLinkList<ElemType>::Insert(int position, const ElemType &e)
//操作结果: 在线性表的第 position 个位置前插入元素 e
//      position 的取值范围为 1≤position≤Length()+1
//      position 合法时返回 SUCCESS, 否则返回 RANGE_ERROR
{
    int len=Length();
    if (position<1||position>Length()+1)
    {   //position 范围错
        return RANGE_ERROR;                         //位置不合法
    }
    else
    {   //position 合法
        Node<ElemType> * tmpPtr;
        tmpPtr=GetElemPtr(position-1);              //取出指向第 position- 1 个结点的指针
        Node<ElemType> * newPtr;
        newPtr=new Node<ElemType> (e, tmpPtr->next);    //生成新结点
        tmpPtr->next=newPtr;                        //将 tmpPtr 插入到链表中
        curPosition=position;                       //设置当前位置的序号
        curPtr=newPtr;                              //设置指向当前位置的指针
        count++;                                    //插入成功后元素个数加 1
```

```
            return SUCCESS;
    }
}
```

3）修改双向链表的类模板声明和相应修改过的辅助函数模板和方法的实现

```
//双向链表类模板
template < class ElemType>
class DblLinkList
{
protected:
//循环链表实现的数据成员：
    DblNode<ElemType> * head;          //头结点指针
    mutable int curPosition;           //当前位置的序号
    mutable DblNode<ElemType> * curPtr; //指向当前位置的指针
    int count;                         //元素个数


//辅助函数模板
    DblNode<ElemType> * GetElemPtr(int position) const;
        //返回指向 position 个结点的指针
    void Init();                       //初始化线性表


public:
//抽象数据类型方法声明及重载编译系统默认方法声明：
    DblLinkList();                     //无参数的构造函数模板
    virtual ~DblLinkList();            //析构函数模板
    int Length() const;                //求线性表长度
    bool Empty() const;                //判断线性表是否为空
    void Clear();                      //将线性表清空
    void Traverse(void ( * visit)(const ElemType &)) const;  //遍历线性表
    StatusCode GetElem(int position, ElemType &e) const;     //求指定位置的元素
    StatusCode SetElem(int position, const ElemType &e);     //设置指定位置的元素值
    StatusCode Delete(int position, ElemType &e);            //删除元素
    StatusCode Insert(int position, const ElemType &e);      //插入元素
    DblLinkList(const DblLinkList<ElemType> &copy);          //复制构造函数模板
    DblLinkList<ElemType> &operator= (const DblLinkList<ElemType> &copy);
        //重载赋值运算符
};


template< class ElemType>
DblNode<ElemType> * DblLinkList<ElemType>::GetElemPtr(int position) const
//操作结果：返回指向第 position 个结点的指针
{
```

```
        if (curPosition<position)
        {   //当前位置在所查找位置之前,向后查找
            for (; curPosition<position; curPosition++)
                curPtr=curPtr->next;              //查找位置 position
        }
        else if (curPosition>position)
        {   //当前位置在所查找位置之后,向前查找
            for (; curPosition>position; curPosition--)
                curPtr=curPtr->back;              //查找位置 position
        }

    return curPtr;

}


template <class ElemType>
void DblLinkList<ElemType>::Init()
//操作结果:初始化线性表
{
    head=new DblNode<ElemType>;              //构造头指针
    head->next=head;                          //空循环链表的头结点后继为头结点本身
    curPtr=head;      curPosition=0;          //初始化当前位置
    count=0;                                   //初始化元素个数
}


template <class ElemType>
int DblLinkList<ElemType>::Length() const
//操作结果:返回线性表元素个数
{
    return count;
}


template <class ElemType>
StatusCode DblLinkList<ElemType>::Delete(int position, ElemType &e)
//操作结果:删除线性表的第 position 个位置的元素,并用 e 返回其值,
//    position 的取值范围为 1≤position≤Length(),
//    position 合法时返回 SUCCESS,否则返回 RANGE_ERROR
{
    if (position<1‖position>Length())
    {   //position 范围错
        return RANGE_ERROR;
    }
    else
    {   //position 合法
        DblNode<ElemType> * tmpPtr;
```

```
        tmpPtr=GetElemPtr(position-1);              //取出指向第 position-1 个结点的指针
        tmpPtr=tmpPtr->next;                         //tmpPtr 指向第 position 个结点
        tmpPtr->back->next=tmpPtr->next;             //修改向右的指针
        tmpPtr->next->back=tmpPtr->back;             //修改向左的指针
        e=tmpPtr->data;                              //用 e 返回被删结点元素值
        if (position==Length())
        {   //删除尾结点,当前结点变为头结点
            curPosition=0;                           //设置当前位置的序号
            curPtr=head;                             //设置指向当前位置的指针
        }
        else
        {   //删除非尾结点,当前结点变为第 position 个结点
            curPosition=position;                    //设置当前位置的序号
            curPtr=tmpPtr->next;                     //设置指向当前位置的指针
        }
        count--;                                     //删除成功后元素个数减 1
        delete tmpPtr;                               //释放被删结点

        return SUCCESS;
    }
}


template <class ElemType>
StatusCode DblLinkList<ElemType>::Insert(int position, const ElemType &e)
//操作结果:在线性表的第 position 个位置前插入元素 e,
//      position 的取值范围为 1≤position≤Length()+1,
//      position 合法时返回 SUCCESS, 否则返回 RANGE_ERROR
{
    if (position<1||position>Length()+1)
    {   //position 范围错
        return RANGE_ERROR;                          //位置不合法
    }
    else
    {   //position 合法
        DblNode<ElemType> * tmpPtr, * nextPtr, * newPtr;
        tmpPtr=GetElemPtr(position-1);               //取出指向第 position-1 个结点的指针
        nextPtr=tmpPtr->next;                        //nextPtr 指向第 position 个结点
        newPtr=new DblNode<ElemType> (e, tmpPtr, nextPtr);    //生成新结点
        tmpPtr->next=newPtr;                         //修改向右的指针
        nextPtr->back=newPtr;                        //修改向左的指针
        curPosition=position;                        //设置当前位置的序号
        curPtr=newPtr;                               //设置指向当前位置的指针
        count++;                                     //插入成功后元素个数加 1
        return SUCCESS;
    }
}
```

2.4 实 例 研 究

* 2.4.1 一元多项式的表示

符号多项式的操作是表处理的典型应用,在数学上一元 n 次多项式 $P(x)$ 可按升幂表示为

$$P(x) = p_0 + p_1 x + p_2 x^2 + \cdots + p_n x^n$$

多项式 $P(x)$ 由 $n+1$ 个系数所组成,在计算机中可用线性表 P 来表示:

$$P = (p_0, p_1, p_2, \cdots, p_n)$$

设 $Q(x)$ 是一个 m 次多项式,同样地可用线性表 Q 来表示:

$$Q = (q_0, q_1, q_2, \cdots, q_m)$$

不失一般性,可设 $m \leq n$,则 $P(x)$ 与 $Q(x)$ 相加的结果 $R(x) = P(x) + Q(x)$ 可用线性表 R 来表示:

$$R = (p_0 + q_0, p_1 + q_1, p_2 + q_2, \cdots, p_m + q_m, p_{m+1} + q_{m+1}, \cdots, p_n + q_n)$$

这种方式定义的多项式可用顺序表实现,加法运算非常简单,但在实际应用中,通常多项式的次数可能很高,非零项数却很少,例如对于多项式:

$$S(x) = 1 + 6x^{1000} + 8x^{200000}$$

用顺序表来表示时,需用一个长度为 200001 的线性表来表示,但表却只有 3 个非零项,这种情况非常占用内存空间,如果只存储非零项,则不但要存储非零系数,还必须同时存储相应的指数,一般情况下,可设多项式为

$$P(x) = p_1 x^{e_1} + p_2 x^{e_2} + \cdots + p_m x^{e_m}$$

其中 p_i 为系数,e_i 为指数 $(i = 1, 2, \cdots, n)$,并且按升幂排列,则满足:

$$0 \leq e_1 \leq e_2 \leq \cdots \leq e_m$$

这时多项式 $P(x)$ 可用线性表 P 来表示:

$$P = ((p_1, e_1), (p_2, e_2), \cdots, (p_m, e_m))$$

线性表的每个元素由两个数据项组成,一个为系数项,一个为指数项,对于稀疏多项式(次数较大,非零项个数较少)的多项式通常采用这种存储结构,本节将讨论利用线性链表来实现一元多项式的表示。

对于多项式 $f(x) = 2 + 3x^2 + 6x^{18}$ 用线性链表表示如图 2.13 所示。

图 2.13 多项式 $f(x) = 2 + 3x^2 + 6x^{18}$ 用线性链表示示意图

在实际应用中,多项式应包括如下的基本操作。

1) int Length() const

初始条件:多项式已存在。

操作结果:返回多项式的项数。

2) bool IsZero() const

初始条件:多项式已存在。

操作结果：如为零多项式，则返回 true，否则返回 false。

3）void SetZero()

初始条件：多项式已存在。

操作结果：将多项式置为 0。

4）void InsItem(const PolyItem &item)

初始条件：多项式已存在。

操作结果：插入一项。

5）Polynomial operator ＋(const Polynomial &p) const

初始条件：多项式已存在。

操作结果：重载加法运算符。

6）Polynomial operator －(const Polynomial &p) const

初始条件：多项式已存在。

操作结果：重载减法运算符。

7）Polynomial operator ＊(const Polynomial &p) const

初始条件：多项式已存在。

操作结果：重载乘法运算符。

对于多项式的链表实现，多项式的项声明定义如下：

```
//多项式类
struct PolyItem
{
//数据成员：
    double coef;                    //系数
    int expn;                       //指数

//构造函数：
    PolyItem();                     //无数据的构造函数
    PolyItem(double cf, int en);    //已知系数域和指数域建立结构
};

//多项式项类的实现部分
PolyItem::PolyItem()
//操作结果：构造指数域为-1 的结点
{
    expn=-1;
}


PolyItem::PolyItem(double cf, int en)
//操作结果：构造一个系数域为 cf 和指数域为 en 的结点
{
    coef=cf;
    expn=en;
}
```

多项式类声明如下：

```
//多项式类
class Polynomial
{
protected:
//多项式实现的数据成员:
    LinkList<PolyItem> polyList;                        //多项式组成的线性表

public:
    //抽象数据类型方法声明及重载编译系统默认方法声明:
    Polynomial(){};                                    //无参构造函数
    ~Polynomial(){};                                   //析构函数
    int Length() const;                                //求多项式的项数
    bool IsZero() const;                               //判断多项式是否为 0
    void SetZero();                                    //将多项式置为 0
    void Display();                                    //显示多项式
    void InsItem(const PolyItem &item);                //插入一项
    Polynomial operator+ (const Polynomial &p) const;  //加法运算符重载
    Polynomial operator- (const Polynomial &p) const;  //减法运算符重载
    Polynomial operator * (const Polynomial &p) const; //乘法运算符重载
    Polynomial(const Polynomial &copy);                //复制构造函数
    Polynomial(const LinkList<PolyItem> &copyLinkList);
        //由多项式组成的线性表构造多项式
    Polynomial &operator= (const Polynomial &copy);    //赋值运算符重载
    Polynomial &operator= (const LinkList<PolyItem> &copyLinkList);
                                                       //赋值运算符重载
};
```

对于多项式的加法运算,用线性链表 la 与 lb 表示多项式,这两个多项式之和用线性链表 lc 表示,则 lc 的项为 la 中的项,或为 lb 中的项,或为 la 与 lb 的同类项之和,先设置 lc 为空(零多项式),然后将 la 与 lb 中的项逐个进行合并插入到 lc 中即可,为使 lc 的项按升幂排列,la 的第 aPos 项为 aItem,lb 的第 bPos 项为 bItem,合并后插入到 lc 的元素为 cItem,则有:

（1）当 aItem.expn < bItem.expn 时,cItem = aItem,也就是将 aItem 追加在 lc 的后面,并且 ++ aPos。

（2）当 aItem.expn > bItem.expn 时,cItem = bItem,也就是将 bItem 追加在 lc 的后面,并且 ++ bPos。

（3）当 aItem.expn = bItem.expn 时,令:

```
cItem.coef=aItem.coef+bItem.coef
cItem.expn=aItem.expn
```

如果 cItem.coef ≠ 0,则将 cItem 追加在 lc 的后面,同时作操作 ++ aPos 和 ++ bPos。
如果 cItem.coef = 0,则作操作 ++ aPos 现 ++ bPos。

显然 aPos 与 bPos 的初值都为 1,具体算法实现如下:

```
Polynomial Polynomial::operator+ (const Polynomial &p) const
//操作结果:返回当前多项式与 p 的和——加法运算符重载
{
    LinkList<PolyItem> la=polyList;                  //当前多项式对应的线性表
    LinkList<PolyItem> lb=p.polyList;                //多项式 p 对应的线性表
    LinkList<PolyItem> lc;                           //和多项式对应的线性表
    int aPos=1, bPos=1;
    PolyItem aItem, bItem;
    StatusCode aStatus, bStatus;

    aStatus=la.GetElem(aPos, aItem);                 //取出 la 的第 1 项
    bStatus=lb.GetElem(bPos, bItem);                 //取出 lb 的第 1 项

    while (aStatus==ENTRY_FOUND && bStatus==ENTRY_FOUND )
    {
        if (aItem.expn<bItem.expn)
        //la 中的项 aItem 指数较小
        {
            lc.Insert(lc.Length()+1, aItem);         //将 aItem 追加到 lc 的后面
            aStatus=la.GetElem(++aPos, aItem);       //取出 la 的第下一项
        }
        else if (aItem.expn>bItem.expn)
        //lb 中的项 bItem 指数较小
        {
            lc.Insert(lc.Length()+1, bItem);         //将 bItem 追加到 lc 的后面
            bStatus=lb.GetElem(++bPos, bItem);       //取出 lb 的第下一项
        }
        else
        //la 中的项 aItem 和 lb 中的项 bItem 指数相等
        {
            PolyItem sumItem(aItem.coef+bItem.coef, aItem.expn);
            if (sumItem.coef!=0)
                lc.Insert(lc.Length()+1, sumItem);   //将 bItem 追加到 lc 的后面
            aStatus=la.GetElem(++aPos, aItem);       //取出 la 的第下一项
            bStatus=lb.GetElem(++bPos, bItem);       //取出 lb 的第下一项
        }
    }

    while (aStatus==ENTRY_FOUND)
    //将 la 的剩余项追加到 lc 的后面
    {
        lc.Insert(lc.Length()+1, aItem);             //将 aItem 追加到 lc 的后面
        aStatus=la.GetElem(++aPos, aItem);           //取出 la 的第下一项
    }
```

```
    while (bStatus==ENTRY_FOUND)
    //将 lb 的剩余项追加到 lc 的后面
    {
        lc.Insert(lc.Length()+1, bItem);               //将 bItem 追加到 lc 的后面
        bStatus=lb.GetElem(++bPos, bItem);             //取出 lb 的第下一项
    }

    Polynomial fs;                                      //和多项式
    fs.polyList=lc;

    return fs;
}
```

对于多项式的减法运算,可用 $P(x)-Q(x)=P(x)+(-Q(x))$ 实现,具体算法实现如下:

```
Polynomial Polynomial::operator- (const Polynomial &p) const
//操作结果: 返回当前多项式与 p 之差——减法运算符重载
{
    LinkList<PolyItem> la=polyList;                     //当前多项式对应的线性表
    LinkList<PolyItem> lb=p.polyList;                   //多项式 p 对应的线性表
    int bPos=1;
    PolyItem bItem;
    StatusCode bStatus;

    //将 lb 的各项的系数取相反数
    bStatus=lb.GetElem(bPos, bItem);                    //取出 lb 的第 1 项
    while (bStatus==ENTRY_FOUND )
    {
        bItem.coef=- bItem.coef;                        //将系统取反
        lb.SetElem(bPos, bItem);                        //设置项

        bStatus=lb.GetElem(++bPos, bItem);              //取出 lb 的下一项
    }

    Polynomial fa(la), fb(lb), fc=fa+fb;

    return fc;
}
```

两个一元多项式的乘法运算,可利用一元多项式的加法运算来实现,这是因为乘法运算可分解为一系列的加法运算来实现,设 $P(x)$、$Q(x)$ 与 $R(x)$ 为多项式:

$$P(x)=p_1 x^{e_1} + p_2 x^{e_2} + \cdots + p_m x^{e_m}$$
$$Q(x)=q_1 x^{e_1} + q_2 x^{e_2} + \cdots + q_n x^{e_n}$$
$$M(x)=P(x)\times Q(x)$$

$$= (p_1 x^{e_1} + p_2 x^{e_2} + \cdots + p_m x^{e_m}) \times (q_1 x^{e_1} + q_2 x^{e_2} + \cdots + q_n x^{e_n})$$

$$= \sum_{i=1}^{m} \sum_{j=1}^{n} p_i q_j P(x) x^{e_i + e_j}$$

多项式的乘法运算的具体算法实现如下：

```
Polynomial Polynomial::operator * (const Polynomial &p) const
//操作结果：返回当前多项式与 p 之积——乘法运算符重载
{
    LinkList<PolyItem> la=polyList;              //当前多项式对应的线性表
    LinkList<PolyItem> lb=p.polyList;            //多项式 p 对应的线性表
    LinkList<PolyItem> lc;
    Polynomial fMultiply;                        //乘积多项式
    int aPos=1 , bPos;
    PolyItem aItem, bItem, cItem;
    StatusCode aStatus, bStatus;

    //用 la 的各项去乘 lb
    aStatus=la.GetElem(aPos, aItem);             //取出 la 的第 1 项
    while (aStatus==ENTRY_FOUND)
    {

        bPos=1;
        bStatus=lb.GetElem(bPos, bItem);         //取出 lb 的第 1 项
        while (bStatus==ENTRY_FOUND)
        {
            //将 la 与 lb 的每一次相乘
            cItem.coef=aItem.coef * bItem.coef;  //系数相乘
            cItem.expn=aItem.expn+bItem.expn;    //指数相加

            lc.Clear();                          //清空 lc
            lc.Insert(lc.Length()+1, cItem);     //lc 为乘积
            //将乘积加到 fMultiply
            Polynomial fc(lc);
            fMultiply=fMultiply+fc;

            bStatus=lb.GetElem(++bPos, bItem);   //取出 lb 的下一项
        }

        aStatus=la.GetElem(++aPos, aItem);       //取出 la 的下一项
    }

    return fMultiply;
}
```

**2.4.2 计算任意大整数的阶乘

对于一般计算阶乘的算法比较简单,可根据阶乘的定义实现如下：

```
//文件路径名:e2_1\factorial.h
long Factorial(long n)
//操作结果:返回 n 的阶乘
{
    long tmp=1;
    for (long i=1; i<=n; i++)
    {   //连乘求阶乘
        tmp=tmp * i;
    }
    return tmp;
}
```

当参数 n 较大时,比如 $n=17$ 时,计算结果为负数,表明 17!已超过长整型数的表示范围,对于求一个大正数的阶乘问题,可定义一个非负大数类,并且重载 * 运算符和<<运算符,类声明如下:

```
//文件路径名:e2_2\large_int.h
//非负大整数类
class CLargeInt
{
protected:
//非负大整数类的数据成员:
    DblLinkList<unsigned int> num;

//辅助函数
    CLargeInt Multi10Power(const CLargeInt &largeInt, unsigned int exponent) const;
        //乘 10 的阶幂
    CLargeInt operator * (unsigned int digit) const;   //乘法运算符重载(乘以一位数)

public:
//方法声明及重载编译系统默认方法声明:
    CLargeInt(unsigned int n=0);                        //构造函数
    CLargeInt(char * strNum);                           //构造函数
    CLargeInt &operator= (const CLargeInt &copy);      //赋值运算符重载
    CLargeInt operator+ (const CLargeInt &largInt) const;
        //加法运算符重载(加上一个非负大整数)
    CLargeInt operator * (const CLargeInt &largInt) const;
        //乘法运算符重载(乘以一个非负大整数)
    friend ostream &operator<< (ostream &outStream, const CLargeInt &outLargeInt);
        //重载运算符<<
};
```

两个非负大整数的加法操作比较简单,只要从个位开始依次取出被加数与加数的各位 digit1 与 digit2,设低位的进位为 carry,则和的相应位为(digit1＋digit2＋carry)％10,新的向高位的进位为(digit1＋digit2＋carry)/10,具体实现如下:

```
CLargeInt CLargeInt::operator + (const CLargeInt &largInt) const
```

//操作结果：加法运算符重载(加上一个非负大整数)
```
{
    CLargeInt tmpLargInt;
    unsigned int carry=0;                        //进位
    unsigned int digit1, digit2;                 //表示非负大整数的各位
    unsigned int pos1, pos2;                      //表示非负大整数的各位的位置

    pos1=num.Length();                           //被加数的个位位置
    pos2=largInt.num.Length();                   //largInt 的个位位置
    while (pos1>0 && pos2>0)
    {   //从个位开始求和
        num.GetElem(pos1--, digit1);             //被加数的一位
        largInt.num.GetElem(pos2--, digit2);     //加数的一位
        tmpLargInt.num.Insert(1, (digit1+digit2+carry)%10);  //插入和的新的一位
        carry=(digit1+digit2+carry)/10;          //新的进位
    }

    while (pos1>0)
    {   //被加数还有位没有求和
        num.GetElem(pos1--, digit1);             //a 的一位
        tmpLargInt.num.Insert(1, (digit1+carry)%10);  //插入和的新的一位
        carry=(digit1+carry)/10;                 //新的进位
    }

    while (pos2>0)
    {   //加数还有位没有求和
        largInt.num.GetElem(pos2--, digit2);     //加数的一位
        tmpLargInt.num.Insert(1, (digit2+carry)%10);  //插入和的新的一位
        carry=(digit2+carry)/10;                 //新的进位
    }

    if (carry>0)
    {   //存在进位
        tmpLargInt.num.Insert(1, carry);         //向高位进位
    }

    return tmpLargInt;
}
```

对于两个非负大整数的乘法，为简便起见，定义两个辅助函数实现求非负大整数乘 10 的阶幂与乘以一位数，这样只要取出一个非负大整数的各位 digit，再与另一个非负大整数相乘，将乘积再乘以 10 的阶幂，具体实现如下：

```
CLargeInt CLargeInt::operator * (const CLargeInt &largInt) const
//操作结果：乘法运算符重载(乘以一个非负大整数)
{
```

```
    CLargeInt tmpLargInt;
    unsigned int digit;                              //表示一位数字
    unsigned int len=num.Length();                   //位数

    for (int pos=len; pos>0; pos--)
    {   //digit 依次乘当前非负大整数的各位
        num.GetElem(pos, digit);                     //取出一位
        tmpLargInt=tmpLargInt+Multi10Power(largInt * digit, len-pos);
            //将当前非负大整数的每一位与 largInt 的乘积进行累加
    }

    return tmpLargInt;
}
```

有了非负大整数类后,求任意大整数的阶乘就比较简单了,具体实现如下:

```
//文件路径名:e2_2\factorial.h
CLargeInt Factorial(unsigned int iNum)
//操作结果:计算正大数的阶乘
{
    CLargeInt tmpLargInt(1);

    for (unsigned int i=1; i<=iNum; i++)
    {   //连乘求阶乘
        tmpLargInt=tmpLargInt * CLargeInt(i);
    }

    return tmpLargInt;
}
```

2.5 深入学习导读

　　线性链表实现分成简单形式实现及在链表结构中保存当前位置及元素个数进行实现,前者主要参考了严蔚敏、吴伟民编著的《数据结构(C 语言版)》[12],后者主要参考了 Robert L. Kruse, Alexander J. Ryba 所著的《Data Structures and Program Design in C++》[1]。

　　Cliford A. Shaffer 所著的《A Practical Introduction to Data Structures and Algorithm Analysis》[2]提出了一种用抽象类来表示抽象数据类型,用抽象类的派生类来实现数据结构的方法,如果不考虑学生的接受能力,是一种表示数据结构的完美方法。

　　严蔚敏、吴伟民编著的《数据结构(C 语言版)》[12]与殷人昆、陶永雷、谢若阳、盛绚华编著的《数据结构(用面向对象方法与 C++ 描述)》[13]都提出多项式的表示与相加,本书严格实现了多项式类并实现了多项式的加法与乘法运算。

　　计算任意大整数的阶乘来源于学生提问,更多这方面的信息可以参见作者的教学主页 http://cs. scu. edu. cn/~youhongyue 中的"数据结构与算法分析问答"部分。

习 题 2

*1. 设有多项式 $f(x) = 3 + 2x^5 + 6x^9$，试用线性链表表示。

2. 简述头指针、头结点、首元结点(第一个元素结点)的区别。

3. 简述线性表的顺序存储结构的缺点。

4. 试给出不带头结点的双向链表、带头结点的双向循环链表为空的条件及图示。

5. 在双向循环链表中，在 p 所指结点之后插入 s 所指结点，试给出语句序列。

6. 简述单循环链表的特点，求已知结点的直接前驱的时间复杂度。

7. 线性表长度为 n，采用顺序存储结构，在任何位置插入元素都为等概率的，试求在表中插入一个数据元素时，移动元素的平均个数。

8. 对于线性表的顺序存储结构，设起始地址为 100，每个元素占 6 个存储单元，求第 18 个元素的内容存储在哪几个存储单元素中？

9. 已知两个带头结点的单链表 A 和 B 分别表示两个集合，元素值递增有序，设计算法求出 A,B 的差集 C，并同样以递增的形式存储。

*10. 在 SimpleLinkList 类模板中添加一个成员函数模板，实现利用源结点空间逆置单链表中元素的顺序。

上机实验题 2

1. 试实现不带头结点形式的单链表。

**2. 试设计任意大非负整数的任意大非负整数次方的算法。

第3章 栈和队列

栈和队列是两种重要的特殊线性表,从结构上讲,栈和队列都是线性表,但栈和队列的基本操作是线性表操作的子集,是操作受限制的线性表,它们在各种软件系统中有着广泛应用,本章将讨论栈和队列的定义、表示方法和实现,也给出一些典型应用。

3.1 栈

3.1.1 栈的基本概念

栈(stack)是限定只在表头进行插入(入栈)与删除(出栈)操作的线性表,表头端称为栈顶,表尾端称为栈底。

设有栈 $S=(a_1,a_2,a_3,\cdots,a_n)$,则一般称 a_1 为栈底元素,a_n 为栈顶元素,按 $a_1,a_2,a_3,\cdots,a_n$ 的顺序依次进栈,出栈的第一个元素为栈顶元素,也就是说栈是按后进先出的原则进行,如图 3.1 所示,所以栈可称为后进先出(last in first out,LIFO)的线性表(简称为 LIFO 结构)。

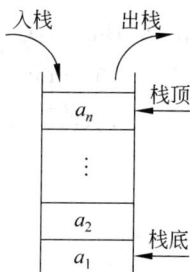

图 3.1 栈示意图

在实际应用中,栈包含了如下的基本操作。

1) int Length() const

初始条件:栈已存在。

操作结果:返回栈元素个数。

2) bool Empty() const

初始条件:栈已存在。

操作结果:如栈为空,则返回 true,否则返回 false。

3) void Clear()

初始条件:栈已存在。

操作结果:清空栈。

4) void Traverse(void (∗ visit)(const ElemType &)) const

初始条件:栈已存在。

操作结果:从栈底到栈顶依次对栈的每个元素调用函数(∗ Visit)。

5) StatusCode Push(const ElemType &e)

初始条件:栈已存在。

操作结果:插入元素 e 为新的栈顶元素。

6) StatusCode Top(ElemType &e) const

初始条件:栈已存在且非空。

操作结果:用 e 返回栈顶元素。

7) StatusCode Pop(ElemType &e)

初始条件：栈已存在且非空。

操作结果：删除栈顶元素，并用 *e* 返回栈顶元素。

3.1.2　顺序栈

栈的实现与线性表类似，有两种方法——顺序栈和链栈，本节讨论顺序栈的实现，下一节讨论链栈的实现。

在顺序实现中，利用一组地址连续的存储单元依次存放从栈底到栈顶的数据元素，将数据类型为 ElemType 的数据元素存储在数组中，并用 count 存储数组中存储的栈的实际元素个数，当 count＝0 时表示栈为空，每当插入新的栈顶元素时，如栈未满，操作成功，count 的值将加 1，而当删除栈顶元素时，如栈不空，操作成功，并且 count 的值将减 1，具体类模板声明及实现如下：

```
//顺序栈类模板
template< class ElemType>
class SqStack
{
protected:
//顺序栈的数据成员：
    int count;                                          //元素个数
    int maxSize;                                        //栈最大元素个数
    ElemType * elems;                                   //元素存储空间

//辅助函数模板
    bool Full() const;                                  //判断栈是否已满
    void Init(int size);                                //初始化栈

public:
//抽象数据类型方法声明及重载编译系统默认方法声明：
    SqStack(int size= DEFAULT_SIZE);                    //构造函数模板
    virtual ~SqStack();                                 //析构函数模板
    int Length() const;                                 //求栈长度
    bool Empty() const;                                 //判断栈是否为空
    void Clear();                                       //将栈清空
    void Traverse(void ( * visit)(const ElemType &)) const;   //遍历栈
    StatusCode Push(const ElemType &e);                 //入栈
    StatusCode Top(ElemType &e) const;                  //返回栈顶元素
    StatusCode Pop(ElemType &e);                        //出栈
    SqStack(const SqStack<ElemType> &copy);             //复制构造函数模板
    SqStack<ElemType> &operator= (const SqStack<ElemType> &copy);   //重载赋值运算符
};


//顺序栈类模板的实现部分
template <class ElemType>
```

```
bool SqStack<ElemType>::Full() const
//操作结果：如栈已满，则返回 true,否则返回 false
{
    return count==maxSize;
}
template <class ElemType>
void SqStack<ElemType>::Init(int size)
//操作结果：初始化栈为最大元素个数为 size 的空栈
{
    maxSize=size;                          //最大元素个数
    if (elems!=NULL) delete []elems;       //释放存储空间
    elems=new ElemType[maxSize];           //分配存储空间
    count=0;                               //空栈元素个数为 0
}


template<class ElemType>
SqStack<ElemType>::SqStack(int size)
//操作结果：构造一个最大元素个数为 size 的空栈
{
    elems=NULL;                            //未分配存储空间前,elems 为空
    Init(size);                            //初始化栈
}


template<class ElemType>
SqStack<ElemType>::~SqStack()
//操作结果：销毁栈
{
    delete []elems;                        //释放存储空间
}


template <class ElemType>
int SqStack<ElemType>::Length() const
//操作结果：返回栈元素个数
{
    return count;
}


template<class ElemType>
bool SqStack<ElemType>::Empty() const
//操作结果：如栈为空,则返回 true,否则返回 false
{
    return count==0;
}


template<class ElemType>
```

```cpp
void SqStack<ElemType>::Clear()
//操作结果：清空栈
{
    count=0;
}


template <class ElemType>
void SqStack<ElemType>::Traverse(void (*visit)(const ElemType &)) const
//操作结果：从栈底到栈顶依次对栈的每个元素调用函数(*visit)
{
    for (int curPosition=1; curPosition<=Length(); curPosition++)
    {   //从栈底到栈顶对栈的每个元素调用函数(*Visit)
        (*visit)(elems[curPosition-1]);
    }
}


template<class ElemType>
StatusCode SqStack<ElemType>::Push(const ElemType &e)
//操作结果：将元素e追加到栈顶,如成功则返回SUCCESS,如栈已满将返回OVER_FLOW
{
    if (Full())
    {   //栈已满
        return OVER_FLOW;
    }
    else
    {   //操作成功
        elems[count++]=e;        //将元素e追加到栈顶
        return SUCCESS;
    }
}


template<class ElemType>
StatusCode SqStack<ElemType>::Top(ElemType &e)const
//操作结果：如栈非空,用e返回栈顶元素,返回SUCCESS,否则返回UNDER_FLOW
{
    if(Empty())
    {   //栈空
        return UNDER_FLOW;
    }
    else
    {   //栈非空,操作成功
        e=elems[count-1];                //用e返回栈顶元素
        return SUCCESS;
    }
}
```

```
template<class ElemType>
StatusCode SqStack<ElemType>::Pop(ElemType &e)
//操作结果：如栈非空,删除栈顶元素,并用 e 返回栈顶元素,函数返回 SUCCESS,否则
//函数返回 UNDER_FLOW
{
    if (Empty())
    {   //栈空
        return UNDER_FLOW;
    }
    else
    {   //操作成功
        e=elems[count-1];                    //用 e 返回栈顶元素
        count--;
        return SUCCESS;
    }
}


template<class ElemType>
SqStack<ElemType>::SqStack(const SqStack<ElemType> &copy)
//操作结果：由栈 copy 构造新栈——复制构造函数模板
{
    elems=NULL;                              //未分配存储空间前,elems 为空
    Init(copy.maxSize);                      //初始化新栈
    count=copy.count;                        //栈元素个数
    for (int curPosition=1; curPosition<=Length(); curPosition++)
    {   //从栈底到栈顶对栈 copy 的每个元素进行复制
        elems[curPosition-1]=copy.elems[curPosition-1];
    }
}


template<class ElemType>
SqStack<ElemType> &SqStack<ElemType>::operator= (const SqStack<ElemType> &copy)
//操作结果：将栈 copy 赋值给当前栈——重载赋值运算符
{
    if (&copy!=this)
    {
        Init(copy.maxSize);                  //初始化当前栈
        count=copy.count;                    //复制栈元素个数
        for (int curPosition=1; curPosition<=Length(); curPosition++)
        {   //从栈底到栈顶对栈 copy 的每个元素进行复制
            elems[curPosition-1]=copy.elems[curPosition-1];
        }
    }
    return * this;
}
```

例 3.1　读入一个整数 n 和 n 个整数,然后按相反的顺序输出。

本题可利用栈的后进先出的特性,在读取每个数据时将其入栈,然后再将数据出栈即可实现反序输出。

具体算法如下:

```
//文件路径名:s3_1\alg.h
void Reverse()
//初始条件:读入一个整数 n 和 n 个整数
//操作结果:按相反的顺序输出 n 个整数
{
    int n, e;
    SqStack<int>tmpS;                      //临时栈

    cout<<"输入一个整数:";
    cin>>n;

    while(n<=0)
    {   //保证 n 为正整数
        cout<<"整数不能为负或 0,请重新输入 n:";
        cin>>n;
    }

    cout<<"请输入"<<n<<"个整数:"<<endl;
    for (int i=0; i<n; i++)
    {   //输入 n 个整数,并入栈
        cin>>e;
        tmpS.Push(e);
    }

    cout<<"按输入的相反顺序输出:"<<endl;
    while (!tmpS.Empty())
    {   //出栈,并输出
        tmpS.Pop(e);
        cout<<e<<" ";
    }
}
```

当栈满时将发生溢出,为避免这种情况的发生,需为栈设立一个足够大的存储空间,但如果空间过大,而栈中实际元素个数不多,则会浪费存储空间,当程序中存在几个栈时,在实际动行中,可能有的栈膨胀过快,很快产生溢出,而有的栈可能还有许多空余空间,比如只有两个栈,为解决这种情况,可以定义一个足够大的栈空间,此存储空间的两端分别设为两个栈的栈底,两个栈的栈顶都向中间伸展,直到两个栈顶相遇才发生溢出,如图 3.2 所示。

说明:对于 $n(n>2)$ 个栈的共享存储空间的情形,处理十分复杂,并且在插入和删除时可能会出现移动大量元素,时间代价较高,解决的办法就是采用链栈存储方式。

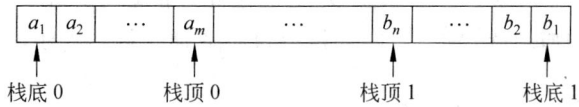

图 3.2 两个栈共享存储空间示意图

3.1.3 链式栈

在程序中同时使用多个栈的情形下,使用链式栈不但可以提高存储效率,同时还可达到共享存储空间的目的。

链式栈的结构如图 3.3 所示,入栈和出栈操作都非常简单,一般都不使用头结点直接实现,下面是链式栈的类模板声明和实现。

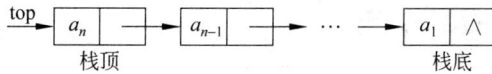

图 3.3 链式栈示意图

```
//链栈类模板
template< class ElemType>
class LinkStack
{
protected:
//链栈实现的数据成员:
    Node<ElemType> * top;                                      //栈顶指针

//辅助函数模板
    void Init();                                               //初始化栈

public:
//抽象数据类型方法声明及重载编译系统默认方法声明:
    LinkStack();                                               //无参数的构造函数模板
    virtual ~LinkStack();                                      //析构函数模板
    int Length() const;                                        //求栈长度
    bool Empty() const;                                        //判断栈是否为空
    void Clear();                                              //将栈清空
    void Traverse(void (* visit)(const ElemType &)) const;     //遍历栈
    StatusCode Push(const ElemType &e);                        //入栈
    StatusCode Top(ElemType &e) const;                         //返回栈顶元素
    StatusCode Pop(ElemType &e);                               //出栈
    LinkStack(const LinkStack<ElemType> &copy);                //复制构造函数模板
    LinkStack<ElemType> &operator= (const LinkStack<ElemType> &copy);
        //重载赋值运算符
};
```

```
//链栈类模板的实现部分
template <class ElemType>
void LinkStack<ElemType>::Init()
//操作结果: 初始化栈
{
    top=NULL;                                             //构造栈顶指针
}


template<class ElemType>
LinkStack<ElemType>::LinkStack()
//操作结果: 构造一个空栈表
{
    Init();
}


template<class ElemType>
LinkStack<ElemType>::~LinkStack()
//操作结果: 销毁栈
{
    Clear();
}


template <class ElemType>
int LinkStack<ElemType>::Length() const
//操作结果: 返回栈元素个数
{
    int count=0;                                          //计数器
    for (Node<ElemType> * tmpPtr=top; tmpPtr!=NULL; tmpPtr=tmpPtr->next)
    {   //用 tmpPtr 依次指向每个元素
        count++;                                          //对栈每个元素进行计数
    }
    return count;
}


template<class ElemType>
bool LinkStack<ElemType>::Empty() const
//操作结果: 如栈为空,则返回 true,否则返回 false
{
    return top==NULL;
}


template<class ElemType>
void LinkStack<ElemType>::Clear()
//操作结果: 清空栈
{
```

```
        ElemType tmpElem;                                    //临时元素值
        while (!Empty())
            Pop(tmpElem);
}


template <class ElemType>
void LinkStack<ElemType>::Traverse(void (*visit)(const ElemType &)) const
//操作结果: 从栈底到栈顶依次对栈的每个元素调用函数(*visit)
{
        Node<ElemType> *tmpPtr;
        LinkStack<ElemType>tmpS;            //临时栈,tmpS中元素顺序与当前栈元素顺序相反
        for (tmpPtr=top; tmpPtr!=NULL; tmpPtr=tmpPtr->next)
        {   //用 tmpPtr 依次指向当前栈的每个元素
            tmpS.Push(tmpPtr->data);        //对当前栈的每个元素入栈到 tmpS 中
        }

        for (tmpPtr=tmpS.top; tmpPtr!=NULL; tmpPtr=tmpPtr->next)
        {   //用 tmpPtr 从栈顶到栈底依次指向栈 tmpS 的每个元素
            (*visit)(tmpPtr->data);         //对栈 tmpS 的每个元素调用函数(*visit)
        }
}


template<class ElemType>
StatusCode LinkStack<ElemType>::Push(const ElemType &e)
//操作结果: 将元素 e 追加到栈顶,如成功则返回 SUCCESS,否则如动态内存已耗尽
//将返回 OVER_FLOW
{
        Node<ElemType> *new_top=new Node<ElemType> (e, top);
        if (new_top==NULL)
        {   //动态内存耗尽
            return OVER_FLOW;
        }
        else
        {   //操作成功
            top=new_top;
            return SUCCESS;
        }
}


template<class ElemType>
StatusCode LinkStack<ElemType>::Top(ElemType &e) const
//操作结果: 如栈非空,用 e 返回栈顶元素,函数返回 SUCCESS,否则函数返回 UNDER_FLOW
{
        if(Empty())
        {   //栈空
```

```
            return UNDER_FLOW;
    }
    else
    {    //栈非空,操作成功
        e=top->data;                        //用 e 返回栈顶元素
        return SUCCESS;
    }
}


template<class ElemType>
StatusCode LinkStack<ElemType>::Pop(ElemType &e)
//操作结果:如栈非空,删除栈顶元素,并用 e 返回栈顶元素,返回 SUCCESS,否则
//    返回 UNDER_FLOW
{
    if (Empty())
    {    //栈空
        return UNDER_FLOW;
    }
    else
    {    //操作成功
        Node<ElemType> * old_top=top;            //旧栈顶
        e=old_top->data;                         //用 e 返回栈顶元素
        top=old_top->next;                       //top 指向新栈顶
        delete old_top;                          //删除旧栈顶
        return SUCCESS;
    }
}


template<class ElemType>
LinkStack<ElemType>::LinkStack(const LinkStack<ElemType> &copy)
//操作结果:由栈 copy 构造新栈——复制构造函数模板
{
    if (copy.Empty())
    {    //copy 为空
        Init();                                  //构造一空栈
    }
    else
    {    //copy 非空,复制栈
        top=new Node<ElemType> (copy.top->data);          //生成当前栈顶
        Node<ElemType> * buttomPtr=top;                   //当前栈底指针
        for (Node<ElemType> * tmpPtr=copy.top->next; tmpPtr!=NULL; tmpPtr=tmpPtr->next)
        {    //用 tmpPtr 依次指向其余元素
            buttomPtr->next=new Node<ElemType> (tmpPtr->data);      //向栈底追加元素
            buttomPtr=buttomPtr->next;                    //buttomPtr 指向新栈底
        }
```

```
            }
        }


template<class ElemType>
LinkStack<ElemType> &LinkStack<ElemType>::operator= (const LinkStack<ElemType> &copy)
//操作结果: 将栈 copy 赋值给当前栈——重载赋值运算符
{
    if (&copy!=this)
    {
        if (copy.Empty())
        {   //copy 为空
            Init();                                    //构造一空栈
        }
        else
        {   //copy 非空,复制栈
            Clear();                                   //清空当前栈
            top=new Node<ElemType> (copy.top->data);   //生成当前栈项
            Node<ElemType> * buttomPtr=top;            //当前栈底指针
            for (Node<ElemType> * tmpPtr=copy.top->next; tmpPtr!=NULL; tmpPtr=
            tmpPtr->next)
            {   //用 tmpPtr 依次指向其余元素
                buttomPtr->next=new Node<ElemType> (tmpPtr->data);
                                                       //向栈底追加元素
                buttomPtr=buttomPtr->next;             //buttomPtr 指向新栈底
            }
        }
    }
    return * this;
}
```

例 3.2 设计一个算法判别用字符串表示的表达式中括号(,),[,],{,}是否配对出现。
比如字符串:

$$\{a*[c+d*(e+f)]$$

漏掉了括号"}"
　　字符串:

$$\{a*[b+c*(e-f])\}$$

虽然有同等数量的左右大中小括号,但仍是不匹配的括号,是第 1 个右中括号"]"和最近的
左小括号"("不匹配。
　　下面通过一个算法来实现检查一个输入的字符串中括号是否正确匹配,算法思路如下:
　　用一个字符串表示一个表达式,从左向右依次扫描各字符;
　　如果读入的字符为"("、"["或"{",则进栈;
　　若读入的字符为")",如栈空则左右括号不匹配,否则如栈顶的括号是"(",则出栈,否则
不匹配(这时栈顶为"["或"{");

若读入的字符为"]",如栈空则左右括号不匹配,否则如栈顶的括号是"[",则出栈,否则不匹配(这时栈顶为"("或"{");

若读入的字符为"}",如栈空则左右括号不匹配,否则如栈顶的括号是"{",则出栈,否则不匹配(这时栈顶为"("或"[");

若当前读入的字符是其他字符,则继续读入;

扫描完各字符后,如栈为空,则左右括号匹配,否则左右括号不匹配。

具体算法如下:

```
//文件路径名:s3_2\alg.h
bool Match(char * s)
//操作结果:判别用字符串 s 表示的表达式中大、中和小括号是否配对出现
{
    LinkStack<char>tmpS;                //临时栈
    char tmpCh;                         //临时字符

    for (int i=0; i<strlen(s); i++)
    {  //从左向右依次扫描各字符
        if (s[i]=='(' ||s[i]=='[' || s[i]=='{')
        {  //如读入的字符为"("、"["或"{",则进栈
            tmpS.Push(s[i]);
        }
        else if (s[i]==')')
        {   //读入的字符为')'
            if (tmpS.Empty())
            {   //如栈空则左右括号不匹配
                return false;
            }
            else if (tmpS.Top(tmpCh), tmpCh=='(')
            {   //如栈顶的括号是'(',则出栈
                tmpS.Pop(tmpCh);
            }
            else
            {   //否则不匹配(这时栈顶为'['或'{')
                return false;
            }
        }
        else if (s[i]==']')
        {   //读入的字符为']'
            if (tmpS.Empty())
            {   //如栈空则左右括号不匹配
                return false;
            }
            else if (tmpS.Top(tmpCh), tmpCh  =='[')
            {   //如栈顶的括号是'[',则出栈
                tmpS.Pop(tmpCh);
```

```
                }
                else
                {   //否则不匹配(这时栈顶为'('或'{')
                    return false;
                }
            }
            else if (s[i]=='}')
            {   //读入的字符为'}'
                if (tmpS.Empty())
                {   //如栈空则左右括号不匹配
                    return false;
                }
                else if (tmpS.Top(tmpCh), tmpCh=='{')
                {   //如栈顶的括号是'{',则出栈
                    tmpS.Pop(tmpCh);
                }
                else
                {   //否则不匹配(这时栈顶为'('或'[')
                    return false;
                }
            }
        }

    if (tmpS.Empty())
    {   //栈空则左右括号匹配
        return true;
    }
    else
    {   //栈不空则左右括号不匹配
        return false;
    }
}
```

3.2　队　　列

3.2.1　队列的基本概念

队列(queue)是一种先进先出(first in first out,FIFO)的线性表,只允许在一端进行插入(入队)操作,在另一端进行删除(出队)操作。

在队列中,允许入队操作的一端称为队尾,允许出队操作的一端称为队头,如图 3.4 所示。

设有队列 $q=(a_1, a_2, \cdots, a_n)$,则 a_1 称为队头元素,

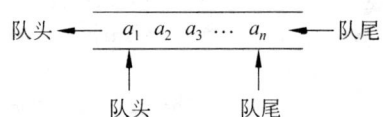

队头 ←——— a_1 a_2 a_3 $\cdots$ a_n ———→ 队尾

队头　　　　　　队尾

图 3.4　队列示意图

a_n 称为队尾元素,队列中元素按 $a_1, a_2, \cdots, a_n$ 的顺序入队,同时也按相同的顺序出队,队列的典型应用是操作系统中的作业排队,同时在离散事件模拟中一般都要使用队列,在实际应用中,队列包含了如下的基本操作。

1) int Length() const

初始条件:队列已存在。

操作结果:返回队列长度。

2) bool Empty() const

初始条件:队列已存在。

操作结果:如队列为空,则返回 true,否则返回 false。

3) void Clear()

初始条件:队列已存在。

操作结果:清空队列。

4) void Traverse(void (* visit)(const ElemType &)) const

初始条件:队列已存在。

操作结果:依次对队列的每个元素调用函数(* visit)。

5) StatusCode OutQueue(ElemType &e)

初始条件:队列非空。

操作结果:删除队头元素,并用 e 返回其值。

6) StatusCode GetHead(ElemType &e) const

初始条件:队列非空。

操作结果:用 e 返回队头元素。

7) StatusCode InQueue(const ElemType &e)

初始条件:队列已存在。

操作结果:插入元素 e 为新的队尾。

除了上面定义的队列以外,还有一种限定性数据结构——双端队列(deque),双端队列是插入和删除限定在线性表的两端进行的线性表,如图 3.5 所示。

在实际应用中,可以有输入受限的双端队列,也就是允许在一端进行插入和删除操作,在另一端只允许进行删除操作,如图 3.6(a)所示,还有输出受限的双端队列,也就是允许在一端进行插入和删除操作,在另一端只允许进行插入操作,如图 3.6(b)所示。

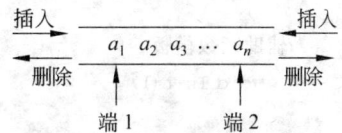

图 3.5 双端队列示意图

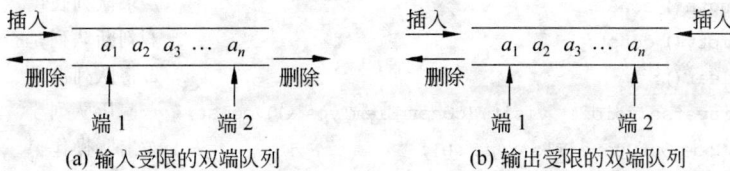

(a) 输入受限的双端队列　　　　(b) 输出受限的双端队列

图 3.6 输入输出受限双端队列示意图

说明：虽然双端队列看起来具有更大的优越性，但在实际应用中主要还是使用栈和队列。所以对双端队列不进行详细讨论。

3.2.2 链队列

队列也有两种存储结构：顺序存储结构和链式存储结构。

本小节先讨论队列的链式存储结构，用链表表示的队列称为链队列，一个链队列应有两个分别指示队头与队尾的指针（分别称为头指针与尾指针），如图 3.7 所示。

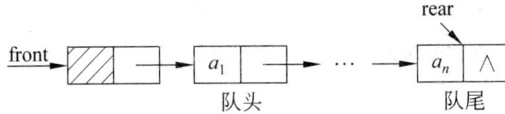

图 3.7 链队列示意图

如要从队列中退出一个元素，必须从单链表的第一个结点中取出队头元素，并删除此结点，而入队的新元素是存放在队尾处的，也就是单链表的最后一个元素的后面，并且此结点将成为新的队尾。

说明：链队列适合于数据元素个数变动比较大的情形，一般不存在溢出的问题，如果程序中要使用多个队列，最好使用链队列，这样将不会出现存储分配的问题，也不必进行数据元素的移动。

下面是链队列的类模板声明及相应成员函数模板的实现。

```
//链队列类模板
template<class ElemType>
class LinkQueue
{
protected:
//链队列实现的数据成员：
    Node<ElemType> * front, * rear;                          //队头队尾指针


//辅助函数模板：
    void Init();                                             //初始化队列


public:
//抽象数据类型方法声明及重载编译系统默认方法声明：
    LinkQueue();                                             //无参数的构造函数模板
    virtual ~LinkQueue();                                    //析构函数模板
    int Length() const;                                      //求队列长度
    bool Empty() const;                                      //判断队列是否为空
    void Clear();                                            //将队列清空
    void Traverse(void (* visit)(const ElemType &)) const;   //遍历队列
    StatusCode OutQueue(ElemType &e);                        //出队操作
    StatusCode GetHead(ElemType &e) const;                   //取队头操作
    StatusCode InQueue(const ElemType &e);                   //入队操作
    LinkQueue(const LinkQueue<ElemType> &copy);              //复制构造函数模板
```

```cpp
    LinkQueue<ElemType> &operator= (const LinkQueue<ElemType> &copy);    //重载赋值运算符
};


//链队列类模板的实现部分
template <class ElemType>
void LinkQueue<ElemType>::Init()
//操作结果：初始化队列
{
    rear=front=new Node<ElemType>;                              //生成头结点
}


template<class ElemType>
LinkQueue<ElemType>::LinkQueue()
//操作结果：构造一个空队列
{
    Init();
}


template<class ElemType>
LinkQueue<ElemType>::~LinkQueue()
//操作结果：销毁队列
{
    Clear();
}


template<class ElemType>
int LinkQueue<ElemType>::Length() const
//操作结果：返回队列长度
{
    int count=0;                                                //计数器
    for (Node<ElemType> * tmpPtr=front->next; tmpPtr!=NULL; tmpPtr=tmpPtr->next)
    {   //用 tmpPtr 依次指向每个元素
        count++;                                                //对栈每个元素进行计数
    }
    return count;
}


template<class ElemType>
bool LinkQueue<ElemType>::Empty() const
//操作结果：如队列为空，则返回 true,否则返回 false
{
    return rear==front;
}


template<class ElemType>
```

· 103 ·

```cpp
void LinkQueue<ElemType>::Clear()
//操作结果：清空队列
{
    ElemType tmpElem;                                        //临时元素值
    while (Length()>0)
    {   //队列非空,则出列
        OutQueue(tmpElem);
    }
}


template <class ElemType>
void LinkQueue<ElemType>::Traverse(void (* visit)(const ElemType &)) const
//操作结果：依次对队列的每个元素调用函数(* visit)
{
    for (Node<ElemType> * tmpPtr=front->next; tmpPtr!=NULL;
        tmpPtr=tmpPtr->next)
    {   //对队列每个元素调用函数(* visit)
        (* visit)(tmpPtr->data);
    }
}



template<class ElemType>
StatusCode LinkQueue<ElemType>::OutQueue(ElemType &e)
//操作结果：如果队列非空,那么删除队头元素,并用 e 返回其值,返回 SUCCESS,
//    否则返回 UNDER_FLOW
{
    if (!Empty())
    {   //队列非空
        Node<ElemType> * tmpPtr=front->next;                 //指向队列头元素
        e=tmpPtr->data;                                      //用 e 返回队头元素
        front->next=tmpPtr->next;                            //front 指向下一元素
        if (rear==tmpPtr)
        {   //表示出队前队列中只有一个元素,出队后为空队列
            rear=front;
        }
        delete tmpPtr;                                       //释放出队的结点
        return SUCCESS;
    }
    else
    {   //队列为空
        return UNDER_FLOW;
    }
}
```

```cpp
template<class ElemType>
StatusCode LinkQueue<ElemType>::GetHead(ElemType &e) const
//操作结果：如果队列非空，那么用 e 返回队头元素，返回 SUCCESS，
//    否则返回 UNDER_FLOW
{
    if (!Empty())
    {   //队列非空
        Node<ElemType> * tmpPtr=front->next;              //指向队列头元素
        e=tmpPtr->data;                                   //用 e 返回队头元素
        return SUCCESS;
    }
    else
    {   //队列为空
        return UNDER_FLOW;
    }
}


template<class ElemType>
StatusCode LinkQueue<ElemType>::InQueue(const ElemType &e)
//操作结果：插入元素 e 为新的队尾，返回 SUCCESS
{
    Node<ElemType> * tmpPtr=new Node<ElemType> (e);       //生成新结点
    rear->next=tmpPtr;                                    //新结点追加在队尾
    rear=tmpPtr;                                          //rear 指向新队尾
    return SUCCESS;
}


template<class ElemType>
LinkQueue<ElemType>::LinkQueue(const LinkQueue<ElemType> &copy)
//操作结果：由队列 copy 构造新队列——复制构造函数模板
{
    Init();
    for (Node<ElemType> * tmpPtr=copy.front->next; tmpPtr!=NULL;
        tmpPtr=tmpPtr->next)
    {   //对 copy 队列每个元素对当前队列作入队操作
        InQueue(tmpPtr->data);
    }
}


template<class ElemType>
LinkQueue<ElemType> &LinkQueue<ElemType>::operator= (const LinkQueue<ElemType> &copy)
//操作结果：将队列 copy 赋值给当前队列——重载赋值运算符
{
    if (&copy!=this)
    {
        Clear();
```

```
         for (Node<ElemType> * tmpPtr=copy.front->next; tmpPtr!=NULL;
            tmpPtr=tmpPtr->next)
      {   //对 copy 队列每个元素对当前队列作入队列操作
            InQueue(tmpPtr->data);
      }
   }
   return * this;
}
```

3.2.3 循环队列——队列的顺序存储结构

如果用 C++ 描述队列的顺序存储结构,实际是利用一个一维数组 elem 作为队列的元素的存储结构,并分别设立了两个 front 和 rear 分别表示队头和队尾,maxSize 是队列的最大元素个数。如图 3.8 所示。

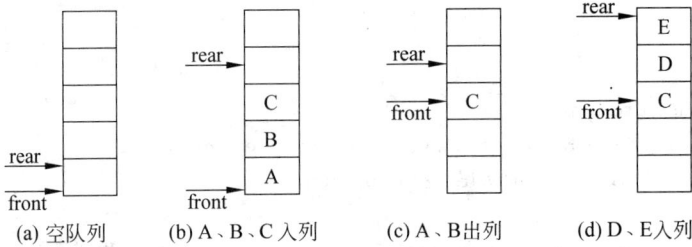

图 3.8　顺序队列的入队和出队示意图

设队列所分配的最大空间为 5,当队列处于图 3.8(d)状态时不可再继续插入新元素了,否则会因数组越界而导致出错,而此时队列的实际可用空间还没有使用完,这种情况下再插入一个新元素产生的溢出称为"假溢出",解决假溢出的一个较巧妙的办法是将顺序队列从逻辑上看成一个环,成为循环队列,循环队列的首尾相接,当队头 front 和队尾 rear 进入到 maxSize-1 时,再进一个位置就自动地移动到 0,可用取余运算(%)简单地实现。

队头进 1：front=(front+1)%maxSize

队尾进 1：rear=(rear+1)%maxSize

循环队列如图 3.9 所示,在图 3.9(a)中,元素 A,B,C 相继入队,在图 3.9(b)中,元素 D,E,F 相继入队,这时队满了,从图中可知队满时:

front=rear

如图 3.9(a)中元素 A,B,C 相继出队,则可得图 3.9(c)所示的空队列,这时也有

front=rear

可知只从 front=rear 无法判断是队空还是队满,有两种处理方法。

(1)另设一个标志符区别队列是空还是满。

(2)少用一个元素空间,约定队头在队尾指针的下一位置(指环状的下一位置)时作为队满的标志。

本书采用第二种方法处理循环队列,下面是链队列的类模板声及相应成员函数的实现。

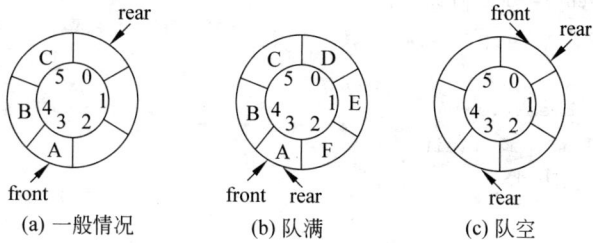

图 3.9　循环队列示意图

//循环队列类模板

```
template< class ElemType>
class SqQueue
{
protected:
    int front, rear;                                          //队头队尾
    int maxSize;                                              //队列最大元素个数
    ElemType * elem;                                          //元素存储空间

//辅助函数模板
    bool Full() const;                                        //判断栈是否已满
    void Init();                                              //初始化队列

public:
//抽象数据类型方法声明及重载编译系统默认方法声明:
    SqQueue(int size= DEFAULT_SIZE);                          //构造函数模板
    virtual ~SqQueue();                                       //析构函数模板
    int Length() const;                                       //求队列长度

    bool Empty() const;                                       //判断队列是否为空
    void Clear();                                             //将队列清空
    void Traverse(void (* visit)(ElemType &)) const;          //遍历队列
    StatusCode OutQueue(ElemType &e);                         //出队操作
    StatusCode GetHead(ElemType &e) const;                    //取队头操作
    StatusCode InQueue(const ElemType &e);                    //入队操作
    SqQueue(const SqQueue<ElemType> &copy);                   //复制构造函数模板
    SqQueue<ElemType> &operator= (const SqQueue<ElemType> &copy);   //重载赋值运算符
};



//循环队列类的实现部分
template <class ElemType>
bool SqQueue<ElemType>::Full() const
//操作结果：如队列已满,则返回 true,否则返回 false
{
```

```cpp
        return Length()==maxSize-1;
}


template <class ElemType>
void SqQueue<ElemType>::Init()
//操作结果: 初始化队列
{
        rear=front=0;
}


template<class ElemType>
SqQueue<ElemType>::SqQueue(int size)
//操作结果: 构造一个最大元素个数为 size 的空循环队列
{
        maxSize=size;                           //最大元素个数
        elem=new ElemType[maxSize];             //分配存储空间
        Init();                                 //初始化队列
}


template <class ElemType>
SqQueue<ElemType>::~SqQueue()
//操作结果: 销毁队列
{
        delete []elem;                          //释放存储空间
}


template<class ElemType>
int SqQueue<ElemType>::Length() const
//操作结果: 返回队列长度
{
        return (rear-front+maxSize)%maxSize;
}


template<class ElemType>
bool SqQueue<ElemType>::Empty() const
//操作结果: 如队列为空,则返回 true,否则返回 false
{
        return rear==front;
}


template<class ElemType>
void SqQueue<ElemType>::Clear()
//操作结果: 清空队列
{
        rear=front=0;
```

```
    }

template <class ElemType>
void SqQueue<ElemType>::Traverse(void (* visit)(const ElemType &)) const
//操作结果：依次对队列的每个元素调用函数(* visit)
{
    for (int curPosition=front; curPosition!=rear;
        curPosition= (curPosition+1)%maxSize)
    {   //对队列每个元素调用函数(* visit)
        (* visit)(elem[curPosition]);
    }
}


template<class ElemType>
StatusCode SqQueue<ElemType>::OutQueue(ElemType &e)
//操作结果：如果队列非空，那么删除队头元素，并用 e 返回其值，函数返回 SUCCESS,
//否则函数返回 UNDER_FLOW
{
    if (!Empty())
    {   //队列非空
        e=elem[front];                                    //用 e 返回队头元素
        front= (front+1)%maxSize;                         //front 指向下一元素
        return SUCCESS;
    }
    else
    {   //队列为空
        return UNDER_FLOW;
    }
}


template<class ElemType>
StatusCode SqQueue<ElemType>::GetHead(ElemType &e) const
//操作结果：如果队列非空，那么用 e 返回队头元素，返回 SUCCESS,
//否则返回 UNDER_FLOW
{
    if (!Empty())
    {   //队列非空
        e=elem[front];                                           //用 e 返回队头元素
        return SUCCESS;
    }
    else
    {   //队列为空
        return UNDER_FLOW;
    }
```

```
    }

    template< class ElemType>
    StatusCode SqQueue< ElemType> ::InQueue(const ElemType &e)
    //操作结果：如果队列已满，返回 OVER_FLOW，
    //否则插入元素 e 为新的队尾，返回 SUCCESS
    {
        if (Full())
        {    //队列已满
            return OVER_FLOW;
        }
        else
        {    //队列未满，入队成功
            elem[rear]=e;                                      //插入 e 为新队尾
            rear= (rear+1)%maxSize;                            //rear 指向新队尾
            return SUCCESS;
        }
    }


    template< class ElemType>
    SqQueue< ElemType> ::SqQueue(const SqQueue< ElemType> &copy)
    //操作结果：由队列 copy 构造新队列——复制构造函数模板
    {
        front= copy.front;                                     //复制队头位置
        rear= copy.rear;                                       //复制队尾位置
        for (int curPosition=front; curPosition!=rear;
            curPosition= (curPosition+1)%maxSize)
        {    //复制循环队列元素
            elem[curPosition]=copy.elem[curPosition];
        }
    }


    template< class ElemType>
    SqQueue< ElemType> &SqQueue< ElemType> ::operator = (const SqQueue< ElemType> &copy)
    //操作结果：将队列 copy 赋值给当前队列——重载赋值运算符
    {
        if (&copy!=this)
        {
            front= copy.front;                                 //复制队头位置
            rear= copy.rear;                                   //复制队尾位置
            for (int curPosition=front; curPosition!=rear;
                curPosition= (curPosition+1)%maxSize)
            {    //复制循环队列元素
                elem[curPosition]=copy.elem[curPosition];
            }
        }
```

```
        return * this;
    }
```

*3.2.4 队列应用——显示二项式$(a+b)^i$的系数

二项式$(a+b)^i$展开后的系数构成杨辉三角形(国外也称为 Pascal 三角形),本节的问题是按行显示展开后系数的前若干行,如图 3.10 所示。

从图 3.10 可知,除第 1 行外,在显示第 i 行时,用到了第 $i-1$ 行的数据,在显示第 $i+1$ 行时,用到了第 i 行的数据,每一行的第一个元素与最后一个元素的值都等于 1。

图 3.11 中在数组 q 中已存储有第 2 行的元素的值,显然第 3 行的第 1 个元素的值为 1,将 1 存储在数组 q 的后面,从数组 q 中取出第 1 个元素的值 $s=1$,第 2 个元素的值 $t=2$,计算 $s+t=3$,得到第 3 行第 2 个元素的值为 3,将 3 存储在数组 q 的后面,再计算 $s=t$,从数组 q 中取出 $t=1$,计算 $s+t=3$,得到第 3 行第 3 个元素的值为 3,将 3 存储在数组 q 的后面,第 3 行的最后一个元素的值为 1,将 1 存储在数组 q 的后面,按同样的方法可求得其他行的各元素的值,图 3.11 中的数组 q 实际上是一个队列,利用队列 q 可实现逐行显示杨辉三角形中的各行。

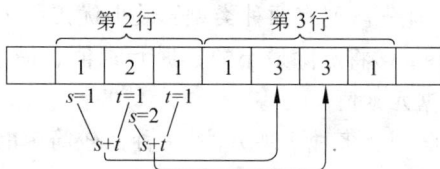

```
i=1    1  1
i=2    1  2  1
i=3    1  3  3  1
i=4    1  4  6  4  1
```

图 3.10 杨辉三角形   图 3.11 从第 i 行元素的值计算并存储第 $i+1$ 行的元素的值

下面是利用队列显示杨辉三角形的算法。

```
//文件路径名:e3_1\yanghui.h
void yanghuiTriangle(int n)
//操作结果: 显示三角形的第 1 行~第 n 行
{
    LinkQueue<int> q;
    int s, t;

    q.InQueue(1);  q.InQueue(1);          //存储杨辉三角形的第 1 行的两个元素的值
    cout<<1<<"\t"   << 1;                 //显示杨辉三角形的第 1 行
    for (int i=2; i<=n; i++)
    {   //依次显示杨辉三角形的第 2 行~第 n 行
        cout<<endl;
        q.InQueue(1);                     //第 i 行第 1 个元素的值为 1
        cout<<1<<"\t";                    //显示第 i 行第 1 个元素的值
        q.OutQueue(s);                    //取第 i-1 行第 1 个元素的值
        for (int j=2; j<=i; j++)
        {
            q.OutQueue(t);                //取第 i-1 行第 j 个元素的值
            q.InQueue(s+t);               //s+t 为第 i 行第 j 个元素的值
```

```
            cout<<s+t<<"\t";                   //显示第 i 行第 j 个元素的值
            s=t;
        }
        q.InQueue(1);                          //第 i 行第 i+1 个元素的值为 1
        cout<<1;                               //显示第 i 行第 i+1 个元素的值
    }
    cout<<endl;
}
```

*3.3 优 先 队 列

在许多情况下,前面介绍的队列是不够的,先进先出的机制有时需要某些优先规则来完善,比如在医院中,病危病人应具有更高的优先权,也就是当医生有空时,应立刻医治病危病人,而不是排在最前面的病人。在进程队列中,由于系统的功能要求,即使等待队列中进程 P_1 排在进程 P_2 的前面,P_2 可能仍需要在 P_1 之前执行。

优先队列(priority queue)是一种数据结构,其中元素的固有顺序决定了对基本操作的执行结果,优先队列有两种类型:最小优先队列和最大优先队列。最小优先队列的出队操作 OutQueue() 将删除最小的数据元素值。最大优先队列的出队操作 OutQueue() 将删除最大的数据元素值。

优先队列有多种实现方法,一种比较简单的实现方法是在作入队操作 InQueue() 时,元素不是排在队列的队尾,而是将其插入在队列的适当位置,使队列的元素有序,优先队列类模板可作为队列类的派生来实现。只需要重载入队操作 InQueue() 即可,下面将具体列出各种优先队列的类模板声明及其实现。

1. 最小优先链队列

```
//最小优先链队列类模板
template<class ElemType>
class MinPriorityLinkQueue: public LinkQueue<ElemType>
{
public:
//重载入队操作声明:
    StatusCode InQueue(const ElemType &e);            //重载入队操作
};

//最小优先链队列类模板的实现部分
template<class ElemType>
StatusCode MinPriorityLinkQueue<ElemType>::InQueue(const ElemType &e)
//操作结果: 插入元素 e 为新的队尾,返回 SUCCESS
{
    Node<ElemType> * curPtr=LinkQueue<ElemType>::front->next;    //指向当前结点
    Node<ElemType> * curPrePtr=LinkQueue<ElemType>::front;  //指向当前结点的前驱结点

    while (curPtr!=NULL && curPtr->data<=e)
```

```
    {   //curPtr 与 curPrePtr 都指向下一元素
        curPrePtr=curPtr;
        curPtr=curPtr->next;
    }

    Node<ElemType> * tmpPtr=new Node<ElemType> (e, curPtr);        //生成新结点
    curPrePtr->next=tmpPtr;        //将 tmpPtr 插入在 curPrePtr 与 curPtr 之间

    if (curPrePtr==LinkQueue<ElemType>::rear)
    {   //新结点插在 rear 的后面
        LinkQueue<ElemType>::rear=tmpPtr;              //rear 指向新队尾
    }

    return SUCCESS;
}
```

2. 最大优先链队列

```
//最小优先链队列类模板
template<class ElemType>
class MaxPriorityLinkQueue: public LinkQueue<ElemType>
{
public:
//重载入队操作声明:
    StatusCode InQueue(const ElemType &e);              //重载入队操作
};

//最小优先链队列类模板的实现部分
template<class ElemType>
StatusCode MaxPriorityLinkQueue<ElemType>::InQueue(const ElemType &e)
//操作结果: 插入元素 e 为新的队尾,返回 SUCCESS
{
    Node<ElemType> * curPtr=LinkQueue<ElemType>::front->next;    //指向当前结点
    Node<ElemType> * curPrePtr=LinkQueue<ElemType>::front;       //指向当前结点的前驱结点

    while (curPtr!=NULL && curPtr->data>=e)
    {   //curPtr 与 curPrePtr 都指向下一元素
        curPrePtr=curPtr;
        curPtr=curPtr->next;
    }

    Node<ElemType> * tmpPtr=new Node<ElemType> (e, curPtr);    //生成新结点
    curPrePtr->next=tmpPtr;        //将 tmpPtr 插入在 curPrePtr 与 curPtr 之间

    if (curPrePtr==LinkQueue<ElemType>::rear)
    {   //新结点插在 rear 的后面
```

```
    LinkQueue<ElemType>::rear=tmpPtr;              //rear指向新队尾
    }

    return SUCCESS;
}
```

3. 最小优先循环队列

```
//最小优先循环队列类模板
template<class ElemType>
class MinPrioritySqQueue: public SqQueue<ElemType>
{
public:
//重载入队操作声明:
    StatusCode InQueue(const ElemType &e);          //重载入队操作
};


//最小优先循环队列类模板的实现部分
template<class ElemType>
StatusCode MinPrioritySqQueue<ElemType>::InQueue(const ElemType &e)
//操作结果: 如果队列已满, 返回 OVER_FLOW,
//    否则插入元素 e 为新的队尾, 返回 SUCCESS
{
    if (SqQueue<ElemType>::Full())
    {   //队列已满
        return OVER_FLOW;
    }
    else
    {   //队列未满, 入队成功
        int curPosition=SqQueue<ElemType>::front;
        while (curPosition!=SqQueue<ElemType>::rear &&
            SqQueue<ElemType>::elems[curPosition]<=e)
        {   //将所有不大于 e 的元素向前移一个位置
            SqQueue<ElemType>::elems[(curPosition-1+SqQueue<ElemType>::maxSize)
                %SqQueue<ElemType>::maxSize]=SqQueue<ElemType>::elems[curPosition];
                //elems[curPosition]前移一个位置
            curPosition=(curPosition+1)%SqQueue<ElemType>::maxSize;
                //curPosition 指向下一元素
        }

        SqQueue<ElemType>::elems[(curPosition-1+SqQueue<ElemType>::maxSize)%
            SqQueue<ElemType>::maxSize]=e;        //curPosition 的前一位置为 e 的插入位置
        SqQueue<ElemType>::front=(SqQueue<ElemType>::front-1+
            SqQueue<ElemType>::maxSize)%SqQueue<ElemType>::maxSize;
                //front 移向前一位置
```

```
        return SUCCESS;
    }
}
```

4. 最大优先循环队列

```
//最大优先循环队列类模板
template< class ElemType>
class MaxPrioritySqQueue: public SqQueue< ElemType>
{
public:
//重载入队操作声明:
    StatusCode InQueue(const ElemType &e);              //重载入队操作
};


//最大优先循环队列类模板的实现部分
template< class ElemType>
StatusCode MaxPrioritySqQueue< ElemType>::InQueue(const ElemType &e)
//操作结果:如果队列已满,返回 OVER_FLOW,
//    否则插入元素 e 为新的队尾,返回 SUCCESS
{
    if (SqQueue< ElemType>::Full())
    {   //队列已满
        return OVER_FLOW;
    }
    else
    {   //队列未满,入队成功
        int curPosition=SqQueue< ElemType>::front;
        while (curPosition!=SqQueue< ElemType>::rear &&
            SqQueue< ElemType>::elems[curPosition]>=e)
        {    //将所有不小于 e 的元素向前移一个位置
            SqQueue< ElemType>::elems[(curPosition-1+SqQueue< ElemType>::maxSize)
                %SqQueue< ElemType>::maxSize]=SqQueue< ElemType>::elems[curPosition];
                //elems[curPosition]前移一个位置
            curPosition= (curPosition+1)%SqQueue< ElemType>::maxSize;
                //curPosition 指向下一元素
        }

        SqQueue< ElemType>::elems[(curPosition-1+SqQueue< ElemType>::maxSize)%
            SqQueue< ElemType>::maxSize]=e;
            //curPosition 的前一位置为 e 的插入位置
        SqQueue< ElemType> ::front= (SqQueue< ElemType>::front-1+
            SqQueue< ElemType>::maxSize)%SqQueue< ElemType>::maxSize;
        //front 移向前一位置
```

```
        return SUCCESS;
    }
}
```

3.4 实 例 研 究

*3.4.1 表达式求值

表达式求值是编译系统中要解决的基本问题,是栈的典型应用,下面介绍一种广为使用的中缀表达式求值的算法——算符优先法。

为简单起见,只讨论算术四则运算,算术四则运算的规则如下:

(1) 先乘除,后加减;

(2) 同级运算从左算到右;

(3) 先括号内,再括号外。

按照上面的规则,算术表达式:

$$6-3*2+8/4$$

的运算顺序如下:

$$6-3*2+8/4=6-6+8/4=0+8/4=0+2=2$$

算符优先法就是根据上面的运算符优先关系来实现对表达式进行编译执行。任何表达式都可看成由操作数(operand)、操作符(operator)和界限符(delimiter)组成,操作数可为常量或变量标识符,也可以是常数;操作符可以为算术操作符、关系操作符和逻辑操作符;界限符主要为左右括号和表达式结束符,为简单起见,只讨论算术四则运算符("+"、"-"、"*"、"/"),操作数为常数,界限符为左右圆括号和等号("("、")"、"=");对于任意两个操作符 theta1 和 theta2 的优先关系如下。

(1) theta1< theta2:theta1 优先级低于 theta2。

(2) theta1=theta2:theta1 优先级等于 theta2。

(3) theta1>theta2:theta1 优先级高于 theta2。

(4) theta1 e theta2:theta1 与 theta2 不允许相继出现。

为编程实现方便起见,将界限符也看成特殊的操作符,操作符之间的优先级关系如表3.1所示。

根据规则(3),当 theta1 为'+'、'-'、'*'、'/'时的优先级低于'('但高于')',根据规则(2),可知:

$$'+' > '+' ; '-' > '-' ; '*' > '*' ; '/' > '/'$$

'='为表达式结束符,为程序实现简单,在表达式的最左边也虚设一个'='构成一个表达式的起始符,在表达式中'('=')'表示左右括号相遇,括号内的运算已结束,同样地'='='='表示表达式求值已完毕。')'与'('、'='与')'及'('与'='不允许相继出现,一旦出现这种情况可认为是语法错误。

具体实现算法时,可设置两个工作栈,一个为操作符栈optr(operator),另一个为操作

表 3.1 操作符优先关系表

theta1 \ theta2	'+'	'—'	'*'	'/'	'('	')'	'='
'+'	>	>	<	<	<	>	>
'—'	>	>	<	<	<	>	>
'*'	>	>	>	>	<	>	>
'/'	>	>	>	>	<	>	>
'('	<	<	<	<	<	=	e
')'	>	>	>	>	e	>	>
'='	<	<	<	<	<	e	=

数栈 opnd(operand),算法基本思路如下。

（1）在 optr 栈中加入一个'='。

（2）从输入流获取一字符 ch,循环执行(3)至(5)直到求出表达式的值为止。

（3）取出 optr 的栈顶 optrTop,当 optrTop='=' 且 ch='=' 时,整个表达式求值完毕为止,这时 opnd 栈的栈顶元素为表达式的值。

（4）若 ch 不是操作符,则将字符放回输入流(cin. putback),读操作数 operand;加入 opnd 栈,读入下一字符 ch。

（5）若 ch 是操作符,将比较 ch 的优先级和 optrTop 的优先级。

如 optrTop< ch ,则 ch 入 optr 栈,从输入流中取下一字符 ch。

如 optrTop > ch ,则从 opnd 栈退出 right 和 left,从 optr 栈退出 theta,形成运算指令(left) theta (right),结果入 opnd 栈。

如 optrTop='('且 ch ==')',则从 optr 栈退出栈顶的'(',去括号,然后从输入流中读入字符并送入 ch。

如 optrTop e ch,则出现语法错误,终止执行。

下面模拟一个简单的计算机,计算器接受浮点数,计算表达式之值,计算操作包含在类 Calculator 中,通过一个主函数来调用类的成员函数来进行计算,类 Calculator 的声明如下:

```
//文件路径名:calculator/alg.h
class Calculator
{
private:
//辅助函数:
    static bool IsOperator(char ch);                      //判断字符 ch 是否为操作符
    static char Precede(char theta1, char theta2);        //判断相继出现的操作符 theta1 和
                                                          //theta2 的优先级
    static double Operate(double left, char theta, double right);   //执行运算 left theta right
    static void Get2Operands(LinkStack<double> &opnd, double &left, double &right);
        //从栈 opnd 中退出两个操作数
```

```
public:
//接口方法声明：
    Calculator(){};                            //无参数的构造函数
    virtual ~Calculator(){};                   //析构函数
    static void Run();                         //执行表达式求值计算
}
```

类中的辅助函数都比较简单，在这里就不写出具体的实现了，方法 Run()按上面提到的
算法实现如下：

```
void Calculator::Run()
//操作结果:按算符优先法进行表达式求值计算
{
    LinkStack<double> opnd;                    //操作数栈
    LinkStack<char> optr;                      //操作符栈
    optr.Push('=');                            //在 optr 栈中加入一个'='
    char ch;                                   //临时字符
    char optrTop;                              //optr 栈的栈顶字符
    double operand;                            //操作数
    char theta;                                //操作符

    cin>>ch;                                   //从输入流获取一字符 ch
    while ((optr.Top(optrTop), optrTop!='=')||ch!='=')
    {
        if (!IsOperator(ch))
        {   //ch 不是操作符
            cin.putback(ch);                   //将字符 ch 放回输入流
            cin>>operand;                      //读操作数 operand
            opnd.Push(operand);                //进入 opnd 栈
            cin>>ch;                           //读入下一字符 ch
        }
        else
        {   //ch 是操作符
            switch (Precede(optrTop, ch))
            {
            case '<':                          //栈顶操作符优先级低
                optr.Push(ch);                 //ch 入 optr 栈
                cin>>ch;                       //从输入流中取下一字符 ch
                break;
            case '=':                          //栈顶操作符与 ch 优先级相等
                optr.Pop(optrTop);             //脱括号
                cin>>ch;                       //从输入流中取下一字符 ch
                break;
            case '>':                          //栈顶操作符优先级高
                double left, right;            //操作数
                Get2Operands(opnd, left, right); //取出两个操作数
```

· 118 ·

```
            optr.Pop(theta);                              //从 optr 栈退出 theta
            opnd.Push(Operate(left, theta, right)); //运算结果进入 opnd 栈
            break;
        case 'e':                                       //操作符匹配错
            cout<<"操作符匹配错"<<endl;
            exit(2);
        }
    }
}

    opnd.Top(operand);                                  //opnd 栈的栈顶元素为表达式的值
    cout<<"表达式值为:"<<operand<<endl;
}
```

** 3.4.2 事件驱动模拟

　　一个系统模拟另一个系统行为的技术称为模拟技术,例如用于飞机设计的风洞以及用于训练飞行员的模拟器,也可以设计计算机模型来模拟真实系统的行为,在日常生活中,经常会遇到排队的情景,这类行为的模拟程序一般需要用到队列甚至优先队列,是队列的典型应用事例之一,本节将介绍银行业务模拟的计算机模型。

　　假设某个银行有 3 个窗口对外接待客户,从一天银行开门起就不断有客户进入银行,每个窗口在某一时刻只能接待一个客户,所以在客户人数多时需在每个窗口前顺次进行排队,对于一个刚进入的客户,如发现某个业务员正空闲,则可上前办理银行业务,如果 3 个窗口都有客户正在办理业务,他就会排在人数最少的队列的后面,现需设计程序模拟银行这些业务并计算一天中客户在银行停留的平时时间。

　　为计算客户在银行停留的平时时间,需要掌握客户到达与离开银行的时刻,离开银行时刻减去到达银行时刻就等于在银行的停留时间,所有客户的停留时间的和除以一天内进入银行的客户数便为所求的客户在银行停留的平时时间。称客户到达和离开银行这两个时刻发生的事情为"事件",整个模拟程序将按事件发生的先后顺序进行处理,这样的一种模拟程序称为事件驱动模拟。

　　事件的主要信息是事件发生的时刻与事件类型,事件共分两类:到达事件与离开事件。到达事件的发生时刻是随客户到达银行自然形成的,离开事件的发生时刻由客户处理银行业务所花费的时间与等待时间决定的,由于是按事件发生时刻的先后顺序进行的,所以事件应按优先队列进行组织,具体事件类型声明如下:

```
//事件,优先队列的数据元素类型
struct EventType
{
    int occurTime;              //事件发生时刻
    int eventType;              //事件类型,0 表示到达事件,1~3 表示 3 个窗口的离开事件
};
```

模拟程序中的另一种数据结构为表示客户排队的队列,前面已假设银行共有 3 个窗口,

所以程序中需要 3 个队列,队列中的客户信息应包括客户到达的时刻和客户办理银行业务所需的时间,每个队列中的队头客户就为正在办理银行业务的客户,客户办理完银行业务后的时刻就是将发生的客户离开事件的发生时刻,也就是说每个队列都存在一个将要驱动的客户离开事件,可知在任何时刻发生的事件只有 4 种可能:

(1) 客户到达事件;

(2) 1 号窗口客户离开事件;

(3) 2 号窗口客户离开事件;

(4) 3 号窗口客户离开事件。

具体窗口队列中的数据元素类型声明如下:

```
//窗口队列中数据元素类型
struct QElemType
{
    int arrivalTime;          //客户到达时刻
    int duration;             //客户办理业务所需的时间
};
```

银行业务模拟类声明如下:

```
//文件路径名:e3_2\simulation.h
//银行业务模拟类
class BankSimulation
{
protected:
//模拟类的数据成员:
    MinPriorityLinkQueue<EventType> evPQ;        //事件优先队列
    LinkQueue<QElemType> windowsQ[WINDOWS_NUM+1];      //窗口队列
    int totalTime;                              //累计客户停留时间
    int customerNum;                            //客户数
    int aveDuration;                            //办理业务所需平均时间
    int aveInterTime;                           //两个相邻客户到达银行的平均时间间隔
    int closeTime;                              //银行关门时刻

//辅助函数:
    void CustomerArrived(EventType ev);          //处理客户到达事件
    void CustomerDeparture(EventType ev);        //处理客户离开事件
    int MinLengthwindowsQ();                     //返回长度最短的窗口队列

public:
//方法声明:
    BankSimulation(int durt, int intert, int ct);   //构造函数
    void bankSimutation();                       //银行业务模拟
};
```

银行客户事件驱动模拟算法如下:

```
void BankSimulation::bankSimutation()
//操作过程：模拟银行业务
{
    EventType ev;                                    //事件

    ev.occurTime= 0;                                 //假设银行开门时就有一个客户到达
    ev.eventType= 0;                                 //到达事件
    evPQ.InQueue(ev);                                //客户到达事件入队

    while (!evPQ.Empty())
    {
        evPQ.OutQueue(ev);                           //事件出队
        if (ev.eventType==0)
        {   //处理客户到达事件
            CustomerArrived(ev);
        }
        else
        {   //处理客户离开事件
            CustomerDeparture(ev);
        }
    }

    cout<<"平均客户停留时间:"<< (double)totalTime / customerNum<<endl;
        //计算并输出平均客户停留时间
}
```

在实际银行业务中,客户到达的时刻以及办理事务所需时间都是随机的,在模拟程序中都用随机数代替,不失一般性,可假设第 1 个客户进门的时刻为时刻 0,也就是模拟程序处理的第一个事件,其后每个客户的到达时刻在前一客户到达时设定,客户到达发生时需产生两个随机数:

(1) 此时刻到达的客户办理银行业务所需的时间 durTime;

(2) 下一客户将到达的时间间隔 interTime。

设当前事件的发生时刻为 occurTime,则下一客户到达事件发生的时刻为 occurTime+ interTime,这样便产生了新客户到达事件,将此事件插入到事件优先队列中;对于刚到达的客户应插入到当前元素最少的队列中,如队列在插入前为空,则应产生一个客户离开事件,客户到达事件算法如下:

```
void BankSimulation::CustomerArrived(EventType ev)
//操作过程：处理客户到达事件 ev
{

    int durTime=GetPassionRand(aveDuration);         //随机生成客户办理业务所需时间
    int interTime=GetPassionRand(aveInterTime);      //随机生成下一客户到达银行的时间
                                                     //间隔
    int nextArrivalTime;                             //下一客户到达银行的时刻
```

```
    ++customerNum;                                              //客户数加 1
    nextArrivalTime=ev.occurTime+interTime;                    //下一客户到达银行的时刻
    if (nextArrivalTime<closeTime)
    {   //银行未关门,插入事件优先队列
        EventType nextEvent;                                   //下一客户到达事件
        nextEvent.occurTime=nextArrivalTime;                  //下一客户到达时刻
        nextEvent.eventType=0;                                 //到达事件
        evPQ.InQueue(nextEvent);                               //下一客户到达事件入队
    }

    int i=MinLengthwindowsQ();                                 //求长度最短的窗口队列
    QElemType customer;                                        //客户
    customer.arrivalTime=ev.occurTime;                         //客户到达时刻
    customer.duration=durTime;                                 //银行业务办理时间

    windowsQ[i].InQueue(customer);                             //窗口队列数据元素入队
    if (windowsQ[i].Length()==1)
    {   //插入队列前,队列为空,产生一个离开事件
        EventType departureEvent;                              //客户离开事件
        departureEvent.occurTime=ev.occurTime+durTime;
        departureEvent.eventType=i;
        evPQ.InQueue(departureEvent);                          //客户离开事件入队
    }
}
```

对于客户离开事件,应先计算客户在银行的停留时间,再从窗口队列中删除客户,如此
时窗口队列不空,则将生成一个队头客户离开事件,对于客户离开事件具体算法如下:

```
void BankSimulation::CustomerDeparture(EventType ev)
//操作过程: 处理客户离开事件
{
    int i=ev.eventType;
    QElemType customer;

    windowsQ[i].OutQueue(customer);                           //第 i 个窗口队列出队
    totalTime=totalTime+ev.occurTime-customer.arrivalTime;
        //累计客户停留时间
    if (!windowsQ[i].Empty())
    {   //设定第 i 队列的一个离开事件并插入事件优先队列
        windowsQ[i].GetHead(customer);
        EventType departureEvent;                             //客户离开事件
        departureEvent.occurTime=ev.occurTime+customer.duration;
        departureEvent.eventType=i;
        evPQ.InQueue(departureEvent);                         //客户离开事件入队
```

```
            }
        }
```

例 3.3 设每个客户办理银行业务的时间不超过 18 分钟,两个相邻客户到达银行的时间间隔不超过 6 分钟,银行在第 480 分钟关门,模拟程序从第一个客户到达时间为 0 开始运行,如图 3.12(a)所示。

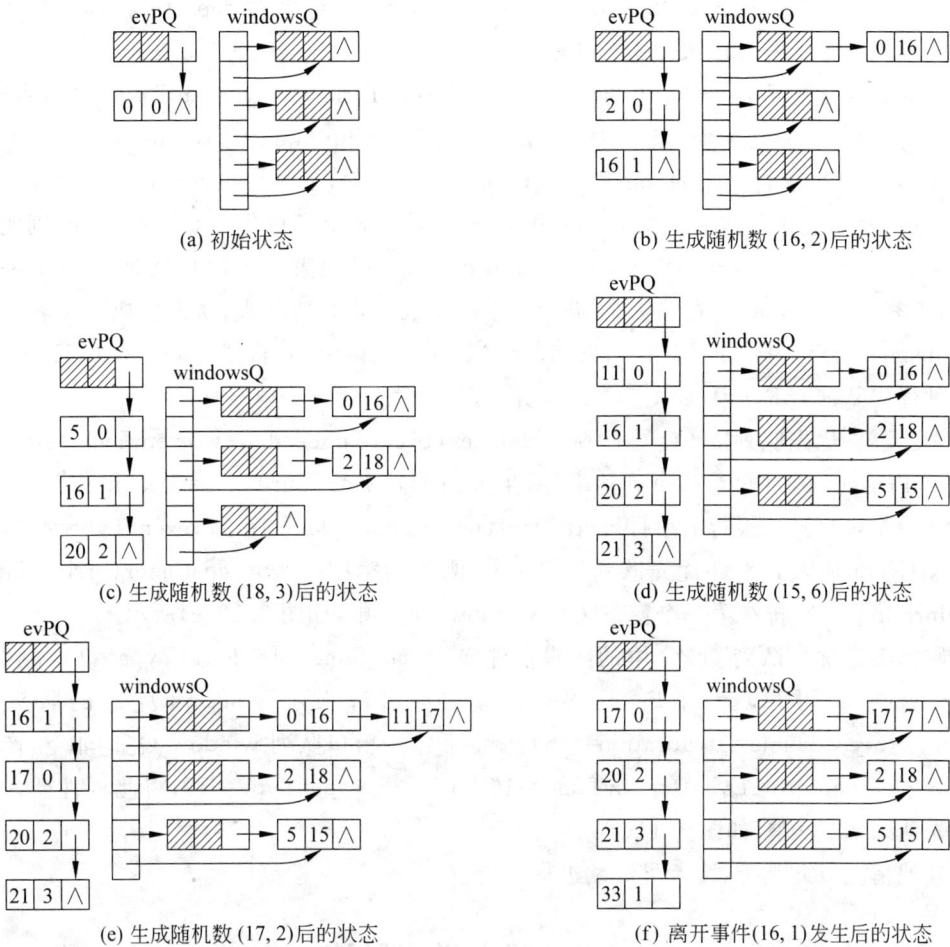

图 3.12 事件驱动模拟过程中事件优先队列与窗口队列状态变化情况

删除事件优先队列 evPQ 中的队头事件 ev(occurTime＝0,eventType＝0),由于 ev.eventType＝0,可知是一个到达事件,生成两个随机数(durTime＝16, interTime＝2),得到下一个客户到达银行的事件 nextEvent(occurTime＝0＋2,eventType＝0),将事件 nextEvent 插入到事件优先队列 evPQ 中,刚到的第一个客户 customer(arrivalTime＝0, duration＝16)排在第一个窗口队列 windowsQ[1]中,由于客户 customer 排在第一个窗口队列 windowsQ[1]的队头,从而生成一个客户离开事件 departureEvent(occurTime＝0＋16＝16,eventType＝1),将事件 departureEvent 插入到事件优先队列 evPQ 中,如图 3.12(b)所示。

删除事件优先队列 evPQ 中的队头事件 ev(occurTime＝2,eventType＝0),由于

ev. eventType＝0，可知是一个到达事件，生成两个随机数（durTime＝18，interTime＝3），得到下一个客户到达银行的事件 nextEvent（occurTime＝2＋3＝5，eventType＝0），将事件 nextEvent 插入到事件优先队列 evPQ 中，由于此时第二个窗口队列是空的，则刚到的第二个客户 customer（arrivalTime＝2，duration＝18）排在第二个窗口队列 windowsQ[2]中，由于客户 customer 排在第二个窗口队列 windowsQ[2]的队头，从而生成一个客户离开事件 departureEvent（occurTime＝2＋18＝20，eventType＝2），将事件 departureEvent 插入到事件优先队列 evPQ 中，如图 3.12(c)所示。

删除事件优先队列 evPQ 中的队头事件 ev（occurTime＝5，ev. eventType＝0），由于 ev. eventType＝0，可知是一个到达事件，生成两个随机数（durTime＝15，interTime＝6），得到下一个客户到达银行的事件 nextEvent（occurTime＝5＋6＝11，eventType＝0），将事件 nextEvent 插入到事件优先队列 evPQ 中，由于此时第 3 个窗口优先队列是空的，则刚到的第三个客户 customer（arrivalTime＝5，duration＝15）排在第三个窗口队列 windowsQ[3]中，由于客户 customer 排在第三个窗口队列 windowsQ[3]的队头，从而生成一个客户离开事件 departureEvent（occurTime＝5＋15＝20，eventType＝3），将事件 departureEvent 插入到事件优先队列 evPQ 中，如图 3.12(d)所示。

删除事件优先队列 evPQ 中的队头事件 ev（occurTime＝11，ev. eventType＝0），由于 ev. eventType＝0，可知是一个到达事件，生成两个随机数（durTime＝17，interTime＝6），得到下一个客户到达银行的事件 nextEvent（occurTime＝11＋6＝17，eventType＝0），将事件 nextEvent 插入到事件优先队列 evPQ 中，刚到的第四个客户 customer（arrivalTime＝11，duration＝17）排在第一个窗口队列 windowsQ[1]中，如图 3.12(e)所示。

删除事件优先队列 evPQ 中的队头事件 ev（occurTime＝16，eventType＝1），由于 ev. eventType＝1，可知是一个离开事件，删除第一窗口队列 windowsQ[1]的队头客户 customer（arrivalTime＝0，duration＝16），删除后第一窗口队列 windowsQ[1]非空，产生一个离开事件 departureEvent（occurTime＝16＋17＝33，eventType＝1），将此事件插入到事件优先队列 evPQ 中，如图 3.11(f)所示。

其他情况以此类推，读者可继续进行分析。

3.5　深入学习导读

显示二项式$(a+b)^i$ 的系数的队列应用主要参考了殷人昆、陶永雷、谢若阳、盛绚华编著的《数据结构（用面向对象方法与 C++ 描述）》[13]，本书主要从程序的可读性方面做了一些工作。

Adam Drozdek 著，郑岩、战晓苏译的《数据结构与算法——C++ 版（第 3 版）》[3]（Data Structures and Algorithms In C++. Third Edition），D. S. Malik 著，王海涛、丁炎炎译的《数据结构——C++ 版》[4]（Data Structures Using C++），Sartaj Sahni 著，汪诗林、孙晓东译的《数据结构、算法与应用：C++ 语言描述》[6]（ADTs, Data Structures, Algorithms, and Application in C++）都介绍了优先队列，但都没加以实现，只是综述形式加以讨论，只有殷人昆、陶永雷、谢若阳、盛绚华编著的《数据结构（用面向对象方法与 C++ 描述）》[13] 不但对

优先队列进行了较多的介绍,同时也讨论了优先队列的存储表示与实现[13],本书对优先队列的存储表示与实现最完整。

本书表达式求值算法主要参考了严蔚敏、吴伟民编著的《数据结构(C 语言版)》[12],殷人昆、陶永雷、谢若阳、盛绚华编著的《数据结构(用面向对象方法与 C++ 描述)》[13]讨论应用后缀表示计算表达式的值与将中缀表达式转换为后缀表达式的方法。

D. S. Malik 著,王海涛、丁炎炎译的《数据结构——C++ 版》[4](Data Structures Using C++),严蔚敏、吴伟民编著的《数据结构(C 语言版)》[12]与殷人昆、陶永雷、谢若阳、盛绚华编著的《数据结构(用面向对象方法与 C++ 描述)》[13]都讨论了模拟问题,本书的事件驱动模拟程序经过了严格的测试,并且可读性也较强。

习 题 3

1. 试述栈与队列的异同。

2. 栈的特点是什么?试举出栈的两个应用实例。

3. 何谓顺序队列的上溢现象?有哪些解决方法?

4. 设有一个输入序列 ABCD,元素经过一个栈到达输出序列,并且元素一旦离开输入序列不再回到输入序列,试写出经过这个栈后可以得到各种输出序列。

5. 回文(palindrome)是指一个字符串从前面读与从后面读都一样,仅使用栈和队列,编写一个算法来判断一个字符串是否为回文。

6. 只利用栈与队列的成员函数模板,将一个队列中的元素倒置。

*7. 试实现带头结点的链式栈。

*8. 试实现一个两个栈共享存储空间的类模板。

上机实验题 3

1. 编写一个程序,反映病人到医院看病,排队看医生的情况。在病人排队过程中,主要发生两件事:

(1) 病人到达诊室,将病历本交给护士,排到排队队列中候诊;

(2) 护士从排队队列中取出下一位病人的病历,该病人进入诊室就诊。

要求程序采用菜单方式,其选项及功能说明如下。

(1) 排队:输入排队病人的病历号,加入到病人排队队列中;

(2) 就诊:病人排队队列中最前面的病人就诊,并将其从队列中删除;

(3) 查看排队:从队首到队尾列出所有的排队病人的病历号;

(4) 下班:退出运行。

** 2. 试按如下两步方式计算中缀表达式的值。

(1) 利用栈将中缀表示转换为后缀表示,从键盘上输入一个中缀表达式(以'='结束),将其转换为后缀表达式存入一个输出文件中(以'='结束)。

(2) 应用后缀表示计算表达式的值,求从一个输入文件中输入的后缀表达式(假设以

'='结束)的表达式的值,将表达式的值在屏幕显示出来。

　　提示：后缀表达式的操作数与中缀表达式的操作数先后次序相同,只是运算符的先后次序发生了改变。对中缀表达式从左到右依次进行扫描,每读到一个操作数即把它作为后缀表达式的一部分输出;每读到一个运算符就将它与运算符栈的栈顶运算符进行比较,根据其优先级来决定它是入栈还是栈顶运算符出栈。为了防止运算符栈为空时带来的特殊处理,需要首先将'='压入作为保护。

第4章 串

描述各种信息的文字符号序列通常称为字符串,简称串,在计算机上的非数值处理一般都为字符串数据,例如网页可由字符串来描述,现实世界中的各种名称都可用字符串来描述,在语言编译程序中,源程序是字符串数据,在早期程序设计语言中,字符串一般作为输入和输出常量出现。随着计算机应用技术的不断发展,产生了大量字符串处理,这样字符串也作为一种变量类型出现在越来越多的程序设计语言中,同时也产生了一系列字符串的操作。

4.1 串类型的定义

串(string)是由零个或多个字符构成的有限序列,通常记为

$$s = "a_0 a_1 \cdots a_{n-1}", \quad n \geqslant 0$$

其中,s 是串名,用双引号括起来的部分(不含该双引号本身)称为串值,每个 $a_i (0 \leqslant a_i < n)$ 为字符。串值中字符个数(也就是 n)称为串长。长度为 0 的串称为空串。各个字符全是空格字符的串(n 不为 0)称为空格串。

下面是几个串的示例。

$a = "This\ is\ a\ string."$;

$b = "is"$;

$c = "ass"$;

$d = ""$;

$e = "\ "$;

在上面的示例中,a,b 和 c 是一般的串,长度分别为 17,2 和 3,d 的长度为 0,是空串,e 由空格组成,长度为 1,是空格串。

串中任何连续个字符组成的子序列称为此串的子串,包含子串的串相应地称为主串。串中某个字符在串中出现的位置称为该字符在串中的位置,子串中第 0 个字符在串中出现的位置称为此子串在该串中的位置。例如,b 是 a 的子串,a 是 b 的主串,子串 b 在主串 a 的位置为 2。

在计算机应用中,一般会遇到串的关系运算,也就是比较串的大小,串的关系运算以单个字符之间的大小关系为基础。在计算机中每个字符都有一个唯一的数值表示——ASCII 码。字符间的大小关系由它们的 ASCII 码之间的大小关系决定。比如,字符'B'和'b'的 ASCII 码分别为 66、98,所以 'B'<'b'。下面定义串之间的大小关系,设有两个串

$$str1 = "a_0 a_1 \cdots a_{m-1}", \quad str2 = "b_0 b_1 \cdots b_{n-1}"$$

str1 和 str2 之间的大小关系定义如下:

(1) 如果 $m = n$ 且 $a_i = b_i$,$i = 0,1,\cdots,m-1$,则称 str1 = str2;

(2) 如果下面两个条件中有一个满足,则称 str1 < str2:

① $m < n$,且 $a_i = b_i$,$i = 0,1,\cdots,m-1$;

② 存在某个 $0 \leqslant k < \min(m, n)$，使得 $a_i = b_i, i = 0, 1, \cdots, k-1, a_k < b_k$。

(3) 不满足条件(1)和(2)时，则称 str1>str2。

在实际应用中，有很多串操作，如求一个子串在主串中的位置，在一个串中取子串等操作，但一般应包含如下的基本操作。

1) void Copy(String &copy, const String &original)

初始条件：串 original 已存在。

操作结果：将串 original 复制得到一个串 copy。

2) bool Empty() const

初始条件：串已存在。

操作结果：如串为空，则返回 true，否则返回 false。

3) int Length() const

初始条件：串已存在。

操作结果：返回串的长度，即串中的字符个数。

4) void Concat(String &addTo, const String &addOn)

初始条件：串 addTo 和 addOn 已存在。

操作结果：将串 addOn 联接到串 addTo 的后面。

5) String SubString(const String &s, int pos, int len)

初始条件：串存在，且 $0 \leqslant \text{pos} < s.\text{Length}(), 0 \leqslant \text{len} < s.\text{Length}() - \text{pos} + 1$。

操作结果：返回从第 pos 个字符开始长度为 len 的子串。

6) int Index(const String &text, const String &target, int pos=0)

初始条件：串 text 和串 target 都存在，串 target 非空，且 $0 \leqslant \text{pos} < \text{text}.\text{Length}()$。

操作结果：返回串 text 中第 pos 个字符后第一次出现的串 target 的位置。

4.2　字符串的实现

在 C++ 语言中提供了两种字符串的实现，其中一种是比较原始的 C 风格的串，这种串的类型为 char *，字符串以字符'\0'结束，这种形式的串在应用时容易出现问题，例如未经初始化的 C 语言风格的串存储了 NULL 值时，对于许多字符串库函数在遇到 NULL 字符串时将会在运行时崩溃，例如下面的语句：

```
char * str=NULL;
cout<<strlen(str)<<endl;
```

上面两条语句能够被编译器接收，但在运行时将产生致命性的错误。

在 C++ 语言中很容易使用封装实现将 C 风格串嵌入到更加安全的基于类的字符串来实现，实际上在头文件 string 中已含了一种安全的字符串实现，但由于这个库没有包含在一些较老的 C++ 编译器中，因此本节将设计自己的安全的 String 类，使用面向对象技术来克服 C 风格的串中存在的问题。

为创建更加安全的字符串，需要将 C 风格串的表示嵌成 String 类的一个成员，将字符串的长度作为另一个成员也非常方便，通过重载赋值运算符、复制构造函数、析构函数和构

造函数能避免未经实始化对象等问题,当然还应增加一些串的常用操作,具体 String 类及相关操作声明如下:

```
//串类
class String
{
protected:
//串实现的数据成员:
    mutable char * strVal;                              //串值
    int length;                                         //串长

public:
//抽象数据类型方法声明及重载编译系统默认方法声明:
    String();                                           //构造函数
    virtual ~String();                                  //析构函数
    String(const String &copy);                         //复制构造函数
    String(const char * copy);                          //从 C 风格串转换的构造函数
    String(LinkList<char> &copy);                       //从线性表转换的构造函数
    int Length() const;                                 //求串长度
    bool Empty() const;                                 //判断串是否为空
    String &operator= (const String &copy);             //重载赋值运算符
    const char * CStr() const;                          //将串转换成 C 风格串
    char &String::operator [](int pos) const;           //重载下标运算符
};


//串相关操作
String Read(istream &input);                            //从输入流读入串
String Read(istream &input,char &terminalChar);
        //从输入流读入串,并用 terminalChar 返回串结束字符
void Write(String &s);                                  //输出串
void Concat(String &addTo, const String &addOn);
        //将串 addOn 连接到 addTo 串的后面
void Copy(String &copy, const String &original);
        //将串 original 复制到串 copy
void Copy(String &copy, const String &original, int n);
        //将串 original 复制 n 个字符到串 copy
int Index(const String &target, const String &pattern, int pos=0);
        //查找模式串 pattern 第一次在目标串 target 中从第 pos 个字符开始出现的位置
String SubString(const String &s, int pos, int len);
        //求串 s 的第 pos 个字符开始的长度为 len 的子串
bool operator== (const String &first, const String &second);
        //重载关系运算符==
bool operator< (const String &first, const String &second);
        //重载关系运算符<
bool operator> (const String &first, const String &second);
        //重载关系运算符>
```

```
bool operator<=(const String &first, const String &second);
    //重载关系运算符<=
bool operator>=(const String &first, const String &second);
    //重载关系运算符>=
bool operator!=(const String &first, const String &second);
    //重载关系运算符!=
```

通过 String 类的构造函数实现了将 C 风格串转换为 String 对象,该构造函数的具体实现如下:

```
String::String(const char * inString)
//操作结果:从 C 风格串转换构造新串——转换构造函数
{
    length=strlen(inString);                              //串长
    strVal=new char[length+1];                            //分配存储空间
    strcpy(strVal, inString);                             //复制串值
}
```

无论何时当用户的代码需要从类型 char * 到 String 的类型进行转换时,构造函数将由编译器隐式地调用,例如下面的语句:

```
String str;
str="some string.";
```

为编译第二条语句,C++ 编译器将首先调用构造函数 String(const char * copy)将 "some string."转换为一个临时的 String 对象,然后再调用重载的 String 赋值运算符将此临时对象复制到串 str 中,最后再为此临时的 String 对象调用析构函数。

说明:上面语句的测试程序文件夹为 e4_1,本章其他地方出现的语句也通过此测试程序进行测试,当然读者也可编写其他测试语句。

由于 C 风格串需要预先分配存储空间,而有的操作中预先无法确定串长,这样建立串时将会遇到困难,因此还提供了将线性链表转换为 String 串的构造函数,比如要求用户读取一个 String 串,最方便的方法是将字符读取到一个链表中,然后调用构造函数将此链表转换为 String 对象。这种构造函数的具体实现如下:

```
String::String(LinkList<char> &copy)
//操作结果:从线性表转换构造新串——转换构造函数
{
    length=copy.Length();                                 //串长
    strVal=new char[length+1];                            //分配存储空间
    for (int i=0; i<length; i++)
    {   //复制串值
        copy.GetElem(i+1, strVal[i]);
    }
    strVal[length]='\0';                                  //串值以'\0'结束
}
```

将 String 对象转换为 C 风格串很有用,例如,这种转换能将许多 C 风格串库函数应用

于 String 对象，String 类的方法 CStr()将返回 const char ＊类型的值，此值指向表示 String 的字符串数据的指针，具体实现如下：

```
const char * String::CStr() const
//操作结果：将串转换成 C 风格串
{
    return (const char * )strVal;                          //串值类型转换
}
```

方法 CStr()可使用如下的代码：

```
String str;
str="some string.";
const char * newStr=str.CStr();
```

让方法 CStr()返回一个常量字符 C 风格串是重要的，上面代码中 newStr 字符串所占用的空间由类 String 所分配，并且分配后此内存可由类 String 释放，这样就避免了用户忘记删除由 String 创建的 C 风格串的可能性，否则为此付出的代价是用户程序不能使用返回的指针改变所引用的 C 风格串，所以转换函数 CStr()返回一个常 C 风格串。

使用方法 CStr()将 String 对象转换为 C 风格串实现关系运算符的重载特别简单而有效，下面是具体算法实现：

```
bool operator== (const String &first, const String &second)
//操作结果：重载关系运算符==
{
    return strcmp(first.CStr(), second.CStr())==0;
}

bool operator< (const String &first, const String &second)
//操作结果：重载关系运算符<
{
    return strcmp(first.CStr(), second.CStr())<0;
}

bool operator> (const String &first, const String &second)
//操作结果：重载关系运算符>
{
    return strcmp(first.CStr(), second.CStr())>0;
}

bool operator<= (const String &first, const String &second)
//操作结果：重载关系运算符<=
{
    return strcmp(first.CStr(), second.CStr())<=0;
}

bool operator>= (const String &first, const String &second)
```

```
    //操作结果：重载关系运算符>=
    {
        return strcmp(first.CStr(), second.CStr())>=0;
    }


    bool operator!=(const String &first, const String &second)
    //操作结果：重载关系运算符!=
    {
        return strcmp(first.CStr(), second.CStr())!=0;
    }
```

　　复制构造函数的实现较简单。先根据串 copy 的大小为当前串分配存储空间，再将源串 copy 的长度、串值复制到当前串中即可，具体实现如下：

```
    String::String(const String &copy)
    //操作结果：由串 copy 构造新串——复制构造函数
    {
        length=strlen(copy.CStr());                          //串长
        strVal=new char[length+1];                           //分配存储空间
        strcpy(strVal, copy.CStr());                         //复制串值
    }
```

　　赋值运算符重载的实现与复制构造函数的实现思想基本相同，不同之处是要先释放当前串的存储空间，具体实现如下：

```
    String &String::operator=(const String &copy)
    //操作结果：赋值语句重载
    {
        if (&copy!=this)
        {
            delete []strVal;                                 //释放源串存储空间
            length=strlen(copy.CStr());                      //串长
            strVal=new char[length+1];                       //分配存储空间
            strcpy(strVal, copy.CStr());                     //复制串值
        }
        return *this;
    }
```

　　对于串的联接操作，需为新串 copy 分配大小等于串 addOn 和串 addTo 长度之和再加 1 的存储空间，再进行串值复制，最后将 copy 赋值给 addOn 即可，具体实现如下：

```
    void Concat(String &addTo, const String &addOn)
    //操作结果：将串 addOn 连接到 addTo 串的后面
    {
        const char * cFirst=addTo.CStr();                    //指向第一个串
        const char * cSecond=addOn.CStr();                   //指向第二个串
        char * copy=new char[strlen(cFirst)+strlen(cSecond)+1];  //分配存储空间
        strcpy(copy, cFirst);                                //复制第一个串
```

```
    strcat(copy, cSecond);                                              //连接第二个串
    addTo=copy;                                                         //串赋值
    delete []copy;                                                      //释放 copy
}
```

求子串在主串中位置的函数 Index() 的实现基本思想是先利用库函数 strstr() 求出子串在主串中出现的指针值,然后减去主串的开始地址就得到子串位置,具体实现如下:

```
int Index(const String &target, const String &pattern, int pos)
//操作结果:如果匹配成功,返回模式串 pattern 第一次在目标串 target 中从第 pos
//字符开始出现的位置,否则返回-1
{
    const char * cTarget=target.CStr();                                 //目标串
    const char * cPattern=pattern.CStr();                               //模式串
    const char * ptr= strstr(cTarget+pos, cPattern);                    //模式匹配
    if (ptr==NULL)
    {   //匹配失败
        return -1;
    }
    else
    {   //匹配成功
        return ptr-cTarget;
    }
}
```

当需要读取一个 String 对象时,一种方法是重载流输入运算符≪以接受 String 对象,这种方法保持了与 C++ 操作的相似性,读者可作为练习加以实现,也可以采用另一种可选方法,创建 Read() 函数来实现同样的功能。

字符串读取函数 Read() 使用了临时字符线性链表来收集指定为参数的流的输入,然后调用构造函数将此线性链表转换为 String 对象,假设输入由一个新行或者文件结束符终止,具体实现如下:

```
String Read(istream &input)
//操作结果:从输入流读入串,并用 terminalChar 返回串结束字符
{
    LinkList<char> temp;                                                //临时线性表
    int size=0;                                                        //初始线性表长度
    char c;                                                            //临时字符
    while ((c=input.peek())!=EOF &&                                     //peek()从输入流中取一个字符
                                                                        //输入流指针不变
        (c=input.get())!='\n')                                         //get()从输入流中取一个字符
                                                                        //输入流指针指向下一个字符
    {   //将输入的字符追加线性表中
        temp.Insert(++size, c);
    }
```

```
        String answer(temp);                        //构造串
        return answer;                              //返回串
    }
```

Read()方法的另一个版本是引入参数来记录所输入的终止符,这个被重载的函数实现如下:

```
String Read(istream &input,char &terminalChar)
//操作结果：从输入流读入串,并用 terminalChar 返回串结束字符
{
    LinkList<char> temp;                        //临时线性表
    int size=0;                                //初始线性表长度
    char c;                                    //临时字符
    while ((c=input.peek())!=EOF &&            //peek()从输入流中取一个字符
                                               //输入流指针不变
        (c=input.get())!='\n')                 //get()从输入流中取一个字符
    {  //将输入的字符追加线性表中
        temp.Insert(++size, c);
    }
    terminalChar=c;                            //用 terminalChar 返回串结束字符
    String answer(temp);                        //构造串
    return answer;                              //返回串
}
```

同样,采用 Write()方法代替运算符≪也是一种可选方案,具体 Write()实现如下:

```
void Write(String &s)
//操作结果：输出串
{
    cout<<s.CStr()<<endl;                      //输出串值
}
```

4.3 字符串模式匹配算法

本节假设指定两个串 T 和 P:
$$T = "t_0 t_1 \cdots t_{n-1}", \quad P = "p_0 p_1 \cdots p_{m-1}"$$
其中,$0 < m \leqslant n$。如要在字符串 T 中查找是否有与字符串 P 相同的子串,则称字符串 T 为目标串(Target)或主串,称字符串 P 为模式串(Pattern)或子串,在 T 中查找与 P 相同的子串第一次出现的位置的过程称为字符串模式匹配(Pattern matching)。字符串模式匹配的应用范围越来越广泛,比如在文本编辑中经常在文本中搜索某个子文本(模式),又如字符串匹配在分子生物学中越来越受到重视,人们通常用字符串模式匹配算法从 DNA 序列中提取信息,获得其中的某种模式串。字符串模式匹配的效率十分重要。前面对于该操作的实现直接利用了 C 语言中的库函数 strstr()。本节将介绍模式匹配操作的几种实现思想。

4.3.1 简单字符串模式匹配算法

对于字符串模式匹配算法的最简单实现是用字符串 P 的字符依次与字符串 T 中的字

符进行比较,实现思想是,首先将子串 P 从第 0 个字符起与主串 T 的第 pos 个字符起依次比较对应字符,如全部对应相等,则表明已找到匹配,成功终止;否则,将子串 P 从第 0 个字符起与主串 T 的第 pos+1 个字符起依次比较对应字符,过程与前面相似;如此进行,直到某次成功匹配,或者某次 T 中无足够的剩余字符与 P 中各字符对应比较(匹配失败)为止。

不失一般性,设 pos=0,具体匹配过程如图 4.1 所示。

如果 $t_0 = p_0, t_1 = p_1, \cdots, t_{m-1} = p_{m-1}$,则模式匹配成功,返回模式串 P 第 0 个字符 p_0 在目标串 T 中出现的位置;如果在其中某个位置 $i: t_i \neq p_i$,则此趟模式匹配失败,这时将模式串 P 向右滑动一个位置,用 P 中字符从头开始与 T 中下一个字符依次比较,如图 4.2 所示。

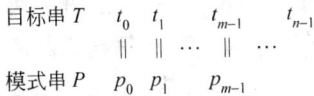

目标串 T t_0 t_1 t_{m-1} t_{n-1}
       ‖   ‖   …   ‖   …
模式串 P p_0 p_1 p_{m-1}

图 4.1   简单字符串模式匹配图示之一

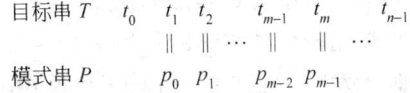

目标串 T t_0 t_1 t_2 t_{m-1} t_m t_{n-1}
       ‖   ‖   …   ‖   …
模式串 P p_0 p_1 p_{m-2} p_{m-1}

图 4.2   简单字符串模式匹配图示之二

这样反复进行,直到出现以下两种情况之一,则算法结束。

(1) 在某一趟匹配中,模式串 P 的所有字符都与目标串 T 中的对应字符相等,这时匹配成功,返回本趟匹配在目标串 T 中的开始位置,也就是模式串 P 的第 0 个字符在目标串 T 中的位置。

(2) P 已经移到最后可能与 T 比较的位置,但对应字符不是完全相同,则表示目标串 T 中没有出现与模式串 P 相同的子串,匹配失败,返回 -1。

例如,目标串 $T = $ "abaabab",模式串 $P = $ "abab",匹配过程如图 4.3 所示。

简单字符串模式匹配算法具体实现如下:

```
//文件路径名:e4_2\alg.h
int SimpleIndex(const String &T, const
    String &P, int pos=0)
//操作结果:查找模式串 P 第一次在目标串 T 中从第
    //pos 个字符开始出现的位置
{
    int i=pos, j=0;
    while (i<T.Length() && j<P.Length())
    {
        if (T[i]==P[j])
        {   //继续比较后续字符
            i++; j++;
        }
        else
        {   //指针回退,重新开始新的匹配
            i=i-j+1; j=0;
        }
    }

    if (j>=P.Length()) return i-j;      //匹配成功
```

第 1 趟 T a b a a b a b
        ‖ ‖ ‖ ⫤
        P a b a b

第 2 趟 T a b a a b a b
        ⫤
        P a b a b

第 3 趟 T a b a a b a b
        ‖ ⫤
        P a b a b

第 4 趟 T a b a a b a b
        ‖ ‖ ‖ ‖
        P a b a b

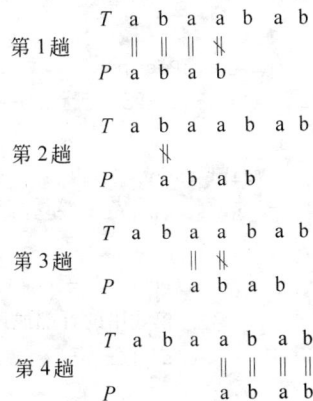

图 4.3   简单字符串模式匹配过程示意图

```
        else return -1;                          //匹配失败
    }
```

算法中 while 循环的循环次数与目标串和模式串有关。最理想的情况是第一趟就得到
匹配,此时的循环次数为模式串 P 的长度;最坏情况不存在匹配,每趟匹配过程都是在比较
到模式串的最后一个字符时才不能匹配,此时的循环次数是$(n-m+1)m$,此处 n 为主串 T
的长度,m 为模式串 P 的长度。显然,m 越大,当 $m \ll n$ 时,此式约等于 nm。

*4.3.2　首尾字符串模式匹配算法

在简单字符串模式匹配算法中,分析匹配执行时间的最坏情况是不存在匹配,每趟匹配
过程都是在比较到模式串的最后一个字符时才发现不能匹配。为避免在每趟匹配的最后一
个字符时才发现不能匹配,可采用从模式串的两头分别进行比较的方法,先比较模式串的第
0 个字符,再比较模式串的最后一个字符,然后依次比较模式串中第 1 个字符、第 $n-2$ 个字
符、第 2 个字符、第 $n-3$ 个字符、…。若出现不匹配,将模式串 P 右移一个位置,重复前面
的比较过程。首尾匹配算法的优点是可以尽早发现在模式串末尾位置的不匹配,但如果不
匹配出现在模式串的中间位置,则这种方法的效率反而会降低。

首尾字符串模式匹配算法具体实现如下:

```
//文件路径名:e4_3\alg.h
int FrontRearIndex(const String &T, const String &P, int pos=0)
//操作结果:查找模式串 P 第一次在目标串 T 中从第 pos 个字符开始出现的位置
{
    int startPos=pos;
    while (startPos<T.Length()-P.Length()+1)
    {
        int front=0, rear=P.Length()-1; //模式串的首尾部字符位置
        while (front<=rear)
        {
            if (T[startPos+front]!=P[front]||T[startPos+rear]!=P[rear]) break;
            //模式串的首部或尾部字符不匹配,退出内循环
            else {front++; rear--;}       //首尾部字符匹配,重新定位新的首尾部字符
        }

        if (front>rear) return startPos;  //匹配成功
        else ++startPos;                  //首部或尾部字符不匹配,重新查找匹配起始点
    }

    return -1;                            //匹配失败
}
```

**4.3.3　KMP 字符串模式匹配算法

在上面介绍的简单字符串模式匹配算法和首尾简单字符串模式匹配算法中,当某趟匹
配失败时,下一趟匹配都将模式串 P 后移一个位置,再从头开始与主串中的对应字符进行

比较。造成算法效率低的主要原因是在算法的执行过程中有回溯,而这些回溯都可以避免。不失一般性,假设 pos=0,以图 4.3 为例进行说明,根据第一趟匹配可知,$t_0=p_0$,$t_1=p_1$,$t_2=p_2$,$t_3\ne p_3$,然而在模式串 P 中,由于 $p_0\ne p_1$,所以可以推知,$t_1(=p_1)\ne p_0$,所以在第二趟的匹配中,将 P 右移一位,用 t_1 与 p_0 比较一定不等。又由于 $p_0=p_2$,所以 $t_2(=p_2)=p_0$,因此在第三趟匹配中,P 再右移一位后,t_2 与 p_0 的比较肯定是相等的。所以应将 P 直接右移 2 位,跳过第 2 趟,并且跳过 t_2 与 p_0 的比较,直接从 t_3 和 p_1 开始进行比较。这样匹配过程就消除了回溯。

上面这种改进的字符串模式匹配算法由 D. E. Knuth、V. R. Pratt 和 J. H. Morris 这 3 人几乎同时发现的,因此人们称之为 KMP 算法。

现在讨论一般情况,用简单字符串模式匹配算法执行第 $i+1$ 趟匹配时,如果比较到 P 中的第 j 个字符时不匹配,也就是有

$$"t_it_{i+1}t_{i+2}\cdots t_{i+j-1}"="p_0p_1\cdots p_{j-1}",\quad t_{i+j}\ne p_j \tag{4.1}$$

按照简单字符串模式匹配算法的思想,下一趟(也就是第 $i+2$ 趟)应从目标串 T 的第 $i+1$ 位置起用 t_{i+1} 与模式串 P 中的 p_0,重新开始比较。如果匹配成功,则有

$$"t_{i+1}t_{i+2}\cdots t_{i+j}\cdots t_{i+m}"="p_0p_1\cdots p_{j-1}\cdots p_{m-1}" \tag{4.2}$$

如果模式串 P 有如下特征

$$"p_0p_1\cdots p_{j-2}"\ne"p_1p_2\cdots p_{j-1}" \tag{4.3}$$

这时由式 4.1 可知

$$"t_{i+1}t_{i+2}\cdots t_{i+j-1}"="p_1p_2\cdots p_{j-1}" \tag{4.4}$$

由式 4.3 与式 4.4 可知

$$"t_{i+1}t_{i+2}\cdots t_{i+j-1}"\ne"p_0p_1\cdots p_{j-2}" \tag{4.5}$$

因而有如下的关系

$$"t_{i+1}t_{i+2}\cdots t_{i+j}\cdots t_{i+m}"\ne"p_0p_1\cdots p_{j-1}\cdots p_{m-1}" \tag{4.6}$$

所以这时第 $i+2$ 趟匹配可以不需要进行,就能断定必然不匹配。因而第 $i+2$ 趟匹配可以跳过不做。那么,第 $i+3$ 趟匹配是否应该进行呢? 如果模式串 P 中有

$$"p_0p_1\cdots p_{j-3}"\ne"p_2p_3\cdots p_{j-1}" \tag{4.7}$$

则类似地可推得"$t_{i+2}t_{i+3}\cdots t_{i+m+1}$" $\ne$ "$p_0p_1\cdots p_{m-1}$",这一趟仍然不匹配,可以跳过不做。依此类推,直到对于某值 k,使得

$$"p_0p_1\cdots p_k"\ne"p_{j-k-1}p_{j-k}\cdots p_{j-1}" \tag{4.8}$$

而

$$"p_0p_1\cdots p_{k-1}"="p_{j-k}p_{j-k}\cdots p_{j-1}" \tag{4.9}$$

这时才有

$$"p_0p_1\cdots p_{k-1}"="p_{j-k}p_{j-k+1}\cdots p_{j-1}"="t_{i+j-k}t_{i+j-k+1}\cdots t_{i+j-1}" \tag{4.10}$$

这样,在第 $i+1$ 趟比较时,如果目标串 T 中第 $i+j$ 个字符与模式串 P 中第 j 个字符不匹配,只需将模式串 P 从当前位置直接向右"滑动"$j-k$ 位,使模式串 P 中的第 k 个字符 p_k 与目标串 T 中的第 $i+j$ 个字符 t_{i+j} 对齐开始比较。这是由于从前面的分析中可知,这时模式串 P 中的前面 k 个字符"$p_0p_1\cdots p_{k-1}$"必定与目标串 T 中第 $i+j$ 个字符之前的 k 个字符"$t_{i+j-k}t_{i+j-k+1}\cdots t_{i+j-1}$"对应相等,这样便可直接从 T 中的第 $i+j$ 个字符 t_{i+j}(也就是上一趟不匹配的字符)与模式串中的第 k 个字符 p_k 开始进行比较。

在 KMP 字符串匹配算法中，第 $i+1$ 趟匹配失败时，目标串 T 的扫描指针 i 不回溯，而是下一趟继续从此处开始向后进行比较。但在模式串 P 中，扫描指针应退回到 p_k 的位置。

KMP 算法的关键是在匹配失败时，确定 k 的值。根据比较不相等时字符在模式串 P 中的位置不同，也就是对于不同的 j,k 的取值不同，k 值依赖于模式串 P 的前 j 个字符的构成，与目标串无关。设 $next[j]=k$，此处表示当模式串 P 中第 j 个字符与目标串 T 中相应字符不匹配时，模式串 P 中应当由第 k 个字符与目标串中刚不匹配的字符对齐继续进行比较，模式串 $P="p_0p_1p_2\cdots p_{m-1}"$ 的 $next[j]$ 定义为

$$next[j]=\begin{cases}-1, & j=0\\ \max\{k\mid 0<k<j\ \text{且}\ "p_0p_1\cdots p_{k-1}"="p_{j-k}p_{j-k+1}\cdots p_{j-1}"\}, & \text{集合非空}\\ 0, & \text{其他情况}\end{cases}$$

$$(4.11)$$

例如，模式串 $P="abaabcac"$，其对应的 $next[j]$ 如下：

j	0	1	2	3	4	5	6	7
P	a	b	a	a	b	c	a	c
$next[j]$	-1	0	0	1	1	2	0	1

有了 next 数组后，匹配过程为：设以 i 和 j 分别指示目标串和模式串中正待比较的字符。在匹配过程中，如果 $p_j=t_i$，则 i 和 j 分别加 1；如果 $p_j\neq t_i$，则令 $j=next[j]$，若此时 $j>-1$，则下次的比较应从模式串 P 中的 p_j 起与 T 中的 t_i 对齐往下进行；若 $j=-1$，则 P 中任何字符都不再与 t_i 比较，下次比较从 P 的第 0 个字符起与 t_{i+1} 对齐往下进行，即令 i 加 1，$j=0$。

例 4.1　设目标串 $T="acabaabaabcacx"$，模式串 $P="abaabcac"$，根据 KMP 算法进行模式匹配的过程如图 4.4 所示。

下面给出 KMP 字符串模式匹配辅助算法的实现代码。

```
int KMPIndexHelp(const String &T, const String &P, int pos, int next[])
//操作结果：通过 next 数组查找模式串 P 第一次在目标串 T 中从第 pos 个字符开始出现的位置
{
    int i=pos, j=0;    //i 为目标串 T 中的当前字符位置，j 为模式串 P 的当前字符位置
    while (i<T.Length() && j<P.Length())
    {
        if (j==-1)
        {   //此时表明 P 中任何字符都不再与 T[i]进行比较，下次 P[0]与 T[i+1]开始进行比较
            i++; j=0;
        }
        else if (P[j]==T[i])
        {   //P[j]与 T[i]匹配
            i++; j++;                     //模式串 P 与目标串 T 的当前位置向后移
        }
        else
        {   //P[j]与 T[i]不匹配
```

第1趟　　T a c a b a a b a a b c a c x　　$i=1$
　　　　　‖ ╳
　　　　P a b a a b c a c　　$j=1$ next[1]=0

第2趟　　T a c a b a a b a a b c a c x　　$i=1$
　　　　　╳
　　　　P a b a a b c a c　　$j=0$ next[0]=−1

第3趟　　T a c a b a a b a a b c a c x　　$i=2$ ⟶ $i=7$
　　　　　‖ ‖ ‖ ‖ ‖ ╳
　　　　P a b a a b c a c　　$j=0$ ⟶ $j=5$ next[5]=2

第4趟　　T a c a b a a b a a b c a c x　　$i=7$ ⟶ $i=13$
　　　　　‖ ‖ ‖ ‖ ‖ ‖ ‖
　　　　P a b a a b c a c　　$j=2$ ⟶ $j=8$

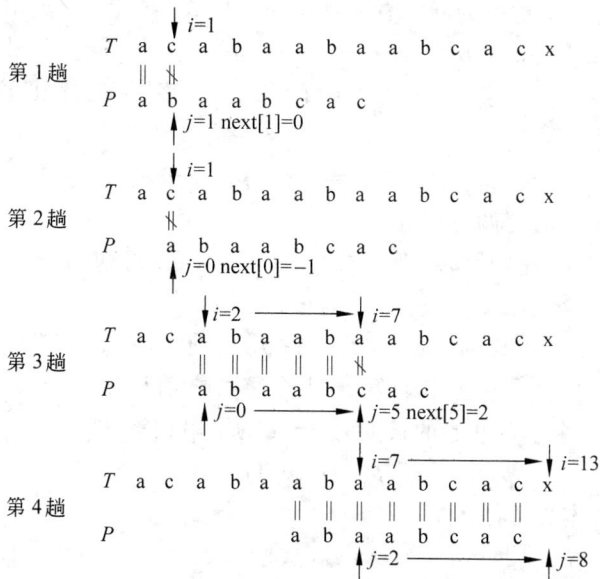

图 4.4　KMP 字符串模式匹配过程示意图

```
        j=next[j];                //寻找新的模式串 P 的匹配字符位置
    }
}

if (j<P.Length()) return -1;     //匹配失败
else return i-j;                 //匹配成功
}
```

KMP 字符串模式匹配算法的核心是要知道 next[j] 的值,下面讨论计算 next[j] 的方法,从 next[j] 的定义知道,计算 next[j],就是要在串"$p_0 p_1 \cdots p_{j-1}$"中找出最长的相等的两个子串"$p_0 p_1 \cdots p_{k-1}$"和"$p_{j-k} p_{j-k+1} \cdots p_{j-1}$",求 next 函数值的过程是一个递推过程,分析如下:

由定义可知

$$\text{next}[0] = -1 \tag{4.12}$$

设已有 next[j]$=k$,则有

$$"p_0 p_1 \cdots p_{k-1}" = "p_{j-k} p_{j-k+1} \cdots p_{j-1}" \tag{4.13}$$

由式 4.11 显然有

$$\text{next}[j+1] = \begin{cases} \max\{k+1 \mid 0 < k+1 < j+1 \text{ 且 } "p_0 p_1 \cdots p_{k-1} p_k" \\ \qquad = "p_{j-k} p_{j-k+1} \cdots p_{j-1} p_j"\}, & \text{集合非空} \\ 0, & \text{其他情况} \end{cases} \tag{4.14}$$

如果 $p_k = p_j$,由式 4.13 可知,next[$j+1$]$=k+1=$next[j]$+1$。

如果 $p_k \neq p_j$,则表明在模式串 P 中有

$$"p_0 p_1 \cdots p_k" \neq "p_{j-k} p_{j-k+1} \cdots p_j" \tag{4.15}$$

此时可把求 next$[j+1]$值的问题看成是又一个模式匹配问题,此时的目标串和模式串都是串 P。根据 next$[j]=k$ 可知"$p_0p_1\cdots p_{k-1}$"$=$"$p_{j-k}p_{j-k+1}\cdots p_{j-1}$",则当 $p_k\neq p_j$ 时应将模式串右移至第 next$[k]$个字符与主串中的第 j 个字符进行比较。实际上就是在"$p_0p_1\cdots p_{k-1}$"中寻找使得

$$"p_0p_1\cdots p_{h-1}" = "p_{k-h}p_{k-h+1}\cdots p_{k-1}" \tag{4.16}$$

成立的最大的 h,这时有两种情况。

(1) 找到 h,即有 next$[k]=h$。则由式 4.13 与式 4.16 可知,有

$$"p_0p_1\cdots p_{h-1}" = "p_{k-h}p_{k-h+1}\cdots p_{k-1}" = "p_{j-h}p_{j-h+1}\cdots p_{j-1}" \tag{4.17}$$

这时在"$p_0p_1\cdots p_{j-1}$"中找到了长度为 h 的相等的前、后两个子串。

这时,若 $p_h=p_j$,则说明在主串中第 $j+1$ 个字符之前存在一个长度为 $h+1$ 的最长子串,与模式串中从第 0 个字符开始的长度为 $h+1$ 的子串相等,即

$$"p_0p_1\cdots p_{h-1}p_h" = "p_{j-h}p_{j-h+1}\cdots p_{j-1}p_j" \tag{4.18}$$

由 next$[j+1]$的定义可得

$$\text{next}[j+1] = h+1 = \text{next}[k]+1 = \text{next}[\text{next}[j]]+1 \tag{4.19}$$

若 $p_h\neq p_j$,则再在"$p_0p_1\cdots p_{h-1}$"中寻找更小的 next$(h)=y$。如此递推,有可能还需要以同样方式再缩小寻找范围,直到 p_j 与模式串中的某个字符匹配成功或不存在任何 h 满足式 4.16,则此时 next$[j+1]=0$,结束。

(2) 找不到 h,这时 next$[j+1]=0$。

如此可得出计算 next$[j]$的递推公式:

$$\text{next}[j+1] = \begin{cases} \text{next}^{(m)}[j]+1 & \text{若能找到最小的正整数 } m\text{,使得 } p_{\text{next}^{(m)}[j]} = p_j \\ 0 & \text{找不到或 } j = 0 \end{cases} \tag{4.20}$$

其中,next$^{(1)}[j]=$next$[j]$,next$^{(m)}[j]=$next$[$next$^{(m-1)}[j]]$。

根据以上分析,计算 next$[j]$的代码的算法如下:

```
void getNext(const String &P, int next[])
//操作结果：求模式串 P 的 next 数组的元素值
{
    next[0]=-1;              //由 next[0]=-1 开始进行递推
    int j=0, k=-1;           //next[j]=k 成立的初始情况
    while (j<P.Length()-1)
    {   //数组 next 的下标范围为 0~P.Length()-1,通过递推方式求得 next[j+1]的值
        if (k==-1)
        {   //k==-1 只在 j==0 时发生
            next[j+1]= 0;    //next[j+1]= next[1]=0
            j=1; k=0;        //由于已求得 next[1]=0,所以 j=1, k=0
        }
        else if (P[k]==P[j])
        {   //此时 next[j+1]=next[j]+ 1
            next[j+1]=k+1;   //由于 P[k]==P[j],所以 next[j+1]=next[j]+1=k+1
            j++; k++;        //由于已求得 next[j+ 1]= k+1,所以 j 更新为++j,k 更新为++k
        }
```

```
        else
        {   //P[k]与 P[j]不匹配
            k=next[k];          //寻求新的匹配字符
        }
    }
}
```

将 KMPIndexHelp( )函数与求 next 数组元素值的 getNext( )函数封装起来,可得如下 JMP 字符串模式匹配算法:

```
int KMPIndex(const String &T, const String &P, int pos=0)
//操作结果:查找模式串 P 第一次在目标串 T 中从第 pos 个字符开始出现的位置
{
    int * next=new int[P.Length()];        //为数组 next 分配空间
    getNext(P, next);                      //求模式串 P 的 next 数组的元素值
    int result=KMPIndexHelp(T, P, pos, next);
        //返回模式串 P 第一次在目标串 T 中从第 pos 个字符开始出现的位置
    delete []next;                          //释放 next 所占用的存储空间
    return result;
}
```

** **4.4 实 例 研 究**

4.4.1 文本编辑

本节设计一个微型文本编辑程序,此程序只允许一些简单的命令,与现代文本编辑器相比显得相当简单,但它仍然说明了更大更复杂的文本编辑器构造中涉及的一些基本思想。

本节所开发的文本编辑器允许将文件读到内存中,即存储在一个缓冲区中,称这个类为 Editor。Editor 对象中的每行文本当作一个字符串,将每行存储在一个双向链表的结点中,将设计在缓冲区中的行上执行操作和在单个行中的字符上执行字符串操作的编辑命令。

下面给出了文本编辑器中包含的命令列表,这些命令可用大写或小写字母输入。

R:读取文本文件到缓冲区中,缓冲区中以前的任何内容将丢失,当前行是文件的第一行。

W:将缓冲区的内容写入文本文件,当前行或缓冲区均不改变。

I:插入单个新行,用户必须在恰当的提示符的响应中输入新行并提供其行号。

D:删除当前行并移到下一行。

F:从当前行开始,查找包含有用户请求的目标串的第一行。

C:将用户请求的字符串修改成用户请求的替换文本,仅在当前行中有效。

Q:退出编辑器,立即结束。

H:显示解释所有命令的帮助消息,程序也接受? 作为 H 的替代者。

N:下一行,在缓冲区中进一行。

P:上一行,在缓冲区中退一行。

B：开始，到缓冲区的第一行。

E：结束，到缓冲区的最后一行。

G：到缓冲区中用户指定的行号。

V：查看缓冲区的全部内容，显示到终端上。

文本编辑的具体实现请读者从作者的教学网站上下载。

4.4.2 查找子序列

如果 text 是一个字符串，把其中（在任何位置）的符号去掉，留下来的内容就是 text 的一个子序列。比如说，如果 text 的内容是"abcdefg"，去掉 b、d、g，留下"acef"；"acef"是原来字符串"abcdefg"的子序列。现要求接收字符串 text 与 pattern，查看 pattern 是否为 text 的子序列，并且把 pattern 在 text 中各符号的位置记录下来。

要在 text 中找出一个与 pattern 吻合的子序列，不必删除 text 中的字符来迁就定义。只要把它们跳过去，就相当于作了删除操作。当处理到 pattern[j] 时，在 text 中已经做到 text[i]，固定 pattern[j]，从 text[$i+1$] 开始，去比较 text[$i+2$]，text[$i+3$]，…，如果自此之后找不出与 pattern[j] 相同的字符，这时 pattern 不是 text 的子序列，如果在处理到某个 k 时，text[k] 与 pattern[j] 相同，那么对 pattern[$j+1$] 而言，就从 text[$k+1$] 开始查找。

如图 4.5 所示，对 pattern[0] 而言，在 text 中找到 i 才与 pattern[0] 相同，接着 pattern[1] 就从 text[$i+1$] 开始比较，假设到了 text[k] 发现与 pattern[1] 相同，……，到了 pattern 的最后一个字符都能够在 text 中找出来，自然地 pattern 就是 text 的子序列。

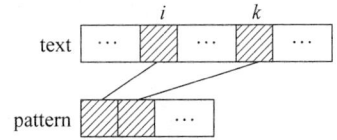

图 4.5　查找子序列示意图

查找子序列的具体实现如下：

```
//文件路径名:e4_4\sub_sequence.h
bool SubSequence(const String &text, const String &pattern, int loc[])
//操作结果：判断 pattern 是否是 text 的子序列，如果是子序列，返回 true，并用
//loc 存储子序列各字符在 text 中的出现位置，否则返回 false
{
    int tLength=text.Length();              //text 的长度
    int pLength=pattern.Length();           //pattern 的长度

    if (pLength>tLength)
        return false;                       //pattern 太长，不可能是 text 的子序列

    for (int i=0, j=0; i<=tLength && j<=pLength; j++)
    {   //在 text[i~tLength-1]中查找 pattern[j]
        for (;i<=tLength && text[i]!=pattern[j]; i++);
        if (i>tLength) return false;        //查找失败
        else loc[j]=i;                      //pattern[j]在 text 中的位置
    }
    return true;
}
```

4.5　深入学习导读

本章的字符串类型的实现以及文本编辑主要参考了 Robert L. Kruse，Alexander J. Ryba 所著的《Data Structures and Program Design in C++》[1]。

查找子序列主要参考了冼镜光编著的《C 语言名题精选百则技巧篇》[21]。

严蔚敏、吴伟民编著的《数据结构（C 语言版）》[12]，殷人昆、陶永雷、谢若阳、盛绚华编著的《数据结构（用面向对象方法与 C++ 描述）》[13]与 Adam Drozdek 著，郑岩、战晓苏译的《数据结构与算法——C++ 版（第 3 版）》[3]（Data Structures and Algorithms In C++. Third Edition）都详细讨论了 KMP 字符串模式匹配算法，本书不但严格实现了此算法，对算法的分析也更深刻。

习　题　4

1. 简述空格串的定义及其长度。
2. 空串与空格串有何区别？
3. 两个字符串相等的充要条件是什么？
** 4. 试说明 KMP 算法中求解 next 数组值的方法。
** 5. 已知模式串 P = "ABCABAA"，计算模式 P 串的 next[] 各元素的值。
* 6. 试设计一个算法测试一个串 S 的值是否为回文（即从左向右读出的内容与从右向左读出的内容一致）。
** 7. 补充实现本书文本编辑类 Editor 未实现的成员函数，实现一个简单的文本编辑器。

上机实验题 4

1. 一个文本串可用事先给出的字母映射表进行加密，字母映射表如下：
abcdefghijklmnopqrstuvwxyzABCDEFGHIJKLMNOPQRSTUVWXYZ
NgzQTCobmUHelkPdAwxfYIvrsJGnZqtcOBMuhELKpaDWXFyiVRjS
未被映射的字符不加以改变，例如，字符串"e * ncrypt"被加密成"T * kzwsdf"，试写一程序要求采用菜单方式实现相应功能，其选项及功能说明如下。
（1）加密：将输入的文本串进行加密后输出。
（2）解密：将输入的已加密的文本进行解密后输出。
（3）退出：退出运行。

2. 对本章的字符串 String 类操作较少，试重载字符串连接运算符"＋"、重载字符串流输入运算符"≫"与输出运算符"≪"实现一个功能更强的类 CString。

第5章 数组和广义表

本章讨论两种数据结构——数组和广义表,它们都可看成是线性表的扩展——表中的数据元素本身也可以是线性结构。

5.1 数　　组

5.1.1　数组的基本概念

数组是十分常用的结构,现在几乎所有程序设计语言都直接支持数组类型。数组的操作基本上都要求首先对元素定位,本节的主要内容是给出数组的定义及其存储映射方法。

数组由一组类型相同的数据元素构成。可借助线性表的概念递归定义如下:

数组是一个元素可直接按序号寻址的线性表

$$a = (a_0, a_1, \cdots, a_{m-1})$$

若 $a_i(i=0, 1, \cdots, m-1)$ 是简单元素,则 a 是一维数组;当一维数组的每个元素 a_i 本身又是一个一维数组时,则一维数组扩充为二维数组。同样道理,当一维数组的每个元素本身又是一个二维数组时,则二维数组扩充为三维数组。依此类推,若 a_i 是 $k-1$ 维数组,则 a 是 k 维数组。

可以看出,在 n 维数组中,每个元素受 n 个线性关系的约束($n \geqslant 1$),若它在第 $1 \sim n$ 个线性关系中的序号分别为 $i_1, i_2, \cdots, i_n$,则称它的下标为 $i_1, i_2, \cdots, i_n$。如果数组名为 a,则记下标为 $i_1, i_2, \cdots, i_n$ 的元素为 $a_{i_1 i_2 \cdots i_n}$。

从上面定义可以看出,如果一个 $n(n>0)$ 维数组的第 i 维长度为 b_i,则此数组中共含有 $\prod\limits_{i=1}^{n} b_i$ 个数据元素,每个元素都受 n 个关系的约束,就其单个关系而言,这 n 个关系都是线性关系。

数组的基础操作如下:

```
ElemType &operator()(int sub0,...)
```

初始条件:数组已存在。
操作结果:重载函数运算符。

5.1.2　数组的顺序存储方式

由于很少在数组中进行插入和删除操作,所以数组的存储通常采用顺序存储方式。设 n 维数组共有 $m\left(=\prod\limits_{i=1}^{n} b_i\right)$ 个元素,数组存储的首地址为 base,数组中的每个元素需要 L 个存储单元,则整个数组共需 mk 个存储单元。为了存取数组中某个特定下标的元素,必须确定下标为 $i_1, i_2, \cdots, i_n$ 的元素的存储位置。实际上就是把下标 $i_1, i_2, \cdots, i_n$ 映射到 $[0, m-1]$

中的某个数 $\mathrm{map}(i_1,i_2,\cdots,i_n)$，使得该下标所对应的元素值存储在以下位置：

$$\mathrm{Loc}(i_1,i_2,\cdots,i_n)=\mathrm{base}+\mathrm{map}(i_1,i_2,\cdots,i_n)L$$

用 $\mathrm{Loc}(i_1,i_2,\cdots,i_n)$ 表示下标为 $i_1,i_2,\cdots,i_n$ 的数组元素的存储地址。可见，如果已经知道数组的首地址，要确定其他元素的存储位置，只需求出 $\mathrm{map}(i_1,i_2,\cdots,i_n)$ 即可。下面讨论 $\mathrm{map}(i_1,i_2,\cdots,i_n)$ 的计算。在后面的例子中，都是用 C++ 中表示数组的方式来描述数组及其元素。

对于 1 维数组，$\mathrm{map}(i_1)=i_1$。

对于 2 维数组，各元素可按图 5.1 所示的表格形式进行排列。第 1 维下标相同的元素位于同一行，第 2 维下标相同的元素位于同一列。

$a[0][0]$	$a[0][1]$	$a[0][2]$	$a[0][3]$	$a[0][4]$	$a[0][5]$
$a[1][0]$	$a[1][1]$	$a[1][2]$	$a[1][3]$	$a[1][4]$	$a[1][5]$
$a[2][0]$	$a[2][1]$	$a[2][2]$	$a[2][3]$	$a[2][4]$	$a[2][5]$
$a[3][0]$	$a[3][1]$	$a[3][2]$	$a[3][3]$	$a[3][4]$	$a[3][5]$
$a[4][0]$	$a[4][1]$	$a[4][2]$	$a[4][3]$	$a[4][4]$	$a[4][5]$

图 5.1　数组 $A[5][6]$ 的元素列表

对于图 5.1 中的元素，从第 1 行开始，依次对每一行中的每个元素从左至右进行连续编号，即可得到图 5.2(a) 所示的映射结果。这种按行把二维数组中的元素位置映射为 $[0,m-1]$ 中的某个数的方式称为行优先映射。C++ 中就采用行优先映射模式。图 5.2(b) 中给出了另外一种映射模式，把所有元素按列的次序进行连续编号，称为列优先映射。

0	1	2	3	4	5		0	5	10	15	20	25
6	7	8	9	10	11		1	6	11	16	21	26
12	13	14	15	16	17		2	7	12	17	22	27
18	19	20	21	22	23		3	8	13	18	23	28
24	25	26	27	28	29		4	9	14	19	24	29

（a）行优先映射　　　　　　　　（b）列优先映射

图 5.2　数组 $A[5][6]$ 的映射

可以看出，一个 b_1 行 b_2 列的二维数组 $a[b_1][b_2]$ 的行优先映射所对应的映射函数为

$$\mathrm{map}(i_1,i_2)=i_1b_2+i_2$$

读者可用图 5.1 中的 5 行 6 列的数组来验证上述的行优先映射函数。因为列数为 6，所以映射公式为 $\mathrm{map}(i_1,i_2)=6i_1+i_2$，从而有 $\mathrm{map}(2,3)=6\times2+3=15$，$\mathrm{map}(3,5)=6\times3+5=23$，与图 5.2(a) 中所给出的编号完全相同。

可以扩充上述行优先映射模式，得到二维以上数组的行优先映射函数。在二维数组的行优先次序中，首先列出所有第一个下标为 0 的元素，然后是第一个下标为 1 的元素，……。第一个下标相同的所有元素按其第二个下标的递增次序排列。依此类推，对于三维数组，首先列出所有第一个下标为 0 的元素，然后是第一个下标为 1 的元素，……。第一个下标相同的所有元素按其第二个下标的递增次序排列，前两个下标相同的所有元素按其第三个下标的递增次序排列。例如数组 $A[4][2][4]$ 中的元素，按行优先次序排列为

$$a[0][0][0] \quad a[0][0][1] \quad a[0][0][2] \quad a[0][0][3] \quad a[0][1][0] \quad a[0][1][1] \quad a[0][1][2] \quad a[0][1][3]$$
$$a[1][0][0] \quad a[1][0][1] \quad a[1][0][2] \quad a[1][0][3] \quad a[1][1][0] \quad a[1][1][1] \quad a[1][1][2] \quad a[1][1][3]$$
$$a[2][0][0] \quad a[2][0][1] \quad a[2][0][2] \quad a[2][0][3] \quad a[2][1][0] \quad a[2][1][1] \quad a[2][1][2] \quad a[2][1][3]$$
$$a[3][0][0] \quad a[3][0][1] \quad a[3][0][2] \quad a[3][0][3] \quad a[3][1][0] \quad a[3][1][1] \quad a[3][1][2] \quad a[3][1][3]$$

从而三维数组 $a[b_1][b_2][b_3]$ 的行优先映射函数为

$$\mathrm{map}(i_1, i_2, i_3) = i_1 b_2 b_3 + i_2 b_3 + i_3$$

类推可得，n 维数组 $a[b_1][b_2]\cdots[b_n]$ 的行优先映射函数为

$$\mathrm{map}(i_1, i_2, \cdots, i_n) = i_1 b_2 b_3 \cdots b_n + i_2 b_3 \cdots b_n + \cdots + i_{n-1} b_n + i_n$$
$$= \sum_{j=1}^{n-1} i_j \prod_{k=j+1}^{n} b_k + i_n = \sum_{j=1}^{n} c_j i_j$$

进一步可得公式如下：

$$\mathrm{Loc}(i_1, i_2, \cdots, i_n) = \mathrm{base} + (i_1 b_2 b_3 \cdots b_n + i_2 b_3 \cdots b_n + \cdots + i_{n-1} b_n + i_n) L$$
$$= \mathrm{base} + \sum_{j=1}^{n} c_j i_j L$$

其中，$c_n = 1, c_{j-1} = b_j c_j, 1 < j \leqslant n$。

在有些语言中，数组各维的下标范围不一定为 $[0, b_j - 1]$（$j = 1, 2, \cdots, n$），而是某个闭区间 $[l_j, h_j]$ 内的整数，则其行优先和列优先映射函数要随之改变。设 n 维数组的第 k 维的下标范围是 $[l_k, h_k]$，记

$$d_k = h_k - l_k + 1, k = 1, 2, \cdots, n$$

显然，d_k 为第 k 维的长度（元素个数），则此时有

$$\mathrm{map}(i_1, i_2, \cdots, i_n) = (i_1 - l_1) d_2 d_3 \cdots d_n + (i_2 - l_2) d_3 \cdots d_n + \cdots$$
$$+ (i_{n-1} - l_{n-1}) d_n + (i_n - l_n)$$
$$= \sum_{j=1}^{n-1} (i_j - l_j) \prod_{k=j+1}^{n} d_k + (i_n - l_n)$$

列优先映射的映射函数可以类推得到，下面为列优先队列的结论。

n 维数组 $a[b_1][b_2]\cdots[b_n]$ 的列优先映射函数为

$$\mathrm{map}(i_1, i_2, \cdots, i_n) = i_1 + b_1 i_2 + \cdots + i_{n-1} b_n + b_1 b_2 \cdots b_{n-1} i_n$$
$$= i_1 + \sum_{j=2}^{n} i_j * \prod_{k=1}^{j-1} b_k = \sum_{j=1}^{n} c_j i_j$$
$$\mathrm{Loc}(i_1, i_2, \cdots, i_n) = \mathrm{base} + (i_1 + b_1 i_2 + \cdots + i_{n-1} b_n + b_1 b_2 \cdots b_{n-1} i_n) L$$
$$= \mathrm{base} + \sum_{j=1}^{n} c_j i_j L$$

其中，$c_1 = 1, c_{j+1} = b_j c_j, 1 \leqslant i < n$。

设 n 维数组的第 k 维的下标范围是 $[l_k, h_k]$，记为

$$d_k = h_k - l_k + 1, k = 1, 2, \cdots, n$$

d_k 为第 k 维的长度（元素个数），此时有

$$\mathrm{map}(i_1, i_2, \cdots, i_n) = (i_1 - l_1) + d_1 (i_2 - l_2) + \cdots + d_1 d_2 \cdots d_{n-1} (i_n - l_n)$$
$$= (i_1 - l_1) + \sum_{j=2}^{n} (i_j - l_j) * \prod_{k=1}^{j-1} d_k$$

**5.1.3 数组的类模板定义

在 C++ 中数组,n 维数组的下标采用形式$[i_1][i_2]\cdots[i_n]$,i_j 为非负整数。但 C++ 本身无法保证数组下标 i_j 的合法性,为克服 C++ 标准数组的不足,下面给出一个数组类模板声明:

```
//数组类模板
template<class ElemType>
class Array
{
protected:
//数组的数据成员:
    ElemType * base;                            //数组元素基址
    int dim;                                    //数组维数
    int * bounds;                               //数组各维长度
    int * constants;                            //数组映像函数常量

//辅助函数模板
    int Locate(int sub0,va_list &va)const;      //求元素在顺序存储中的位置

public:
//抽象数据类型方法声明及重载编译系统默认方法声明:
    Array(int d,...);                           //由维数 d 与随后的各维长度构造数组
    ~Array();                                   //析构函数模板
    ElemType &operator()(int sub0,...);         //重载函数运算符
    Array(const Array<ElemType>&copy);          //复制构造函数模板
    Array<ElemType> &operator= (const Array<ElemType>&copy);   //重载赋值运算符
};
```

上面用到了变长参数,通过重载函数运算符(),实现了数组元素的存取,例如定义一个二维数组 Array $a(2,3,3)$,$a(1,2)$为第 1 行,第 2 列的元素,同时还对下标的合法性进行了检查,对于非常下标采用抛出异常的处理方式,这样将会自动调用析构函数模板释放数组所占用的空间,下面是数组类模板的实现部分。

```
//数组类的实现部分
template<class ElemType>
Array<ElemType>::Array(int d,...)
//操作结果:由维数 d 与随后的各维长度构造数组
{
    if(d<1) throw Error("维数不能小于 1!");        //抛出异常
    dim=d;                                       //数组维数为 d
    bounds=new int[dim];                         //分配数组各维长度存储空间
    va_list va;                                  //变长参数变量
    int elemTotal=1;                             //元素总数
    int i;                                       //临时变量

    va_start(va, d);
```

```cpp
    //初始化变量va,用于存储变长参数信息,d为省略号左侧最右边的参数标识符
    for(i=0; i<dim; i++)
    {    //为各维长度赋值并计算数组总元素个数
        bounds[i]=va_arg(va, int);                    //取出变长参数作为各维长度
        elemTotal=elemTotal * bounds[i];              //统计数组总元素个数
    }
    va_end(va);                                       //结束变长参数的引用

    base=new ElemType[elemTotal];                     //分配数组元素空间
    constants=new int[dim];                           //分配数组映像函数常量
    constants[dim-1]=1;
    for(i=dim-2; i>=0; --i)
        constants[i]=bounds[i+1] * constants[i+1];    //计算数组映像函数常量
}


template<class ElemType>
Array<ElemType> ::~Array()
//操作结果: 释放数组所占用空间
{
    if(base!=NULL)delete []base;                      //释放数组元素空间
    if(bounds!=NULL)delete []bounds;                  //释放各维长度空间
    if(constants!=NULL)delete []constants;            //释放映像函数常量空间
}


template<class ElemType>
int Array<ElemType> ::Locate(int sub0, va_list &va)const
//操作结果: 求元素在顺序存储中的位置
{
    if(!(sub0>=0 && sub0<bounds[0]))
        throw Error("下标出界!");                      //抛出异常
    int off=constants[0] * sub0;                      //初始化元素在顺序存储中的位置
    for(int i=1; i<dim; i++)
    {
        int sub=va_arg(va, int);                      //取出数组元素下标
        if(!(sub>=0 && sub<bounds[i]))                //抛出异常
            throw Error("下标出界!");
        off+=constants[i] * sub;                      //累加乘积求元素在顺序存储中的位置
    }
    return off;
}


template<class ElemType>
ElemType&Array<ElemType> ::operator()(int sub0,...)
//操作结果: 重载函数运算符
{
```

```
    va_list va;                                    //变长参数变量
    va_start(va, sub0);
            //初始化变量 va,用于存储变长参数信息,sub0 为省略号左侧最右边的参数标识符
    int off=Locate(sub0,va);
    va_end(va);
    return * (base+off);                           //数组元素
}


template<class ElemType>
Array<ElemType>::Array(const Array<ElemType> &copy)
//操作结果: 由数组 copy 构造新数组——复制构造函数模板
{
    dim=copy.dim;                                  //数组维数

    int elemTotal=1;                               //元素总数
    int i;                                         //临时变量
    for(i=0; i<dim; i++)
    {    //统计数组总元素个数
        elemTotal=elemTotal * copy.bounds[i];      //计算数组总元素个数
    }
    base=new ElemType[elemTotal];                  //为数组元素分配存储空间
    for(i=0; i<elemTotal; i++)
    {    //复制数组元素
        base[i]=copy.base[i];
    }

    bounds=new int[dim];                           //为数组各维长度分配存储空间
    constants=new int[dim];                        //为数组映像函数常量分配存储空间
    for(i=0; i<dim; i++)
    {    //复制数组各维长度与映象函数常量
        bounds[i]=copy.bounds[i];                  //各维长度
        constants[i]=copy.constants[i];            //映像函数常量
    }
}


template<class ElemType>
Array<ElemType> &Array<ElemType>::operator= (const Array<ElemType> &copy)
//操作结果: 将数组 copy 赋值给当前数组——重载赋值运算符
{
    if(&copy!=this)
    {
        if(base!=NULL)delete []base;               //释放数组元素空间
        if(bounds!=NULL)delete []bounds;           //释放各维长度空间
        if(constants!=NULL)delete []constants;     //释放映像函数常量空间
```

```
    dim=copy.dim;                                //数组维数

    int elemTotal=1;                             //元素总数
    int i;                                       //临时变量
    for(i=0; i<dim; i++)
    {   //统计数组总元素个数
        elemTotal=elemTotal * copy.bounds[i];    //计算数组总元素个数
    }
    base=new ElemType[elemTotal];                //为数组元素分配存储空间
    for(i=0; i<elemTotal; i++)
    {   //复制数组元素
        base[i]=copy.base[i];
    }

    bounds=new int[dim];                         //为数组各维长度分配存储空间
    constants=new int[dim];                      //为数组映像函数常量分配存储空间
    for(i=0; i<dim; i++)
    {   //复制数组各维长度与映像函数常量
        bounds[i]=copy.bounds[i];                //各维长度
        constants[i]=copy.constants[i];          //映像函数常量
    }
}
return * this;
}
```

上面直接给出了多维数组的定义,没有重载下标运算符[],要重载此运算符,可分别定义一维数组,二维数组,……,当然这样定义数组通用性要差些。

5.2 矩 阵

5.2.1 矩阵的定义和操作

矩阵可描述为二维数组。矩阵的下标通常从 1 开始,而不像 C 和 C++ 或其他一些语言中的数组那样从 0 开始,并且常用 $a(i,j)$ 来引用矩阵中第 i 行第 j 列的元素。

一个 $m \times n$ 矩阵是一个 m 行、n 列的表,如图 5.3 所示。

$$\begin{bmatrix} a_{11} & a_{12} & \cdots & a_{1n} \\ a_{21} & a_{22} & \cdots & a_{2n} \\ \vdots & \vdots & \ddots & \vdots \\ a_{m1} & a_{m2} & \cdots & a_{mn} \end{bmatrix}$$

矩阵与二维数组有很多相似之处,一般用如下的二维数组来描述一个 $m \times n$ 矩阵 a_{mn}:

图 5.3　$m \times n$ 矩阵示意图

```
ElemType a[m][n];
```

矩阵中的元素 $a(i,j)$ 对应于二维数组的元素 $a[i-1][j-1]$。这种形式要求使用数组的下标[][]来存取每个矩阵元素。这种变化降低了应用代码的可读性,也增加了出错的概率。可以通过定义一个类 Matrix 来克服这个问题。在 Matrix 类中,将矩阵元素按照行优先次序存储到一个一维数组 elems 中,另外通过重载函数运算符()实现使用(i,j)来存取每个元素,并且根据矩阵的约定,其行列下标值都是从 1 开始。

矩阵的基础操作如下。

1) int GetRows() const

初始条件: 矩阵已存在。

操作结果: 返回矩阵行数。

2) int GetCols() const

初始条件: 矩阵已存在。

操作结果: 返回矩阵列数。

3) ElemType &operator()(int i,int j)

初始条件: 矩阵已存在。

操作结果: 重载函数运算符。

下面是矩阵的具体类声明。

```
//矩阵类模板
template<class ElemType>
class Matrix
{
protected:
//矩阵的数据成员:
    ElemType * elems;                               //存储矩阵元素
    int rows,cols;                                  //矩阵行数和列数

public:
//抽象数据类型方法声明及重载编译系统默认方法声明:
    Matrix(int rs,int cs);                          //构造一个 rs 行 cs 列的矩阵
    ~Matrix();                                      //析构函数模板
    int GetRows() const;                            //返回矩阵行数
    int GetCols() const;                            //返回矩阵列数
    ElemType &operator()(int i,int j);              //重载函数运算符
    Matrix(const Matrix<ElemType> &copy);           //复制构造函数模板
    Matrix<ElemType> &operator= (const Matrix<ElemType> &copy);  //重载赋值运算符
};
```

构造函数模板首先检查给定的行、列数值是否合法,然后为存储矩阵元素的指针 elems
分配存储空间。

```
template<class ElemType>
Matrix<ElemType>::Matrix(int rs,int cs)
//操作结果:构造一个 rs 行 cs 列的矩阵
{
    if (rs<1&&cs<1)
        throw Error("行数或列数无效!");            //抛出异常
    rows=rs;                                        //rs 为行数
    cols=cs;                                        //cs 为列数
    elems=new ElemType[rows * cols];                //分配存储空间
```

}

重载函数运算符()用来指定矩阵中第 i 行、第 j 列的元素,根据行优先存储时的地址映射关系,实际上就是取数组 elems 中的第$(i-1)\cdot$cols$+(j-1)$个元素。

```
template<class ElemType>
ElemType &Matrix<ElemType>::operator()(int i,int j)
//操作结果:重载函数运算符
{
    if (i<1||i> rows||j<1||j> cols)
        throw Error("下标出界!");                      //抛出异常
    return elems[(i-1) * cols+j-1];                  //返回元素
}
```

5.2.2 特殊矩阵

如果值相同的元素或零元素在矩阵中按一定的规律分布,这样的矩阵称为特殊矩阵,可以用特殊方法进行存储和处理,以便提高空间和时间效率。下面首先介绍相关的几个概念。

方阵(square matrix):是行数和列数相同的矩阵。下面介绍的特殊矩阵都是方阵。

对称(symmetric)矩阵:a 是一个对称矩阵当且仅当对于所有的 i 和 j 有 $a(i,j)=a(j,i)$,如图 5.4(a)所示。

```
6 1 3 5        1 2 0 0        9 0 0 0        6 3 7 2
1 2 8 5        5 3 3 0        5 3 0 0        0 4 1 7
3 8 4 8        0 9 8 5        6 1 2 0        0 0 2 0
5 5 8 9        0 0 7 6        8 4 3 4        0 0 0 1
(a) 对称矩阵    (b) 三对角矩阵   (c) 下三角矩阵    (d) 上三角矩阵
```

图 5.4 n 阶特殊矩阵示例

三对角(tridiagonal)矩阵:a 是一个三对角矩阵当且仅当$|i-j|>1$ 时有 $a(i,j)=0$(或常数 c),如图 5.4(b)所示。

下三角(lower triangular)矩阵:a 是一个下三角矩阵当且仅当$i<j$ 时有 $a(i,j)=0$(或常数 c),如图 5.4(c)所示。

上三角(upper triangular)矩阵:a 是一个上三角矩阵当且仅当$i>j$ 时有 $a(i,j)=0$(或常数 c),如图 5.4(d)所示。

特殊矩阵的基础操作如下。

1) int GetSize() const

初始条件:特殊矩阵已存在。

操作结果:返回特殊矩阵阶数。

2) ElemType &operator()(int i, int j)

初始条件:特殊矩阵已存在。

操作结果:重载函数运算符。

1. 三对角矩阵

在一个 $n\times n$ 的三对角矩阵中,3 条对角线上之外的元素都是 0 或为一个常数 c:

主对角线：主对角线上元素的行列下标值 i 和 j 之间满足 $i=j$；

主对角线之下的对角线（称为低对角线）：低对角线上元素的行列下标值 i 和 j 之间满足 $i=j+1$；

主对角线之上的对角线（称为高对角线）：高对角线上元素的行列下标值 i 和 j 之间满足 $i=j-1$。

由于主对角线上有 n 个元素，两条次对角线上分别有 $n-1$ 个元素，所以这 3 条对角线上的元素总数为 $3n-2$。因为其他元素都为常数 c，所以只需要存储 3 条对角线上的元素及常数 c，可以使用一个有 $3n-1$ 个存储单元的一维数组 elems 来存储三对角矩阵中 3 条对角线上的元素及常数 c。对于图 5.4(b)所示的 4×4 的三对角矩阵，三条对角线上共有 10 个元素。如果 3 对角线之外的常量 c 映射到 elems[0]中，三对角线矩阵的元素逐行映射到数组 elems 中，则有

elems:0,1,2,5,3,3,9,8,5,7,6

如果逐列映射到数组 T 中，则有

elems:0,1,5,2,3,9,3,8,7,5,6

如果按照对角线的次序（从最上面的对角线开始）进行映射，则有

elems:0,2,3,5,1,3,8,6,5,9,7

在实际使用时，可根据具体的操作需要，在这 3 种不同的映射方式中选择一种。下面的类模板声明采用的是对角线映射方式。

```
//三对角矩阵类模板
template<class ElemType>
class TriDiagonalMatrix
{
protected:
//三对角矩阵的数据成员:
    ElemType * elems;                       //存储矩阵元素
    int n;                                  //三对角矩阵阶数

public:
//抽象数据类型方法声明及重载编译系统默认方法声明:
    TriDiagonalMatrix(int sz);              //构造一个 sz 行 sz 列的三对角矩阵
    ~TriDiagonalMatrix();                   //析构函数模板
    int GetSize()const;                     //返回三对角矩阵阶数
    ElemType&operator()(int i,int j);       //重载函数运算符
    TriDiagonalMatrix(const TriDiagonalMatrix<ElemType>&copy);
                                            //复制构造函数模板
    TriDiagonalMatrix<ElemType>&operator= (const TriDiagonalMatrix<ElemType>&copy);
                                            //赋值运算符重载
};
```

构造函数模板根据给定的矩阵大小，为 elems 分配相应的存储空间，具体实现如下：

```
template<class ElemType>
```

```
TriDiagonalMatrix<ElemType>::TriDiagonalMatrix(int sz)
//操作结果：构造一个 sz 行 sz 列的三对角矩阵
{
    if (sz<1)
        throw Error("行数或列数无效！");            //抛出异常
    n=sz;                                         //sz 为矩阵阶数
    elems=new ElemType[3 * n-1];                  //分配存储空间
}
```

重载函数运算符（）就需取得第 i 行第 j 列的元素，应根据 i、j 值的不同情况考虑要取的元素是位于低对角线、主对角线、高对角线还是其他位置，然后计算出元素在 elems 中的存储位置。

```
template<class ElemType>
ElemType&TriDiagonalMatrix<ElemType>::operator()(int i,int j)
//操作结果：重载函数运算符
{
    if (i<1||i>n||j<1||j>n)
        throw Error("下标出界！");                 //抛出异常
    if (i-j ==1)    return elems[2 * n+i-2];      //元素在低对角线上
    else if (i-j ==0) return elems[n+i-1];        //元素在主对角线上
    else if (i-j==-1) return elems[i];            //元素在高对角线上
    else return elems[0];                         //元素在其他位置
}
```

2. 三角矩阵

上三角矩阵和下三角矩阵统称为三角矩阵。在一个三角矩阵中，非常数元素都位于左下三角或右上三角的区域中。在一个下三角矩阵中，非常数区域的第一行有 1 个元素，第二行有 2 个元素，……，第 n 行有 n 个元素；而在一个上三角矩阵中，非常数区域的第一行有 n 个元素，第二行有 $n-1$ 个元素，……，第 n 行有 1 个元素。对于这两种不同的情况，非常数区域的元素总数均为

$$\sum_{i=1}^{n} i = \frac{n(n+1)}{2}$$

因此，两种三角矩阵都可以用一个有 $\frac{n(n+1)}{2}+1$ 个存储单元的一维数组 elems 来存储。采用按行或按列两种不同的方式进行映射。将常量 c 映射到 elems[0] 中，如果按行进行映射，则对于图 5.4(c) 所示的 4×4 的下三角矩阵有

elems:0,9,5,3,6,1,2,8,4,3,4

如果按列映射到数组 elems 中，则有

elems:0,9,5,6,8,3,1,4,2,3,4

对于一个下三角矩阵中的元素 $a(i,j)$，如果 $i<j$，则 $a(i,j)=c$；设 c 存储在 elems[0]，如果 $i \geqslant j$，则 $a(i,j)$ 位于非常数区域。在按行方式映射中，对于非常数区域的元素 $a(i,j)$，

要计算其在一维数组中的存储位置，可以如下分析：除了 c 之外，在元素 $a(i,j)$ 之前共有 $\sum_{k=1}^{i-1}k+j-1=\dfrac{i(i-1)}{2}+j-1$ 个元素存储在一维数组中，因此 $a(i,j)$ 在数组 elems 中的位置为 $\dfrac{i(i-1)}{2}+j$。下面采用行映射方式存储的下三角矩阵的类模板声明。

```
//下三角矩阵类模板
template<class ElemType>
class LowerTriangularMatrix
{
protected:
//下三角矩阵的数据成员:
    ElemType * elems;                       //存储矩阵元素
    int n;                                  //下三角矩阵阶数

public:
//抽象数据类型方法声明:
    LowerTriangularMatrix(int sz);          //构造一个 sz 行 sz 列的下三角矩阵
    ~LowerTriangularMatrix();               //析构函数模板
    int GetSize() const;                    //返回下三角矩阵阶数
    ElemType&operator()(int i,int j);       //重载函数运算符
};
```

构造函数模板首先判断矩阵大小是否合法，然后再根据给定的矩阵大小为 elems 分配相应的存储空间，具体实现如下：

```
template<class ElemType>
LowerTriangularMatrix<ElemType>::LowerTriangularMatrix(int sz)
//操作结果:构造一个 sz 行 sz 列的下三角矩阵
{
    if(sz<1)
        throw Error("行数或列数无效!");      //抛出异常
    n=sz;                                   //sz 为矩阵阶数
    elems=new ElemType[n * (n+1)/2+1];      //分配存储空间
}
```

重载函数运算符()就需取得第 i 行第 j 列的元素，需根据 i、j 值的不同情况考虑要取的元素是位于上三角还是下三角中。若 $i<j$，则可知在上三角，则直接返回 eleme[0] 即可；否则，可知元素在 elems 中的存储位置应为 $i(i-1)/2+j$。

```
template<class ElemType>
ElemType&LowerTriangularMatrix<ElemType>::operator()(int i,int j)
//操作结果:重载函数运算符
{
    if(i<1||i>n||j<1||j>n)
        throw Error("下标出界!");            //抛出异常
    if(i>=j)return elems[i * (i-1)/2+j];    //元素在下三角中
```

```
        else return elems[0];                          //元素在其他位置
}
```

对于上三角矩阵中,最好采用按列方式映射,这样在实现时与下三角矩阵的完全类似,在此处不再详细讨论,请读者自行完成。

3. 对称矩阵

由于对称矩阵中上三角和下三角中的元素是重复的,可以只存储上三角或下三角中的元素。这样一个 $n \times n$ 的对称矩阵就可以用一个有 $\frac{n(n+1)}{2}$ 个存储单元的一维数组来存储,可以参考三角矩阵的存储模式来存储矩阵的上三角或下三角。需要访问未存储部分的元素时,应先根据对称矩阵的特点,找到此元素在下三角(或上三角)中的位置,然后用此位置求得元素在一维数组中的存储位置即可得到对应元素。不失一般性,假设采用按行方式映射存储下三角的元素,将这些元素存储在数组 elems 中,则元素 $a(i,j)$ 在 elems 中的存储位置位 k 为

$$
k = \begin{cases} \dfrac{i(i-1)}{2} + j - 1, & i \geqslant j \\[2mm] \dfrac{j(j-1)}{2} + i - 1, & i < j \end{cases}
$$

下面是对称矩阵类模板声明:

```
//对称矩阵类模板
template<class ElemType>
class SymmtryMatrix
{
protected:
//对称矩阵的数据成员:
    ElemType * elems;                               //存储矩阵元素
    int n;                                          //对称矩阵阶数

public:
//抽象数据类型方法声明及重载编译系统默认方法声明:
    SymmtryMatrix(int sz);                          //构造一个 sz 行 sz 列的对称矩阵
    ~SymmtryMatrix();                               //析构函数模板
    int GetSize() const;                            //返回对称矩阵阶数
    ElemType&operator()(int i,int j);               //重载函数运算符
    SymmtryMatrix(const SymmtryMatrix<ElemType> &copy);     //复制构造函数模板
    SymmtryMatrix<ElemType> &operator= (const SymmtryMatrix<ElemType> &copy);
                                                    //赋值运算符重载
};

template<class ElemType>
ElemType&SymmtryMatrix<ElemType>::operator()(int i,int j)
//操作结果:重载函数运算符
{
    if (i<1‖i>n‖j<1‖j>n)
```

```
        throw Error("下标出界!");                    //抛出异常
    if (i>=j)return elems[i*(i-1)/2+j-1];          //元素在下三角中
    else return elems[j*(j-1)/2+i-1];              //元素在上三角中
}
```

5.2.3 稀疏矩阵

稀疏矩阵是 0 元素居多的矩阵,在科学和工程计算中有着十分重要的应用。如一个矩阵中有许多元素为 0,则称该矩阵为稀疏(sparse)矩阵。在稀疏矩阵和稠密矩阵之间并没有一个精确的界限。假设 m 行 n 列的矩阵含 t 个非 0 元素,一般称 $\delta = \dfrac{t}{mn}$ 为稀疏因子。一般认为 $\delta \leqslant 0.05$ 的矩阵为稀疏矩阵。

当稀疏矩阵的阶很高时,其中 0 元素会很多。如采用一般矩阵的存储方法,将存储大量 0 元素,这样将浪费大量的存储空间。但如果不存储 0 元素,只存储非 0 元素,这样一来,元素的存储次序就不再能够代表它们的逻辑关系了。因此,必须显式地指出每个元素在原矩阵中的逻辑位置。一种直观、常用的方法是,对每个非 0 元素,用三元组(行号,列号,元素值)来表示,这样每个元素的信息就全部记录下来了。三元组声明如下:

```
//三元组类模板
template<class ElemType>
struct Triple
{
//数据成员:
    int row,col;                      //非 0 元素的行下标与列下标
    ElemType value;                   //非 0 元素的值

//构造函数模板:
    Triple();                         //无参数的构造函数模板
    Triple(int r,int c,ElemType v);   //已知数据域建立三元组
};
```

各非 0 元素对应的三元组及其行列数可唯一确定一个稀疏矩阵。

例如,图 5.5 的稀疏矩阵三元组表为

$$((1,3,2),(2,6,8),(3,1,1),(3,3,3),(5,1,4),(5,3,6))$$

再加上(5,6)这一对行、列值便可作为稀疏矩阵的一种描述。

$$a=\begin{bmatrix} 0 & 0 & 2 & 0 & 0 & 0 \\ 0 & 0 & 0 & 0 & 0 & 8 \\ 1 & 0 & 3 & 0 & 0 & 0 \\ 0 & 0 & 0 & 0 & 0 & 0 \\ 4 & 0 & 6 & 0 & 0 & 0 \end{bmatrix}$$

图 5.5 稀疏矩阵 a

稀疏矩阵具有如下的一些基本操作。

1) int GetRows() const

初始条件:稀疏矩阵已存在。

操作结果:返回稀疏矩阵行数。

2) int GetCols() const

初始条件:稀疏矩阵已存在。

操作结果:返回稀疏矩阵列数。

3) int GetNum() const

初始条件：稀疏矩阵已存在。

操作结果：返回稀疏矩阵非零元素个数。

4) bool Empty() const

初始条件：稀疏矩阵已存在。

操作结果：如稀疏矩阵为空，则返回 true，否则返回 false。

5) StatusCode SetElem(int r, int c, const ElemType &v)

初始条件：稀疏矩阵已存在。

操作结果：设置指定位置的元素值。

6) StatusCode GetElem(int r, int c, ElemType &v)

初始条件：稀疏矩阵已存在。

操作结果：求指定位置的元素值。

1. 三元组顺序表

以顺序表存储三元组表，可得到稀疏矩阵的顺序存储结构——三元组顺序表，在三元组顺序表中，用三元组表表示稀疏矩阵时，为避免丢失信息，增设了一个信息元组，形式为

(行数，列数，非 0 元素个数)

将它作为三元组表的第一个元素。例如，图 5.5 的矩阵 a 的按行序排列的三元组表如表 5.1 所示。

表 5.1　稀疏矩阵 a 的三元组表表示

row	col	value	row	col	value
5	6	6	3	3	3
1	3	2	5	1	4
2	6	8	5	3	6
3	1	1			

对应这种表示法，可以定义如下的类 TriSparseMatrix，这里采用的是将每个非 0 元素按行序映射到一维数组中。

```
//稀疏矩阵三元组顺序表类模板
template<class ElemType>
class TriSparseMatrix
{
protected:
//稀疏矩阵三元组顺序表的数据成员：
    Triple<ElemType> * triElems;        //存储稀疏矩阵的三元组表
    int maxSize;                        //非 0 元素最大个数
    int rows,cols,num;                  //稀疏矩阵的行数、列数及非 0 元素个数

public:
//抽象数据类型方法声明及重载编译系统默认方法声明：
```

```
TriSparseMatrix(int rs=DEFAULT_SIZE,int cs=DEFAULT_SIZE,int size=DEFAULT_
    SIZE);//构造一个 rs 行 cs 列非 0 元素最大个数为 size 的空稀疏矩阵
~TriSparseMatrix();                        //析构函数模板
int GetRows()const;                        //返回稀疏矩阵行数
int GetCols()const;                        //返回稀疏矩阵列数
int GetNum()const;                         //返回稀疏矩阵非 0 元素个数
StatusCode SetElem(int r,int c,const ElemType&v);     //设置指定位置的元素值
StatusCode GetElem(int r,int c,ElemType&v);           //求指定位置的元素值
TriSparseMatrix(const TriSparseMatrix<ElemType>&copy);    //复制构造函数模板
TriSparseMatrix<ElemType>&operator=(const TriSparseMatrix<ElemType>&copy);
    //赋值运算符重载
static void SimpleTranspose(const TriSparseMatrix<ElemType>&source,
    TriSparseMatrix<ElemType>&dest);
    //将稀疏矩阵 source 转置成稀疏矩阵 dest 的简单算法
static void FastTranspose(const TriSparseMatrix<ElemType>&source,
    TriSparseMatrix<ElemType>&dest);
    //将稀疏矩阵 source 转置成稀疏矩阵 dest 的快速算法
};
```

对于设置指定位置 (r,c) 的元素值 v,应首先查找是否在三元组表中有指定位置的三元组。如果存在指定位置 (r,c) 的三元组,当 $v=0$ 时,则删除此三元组;否则,修改三元组的非 0 元素值为 v。如果不存在指定位置 (r,c) 的三元组,当 $v=0$ 时,则不作任何操作;否则插入三元组 (r,c,v)。具体实现如下:

```
template<class ElemType>
StatusCode TriSparseMatrix<ElemType>::SetElem(int r,int c,const ElemType &v)
//操作结果:如果下标范围错,则返回 RANGE_ERROR。如果溢出,则返回 OVER_FLOW;否则返
//回 SUCCESS
{
    if(r>rows||c>cols||r<1||c<1)
        return RANGE_ERROR;                //下标范围错

    int i,j;                               //工作变量
    for(j=num-1; j>=0&&
        (r<triElems[j].row||r==triElems[j].row && c<triElems[j].col); j--);
                                           //查找三元组位置

    if(j>=0 && triElems[j].row ==r && triElems[j].col==c)
    {   //找到三元组
        if(v==0)
        {   //删除三元组
            for (i=j+1; i<num; i++)
                triElems[i-1]=triElems[i];     //前移从 j+1 开始的三元组
            num-- ;                            //删除三元组后,非 0 元素个数自减 1
        }
        else
```

```
            {       //修改元素值
                triElems[j].value=v;
            }
            return SUCCESS;                         //成功
        }
        else if (v!=0)
        {
            if(num<maxSize)
            {       //将三元组(r,c,v)插入到三元组表中
            for (i=num-1; i>j; i--)
            {       //后移元素
                triElems[i+1]=triElems[i];
            }
            //j+1为空出的插入位置
                triElems[j+1].row=r;                //行
                triElems[j+1].col=c;                //列
                triElems[j+1].value=v;              //非0元素值
                num++;                              //插入三元组后,非0元素个数自加1
                return SUCCESS;                     //成功
            }
            else
            {       //溢出
                return OVER_FLOW;                   //溢出时返回OVER_FLOW
            }
        }
        return SUCCESS;                             //成功
    }
```

三元组顺序表存储结构对于有些矩阵操作比较容易实现,例如矩阵的转置操作,下面将讨论矩阵转置的实现。

矩阵转置就是使 i 行 j 列元素与 j 行 i 列元素对换位置。如果矩阵是用二维数组表示的,则转置操作很简单。如果矩阵是用三元组顺序表表示的,则其实现要复杂一些。转置操作主要是将每个元素的行号和列号互换。由于在三元组表中,元素按行序或列序排列,所以行列号互换后,还应调整元素位置,使其仍保持按行序或列序排列的顺序。转置的具体步骤可以分为两步实现。

(1)将每个非0元素对应的三元组的行号、列号互换。

(2)对三元组表重新排序,使其中元素按行序或列序排列。

如果要降低时间复杂度,显然的做法是免去排序操作,在进行元素的行、列号互换时,同时执行排序。假设原三元组表为 source,转置后的三元组表为 dest,具体步骤描述如下:

(1)将三元组表 source 中的每个元素取出,交换其行、列号。

(2)将变换后的三元组存入目标三元组表 dest 中适当位置,使最终三元组表 dest 中的元素按照行序或列序排列。

要实现这种转置操作,有简单转置算法和快速转置算法,前者实现思路简单,但时间复

杂度较高;后者实现思路要复杂些,但时间复杂度较低。不失一般性,后面的讨论假设转置前后三元组表中的元素都是按照行序排列,由于要存取三元组类模板的私有成员,所以将转置函数模板说明为三元组类的友元函数模板。

1) 简单转置算法

算法的基本思想:第 1 次从 source 中取出应该放置到 dest 中第 1 个位置的元素,行列号互换后,放于 dest 中第 1 个位置;第 2 次从 source 中选取应该放到 dest 中的第 2 个位置的元素,……,如此进行,依次生成 dest 中的各元素。

由于转置后列号变行号,所以转置后元素的行序排列实质上是原矩阵元素的列序排列。算法是在 source 中按列号递增的次序依次取出各元素,即依次取第 1、第 2、……、最后一列元素。当某列上有多个元素时,按它们的行号递增的次序取各元素。这样便实现了将所取出的元素进行行列号互换后,依次存放到 dest 中的下一个位置,也就是当前最后一个元素的下一个位置。实现算法可形式化描述为:

```
destPos=0;                        //稀疏矩阵 dest 的第一个三元组的存放位置
for(col=最小列号; col<=最大列号; col++)
{
        //在 source 中从头查找有无列号为 col 的三元组;若有,则将其行、列号交换后,依
        //次存入 dest 中 destPos 所指位置,同时 destPos 加 1
}
```

由于原三元组表中的元素是按行序排列的,因此,当列号等于 col 的元素有多个时,它们中必然是行号较小者先出现,这样可以保证列号(在转置后的三元组表中是行号)相同时按行号(在转置后的三元组表中是列号)排列。

根据上面的思想可以写出如下的矩阵转置函数模板:

```
template<class ElemType>
void TriSparseMatrix<ElemType>::SimpleTranspose(const TriSparseMatrix<ElemType>
    &source,TriSparseMatrix<ElemType>&dest)
//操作结果:将稀疏矩阵 source 转置成稀疏矩阵 dest 的简单算法
{
    dest.rows=source.cols;                              //行数
    dest.cols=source.rows;                              //列数
    dest.num=source.num;                                //非 0 元素个数
    dest.maxSize=source.maxSize;                        //最大非 0 元素个数
    delete []dest.triElems;                             //释放存储空间
    dest.triElems=new Triple<ElemType>[dest.maxSize];   //分配存储空间

    if(dest.num>0)
    {
        int destPos=0;                                  //稀疏矩阵 dest 的一个三元组的存放位置
        for(int col=1; col<=source.cols; col++)
        {   //转置前的列变为转置后的行
            for(int sourcePos=0; sourcePos<source.num; sourcePos++)
            {   //查找第 col 列的三元组
```

```
                if(source.triElems[sourcePos].col ==col)
            {    //找到第 col 列的第一个三元组,转置后存入 dest
                dest.triElems[destPos].row=source.triElems[sourcePos].col;
                    //列变行
                dest.triElems[destPos].col=source.triElems[sourcePos].row;
                    //行变列
                dest.triElems[destPos].value=source.triElems[sourcePos].value;
                    //非 0 元素值不变
                destPos++;                          //dest 的下一个三元组的存放位置
            }
        }
    }
}
```

简单转置算法在实现时,对每一个列号,都要从头到尾扫描一遍三元组表,因此其时间复杂度为 O(cols * num)。

*2) 快速转置算法

简单转置算法对每一个列都要从头到尾扫描一遍三元组表,时间复杂度较大。能否对三元组表扫描一遍,就可以将各三元组存储到转置后的三元组表中的适当位置呢? 下面介绍的快速转置算法就能实就能实现这一功能。

该算法基本思想是依次从 source 中第 1、第 2、……位置取出各三元组,交换它们的行、列号后放置到 dest 中适当位置,该过程可形式化描述为

```
for(sourcePos=0;sourcePos<num;sourcePos++)
{    //循环遍历 source 的三元组
    //确定 source 的 sourceElems[sourcePos]三元组在 dest 中应放位置 destPos;
    //将 source 的 sourceElems[sourcePos]三元组的行、列号交换后放入 dest 中
    //destPos 位置
}
```

可以看到,这个算法的关键问题是确定当前从 source 中取出的三元组在 dest 中应存放的 destPos 位置。

转置后的三元组表 dest 中的三元组实质上是按它们在 source 的列号次序排列的,source 中第 1 列中的第 1 个非 0 元素应放置在 dest 中第 1 个位置,该列上其他三元组应放置在 dest 中第 2、第 3、……位置上。处理完原矩阵第 1 列上的元素后,应接着按类似的方式依次从原矩阵中取出第 2、第 3、……列上的元素,并依次放置在 dest 中相应位置。因此,若知道 source 中每一列上第 1 个非 0 元素在 dest 中应放置的位置,则其他元素的存放位置就可通过逐步递增方式获得。

因此,首先增设一个一维数组 cPos[],令 cPos[col]＝source 第 col 列上第一个非 0 元素在 dest 中应放置的位置。

由于矩阵转置后,按原矩阵的列序存储,所以,如果知道 cPos[col]的值,则第 col 列上第一个非 0 元素在 dest 中的位置就是 cPos[col]的值,而第 col 列上其他非 0 元素的存储位置可通过依次给 cPos[col]加 1 获得。有了数组 pos[],则上述程序可进一步细化为

```
for(sourcePos=0;sourcePos<num;sourcePos++)
{    //循环遍历 source 的三元组
    int destPos=cPos[sourceElems[sourcePos].col];
        //用于表示 dest 当前列的下一个非 0 元素三元组的存储位置
    destElems[destPos].row=sourceElems[sourcePos].col;        //列变行
    destElems[destPos].col=sourceElems[sourcePos].row;        //行变列
    destElems[destPos].value=sourceElems[sourcePos].value;    //非 0 元素值不变
    ++cPos[sourceElems[sourcePos].col];
        //dest 当前列的下一个非 0 元素三元组的存储新位置
}
```

这个算法的实现关键变为如何求得 cPos[]数组各个元素的值。为了求 cPos[]，在此引入另一个一维数组 cNum[]，令 cNum[col]＝source 第 col 列上非 0 元素的个数。

有了 cNum[col]，cPos[col]的值可用下列递推公式求得：

cPos[1]=0
cPos[col]=cPos[col-1]+ cNum[col-1] (col≥2)

例如，对于图 5.5 的稀疏矩阵，对应的 cPos[]和 cNum[]如表 5.2 所示。

表 5.2　a 的 cPos[]和 cNum[]的值

col	1	2	3	4	5	6
cNum[col]	2	0	3	0	0	1
cPos[col]	0	2	2	5	5	5

下面是快速转置算法的实现：

```
template<class ElemType>
void TriSparseMatrix<ElemType>::FastTranspose (const TriSparseMatrix<ElemType>
    &source, TriSparseMatrix<ElemType> &dest)
//操作结果：将稀疏矩阵 source 转置成稀疏矩阵 dest 的快速算法
{
    dest.rows=source.cols;                              //行数
    dest.cols=source.rows;                              //列数
    dest.num=source.num;                                //非 0 元素个数
    dest.maxSize=source.maxSize;                        //最大非 0 元素个数
    delete []dest.triElems;                             //释放存储空间
    dest.triElems=new Triple<ElemType>[dest.maxSize];   //分配存储空间
    int col;                                            //列
    int sourcePos;                                      //稀疏矩阵 source 三元组的表的位置

    if(dest.num>0)
    {
        for(col=1; col<=source.cols; col++) cNum[col]=0;    //初始化 cNum
        for(sourcePos=0; sourcePos<source.num; sourcePos++)
```

```
        ++cNum[source.triElems[sourcePos].col];
            //统计 source 每一列的非 0 元素个数
    cPos[1]=0;                           //第一列的第一个非 0 元素在 dest 存储的起始位置
    for(col=2; col<=source.cols; col++)
    {    //循环求每一列的第一个非 0 元素在 dest 存储的起始位置
        cPos[col]=cPos[col-1]+ cNum[col-1];
    }

    for(sourcePos=0; sourcePos<source.num; sourcePos++)
    {    //循环遍历 source 的三元组
        int destPos=cPos[source.triElems[sourcePos].col];
            //用于表示 dest 当前列的下一个非 0 元素三元组的存储位置
        dest.triElems[destPos].row=source.triElems[sourcePos].col;
            //列变行
        dest.triElems[destPos].col=source.triElems[sourcePos].row;
            //行变列
        dest.triElems[destPos].value=source.triElems[sourcePos].value;
            //非 0 元素值不变
        ++cPos[source.triElems[sourcePos].col];
            //dest 当前列的下一个非 0 元素三元组的存储新位置
    }
}

    delete []cNum;                                      //释放 cNum
    delete []cPos;                                      //释放 cPos
}
```

快速转置算法在实现时,共有 4 个并列的 for 循环,循环次数分别是 cols 和 num,因此时间复杂度为 $O(\text{cols}+\text{num})$。

*2. 十字链表

当稀疏矩阵中的非 0 元素个数或位置在操作过程中经常发生变化时,就不适合采用三元组表来表示稀疏的非 0 元素了,这时可采用链式存储方式表示稀疏矩阵。由于稀疏矩阵的链式存储表示最终形成了一个十字交叉的链表,所以这种存储结构叫做十字链表。十字链表是一种特殊的链表,它不仅可以用来表示稀疏矩阵,事实上,一切具有正交关系的结构,都可用十字链表存储。在此,基于稀疏矩阵来介绍十字链表的相关内容。

在稀疏矩阵的十字链表表示中,每个非 0 元素对应十字链表中的一个结点,各结点的结构如图 5.6 所示。

结点中的 row、col 和 value 分别记录各非 0 元素的行号、列号和元素值,down、right 是两个指针,分别指向同一列和同一行的下一个非 0 元素结点。这样,每个非 0 元素既是某个行链表中的一个结点,又是某个列链表中的一个结点。

十字链表结点结构类模板声明如下:

```
//十字链表三元组结点类模板
```

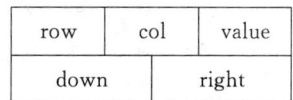

row	col	value
down		right

图 5.6 十字链表结点结构

```
template<class ElemType>
struct CLkTriNode
{
//数据成员:
    Triple<ElemType>triElems;                //三元组
    CLkTriNode<ElemType> * right, * down;     //非 0 元素所在行表与列表的后继指针域

//构造函数模板:
    CLkTriNode();                             //无参数的构造函数模板
    CLkTriNode(const Triple<ElemType>&e,     //已知三元组和指针域建立结点
        CLkTriNode<ElemType> * rLink=NULL,CLkTriNode<ElemType> * dLink=NULL);
};
```

为了能够快速找到各个行、列链表,可用两个一维数组分别存储行链表的头指针和列链表的头指针。例如,对于图 5.5 所示的稀疏矩阵 a 的十字链表,如图 5.7 所示。

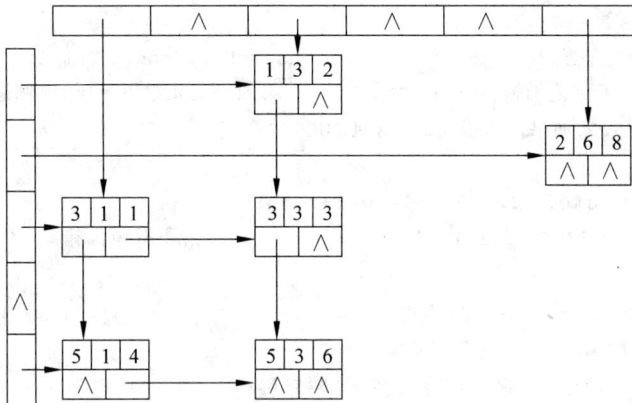

图 5.7　稀疏矩阵 a 的十字链表表示

稀疏矩阵的十字链类模板声明如下:

```
//稀疏矩阵十字链表类模板
template<class ElemType>
class CLkSparseMatrix
{
protected:
//稀疏矩阵十字链的数据成员:
    CLkTriNode<ElemType> ** rightHead, ** downHead;     //行列链表表头数组
    int rows,cols,num;                                   //稀疏矩阵的行数,列数及非 0 元素个数

//辅助函数模板
    void DestroyHelp();                                  //清空稀疏矩阵
    StatusCode InsertHelp(const Triple<ElemType>&e);    //插入十字链表三元组结点

public:
//抽象数据类型方法声明及重载编译系统默认方法声明:
```

```
CLkSparseMatrix(int rs=DEFAULT_SIZE,int cs=DEFAULT_SIZE);
        //构造一个 rs 行 cs 列的空稀疏矩阵
~CLkSparseMatrix();                                     //析构函数模板
int GetRows()const;                                     //返回稀疏矩阵行数
int GetCols()const;                                     //返回稀疏矩阵列数
int GetNum()const;                                      //返回稀疏矩阵非 0 元素个数
StatusCode SetElem(int r,int c,const ElemType &v);    //设置指定位置的元素值
StatusCode GetElem(int r,int c,ElemType &v);           //求指定位置的元素值
CLkSparseMatrix(const CLkSparseMatrix<ElemType> &copy);      //复制构造函数模板
CLkSparseMatrix<ElemType> &operator=(const CLkSparseMatrix<ElemType> &copy);
        //重载赋值运算符
};
```

对于插入操作,应分别查找在行链表与列链表的插入位置,然后分别修改行指针 right 和列指针 down,具体实现如下:

```
template<class ElemType>
StatusCode CLkSparseMatrix<ElemType>::InsertHelp(const Triple<ElemType> &e)
//操作结果:如果下标范围错,则返回 RANGE_ERROR;如果三元组下标重复,则返回
//DUPLICATE_ERROR,如果插入成功,则返回 SUCCESS
{
    if(e.row>rows||e.col>cols||e.row<1||e.col<1)
        return RANGE_ERROR;                        //下标范围错

    CLkTriNode<ElemType> * pre, * p;
    int row=e.row,col=e.col;
    CLkTriNode<ElemType> * ePtr=new CLkTriNode<ElemType>(e);

    //将 ePtr 插入第 row 行链表的适当位置
    if(rightHead[row]==NULL|| rightHead[row]->triElem.col>=col)
    {       //ePtr 插在第 row 行链表的表头处
        ePtr->right=rightHead[row];
        rightHead[row]=ePtr;
    }
    else
    {       //寻找在第 row 行链表中的插入位置
        pre=NULL; p=rightHead[row];              //初始化 p 和 pre
        while(p!=NULL && p->triElem.col<col)
        {      //p 与 pre 右移
            pre=p;      p=p->right;
        }
        if(p!=NULL && p->triElem.row==row && p->triElem.col==col)
        {      //三元组下标重复
            return DUPLICATE_ERROR;
        }
        pre->right=ePtr;    ePtr->right=p;        //将 ePtr 插入在 p 与 pre 之间
```

```
    }

    //将 ePtr 插入在第 col 列链表的适当位置
    if(downHead[col]==NULL‖downHead[col]->triElem.row>=row)
    {    //ePtr 插在第 col 列链表的表头处
        ePtr->down=downHead[col];
        downHead[col]=ePtr;
    }
    else
    {    //寻找在第 col 列链表中的插入位置
        pre=NULL; p=downHead[col];              //初始化 p 和 pre
        while(p!=NULL && p->triElem.row<row)
        {    //p 与 pre 下移
            pre=p;    p=p->down;
        }
        if(p!=NULL && p->triElem.row==row && p->triElem.col==col)
        {    //三元组下标重复
            return DUPLICATE_ERROR;
        }
        pre->down=ePtr;    ePtr->down=p;         //将 ePtr 插入在 p 与 pre 之间
    }

    num++;                                        //非 0 元素个数自加 1
    return SUCCESS;                               //插入成功
}
```

5.3　广　义　表

5.3.1　基本概念

广义表通常简称为表,是由 $n(n \geqslant 0)$ 个表元素组成的有限序列,记作

$$GL = (a_1, a_2, a_3, \cdots, a_n)$$

其中,GL 是表名,n 为表的长度,$n=0$ 时为空表。a_i 是表元素($i = 1, 2, 3, \cdots, n$),叫做 GL 的直接元素,它可以是单个元素,称为元素,也可以是满足本定义的广义表(称为子表元素,或简称为子表)。例如,下面就是一个广义表的例子:

$$G = ((a, (b, c)), x, (y, z))$$

这个广义表的表名为 G,长度为 3,表元素包括 $(a, (b, c))$、x、(y, z),其中的 x 是原子元素,$(a, (b, c))$ 和 (y, z) 是子表元素,它们本身又分别是一个广义表。若广义表 GL 中某元素含有广义表 GL 自身,则称 GL 为递归表。

广义表中的原子元素也叫做单元素,原子元素可以是基本数据类型,也可以是结构等类型。

为了描述和操作方便,通常将广义表中的元素分为两个部分:表头和表尾。当广义表的长度 $n > 0$ 时,广义表中的第一个表元素称为表头(Head)。一般用 Head(GL)表示广义

表 GL 的表头。广义表中除去表头后其他表元素组成的表称为广义表的表尾(Tail)。一般用 Tail(GL) 表示广义表 LS 的表尾。显然,表尾一定是广义表,但表头不一定是广义表。

由于广义表中的元素又可以是广义表,因此对于广义表有深度的概念。广义表 GL 的深度 Depth(GL) 定义如下

$$
\text{Depth(GL)} = \begin{cases} 0, & \text{GL 为原子元素} \\ 1, & \text{GL 为空表} \\ 1 + \text{Max}(\text{Depth}(a_i) \mid 1 \leqslant i \leqslant n), & \text{其他情况} \end{cases}
$$

广义表的深度本质上就是广义表表达式中括号的最大嵌套层数。

从前面的定义可以看出,一个广义表中可以包含不同层次的子表元素,从而子表元素也就属于不同层次的广义表。对任一广义表 GL,称 GL 为 GL 的第一层元素,GL 的各直接元素均为 GL 的第二层元素;对任意其他元素 elem,它的直接元素的层号就等于 elem 的层号加 1。层号相同者称为同层结点。

在这个定义中,将出现在不同位置的相同元素也看做是不同元素,因此同一个元素可能有不同的层号。

在后面的描述中,将统一用大写字母表示广义表的名称,用小写字母代表原子元素。

下面通过几个广义表的例子来说明前面的概念。

① $A = ()$:表名为 A,空表,无表头,无表尾,长度为 0,深度为 1。

② $B = (x, y, z)$:表名为 B,单元素表,表头为 x,表尾为 (y, z),长度为 3,深度为 1。

③ $C = (B, y, z)$:表名为 C,非单元素表,表头为 B,表尾为 (y, z),长度为 3,深度为 2。

④ $D = (x, (y, z))$:表名为 D,非单元素表,表头为 x,表尾为 $((y, z))$,长度为 2,深度为 2。

⑤ $E = (x, E)$:表名为 E,非单元素表,递归表,表头为 x,表尾为 (E),长度为 2,E 相当于一个无限的广义表,$E = (x, (x, (x, \cdots)))$,所以深度为 ∞。

由于广义表及其子表往往通过它的名字来使用,为了既说明每个表的构成,又标明它的名字,在广义表的表示中,还可以将"="去掉,直接将表名写在表的左括号前面,如上例中的 D 可写为 $D(x, (y, z))$。

从广义表的定义可以看出,广义表具有如下性质。

(1) 宏观线性性。对任何一个广义表,如不考虑元素的内部结构,则它的直接元素之间是线性关系,因此可以将其看成是一个线性表。

(2) 元素分层性。广义表中的元素可以是另外一个广义表,即是一个子表,子表中的元素又可以是子表。因此,对广义表中的任一元素,都直属某个层次的子表,整个广义表是一个层次结构。

(3) 元素复合性。广义表中的元素可以是原子元素和子表元素。其中,子表元素又可以由原子元素和子表元素根据广义表构成规则复合而成。所以,广义表的元素类型不统一。对于子表元素,在某一层上被当作子表元素,但就它本身的结构而言,也是一个广义表。

(4) 元素递归性。广义表的任一元素,又可以是一个广义表(其他广义表或自身)。这种递归性使得广义表具有很强的表达能力。

(5) 元素共享性。在同一广义表中,任一元素均可以出现多次,同一元素的多次出现都代表的是同一个目标,可以认为它们是共享同一目标。

广义表具有如下基本操作。

1) GenListNode<ElemType> * First() const

初始条件：广义表已存在。

操作结果：返回广义表的第一个元素。

2) GenListNode<ElemType> * Next(GenListNode<ElemType> * elemPtr) const

初始条件：广义表已存在,elemPtr 指向的广义表元素。

操作结果：返回 elemPtr 指向的广义表元素的后继。

3) bool Empty() const

初始条件：广义表已存在。

操作结果：如广义表为空,则返回 true,否则返回 false。

4) void Push(const ElemType &e)

初始条件：广义表已存在。

操作结果：将原子元素 e 作为表头加入到广义表最前面。

5) void Push(GenList<ElemType> &subList)

初始条件：广义表已存在。

操作结果：将子表 subList 作为表头加入到广义表最前面。

6) int Depth()

初始条件：广义表已存在。

操作结果：返回广义表的深度。

*5.3.2　广义表的存储结构

在广义表的存储表示中,除了存储各元素的值之外,还要表示出元素之间的逻辑关系。为全面体现广义表的逻辑特性,广义表的存储结构应能适应广义表的宏观线性性、元素递归性等特性。基于广义表结构的复杂性,也决定了广义表存储结构的复杂性。因此,一般广义表的存储通常采用链式存储结构。本文中只介绍广义表的链式存储方法。

广义表的链式存储可以有多种形式,具体使用时,应根据具体问题的要求选择不同的存储结构。下面给出一种常用的借助引用数链式存储结构——引用数法广义表。在这种方法中,每一个表结点由 3 个域组成,如图 5.8 所示。

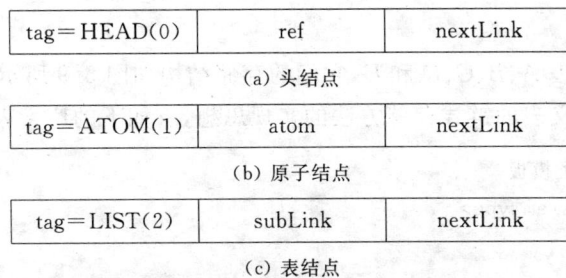

tag＝HEAD(0)	ref	nextLink

(a) 头结点

tag＝ATOM(1)	atom	nextLink

(b) 原子结点

tag＝LIST(2)	subLink	nextLink

(c) 表结点

图 5.8　引用数法广义表结点结构

上面引用数法广义表结点结构中,nextLink 用于存储指向后继结点的指针,这样将广义表的各元素连接成一个链表,为方便起见还在链表的前面加上头结点,这样广义表的结点可分3种类型。

(1) 头结点。用标志域 tag＝HEAD 标识,数据域 ref 用于存储引用数,广义表的引用数表示能访问此广义表的广义表或指针个数,后面章节将对引用数的内涵作详细的介绍。

(2) 原子结点。用标志域 tag＝ATOM 标识,原子元素用原子结点存储,数据域 atom 用于存储原子元素的值。

(3) 表结点。用标志域 tag＝LIST 标识,指针域 subLink 用于存储指向子表头结点的指针。

引用数法广义表结点类模板声明如下:

```
#ifndef __REF_GEN_LIST_NODE_TYPE__
#define __REF_GEN_LIST_NODE_TYPE__
enum RefGenListNodeType{HEAD,ATOM,LIST};
#endif

//引用数法广义表结点类模板
template<class ElemType>
struct RefGenListNode
{
//数据成员:
    RefGenListNodeType tag;
        //标志域,HEAD(0):头结点,ATOM(1):原子结构,LIST(2):表结点
    RefGenListNode<ElemType> * nextLink;        //指向同一层中的下一个结点指针域
    union
    {
        int ref;                                //tag=HEAD,表头结点,存放引用数
        ElemType atom;                          //tag=ATOM,存放原子结点的数据域
        RefGenListNode<ElemType> * subLink; //tag=LISK,存放指向子表的指针域
    };

//构造函数模板:
    RefGenListNode(RefGenListNodeType tg=HEAD,RefGenListNode<ElemType> * next=NULL);
        //由标志 tg 和指针 next 构造用引数法广义表结点
};
```

对于前面的广义表 A、B、C、D 和 E,它们的存储结构如图 5.9 所示。

根据引用数法广义表的链式存储方法的实现思想,有如下的广义表类模板声明:

```
//引用数法广义表类模板
template<class ElemType>
class RefGenList
{
protected:
//引用数法广义表类的数据成员:
    RefGenListNode<ElemType> * head;                //引用数法广义表头指针
```

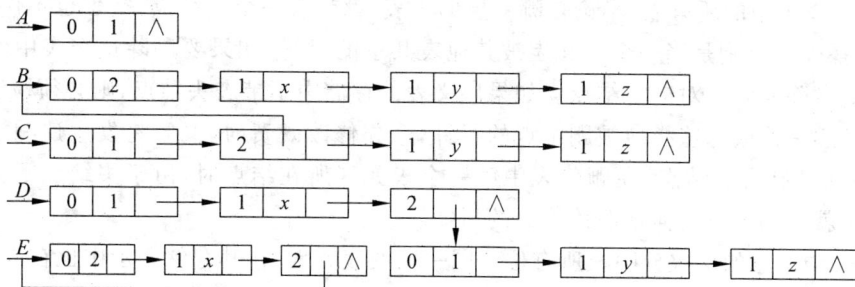

图 5.9　引用数法广义表的存储结构示意图

```
//辅助函数模板
    void ShowHelp(RefGenListNode<ElemType> * hd) const;
        //显示以 hd 为头结点的引用数法广义表
    int DepthHelp(const RefGenListNode<ElemType> * hd);
        //计算以 hd 为表头的引用数法广义表的深度
    void ClearHelp(RefGenListNode<ElemType> * hd);
        //释放以 hd 为表头的引用数法广义表结构
    void CopyHelp(const RefGenListNode<ElemType> * sourceHead,
        RefGenListNode<ElemType> * &destHead);
        //将以 destHead 为头结点的引用数法广义表复制成以 sourceHead 为头结点的引用数法
        //广义表
    void CreateHelp(RefGenListNode<ElemType> * &first);
        //创建以 first 为头结点的引用数法广义表


public:
//抽象数据类型方法声明及重载编译系统默认方法声明:
    RefGenList();                                        //无参数的构造函数模板
    RefGenList(RefGenListNode<ElemType> * hd);           //由头结点指针构造引用数法广义表
    ~RefGenList();                                       //析构函数模板
    RefGenListNode<ElemType> * First() const;            //返回引用数法广义表的第一个元素
    RefGenListNode<ElemType> * Next(RefGenListNode<ElemType> * elemPtr) const;
        //返回 elemPtr 指向的引用数法广义表元素的后继
    bool Empty() const;                    //判断引用数法广义表是否为空
    void Push(const ElemType &e);       //将原子元素 e 作为表头加入到引用数法广义表最前面
    void Push(RefGenList<ElemType> &subList);
        //将子表 subList 作为表头加入到引用数法广义表最前面
    int Depth();                                        //计算引用数法广义表深度
    RefGenList(const RefGenList<ElemType> &copy);//复制构造函数模板
    RefGenList<ElemType> &operator= (const RefGenList<ElemType> &copy);
        //重载赋值运算符
    void Input(void);                                   //输入广义表
    void Show(void);                                    //显示广义表
};
```

这种存储结构的广义表具有如下特点。

（1）广义表中的所有表，不论是哪一层的子表，都带有一个头结点，空表也不例外，其优点是便于操作。特别是当一个广义表被其他表共享的时候，如果要删除这个表中的第一个元素，则需删除此元素对应的结点。如果广义表的存储中不带表头结点，则必须检测所有的子表结点，逐一修改那些指向被删结点的指针，这样修改既费时，又容易发生遗漏。如果所有广义表都带有表头结点，在删除表中第一个表元素所在结点时，由于头结点不会发生变化，从而也就不用修改任何指向该子表的指针。

（2）表中结点的层次分明。所有位于同一层的表元素，在其存储表示中也在同一层。

（3）可以很容易计算出表的长度。从头结点开始，沿 nextLink 链能够找到的结点个数即为表的长度。

下面给出广义表类模板的部分成员函数模板的实现代码。

广义表类模板的构造函数模板实现构造一个只有头结点的空的广义表。

```
template<class ElemType>
RefGenList<ElemType>::RefGenList()
//操作结果：构造一个空引用数法广义表
{
    head=new RefGenListNode<ElemType>(HEAD);
    head->ref=1;                              //引用数
}
```

根据表头的定义，求表头操作返回广义表中的第一个元素对应的结点，即头结点的nextLink 指针指向的结点。

```
template<class ElemType>
RefGenListNode<ElemType> * RefGenList<ElemType>::First() const
//操作结果：返回引用数法广义表的第一个元素
{
    return head->nextLink;
}
```

由于 nextLink 指针指向结点的后继结点，所以 Next()操作的实现非常简，具体实现如下：

```
template<class ElemType>
RefGenListNode<ElemType> * RefGenList<ElemType>::Next(RefGenListNode<ElemType>
    * elemPtr) const
//操作结果：返回 elemPtr 指向的引用数法广义表元素的后继
{
    return elemPtr->nextLink;
}
```

广义表具有递归特性，另外，从其结构看，任何一个非空的广义表的表元素，本身又是一个广义表。因此，广义表很多操作的实现，非常适合利用递归程序来完成。

设非空广义表为：

$$GL = (a_1, a_2, a_3, \cdots, a_n)$$

其中，$a_i(i=1,2,\cdots,n)$或为原子或为子表，在递归编程时，对原子结点可直接处理，而对于子表结点可进行递归调用。

　　说明：广义表的递归编程只适合于非递归广义表，对于递归广义表会出现无限递归。

　　在复制一个广义表时，只要分别对其元素按类型进行复制，然后再将复制后的元素链接成广义表即可，下面具体实现：

```
template<class ElemType>
void RefGenList < ElemType >:: CopyHelp ( const  RefGenListNode < ElemType > *
sourceHead,RefGenListNode<ElemType> * &destHead)
//初始条件：以 sourceHead 为头结点的引用数法广义表为非递归引用数法广义表
//操作结果：将以 sourceHead 为头结点的引用数法广义表复制成以 destHead 为头结点的引用数法
//广义表
{
    destHead=new RefGenListNode<ElemType> (HEAD);          //复制头结点
    RefGenListNode<ElemType> * destPtr=destHead;           //destHead 的当前结点
    destHead->ref=1;                                       //引用数为 1
    for(RefGenListNode<ElemType> * tmpPtr=sourceHead->nextLink; tmpPtr!=NULL;
        tmpPtr=tmpPtr->nextLink)
    {    //扫描引用数法广义表 sourceHead 的顶层
        destPtr=destPtr->nextLink=new RefGenListNode<ElemType>(tmpPtr->tag);
             //生成新结点
        if(tmpPtr->tag==LIST)
        {    //子表
          CopyHelp(tmpPtr->subLink,destPtr->subLink); //复制子表
        }
        else
        {                                                //原子结点
            destPtr->atom=tmpPtr->atom;                  //复制原子结点
        }
    }
}


template<class ElemType>
RefGenList<ElemType>::RefGenList(const RefGenList<ElemType>&copy)
//操作结果：由引用数法广义表 copy 构造新引用数法广义表——复制构造函数
{
    CopyHelp(copy.head,head);
}
```

　　广义表的深度为广义表中括号的重数。广义表 $GL = (a_1, a_2, a_3, \cdots, a_n)$ 的深度 Depth(GL)递归定义如下。

　　递归终结：
$$\text{Depth(GL)}=1 \qquad \text{当 GL 为空时}$$
$$\text{Depth(GL)}=0 \qquad \text{当 GL 为单元素}$$

　　递归计算：
$$\text{Depth(GL)}=1+\text{Max}\{\text{Depth}(a_i) \mid 1 \leqslant i \leqslant n\} \qquad \text{当 } n>0$$

根据上面的分析,若 a_i 是原子,则 a_i 的深度为 0;若 a_i 是空表,则 a_i 的深度为 1;若 a_i 是子表,则需继续对 a_i 进行分解。由此可得如下的求广义表深度的算法。

```
template<class ElemType>
int RefGenList<ElemType>::DepthHelp(const RefGenListNode<ElemType> * hd)
//操作结果:返回以 hd 为表头的引用数法广义表的深度
{
    if(hd->nextLink==NULL) return 1;              //空引用数法广义表的深度为 1

    int subMaxDepth=0;                             //子表最大深度
    for(RefGenListNode<ElemType> * tmpPtr=hd->nextLink; tmpPtr!=NULL;
        tmpPtr=tmpPtr->nextLink)
    {   //求子表的最大深度
        if(tmpPtr->tag==LIST)
        {   //子表
            int curSubDepth=DepthHelp(tmpPtr->subLink);        //子表深度
            if(subMaxDepth<curSubDepth) subMaxDepth=curSubDepth;
        }
    }
    return subMaxDepth+ 1;               //引用数法广义表深度为子表最大深度加 1
}


template<class ElemType>
int RefGenList<ElemType>::Depth()
//操作结果:返回引用数法广义表深度
{
    return DepthHelp(head);
}
```

有时需要用户通过输入描述广义表的表达式来建立广义表,例如输入 $(x,(y,z))$,将建立图 5.9 所示的广义表 D。

一般地,对于输入 $(a_1,a_2,a_3,\cdots,a_n),n \geqslant 0$,要建立由元素 $a_i(1 \leqslant i \leqslant n)$ 组成的广义表,此广义表由左括号"("开始,建立广义表的输入流是" $a_1,a_2,a_3,\cdots,a_n)$",这时可先建立存放 a_1 的结点,然后再递归建立与" $a_2,a_3,\cdots,a_n)$"相对应的表尾,并将其链接到 a_1 结点的后面。如果 a_1 是子表,则 a_1 一定以左括号开始,a_1 的其他部分是" $a_{12},a_{13},\cdots,a_{1m})$"的形式,可以递归地建立相应的子表,如果是原子,则直接建立原子结点即可,所以左括号是广义表的标志,为简单起见,假设输入流是正确的,具体实现如下:

```
template<class ElemType>
void RefGenList<ElemType>::CreateHelp(RefGenListNode<ElemType> * &first)
//操作结果:创建以 first 为表头结点的引用数法广义表
{
    char ch=GetChar();                          //读入字符
    switch(ch)
    {
```

```
    case')':                                     //引用数法广义表建立完毕
        return;                                  //结束
    case'(':                                     //子表
        //表头为子表
        first=new RefGenListNode<ElemType>(LIST);   //生成表结点

        RefGenListNode<ElemType> * subHead;          //子表指针
        subHead=new RefGenListNode<ElemType>(HEAD);//生成子表的头结点
        subHead->ref=1;                          //引用数为 1
        first->subLink=subHead;                  //subHead 为子表
        CreateHelp(subHead->nextLink);           //递归建立子表

        ch=GetChar();                            //跳过','
        if(ch!=',') cin.putback(ch);             //如不是',',则将 ch 回退到输入流
        CreateHelp(first->nextLink);             //建立引用数法广义表下一结点
        break;
    default:                                     //原子
        //表头为原子
        cin.putback(ch);                         //将 ch 回退到输入流
        ElemType amData;                         //原子结点数据
        cin>>amData;                             //输入原子结点数据
        first=new RefGenListNode<ElemType>(ATOM);   //生成原表结点
        first->atom=amData;                      //原子结点数据

        ch=GetChar();                            //跳过','
        if(ch!=',') cin.putback(ch);             //如不是',',则将 ch 回退到输入流
        CreateHelp(first->nextLink);             //建立引用数法广义表下一结点
        break;
    }
}


template<class ElemType>
void RefGenList<ElemType>::Input(void)
//操作结果:输入广义表
{
    head=new RefGenListNode<ElemType>(HEAD);     //生成引用数法广义表头结点
    head->ref=1;                                 //引用数为 1

    GetChar();                                   //读入第一个'('
    RefGenList<ElemType>::CreateHelp(head->nextLink);
        //创建以 head->nextLink 为表头的引用数法广义表

}
```

在释放广义表时,如直接在物理上释放广义表结点,这时由于广义表具有元素共享性,可能还有其他广义表要引用被释放广义表的结点。因此,在逻辑上释放广义表并不表示一

定要在物理上释放结点。为了判断是否能在物理上释放一个广义表结点,可用"引用数"识别。引用数就是能访问广义表的广义表或指针个数,由于头结点的数据域部分是空闲的,正好用来存放引用数。在释放广义表时,首先让引用数自减1,如果引用数为0,则在物理上释放结点。下面是具体实现:

```
template<class ElemType>
void RefGenList<ElemType>::ClearHelp(RefGenListNode<ElemType> * hd)
//操作结果:释放以 hd 为表头的引用数法广义表结构
{
    hd->ref--;                                              //引用数自减 1

    if(hd->ref==0)
    {   //引用数为 0,释放结点所占用空间
        RefGenListNode<ElemType> * tmpPre, * tmpPtr;        //临时变量
        for(tmpPre=hd,tmpPtr=hd->nextLink;
            tmpPtr!=NULL; tmpPre=tmpPtr,tmpPtr=tmpPtr->nextLink)
        {   //扫描引用数法广义表 hd 的顶层
            delete tmpPre;                                  //释放 tmpPre
            if(tmpPtr->tag==LIST)
            {   //tmpPtr 为子表
                ClearHelp(tmpPtr->subLink);                //释放子表
            }
        }
        delete tmpPre;                                      //释放尾结点 tmpPre
    }
}


template<class ElemType>
RefGenList<ElemType>::~RefGenList()
//操作结果:释放引用数法广义表结构——析构函数
{
    ClearHelp(head);
}
```

虽然用头结点和用引数解决了表共享的释放问题,但对于递归表,引用数不会为0,例如图 5.9 中的表 E,引用数就为 2,这样就无法实现释放递归表 E 的目的,因此如果不改变思想,递归表会出现问题;也可以这样来解决释放广义表的问题,建立一个全局广义表使用空间表对象,专门用于搜集指向广义表中结点的指针,用析构函数在程序结束时统一释放所有广义表结点,这样实现时,不再需要引用数,头结点的数据部分为空,这样的广义表称为使用空间法广义表,前面的广义表 A、B、C、D 和 E,它们的存储结构如图 5.10 所示。

广义表使用空间表类模板声明如下:

```
//使用空间表类模板
class UseSpaceList
{
```

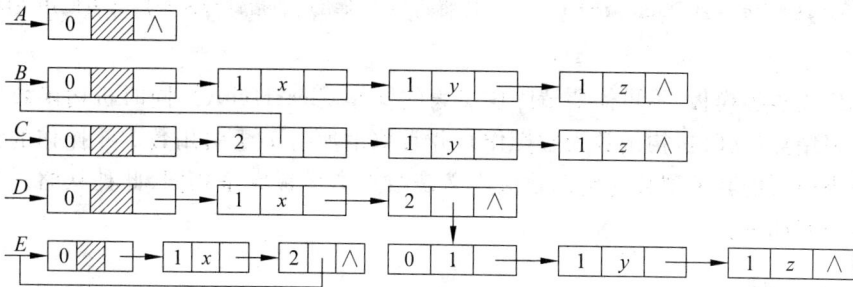

图 5.10　广义表的存储结构示意图

```
protected:
//数据成员:
    Node<void * > * head;                    //使用空间表头指针

public:
//方法:
    UseSpaceList();                          //无参数的构造函数模板
    ~UseSpaceList();                         //析构函数模板
    void Push(void * nodePtr);               //将指向结点的指针加入到使用空间表中
};
```

析构函数模板将释放广义表结点空间,具体实现如下:

```
UseSpaceList::~UseSpaceList()
//操作结果: 释放结点占用存储空间
{
    while(head!=NULL)
    {    //循环释放结点空间
        delete head->data;                   //head->data 存储的是指向结点的指针
        Node<void * > * tmpPtr=head;         //暂存 head
        head=head->next;                     //新的 head
        delete tmpPtr;                       //释放 tmpPtr
    }
}
```

定义全局广义表使用空间表对象如下:

```
UseSpaceList gUseSpaceList;                  //全局使用空间表对象
```

在广义表结点类模板的构造函数模板中,将指向结点的指针加入到广义表使用空间表,具体实现如下:

```
template<class ElemType>
GenListNode<ElemType>::GenListNode(GenListNodeType tg,GenListNode<ElemType> * next)
//操作结果: 由标志 tg 和指针 next 构造广义表结点
{
    tag=tg;                                  //标志
    nextLink=next;                           //后继
```

　　}

　　对于广义表类模板,不再需要清除广义表的操作 ClearHelp(),同时析构函数模板不再释放广义表结点(此时析构函数为空操作),并且取消所有关于引用数 Ref 操作的语句。广义表结点类模板的其他部分与引用数法广义表结点类模板完全相同,此处从略。具体广义表类模板声明如下:

```
//广义表类模板
template<class ElemType>
class GenList
{
protected:
//广义表类的数据成员:
    GenListNode<ElemType> * head;                    //广义表头指针


//辅助函数模板
    void ShowHelp(GenListNode<ElemType> * hd) const;
        //显示以 hd 为头结点的广义表
    int DepthHelp(const GenListNode<ElemType> * hd);
        //计算以 hd 为表头的广义表的深度
    void CopyHelp(const GenListNode<ElemType> * sourceHead,
      GenListNode<ElemType> * &destHead);
        //将以 destHead 为头结点的广义表复制成以 sourceHead 为头结点的广义表
    void CreateHelp(GenListNode<ElemType> * &first);
        //创建以 first 为头结点的广义表


public:
//抽象数据类型方法声明及重载编译系统默认方法声明:
    GenList();                                        //无参数的构造函数模板
    GenList(GenListNode<ElemType> * hd);              //由头结点指针构造广义表
    ~GenList(){};                                     //析构函数模板
    GenListNode<ElemType> * First() const;            //返回广义表的第一个元素
    GenListNode<ElemType> * Next(GenListNode<ElemType> * elemPtr) const;
        //返回 elemPtr 指向的广义表元素的后继
    bool Empty() const;                               //判断广义表是否为空
    void Push(const ElemType &e);         //将原子元素 e 作为表头加入到广义表最前面
    void Push(GenList<ElemType> &subList);
        //将子表 subList 作为表头加入到广义表最前面
    int Depth();                                      //计算广义表深度
    GenList(const GenList<ElemType> &copy);           //复制构造函数模板
    GenList<ElemType> &operator=(const GenList<ElemType> &copy);  //重载赋值运算符
    void Input(void);                                 //输入广义表
    void Show(void);                                  //显示广义表
};
```

　　说明:使用空间表法广义表具有明显的优势,并且编程更简单,建议读者都采用此方法处理广义表。但使用空间表法广义表是在程序结束时释放结点的,也就是采用动态方式生成结点。采用静态方式释放结点,如将引用数法与使用空间表法结合起来表示广义表,将是一种完美的方案。读者可作为练习加以实现。

**5.4 实 例 研 究

5.4.1 稳定伴侣问题

设有 n 个男孩 $m_1, m_2, \cdots, m_n$ 与 n 个女孩 $w_1, w_2, \cdots, w_n$。每一个男孩 m_i 都依照他喜爱这 n 个女孩的程度列成一张表,最喜欢的女孩排在第 1 位,最不喜爱的女孩排在第 n 位;同样地,每一个女孩 w_i 也依照她喜爱 n 个男孩的程度列成一张表。要求把男孩与女孩进行配对,使得:如果 m_p 与 w_q 在一对的话,那么满足如下条件。

(1) 对 m_p 的喜爱表格中排在 w_q 之前的女孩而言,她的伴侣在她的表格中一定排在 m_p 之前。

(2) 对 w_q 的喜爱表格中排在 m_p 之前的男孩而言,他的伴侣在他的表格中一定排在 w_q 之前。

为了更好地理解,先讲不稳定的情况。如果 m 的女伴记成 $P_{\text{man}}(m)$,而 w 的男伴记成 $P_{\text{woman}}(w)$。如果有一对男孩与女孩 m 与 w,他们不是伴侣,但 m 比较中意 w 而不是 $P_{\text{man}}(m)$,同时 w 比较中意 m 而不是 $P_{\text{woman}}(w)$,这时 m 与 w 就一定心不甘情不愿了,这就是不稳定的状况。稳定伴侣的问题,就是要在喜爱的表格中配出最合适、稳定的伴侣,而不是"乔太守乱点鸳鸯谱"制造对对怨偶。

稳定伴侣问题的具体实现请读者从作者教学网站上下载。

5.4.2 m 元多项式的表示

在第 2 章中,作为线性表的实例研究讨论了一元多项式的表示,一个一元多项式可以用每个数据元素有两个数据项(系数项和指数项)的线性表来表示。

现在来讨论如何表示 m 元多项式。一个 m 元多项式的每一项,最多有 m 个变量。如果用线性表来表示,则每个数据元素需要 $m+1$ 个数据项,以便存储一个系数值和 m 个指数值。这时无论多项式中各项的变量个数是多是少,如果都按 m 个变量分配存储空间,则将造成浪费;如果按各项实际的变量数分配存储空间,就会造成结点的大小不匀,给操作带来不便。所以 m 元多项式不适于用线性表表示。例如二元多项式

$$f(x, y) = 34 + 5x^{12} + 6x^{12}y^8$$

用广义表表示可以有效地使用固定结点适应变量个数的动态变化,为此将 $f(x, y)$ 改写为

$$f(x, y) = 34 + x^{12}(5 + 6y^8)$$

为便于输入与输出,用"^"表示指数,并将变量写在前面,这样上面的多项式可表示为

$$x(34\,^0, y(5\,^0, 6\,^8)\,^{12})$$

采用使用空间法广义表作为存储结构,这时对于头结点的数据部分刚好用来存储主变量。可按如下声明的结点构成广义表表示 m 元多项式:

```
//m元多项式结点类模板
template<class CoefType>
struct MPolynomialNode
{
//数据成员:
    MPolynomialNodeType tag;
        //标志域,HEAD(0):头结点,ATOM(1):原子结构,LIST(2):表结点
    MPolynomialNode<CoefType> * nextLink;        //指向同一层中的下一个结点指针域
    union
    {
        char var;                              //tag=HEAD,存放 m 元多项式的主变量
        struct                                 //tag=ATOM,原子结点
        {
            CoefType coef;                     //存放系数域
            int exp;                           //存放指数域
        } atom;                                //原子结构
        struct                                 //tag=LISK,表结构
        {
            MPolynomialNode<CoefType> * subLink;    //存放指向子表的指针域
            int exp;                           //存放指数域
        } list;                                //表结点结构
    };

//构造函数模板:
    MPolynomialNode(MPolynomialNodeType tg=HEAD,
        MPolynomialNode<CoefType> * next=NULL);
                                //由标志 tg 和指针 next 构造 m 元多项式结点
};
```

在这种表示中,结点有 3 种类型。当 tag＝HEAD 时,表示结点为头结点,字段 var 用于存储主变量。当 tag＝ATOM 时,表示结点为原子结点,字段 coef 存储系数,exp 存储指数。当 tag＝LIST 时,表示结点为表结点,字段 subLink 指向子表,exp 存储指数。如图 5.11所示。

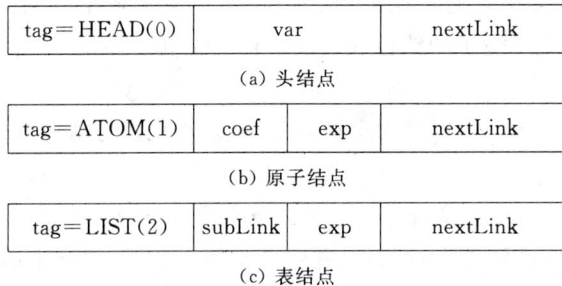

tag＝HEAD(0)	var	nextLink

(a) 头结点

tag＝ATOM(1)	coef	exp	nextLink

(b) 原子结点

tag＝LIST(2)	subLink	exp	nextLink

(c) 表结点

图 5.11　用广义表表示 m 元多项式的结点结构

使用上面结点结构的 m 元多项式 $f(x,y)$ 表示如图 5.12 所示。

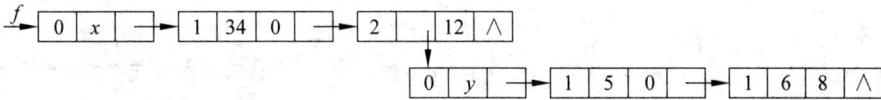

图 5.12 用广义表表示二元多项式 $f(x,y)$

可仿照广义表类模板, m 元多项式类模板声明如下:

```
//m元多项式类模板
template<class CoefType>
class MPolynomial
{
protected:
//m元多项式类的数据成员:
    MPolynomialNode<CoefType> * head;                    //m元多项式头指针

//辅助函数模板
    void ShowHelp(MPolynomialNode<CoefType> * hd) const;
        //显示以 hd 为头结点的 m 元多项式
    void CopyHelp(const MPolynomialNode<CoefType> * sourceHead,
        MPolynomialNode<CoefType> * &destHead);
        //将以 destHead 为头结点的 m 元多项式复制成以 sourceHead 为头结点的 m 元多项式
    void CreateHelp(MPolynomialNode<CoefType> * &first);
        //创建以 first 为头结点的 m 元多项式

public:
//抽象数据类型方法声明及重载编译系统默认方法声明:
    MPolynomial();                                       //无参数的构造函数模板
    MPolynomial(MPolynomialNode<CoefType> * hd);         //由头结点指针构造 m 元多项式
    ~MPolynomial(){};                                    //析构函数模板
    MPolynomialNode<CoefType> * First() const;           //返回 m 元多项式的第一个结点
    MPolynomialNode<CoefType> * Next(MPolynomialNode<CoefType> * elemPtr) const;
        //返回 elemPtr 指向的 m 元多项式项的后继
    bool Empty() const;                                  //判断 m 元多项式是否为空(0 多项式)
    MPolynomial(const MPolynomial<CoefType> &copy);      //复制构造函数模板
    MPolynomial<CoefType> &operator= (const MPolynomial<CoefType> &copy);
                                                         //重载赋值运算符
    void Input(void);                                    //输入广义表
    void Show(void);                                     //显示广义表
};
```

在输出广义表时,对于原子结点,要同时输出系数与指数;在输出子表结点时,在输出子表后还要输出指数。具体实现如下:

```
template<class CoefType>
void MPolynomial<CoefType>::ShowHelp(MPolynomialNode<CoefType> * hd) const
//操作结果:显示以 hd 为头结点的 m 元多项式
```

```
{
    bool frist=true;
    if(hd->nextLink!=NULL) cout<<hd->var;              //显示非空 m 元多项式的主变量
    cout<<"(";                                         //m 元多项式以"("开始
    for(MPolynomialNode<CoefType> * tmpPtr=hd->nextLink; tmpPtr!=NULL;
        tmpPtr=tmpPtr->nextLink)
    {   //依次处理 m 元多项式各项
        if(frist) frist=false;                         //第一项
        else cout<<",";                                //不同项之间用逗号隔开
        if(tmpPtr->tag==ATOM)
        {   //原子结点
            cout<<tmpPtr->atom.coef;                   //显示系数
            cout<<"^"<<tmpPtr->atom.exp;               //显示指数
        }
        else
        {   //表结点
            ShowHelp(tmpPtr->list.subLink);            //显示子表
            cout<<"^"<<tmpPtr->list.exp;               //显示指数
        }
    }
    cout<<")";                                         //m 元多项式以")"结束
}

template<class CoefType>
void MPolynomial<CoefType>::Show(void)
//操作结果：显示广义表
{
    ShowHelp(head);                                    //调用辅助函数显示广义表
}
```

5.5　深入学习导读

本章的数组类的定义的思想来源于严蔚敏、吴伟民编著的《数据结构（C 语言版）》[12]，没有重载下标运算符[]，要重载此运算符，可并分定义一维数组，二维数组，……，可参考 Sartaj、Sahni 著，汪诗林、孙晓东译的《ADTs，Data Structures，Algorithms，and Application in C++ 数据结构、算法与应用：C++ 语言描述》[6]与 Bruno R. Preiss 著，胡广斌、王崧、惠民等译的《Data Structures and Algorithms with Object-Oriented Design Patterns in C++ 数据结构与算法——面向对象的 C++ 设计模式》[7]。

本章数组类的定义与实现中用到了变长参数，可参考陈良银、游洪跃、李旭伟主编的《C 语言程序设计（C99 版）》[20]。

广义表的引用数法存储结构的思想参考了殷人昆、陶永雷、谢若阳、盛绚华编著的《数据结构（用面向对象方法与 C++ 描述）》[13]与金远平编著的《数据结构（C++ 描述）》[14]。本章介绍的广义表使用空间表存储结构是作者独自开发的，读者可将广义表的引用数法与使用

空间表法结合起来实现广义表存储结构效果更好。

稳定伴侣问题的思想来源于冼镜光编著的《C语言名题精选百则技巧篇》[21]。

本书首次将广义表使用空间表存储结构用于 m 元多项式的实现，但 m 元多项式的表示的基本思想来源于严蔚敏、吴伟民编著的《数据结构(C语言版)》[12]。

习 题 5

1. 写出下面稀疏矩阵的三元组表。

$$\begin{bmatrix} 0 & 2 & 0 & 0 & 0 \\ 0 & 0 & 0 & 4 & 0 \\ 0 & 0 & 0 & 0 & 0 \\ 3 & 0 & 0 & 0 & 1 \\ 0 & 0 & 0 & 5 & 0 \end{bmatrix}$$

2. 画出广义表 $D(A(),B(e),C(a,L(b,c,d)))$ 的存储结构的图形表示。

3. 试求广义表 $L=(a,(a,b),c,d,((i,j),k))$ 的长度与深度。

**4. 设已知有一个 $n \times n$ 的上三角矩阵 a 的上三角元素已按行主序连续存放在数组 b 中。设计一个算法将 b 中元素按列主序连续存放至数组 c 中。

例：设 $n=3$；

$$\boldsymbol{a} = \begin{bmatrix} 1 & 2 & 4 \\ 0 & 3 & 5 \\ 0 & 0 & 6 \end{bmatrix}$$

$$b = (1,2,4,3,5,6)$$

$$c = (1,2,3,4,5,6)$$

**5. 将整数数组 $a[0:n-1]$ 中所有奇数移到所有偶数之前的算法。要求不另外增加存储空间，且时间复杂度为 $O(n)$。

**6. 试按列方式映射，实现下三角矩阵。

**7. 试按列方式映射，实现上三角矩阵。

**8. 试采用以女孩为主,向男孩求婚的方式实现稳定伴侣问题。

上机实验题 5

1. 下面是一个 5×5 阶螺旋方阵,设计一个算法输出此形式的 $n \times n(n<20)$ 阶阵(逆时针方向旋转)。

$$\begin{bmatrix} 1 & 16 & 15 & 14 & 13 \\ 2 & 17 & 24 & 23 & 12 \\ 3 & 18 & 25 & 22 & 11 \\ 4 & 19 & 20 & 21 & 10 \\ 5 & 6 & 7 & 8 & 9 \end{bmatrix}$$

**2. 试将引用数法与使用空间表法结合起来实现广义表存储结构。

第6章 树和二叉树

前面几章重点讨论了线性结构。本章将讨论一种常用的非线性结构——树状结构。树状结构的元素之间有分支和层次关系,类似于自然界的树。树状结构是一种非线性结构,客观世界许多事物的个体之间本身呈现树状结构,如家族关系、部门机构设置等。在本章中将介绍关于树和二叉树的一些基本概念及其操作,最后介绍树的应用实例。

6.1 树的基本概念

6.1.1 树的定义

树是 $n(n \geqslant 0)$ 个元素的有限集合。如果 $n=0$,称为空树。如果 $n>0$,则在这棵非空树中的结点有如下特征。

(1) 有且仅有一个特定的称为根(root)的结点,它只有直接后继,但没有直接前驱。

(2) 当 $n>1$ 时,其余结点可分为 $m(m>0)$ 个互不相交的有限集合 $T_1,T_2,\cdots,T_m$,其中每一个集合本身又是一棵树,并且称为根的子树。每棵子树的根结点有且仅有一个直接前驱,即根结点 root,但可以有 0 或多个直接后继。

例如,在图 6.1 中,图 6.1(a)是空树,没有任何结点;图 6.1(b)是只有一个根结点的树,它没有子树;图 6.1(c)是一棵有 12 个结点的树,其中 a 是根结点,其余结点分成 3 个互不相交的子集:$T_1=\{B,E,F\}$,$T_2=\{C,G,K,L\}$,$T_3=\{D,H,I,J\}$;T_1、T_2 和 T_3 都是根 A 的子树,且本身也是一棵树。比如 T_1,其根为 B,其余结点分为 2 个互不相交的子集:$T_{11}=\{E\}$,$T_{12}=\{F\}$;T_{11} 和 T_{12} 都是根 B 的子树,T_{11} 中 E 是根,T_{12} 中 F 是根。

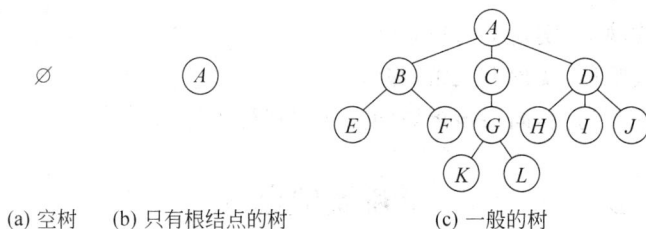

(a) 空树　　(b) 只有根结点的树　　　　(c) 一般的树

图 6.1　树示意

从上面树的定义及树的示例可以看出,树的定义是一个递归定义,也就是在其定义中又用到了树的概念。

6.1.2 基本术语

树状结构要比线性结构复杂得多,在其中有一些针对树状结构的特定术语,以便读者理解其特点。下面以图 6.1 中的树为例,介绍有关树的一些术语,这些术语将在后续章节中经常遇到。

结点：树中的每个元素分别对应一个结点,结点包含数据元素值及其逻辑关系信息,如若干指向其子树的指针。图 6.1(a)中的树有 0 个结点,图 6.1(b)中的树有 1 个结点,而图 6.1(c)中的树共有 12 个结点。

结点的度：结点拥有的子树数目。在图 6.1(c)所示的树中,根结点 A 的度为 3,结点 B 的度为 2,而结点 E、F、H、I、J、K 和 L 都没有子树,所以它们的度都是 0。

树的度：树中所有结点的度的最大值。图 6.1(c)所示的树的度为 3。

叶子结点：度为 0 的结点,简称为叶子,又称为终端结点、外部结点。图 6.1(c)所示树中的结点 E、F、H、I、J、K 和 L 都是叶子结点。

分支结点：度大于 0 的结点,即除叶子结点外的其他结点,又称为非终端结点、内部结点。图 6.1(c)所示树中的结点 A、B、C、D 和 G 都是分支结点。

孩子结点和双亲结点：如结点有子树,则子树的根结点称为此结点的孩子结点,简称为孩子。反过来,此结点称为孩子结点的双亲结点,简称为双亲。图 6.1(c)所示的树中,B、C 和 D 分别为 A 的子树的根,则 B、C 和 D 都是 A 的孩子结点,而 A 则是 B、C 和 D 的双亲结点。

可以看到,叶子结点没有孩子,而整棵树的根没有双亲。

结点的层次：树结构的元素之间有明显的层次关系,因此有结点层次的概念。结点的层次从根开始定义起,根结点的层次为 1,其孩子结点的层次为 2,……。树中任一结点的层次为其双亲结点的层次加 1。图 6.1(c)所示的树中,结点 A 的层次为 1,而结点 K 和 L 的层次为 4。

树的深度：树中叶子结点所在的最大层次,树的深度也称为高度。空树的深度为 0,只有一个根结点的树的深度为 1,图 6.1(c)所示树的深度为 4。

兄弟结点：同一双亲的孩子结点之间互称为兄弟。图 6.1(c)所示的树中,结点 B、C 和 D 互为兄弟,结点 K 和 L 互为兄弟,但结点 F 和 G 不是兄弟,因为它们的双亲不是同一个结点。

堂兄弟结点：在同一层,但双亲不同的结点称堂兄弟,例如结点 G 是结点 E、F、H、I 和 J 的堂兄弟结点。

祖先结点：从根结点到此结点所经分支上的所有结点都是该结点的祖先结点。图 6.1(c)所示的树中,结点 A、C 和 G 都是结点 K 的祖先结点。

子孙结点：某一结点的孩子,以及这些孩子的孩子,……直到叶子结点,都是此结点的子孙结点。图 6.1(c)所示的树中,结点 B 的子孙有结点 E 和 F。

路径：从树的一个结点到另一个结点的分支构成这两个结点之间的路径。

有序树：如果将树中结点的各子树看成从左至右是有次序的,即子树之间存在确定的次序关系,则称该树为有序树。

无序树：若根结点的各棵子树之间不存在确定的次序关系,可以互相交换位置,则称该树为无序树。

森林：$m(m \geqslant 0)$ 棵互不相交的树的集合构成森林。注意,在现实世界中,森林由很多树构成,但在数据结构中,0 棵或 1 棵树都可组成森林。对树中的每个结点而言,其子树的集合即为森林,通常称为子树森林。

6.2 二 叉 树

二叉树是一种特殊的树,比较适合于计算机处理,并且任何树和森林都可以转化为二叉树,关于二叉树的存储和操作是本章的重点。

6.2.1 二叉树的定义

二叉树或为空树,或是由一个根结点加上两棵分别称为左子树和右子树的、互不相交的二叉树组成。可以看出,二叉树的特点是每个结点至多只有两棵子树(即二叉树中不存在度大于2的结点),并且,二叉树的子树有左右之分,次序不能任意颠倒。因此,二叉树是有序树。从定义可以看出,二叉树可以有5种基本形态,见图6.2。其中图6.2(a)表示一棵空二叉树;图6.2(b)表示一棵只有根结点的二叉树;图6.2(c)表示一棵左子树非空,而右子树为空的二叉树;图6.2(d)表示一棵左子树为空,而右子树非空的二叉树;图6.2(e)表示一棵左右子树都非空的二叉树。任意一棵二叉树肯定是这5种基本形态中的某一种。

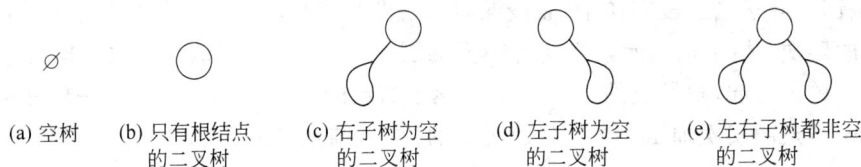

∅	○			
(a) 空树	(b) 只有根结点的二叉树	(c) 右子树为空的二叉树	(d) 左子树为空的二叉树	(e) 左右子树都非空的二叉树

图 6.2 二叉树的基本形态示意图

在实际应用中,二叉树具有如下基本操作。

1) BinTreeNode<ElemType> * GetRoot() const

初始条件:二叉树已存在。

操作结果:返回二叉树的根。

2) bool Empty() const

初始条件:二叉树已存在。

操作结果:如二叉树为空,则返回 true,否则返回 false。

3) StatusCode GetElem(TreeNode<ElemType> * cur,ElemType &e) const

初始条件:二叉树已存在,cur 为二叉树的一个结点。

操作结果:用 e 返回结点 cur 元素值,如果不存在结点 cur,函数返回 NOT_PRESENT,否则返回 ENTRY_FOUND。

4) StatusCode SetElem(TreeNode<ElemType> * cur,const ElemType &e)

初始条件:二叉树已存在,cur 为二叉树的一个结点。

操作结果:如果不存在结点 cur,则返回 FAIL,否则返回 SUCCESS,并将结点 cur 的值设置为 e。

5) void InOrder(void (* visit)(const ElemType &)) const

初始条件:二叉树已存在。

操作结果:中序遍历二叉树,对每个结点调用函数(* visit)。

6) void PreOrder(void (* visit)(const ElemType &)) const

初始条件：二叉树已存在。

操作结果：先序遍历二叉树,对每个结点调用函数(＊visit)。

7) void PostOrder(void (＊visit)(const ElemType &)) const

初始条件：二叉树已存在。

操作结果：后序遍历二叉树,对每个结点调用函数(＊visit)。

8) void LevelOrder(void (＊visit)(const ElemType &)) const

初始条件：二叉树已存在。

操作结果：层次遍历二叉树,对每个结点调用函数(＊visit)。

9) int NodeCount() const

初始条件：二叉树已存在。

操作结果：返回二叉树的结点个数。

10) BinTreeNode＜ElemType＞＊LeftChild(const BinTreeNode＜ElemType＞＊cur)const

初始条件：二叉树已存在,cur 是二叉树的一个结点。

操作结果：返回二叉树结点 cur 的左孩子。

11) BinTreeNode＜ElemType＞＊RightChild(const BinTreeNode＜ElemType＞＊cur)const

初始条件：二叉树已存在,cur 是二叉树的一个结点。

操作结果：返回二叉树结点 cur 的右孩子。

12) BinTreeNode＜ElemType＞＊Parent(const BinTreeNode＜ElemType＞＊cur)const

初始条件：二叉树已存在,cur 是二叉树的一个结点。

操作结果：返回二叉树结点 cur 的双亲结点。

13) void InsertLeftChild(BinTreeNode＜ElemType＞＊cur,const ElemType &e)

初始条件：二叉树已存在,cur 是二叉树的一个结点,e 为一个数据元素,并且 cur 非空。

操作结果：插入 e 为 cur 的左孩子,如果 cur 的左孩子非空,则 cur 原有左子树成为 e 的左子树。

14) void InsertRightChild(BinTreeNode＜ElemType＞＊cur,const ElemType &e)

初始条件：二叉树已存在,cur 是二叉树的一个结点,e 为一个数据元素,并且 cur 非空。

操作结果：插入 e 为 cur 的右孩子,如果 cur 的右孩子非空,则 cur 原有右子树成为 e 的右子树。

15) void DeleteLeftChild(BinTreeNode＜ElemType＞＊cur)

初始条件：二叉树已存在,cur 是二叉树的一个结点。

操作结果：删除二叉树结点 cur 的左子树。

16) void DeleteRightChild(BinTreeNode＜ElemType＞＊cur)

初始条件：二叉树已存在,cur 是二叉树的一个结点。

操作结果：删除二叉树结点 cur 的右子树。

17) int Height() const

初始条件：二叉树已存在。

操作结果：返回二叉树的高。

6.2.2　二叉树的性质

由于二叉树结构的特殊性,二叉树具有如下一些性质。

性质 1　在二叉树的第 $i(i \geqslant 1)$ 层上最多有 2^{i-1} 个结点。

可以用数学归纳法来证明这个性质。

初始情况:当 $i=1$ 时,二叉树最多只有一个根结点,所以,结点数 $\leqslant 1=2^0=2^{i-1}=1$,结论成立。

归纳假设:假设对所有的 $j,1 \leqslant j < i$ 时,命题成立。则当 $j=i-1$ 时,第 j 层最多有 $2^{j-1}=2^{i-2}$ 个结点。

归纳证明:当 $j=i$ 时,由于二叉树上每个结点最多只有两棵子树,则第 i 层的结点数最多是第 $i-1$ 层上结点数的 2 倍,也就是第 i 层的结点数 $\leqslant 2 \times 2^{i-2}=2^{i-1}$,结论成立。

性质 2　深度为 $k(k \geqslant 1)$ 的二叉树上至多有 2^k-1 个结点。

此性质的证明可以基于性质 1,深度为 k 的二叉树上的结点数至多为

$$\sum_{i=1}^{k} 第\ i\ 层最大结点数 = \sum_{i=1}^{k} 2^{i-1}=2^i-1$$

性质 3　对任何一棵二叉树,若它含有 n_0 个叶子结点,n_2 个度为 2 的结点,则必存在关系式: $n_0=n_2+1$。

下面根据二叉树的定义以及树状结构中结点和边(分支)的关系进行证明。

设二叉树上结点总数为 n,用 n_i 表示二叉树中度为 i 的结点个数($i=1$、2 和 3)。根据二叉树的定义可知

$$n=n_0+n_1+n_2。 \tag{6.1}$$

再来分析树状结构中结点数目 n 和边(分支)数目 b 的关系。树状结构中除根结点之外的每个结点,都有且仅有一个双亲结点,从而都有且仅有一条从双亲结点进入的边,所以有 $n-1=b$,这个结论对于二叉树同样成立。在二叉树中,每个度为 0 的结点发出 0 条边,每个度为 1 的结点发出 1 条边,每个度为 2 的结点发出 2 条边,所以二叉树上分支总数 $b=n_1+2n_2$。根据结点数目和分支数目的关系,可知

$$n-1=n_1+2n_2 \tag{6.2}$$

由式 6.1 和式 6.2 易得: $n_0=n_2+1$。

下面介绍两种特殊形状的二叉树。

满二叉树:只含度为 0 和 2 的结点,且度为 0 的结点只出现在最后一层的二叉树。即在满二叉树中,除最后一层外,其他各层上的每个结点的度都为 2。空二叉树及只有一个根结点的二叉树也是满二叉树。在满二叉树中,每一层结点都达到了最大个数,所以深度为 $k(k \geqslant 1)$ 的满二叉树有个 2^k-1 个结点。

完全二叉树:对任意一棵满二叉树,从它的最后一层的最右结点起,按从下到上、从右到左的次序,去掉若干个结点后,所得到的二叉树称为完全二叉树。

特殊形态的二叉树如图 6.3 所示,其中图 6.3(a)是满二叉树,图 6.3(b)是完全二叉树,图 6.3(c)和图 6.3(d)是非完全二叉树。

性质 4　具有 n 个结点的完全二叉树的深度为 $\lfloor \log_2 n \rfloor+1$。

设完全二叉树的深度为 k,根据性质 2 和完全二叉树的定义可知:

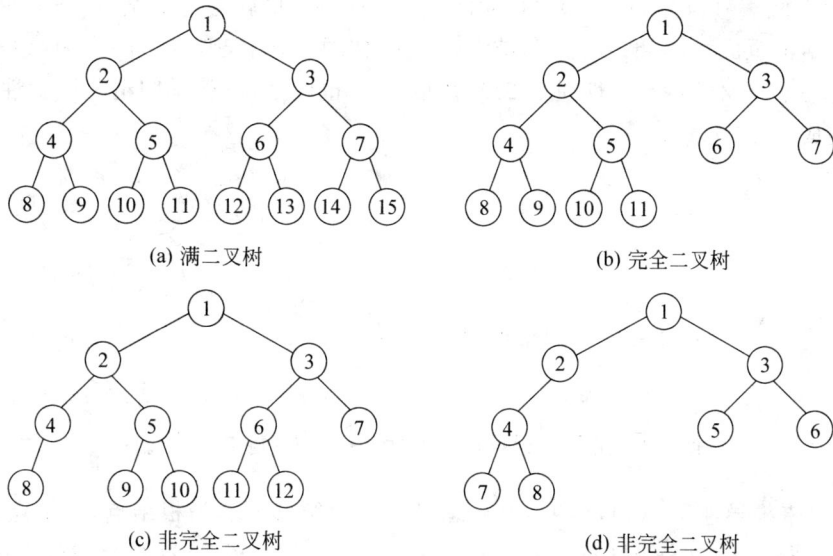

(a) 满二叉树　　　　　　　　　　　　　　(b) 完全二叉树

(c) 非完全二叉树　　　　　　　　　　　　(d) 非完全二叉树

图 6.3　特殊形态二叉树示意图

$$2^{k-1} \leqslant n < 2^k$$

各项取以 2 为底的对数可知

$$k-1 \leqslant \log_2 n < k$$

由于 k 为整数，因此，$k = \lfloor \log_2 n \rfloor + 1$。

说明：符号 $\lfloor x \rfloor$ 表示不大于 x 的最大整数，一般称为下取整，例如：$\lfloor 2.99 \rfloor = 2$；同样地，符号 $\lceil x \rceil$ 表示不小于 x 的最小整数，一般称为上取整，例如：$\lfloor 20.01 \rfloor = 3$。

性质 5　若对含 n 个结点的完全二叉树，按照从上到下、从左至右的次序进行 $1 \sim n$ 的编号，对完全二叉树中任意一个编号为 i 的结点，简称为结点 i，有以下关系：

(1) 若 $i = 1$，则结点 i 是二叉树的根，无双亲结点；若 $i > 1$，则结点 $\lfloor \frac{i}{2} \rfloor$ 的为双亲结点；

(2) 若 $2i > n$，则结点 i 无左孩子，否则，结点 $2i$ 为左孩子；

(3) 若 $2i+1 > n$，则结点 i 无右孩子，否则结点 $2i+1$ 为右孩子。

我们先证明(2)和(3)，然后再由(2)和(3)推导(1)。

当 $i = 1$ 时，由完全二叉树的定义可知，如果有左孩子，则左孩子的编号为 2；如果有右孩子，则右孩子的编号为 3；如果结点 2 不存在，也就是 $n < 2$，这时结点 i 便无左孩子；同样地，如果结点 3 不存在，也就是 $n < 3$，这时结点 i 便无右孩子。

当 $i > 1$ 时，分两种情况进行讨论。

(1) 结点 i 为某层上的第一个结点，设为第 j 层的第一个结点，由完全二叉树的定义可知第 j 层的第一个结点为 2^{j-1}，也就是 $i = 2^{j-1}$，这时结点 i 左孩子为第 $j+1$ 层的第一个结点，编号为 $2^j = 2 * 2^{j-1} = 2i$，如果 $2i > n$，则无左孩子；结点 i 的右孩子是第 $j+1$ 层的第二个结点，其编号为 $2i+1$，如果 $2i+1 > n$，则无右孩子。

(2) 结点 i 为某层上除第一个结点外的其他结点，设为第 j 层的一个结点，假设 $2i+1 < n$，结点 i 的左孩子为结点 $2i$，右孩子为结点 $2i+1$，对于结点 $i+1$，如果与结点 i 在同一层上，则结点 $i+1$ 的左孩子应与结点 i 的右孩子相邻，编号应为 $2i+1+1 = 2(i+1)$，右孩子应

与左孩子相邻,编号应为 $2(i+1)+1$,如图 6.4(a)所示,也就是对于结点 $i+1$ 性质 5(2)与性质 5(3)结论也成立,如果结点 i 与结点 $i+1$ 不在同一层上,则结点 $i+1$ 为第 $j+1$ 层的第一个结点,如图 6.4(b)所示,性质 5(2)与性质 5(3)也成立,由数学归纳法可知性质 5(2)与性质 5(3)成立。

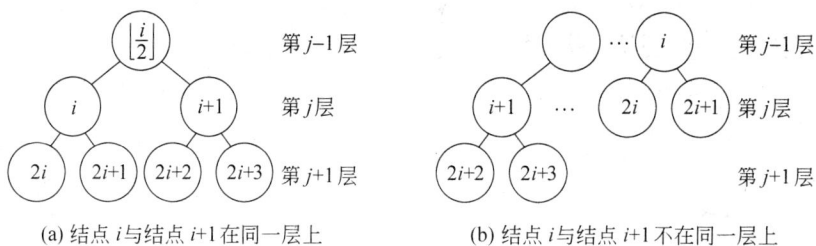

(a) 结点 i 与结点 $i+1$ 在同一层上　　　　(b) 结点 i 与结点 $i+1$ 不在同一层上

图 6.4　完全二叉树结点 i 与结点 $i+1$ 左和右孩子示意图

下面再来推导性质 5(1),如果 $i=1$,编号为 1 的结点显然为根结点,根结点无双亲;如果 $i>1$,设结点 i 的双亲为结点 j,如果结点 i 为结点 j 的左孩子,这时 $i=2j$,i 为偶数,可得

$$j = \frac{i}{2} = \left\lfloor \frac{i}{2} \right\rfloor$$

如果结点 i 为结点 j 的右孩子,这时 $i=2j+1$,i 为奇数,可得

$$j = \frac{i-1}{2} = \left\lfloor \frac{i}{2} \right\rfloor$$

可知性质 5(1)也成立。

6.2.3　二叉树的存储结构

二叉树的存储结构应能体现二叉树的逻辑关系。在具体的应用中,可能需要从任一结点能直接访问到它的后继(即孩子结点),或直接访问到它的前驱(即双亲结点),或同时直接访问它的双亲和孩子结点,在设计二叉树的存储结构时,应考虑不同的访问要求进行存储设计。

1. 顺序存储结构

这是一种按照结点的层次从上到下、从左至右的次序,将完全二叉树结点存储在一片连续存储区域内的存储方法。存储时只保存各结点的值,由二叉树性质 5 可知,对于完全二叉树,若已知结点的编号,则可推算出它的双亲和孩子结点的编号,所以只需将完全二叉树的各结点按照编号的次序 $1 \sim n$ 依次存储到数组的 $1 \sim n$ 位置,就很容易根据结点在数组中的存储位置计算出它的双亲和孩子结点的存储位置。图 6.5 是这种存储结构的一个示例。

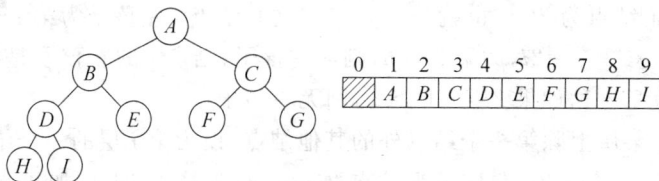

图 6.5　完全二叉树的顺序存储

在这种存储方式中,结点之间的逻辑结构用存储位置体现,对于完全二叉树,这是一种很经济的存储方式。

对于一般二叉树,因为性质 5 只对完全二叉树成立,而对于一般二叉树,若要利用性质 5 找到某个结点的双亲和孩子结点,则需在该二叉树中补设一些虚结点,使其成为一棵完全二叉树,然后对所有结点(包括补设的虚结点)按层次从上到下、从左至右进行编号。这样处理后,再按完全二叉树的顺序存储方式存储,其中补设的虚结点也要对应存储位置,占用存储空间,需设置虚结点标志以便识别。

由于大多数二叉树不是完全二叉树,若虚结点对应的存储位置不能被利用起来,是一种很大的浪费(因为虚结点数目可能很大),尤其是当二叉树是单支树时。因此,一般情况下,很少使用顺序存储方式。

图 6.6 是一般二叉树的顺序存储结构的一个示例。

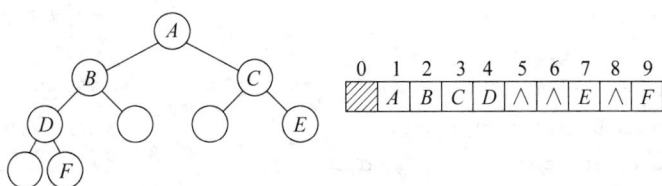

图 6.6　一般二叉树的顺序存储(∧表示虚结点)

在实现二叉树的顺序存储结构时,在每个结点处增加一个标志域 tag 用于标识此结点是否为空(虚),同时为了编程实现方便起见,增加一个用于表示根结点的 root 域,具体类模板声明如下:

```
#ifndef__SQ_BIN_TREE_NODE_TAG_TYPE__
#define__SQ_BIN_TREE_NODE_TAG_TYPE__
enum SqBinTreeNodeTagType {EMPTY_NODE,USED_NODE};
#endif

//顺序存储二叉树结点类模板
template<class ElemType>
struct SqBinTreeNode
{
//数据成员:
    ElemType data;                                      //数据域
    SqBinTreeNodeTagType tag;                           //结点使用标志

//构造函数模板:
    SqBinTreeNode();                                    //无参数的构造函数
    SqBinTreeNode(ElemType item,SqBinTreeNodeTagType tg=EMPTY_NODE);
        //已知数据域和使用标志建立结构
};

//顺序存储二叉树类模板
template<class ElemType>
```

```
class SqBinaryTree
{
protected:
//二叉树的数据成员:
    int maxSize;                                        //二叉树的最大结点个数
    SqBinTreeNode<ElemType> * elems;                    //结点存储空间
    int root;                                           //二叉树的根

//辅助函数模板:
    ⋮

public:
//二叉树方法声明及重载编译系统默认方法声明:
    SqBinaryTree();                                     //无参数的构造函数模板
    virtual~SqBinaryTree();                             //析构函数模板
    int GetRoot() const;                                //返回二叉树的根
    bool NodeEmpty(int cur) const;                      //判断结点 cur 是否为空
    StatusCode GetItem(int cur,ElemType &e);            //返回结点 cur 的元素值
    StatusCode SetElem(int cur,const ElemType &e);      //将结点 cur 的值置为 e
    bool Empty() const;                                 //判断二叉树是否为空
    void InOrder(void(*visit)(ElemType &)) const;       //二叉树的中序遍历
    void PreOrder(void(*visit)(ElemType &)) const;      //二叉树的先序遍历
    void PostOrder(void(*visit)(ElemType &)) const;     //二叉树的后序遍历
    void LevelOrder(void(*visit)(ElemType &)) const;    //二叉树的层次遍历
    int NodeCount() const;                              //求二叉树的结点个数
    int LeftChild(const int cur) const;                 //返回二叉树结点 cur 的左孩子
    int RightChild(const int cur) const;                //返回二叉树结点 cur 的右孩子
    int Parent(const int cur) const;                    //返回二叉树结点 cur 的双亲
    void InsertLeftChild(int cur,const ElemType &e);    //插入左孩子
    void InsertRightChild(int cur,const ElemType &e);   //插入右孩子
    void DeleteLeftChild(int cur);                      //删除左子树
    void DeleteRightChild(int cur);                     //删除右子村
    int Height() const;                                 //求二叉树的高
    SqBinaryTree(const ElemType &e,int size=DEFAULT_SIZE);   //建立以 e 为根的二叉树
    SqBinaryTree(const SqBinaryTree<ElemType> &copy);        //复制构造函数模板
    SqBinaryTree(SqBinTreeNode<ElemType> es[],int r,int size=DEFAULT_SIZE);
        //由 es[]、r 与 size 构造二叉树
    SqBinaryTree<ElemType> &operator=(const SqBinaryTree<ElemType> & copy);
        //重载赋值运算符
};

template<class ElemType>
void DisplayBTWithTreeShapeHelp(int r,int level);
    //按树状形式显示以 r 为根的二叉树,level 为层次数,可设根结点的层次数为 1
template<class ElemType>
```

```
void DisplayBTWithTreeShape(SqBinaryTree<ElemType> &bt);
    //树状形式显示二叉树
template<class ElemType>
void CreateSqBinaryTreeHelp(SqBinTreeNode< ElemType > es, int r, ElemType pre[],
ElemType in[], int preLeft, int preRight, int inLeft, int inRight);
    //已知二叉树的先序序列 pre[preLeft..preRight]和中序列 in[inLeft..inRight]构
    //造以 r 为树的二叉树
template<class ElemType>
SqBinaryTree<ElemType>&CreateSqBinaryTree(ElemType pre[],ElemType in[],int n);
    //已知先序和中序序列构造二叉树
```

2. 链式存储结构

顺序存储方式在存储一般二叉树时会造成很大的空间浪费,链式存储结构则可以解决这些问题。在实际使用中,二叉树一般多采用链式存储结构。

根据二叉树的定义,二叉树的结点由一个数据元素和分别指向左、右子树的两个分支组成,如图 6.7(a)所示,因此表示二叉树的链表中的结点至少包含域:左孩子指针域、数据域、右孩子指针域,如图 6.7(b)所示,显然,在这种存储方式下,从根结点出发可以访问到所有结点,因此,只需记录根结点的地址,即可访问到树中的各个结点。这种存储结构的缺点是从某个结点出发,要找到其双亲结点,需要从根结点开始搜索,效率较低。

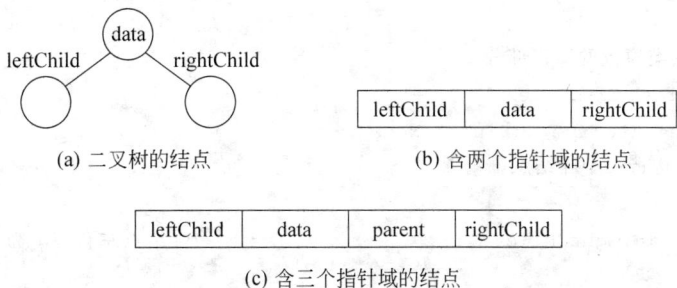

(a) 二叉树的结点   (b) 含两个指针域的结点

(c) 含三个指针域的结点

图 6.7　二叉树的链式存储方式的结点及其结点结构

为了便于找到结点的双亲,还可在结点结构中增加一个指向双亲结点的指针域,如图 6.7(c)所示。

利用上面两种结点结构构成的二叉树分别称为二叉链表和三叉链表,如图 6.8 所示,链表的头指针指向二叉树的根结点。

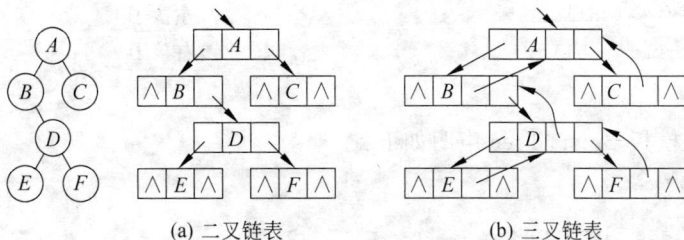

(a) 二叉链表   (b) 三叉链表

图 6.8　二叉树的链表存储结构

在实际的使用中,经常需要从根结点开始访问二叉树中的各个结点,一般都用二叉链表存储。在后面的讨论中,除非特殊说明,都是基于二叉树的二叉链表存储结构进行描述。

下面给出基于二叉链表存储结构的二叉树的类模板声明及其实现。二叉链表的结点类模板 BinTreeNode 声明及其实现如下:

```
//二叉树结点类模板
template<class ElemType>
struct BinTreeNode
{
//数据成员:
    ElemType data;                              //数据域
    BinTreeNode<ElemType> * leftChild;          //左孩子指针域
    BinTreeNode<ElemType> * rightChild;         //右孩子指针域

//构造函数模板:
    BinTreeNode();                              //无参数的构造函数模板
    BinTreeNode(const ElemType &val,     //已知数据元素值,指向左右孩子的指针构造一个结点
        BinTreeNode<ElemType> * lChild=NULL,
        BinTreeNode<ElemType> * rChild=NULL);
};


//二叉树结点类模板的实现部分
template<class ElemType>
BinTreeNode<ElemType>::BinTreeNode()
//操作结果:构造一个叶结点
{
    leftChild=rightChild=NULL;                  //叶结点左右孩子为空
}


template<class ElemType>
BinTreeNode<ElemType>::BinTreeNode(const ElemType &val,
    BinTreeNode<ElemType> * lChild,BinTreeNode<ElemType> * rChild)
//操作结果:构造一个数据域为 val,左孩子为 lChild,右孩子为 rChild 的结点
{
    data=val;                                  //数据元素值
    leftChild=lChild;                          //左孩子
    rightChild=rChild;                         //右孩子
}
```

二叉链表类模板 BinaryTree 声明如下:

```
//二叉树类模板
template<class ElemType>
class BinaryTree
{
protected:
```

```
//二叉树的数据成员：
    BinTreeNode<ElemType> * root;


//辅助函数模板：
    BinTreeNode<ElemType> * CopyTreeHelp(BinTreeNode<ElemType> * r);
        //复制二叉树
    void DestroyHelp(BinTreeNode<ElemType> * &r);//销毁以 r 为根二叉树
    void PreOrderHelp(BinTreeNode<ElemType> * r,void(* Visit)(ElemType &));
        //先序遍历
    void InOrderHelp(BinTreeNode<ElemType> * r,void(* Visit)(ElemType &));
        //中序遍历
    void PostOrderHelp(BinTreeNode<ElemType> * r,void(* Visit)(ElemType &));
        //后序遍历
    int HeightHelp(const BinTreeNode<ElemType> * r) const;    //返回二叉树的高
    int NodeCountHelp(const BinTreeNode<ElemType> * r) const;
        //返回二叉树的结点个数
    BinTreeNode<ElemType> * ParentHelp(BinTreeNode<ElemType> * r,
        const BinTreeNode<ElemType> * cur) const;   //返回 cur 的双亲


public:
//二叉树方法声明及重载编译系统默认方法声明：
    BinaryTree();                               //无参数的构造函数模板
    virtual~BinaryTree();                       //析构函数模板
    BinTreeNode<ElemType> * GetRoot() const;    //返回二叉树的根
    bool Empty() const;                         //判断二叉树是否为空
    StatusCode GetElem(BinTreeNode<ElemType> * cur,ElemType &e) const;
        //用 e 返回结点元素值
    StatusCode SetElem(BinTreeNode<ElemType> * cur,const ElemType &e);
        //将结点 cur 的值置为 e
    void InOrder(void(* visit)(ElemType &));    //二叉树的中序遍历
    void PreOrder(void(* visit)(ElemType &));   //二叉树的先序遍历
    void PostOrder(void(* visit)(ElemType &));  //二叉树的后序遍历
    void LevelOrder(void(* visit)(ElemType &)); //二叉树的层次遍历
    int NodeCount() const;                      //求二叉树的结点个数
    BinTreeNode<ElemType> * LeftChild(const BinTreeNode<ElemType> * cur) const;
        //返回二叉树结点 cur 的左孩子
    BinTreeNode<ElemType> * RightChild(const BinTreeNode<ElemType> * cur) const;
        //返回二叉树结点 cur 的右孩子
    BinTreeNode<ElemType> * Parent(const BinTreeNode<ElemType> * cur) const;
        //返回二叉树结点 cur 的双亲
    void InsertLeftChild(BinTreeNode<ElemType> * cur,const ElemType &e);
        //插入左孩子
    void InsertRightChild(BinTreeNode<ElemType> * cur,const ElemType &e);
        //插入右孩子
    void DeleteLeftChild(BinTreeNode<ElemType> * cur);//删除左子树
```

```
        void DeleteRightChild(BinTreeNode<ElemType> * cur);//删除右子树
        int   Height() const;                          //求二叉树的高
        BinaryTree(const ElemType &e);                 //建立以 e 为根的二叉树
        BinaryTree(const BinaryTree<ElemType>&copy);   //复制构造函数模板
        BinaryTree(BinTreeNode<ElemType> * r);         //建立以 r 为根的二叉树
        BinaryTree<ElemType>&operator= (const BinaryTree<ElemType>& copy);
            //重载赋值运算符
};


template<class ElemType>
void DisplayBTWithTreeShapeHelp(BinTreeNode<ElemType> * r,int level);
        //按树状形式显示以 r 为根的二叉树,level 为层次数,可设根结点的层次数为 1
template<class ElemType>
void DisplayBTWithTreeShape(BinaryTree<ElemType>&bt);
        //树状形式显示二叉树
template<class ElemType>
void CreateBinaryTreeHelp(BinTreeNode<ElemType> * &r,ElemType pre[],ElemType in[], int
preLeft,int preRight,int inLeft,int inRight);
        //已知二叉树的先序序列 pre[preLeft..preRight]和中序序列 in[inLeft..inRight]
        //构造以 r 为根的二叉树
template<class ElemType>
BinaryTree<ElemType>&CreateBinaryTree(ElemType pre[],ElemType in[],int n);
        //已知先序和中序序列构造二叉树
```

说明：三叉链表二叉树只是在结点部分加上指向双亲的指针,其他部分与二叉链表二叉树类似,下面是三叉链表二叉树类模板及其相应结点的声明：

```
//三叉链表二叉树结点类模板
template<class ElemType>
struct TriLkBinTreeNode
{
//数据成员:
    ElemType data;                                      //数据域
    TriLkBinTreeNode<ElemType> * leftChild;             //左孩子指针域
    TriLkBinTreeNode<ElemType> * rightChild;            //右孩子指针域
    TriLkBinTreeNode<ElemType> * parent;                //双亲指针域

//构造函数模板:
    TriLkBinTreeNode();                                 //无参数的构造函数模板
    TriLkBinTreeNode(const ElemType &val,
        TriLkBinTreeNode<ElemType> * lChild=NULL,
        TriLkBinTreeNode<ElemType> * rChild=NULL,
        TriLkBinTreeNode<ElemType> * pt=NULL);
        //由数据元素值,指向左右孩子及双亲的指针构造结点
};
```

```
//三叉链表二叉树类模板
template<class ElemType>
class TriLkBinaryTree
{
protected:
//二叉树的数据成员：
    TriLkBinTreeNode<ElemType> * root;

//辅助函数模板：
    与二叉链表二叉树的相应部分完全相同

public:
//二叉树方法声明及重载编译系统默认方法声明：与二叉链表二叉树的相应部分完全相同
};
```

下面只讨论二叉链表二叉树类模板，首先讨论几个公共成员函数模板的代码实现。函数模板中很多地方调用了在后续章节中介绍的函数模板，比如二叉树的前、中、后序遍历的函数模板 PreOrderHelp()、InOrderHelp()、PostOrderHelp()等，这些函数模板是作为类的私有成员函数模板声明的，其具体实现请参见二叉树的遍历一节。

构造函数模板、析构函数模板、得到二叉树的根结点的实现非常简单，具体实现如下：

```
template<class ElemType>
BinaryTree<ElemType>::BinaryTree()
//操作结果：构造一个空二叉树
{
    root=NULL;
}


template<class ElemType>
BinaryTree<ElemType>::~BinaryTree()
//操作结果：销毁二叉树——析构函数
{
    DestroyHelp(root);
}


template<class ElemType>
BinTreeNode<ElemType> * BinaryTree<ElemType>::GetRoot() const
//操作结果：返回二叉树的根
{
    return root;
}
```

由于在二叉链表存储结构中是以指向根结点的指针表示一棵二叉树，因此判断一棵二叉树是否为空树实际上就是检查根指针 root 是否为空，具体实现如下：

```
template<class ElemType>
```

```
bool BinaryTree<ElemType>::Empty() const
//操作结果:判断二叉树是否为空
{
    return root==NULL;
}
```

对当前二叉树进行前、中、后序遍历的实现,都是以根指针 root 为参数,通过调用对应的辅助函数来实现的,参数中的函数指针 Visit 表示遍历到树中的各个结点时,对各结点值 data 进行的处理函数。

```
template<class ElemType>
void BinaryTree<ElemType>::PreOrder(void(*Visit)(ElemType &))
//操作结果:先序遍历二叉树
{
    PreOrderHelp(root,Visit);
}


template<class ElemType>
void BinaryTree<ElemType>::InOrder(void(*Visit)(ElemType &))
//操作结果:中序遍历二叉树
{
    InOrderHelp(root,Visit);
}


template<class ElemType>
void BinaryTree<ElemType>::PostOrder(void(*Visit)(ElemType &))
//操作结果:后序遍历二叉树
{
    PostOrderHelp(root,Visit);
}
```

计算当前二叉树结点的个数、高。析构函数模板的实现也以根指针 root 为参数,通过调用对应的辅助函数模板来实现。

```
template<class ElemType>
int BinaryTree<ElemType>::NodeCount() const
//操作结果:返回二叉树的结点个数
{
    return NodeCountHelp(root);
}


template<class ElemType>
int BinaryTree<ElemType>::Height() const
//操作结果:返回二叉树的高
{
    return HeightHelp(root);
}
```

```
template<class ElemType>
BinaryTree<ElemType>::~BinaryTree()
//操作结果：销毁二叉树——析构函数模板
{
    DestroyHelp(root);
}
```

6.3　二叉树遍历

所谓遍历二叉树,就是遵从某种次序,顺着某一条搜索路径访问二叉树中的各个结点,使得每个结点均被访问一次,而且仅被访问一次。"访问"的含义可以很广,如:输出结点的信息、修改结点的数据值等,但一般要求这种访问不破坏原来数据之间的逻辑结构。

实际上,"遍历"是任何数据结构均有的操作,二叉树是非线性结构,每个结点最多可以有两个后继,则存在如何遍历,即按什么样的搜索路径遍历的问题。这样就必须规定遍历的规则,按此规则遍历二叉树,最后得到二叉树中所有结点的一个线性序列。

6.3.1　遍历的定义

根据二叉树的结构特征,可以有三类搜索路径:先上后下的按层次遍历、先左(子树)后右(子树)的遍历、先右(子树)后左(子树)的遍历。设访问根结点记作 D,遍历根的左子树记作 L,遍历根的右子树记作 R,则可能的遍历次序有:DLR、LDR、LRD、DRL、RDL、RLD 及层次遍历。若规定先左(子树)后右(子树),则只剩下 4 种遍历方式:DLR、LDR、LRD 及层次遍历,根据根结点被遍历的次序,通常称 DLR、LDR 和 LRD 这 3 种遍历为前序遍历、中序遍历和后序遍历。

1. 前序遍历（Preorder Traversal）

二叉树的前序遍历定义如下。

如果二叉树为空,则空操作,否则:

(1) 访问根结点(D);

(2) 前序遍历左子树(L);

(3) 前序遍历右子树(R)。

前序遍历也称为先序遍历,就是按照"根—左子树—右子树"的次序遍历二叉树。遍历实例如图 6.9 所示。

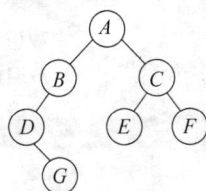

前序遍历结果序列：*ABDGCEF*
中序遍历结果序列：*DGBAECF*
后序遍历结果序列：*GDBEFCA*
层次遍历结果序列：*ABCDEFG*

图 6.9　二叉树的遍历

2. 中序遍历(Inorder Traversal)

二叉树的中序遍历定义如下。

如果二叉树为空,则空操作,否则:

(1) 中序遍历左子树(L);

(2) 访问根结点(D);

(3) 中序遍历右子树(R)。

中序遍历就是按照"左子树－根—右子树"的次序遍历二叉树。遍历实例如图 6.6
所示。

3. 后序遍历(Postorder Traversal)

二叉树的后序遍历定义如下。

如果二叉树为空,则空操作,否则:

(1) 后序遍历左子树(L);

(2) 后序遍历右子树(R);

(3) 访问根结点(D)。

后序遍历就是按照"左子树—右子树－根"的次序遍历二叉树。遍历实例如图 6.6
所示。

前面 3 种遍历方式都采用了递归描述方式,这种描述方式简洁而准确。因此前面 3 种
遍历采用递归编程最简捷,在后面将进行讲解。

4. 层次遍历(Levelorder Traversal)

二叉树的层次遍历就是按照二叉树的层次,从上到下、从左至右的次序访问各结点,层
次遍历实例如图 6.6 所示。

6.3.2 遍历算法

1. 递归算法

二叉树的先序、中序和后序遍历采用递归方式进行定义,算法实现时最简单直接的方式
就是递归方式。先序、中序和后序遍历递归算法如下:

```
template<class ElemType>
void BinaryTree<ElemType>::PreOrderHelp(BinTreeNode<ElemType> * r,void(* visit)
    (ElemType &))
//操作结果: 先序遍历以 r 为根的二叉树
{
    if(r!=NULL)
    {
        (* visit)(r->data);                        //访问根结点
        PreOrderHelp(r->leftChild,visit);          //遍历左子树
        PreOrderHelp(r->rightChild,visit);         //遍历右子树
    }
}

template<class ElemType>
void BinaryTree<ElemType>::InOrderHelp(BinTreeNode<ElemType> * r,void(* visit)
```

```
          (ElemType &))
//操作结果:中序遍历以 r 为根的二叉树
{
    if(r!=NULL)
    {
            InOrderHelp(r->leftChild,visit);          //遍历左子树
            (*visit)(r->data);                        //访问根结点
            InOrderHelp(r->rightChild,visit);         //遍历右子树
    }
}


template<class ElemType>
void BinaryTree<ElemType>::PostOrderHelp(BinTreeNode<ElemType> * r,void
    (*visit)(ElemType &))          //操作结果:后序遍历以 r 为根的二叉树
{
    if(r!=NULL)
    {
            PostOrderHelp(r->leftChild,visit);        //遍历左子树
            PostOrderHelp(r->rightChild,visit);       //遍历右子树
            (*visit)(r->data);                        //访问根结点
    }
}
```

2. 非递归算法

递归算法的效率一般比非递归算法的效率低。对于二叉树的遍历算法,非递归算法更复杂。

对于先序遍历,由前序遍历的定义可知,遍历某二叉树时,是从根开始,沿左子树往下搜索,每搜索到一个结点,就访问它,直到到达没有左子树的结点为止。然后,返回到已搜索过的最近一个有右子树的结点处,按同样的方法沿着它的左子树往下搜索,如此一直进行,直到所有结点均已被访问过。

可以看到,在访问完某结点后,不能立即放弃它,因为遍历完左子树后,要从其右子树起继续遍历,所以在访问完某结点后,应保存它的指针,以便以后能从它找到它的右子树。由于较先访问到的结点较后才重新利用,故应将访问过的结点保存到栈中。先序遍历的非递归算法的具体实现代码如下:

```
//文件路径名:e6_1\alg.h
template<class ElemType>
void NonRecurPreOrder(const BinaryTree<ElemType> &bt,void(*visit)(ElemType &))
//操作结果:先序遍历二叉树
{
    BinTreeNode<ElemType> * cur=bt.GetRoot();         //当前结点
    LinkStack<BinTreeNode<ElemType> * >s;

    while(cur!=NULL)
    {   //处理当前结点
```

```
        (*Visit)(cur->data);                          //访问当前结点
        s.Push(cur);                                  //当前结点入栈

    if(cur->leftChild!=NULL)
    {   //cur 的先序序列后继为 cur->leftChild
        cur=cur->leftChild;
    }
    else if(!s.Empty())
    {   //cur 的先序序列后继为栈 s 的栈顶结点的非空右孩子
        while(!s.Empty())
        {
            s.Pop(cur);                               //取出栈顶结点
            cur=cur->rightChild;                      //栈顶的右孩子
            if(cur!=NULL) break;                      //右孩子非空即为后继
        }
    }
    else
    {   //栈 s 为空,无后继
        cur=NULL;                                     //无后继
    }
}
}
```

对于中序遍历,首先访问最左下侧的结点,当前结点访问完后,如果右孩子非空,则在中序序列中的后继为右子树的最左侧的结点,如果右孩子为空,则后继为从根到此结点的路径上离该结点最近且是双亲的左孩子的结点的双亲结点,因此在搜索最左侧结点的过程中应将搜索路径上的结点用栈存起来,下面将搜索某结点的最左侧结点的过程用一个函数模板来实现。

```
//文件路径名:e6_2\alg.h
template<class ElemType>
BinTreeNode<ElemType> * GoFarLeft(BinTreeNode<ElemType> * r,
    LinkStack<BinTreeNode<ElemType> * >&s)
//操作结果:返回以 r 为根的二叉树的最左侧的结点,并将搜索过程中的结点加入到栈 s 中
{
    if(r==NULL)
    {   //空二叉树
        return NULL;
    }
    else
    {   //非空二叉树
        BinTreeNode<ElemType> * cur=r;                //当前结点
        while(cur->leftChild!=NULL)
        {   //cur 存在左孩子,则 cur 移向左孩子
```

```
            s.Push(cur);                           //cur 入栈
            cur=cur->leftChild;                     //cur 移向左孩子
        }
        return cur;                                 //cur 为最左侧的结点
    }
}
```

利用上面的函数模板很容易实现中序遍历的非递归算法,具体实现如下:

```
template<class ElemType>
void NonRecurInOrder(const BinaryTree<ElemType> &bt,
void(*visit)(const ElemType &))
//操作结果:中序遍历二叉树
{
    BinTreeNode<ElemType> *cur;                    //当前结点
    LinkStack<BinTreeNode<ElemType> *>s;

    cur=GoFarLeft<ElemType>(bt.GetRoot(),s);        //cur 为二叉树的最左侧的结点
    while(cur!=NULL)
    {   //处理当前结点
        (*visit)(cur->data);                        //访问当前结点

        if(cur->rightChild!=NULL)
        {   //cur 的中序序列后继为右子树的最左侧的结点
            cur=GoFarLeft(cur->rightChild,s);
        }
        else if(!s.Empty())
        {   //cur 的中序序列后继为栈 s 的栈顶结点
            s.Pop(cur);                             //取出栈顶结点
        }
        else
        {   //栈 s 为空,无后继
            cur=NULL;                               //无后继
        }
    }
}
```

后序遍历的非递归算法要复杂一些。由于后序遍历最后访问根结点,对任一结点,应先沿它的左子树往下搜索,每搜索到一个结点就将其地址存储到栈中,直至搜索到没有左子树的结点为止。此时,若该结点无右子树,则直接访问该结点;否则,从该结点的右子树起,按同样的方法访问右子树中的各结点,访问完右子树中的所有结点后,才访问该结点。

对结点应加一个标志指示右子树是否被访问,被修改后的结点结构如下:

//文件路径名:e6_3\alg.h

```
//修改后的结点结构
template<class ElemType>
struct ModiNode
{
    BinTreeNode<ElemType> * node;                //指向结点
    bool rightSubTreeVisited;                    //是否右子树已被访问
};
```

与中序遍历相似,搜索最左侧的结点用函数模板 GoFarLeft()来完成,只是对于搜索到的结点,将修改后的结点进栈,具体实现如下:

```
template<class ElemType>
ModiNode<ElemType> * GoFarLeft(BinTreeNode<ElemType> * r,
    LinkStack<ModiNode<ElemType> * >&s)
//操作结果:返回以 r 为根的二叉树的最左侧的结点,并将搜索过程中的被修改后的结点加入到栈 s 中
{
    if(r==NULL)
    {   //空二叉树
        return NULL;
    }
    else
    {   //非空二叉树
        BinTreeNode<ElemType> * cur=r;                //当前结点
        ModiNode<ElemType> * newPtr;                  //被修改后的结点
        while(cur->leftChild!=NULL)
        {   //cur 存在左孩子,则 cur 移向左孩子
            newPtr=new ModiNode<ElemType>;
            newPtr->node=cur;                         //指向结点
            newPtr->rightSubTreeVisited=false;        //表示右子树未被访问
            s.Push(newPtr);                           //nodePtr 入栈
            cur=cur->leftChild;                       //cur 移向左孩子
        }
        newPtr=new ModiNode<ElemType>;
        newPtr->node=cur;                             //指向结点
        newPtr->rightSubTreeVisited=false;            //表示右子树未被访问
        return newPtr;                                //最左侧的被修改后的结点
    }
}


template<class ElemType>
void NonRecurPostOrder(const BinaryTree<ElemType> * bt,
void(*visit)(const ElemType &))
//操作结果:后序遍历二叉树
{
    ModiNode<ElemType> * cur;                         //当前被搜索结点
```

```
LinkStack<ModiNode<ElemType> * >s;

cur=GoFarLeft<ElemType>(bt.GetRoot(),s);   //cur为二叉树的最左侧的被搜索结点
while(cur!=NULL)
{     //处理当前结点
    if(cur->node->rightChild==NULL || cur->rightSubTreeVisited)
    {     //当前结点右子树为空或右子树已被访问
        (* visit)(cur->node->data);              //访问当前结点
        delete cur;                              //释放空间

        if(!s.Empty())
        {     //栈非空,则栈顶将指示下一次要访问的结点
          s.Pop(cur);                            //出栈
        }
        else
        {     //栈空,遍历完毕
            cur=NULL;
        }
    }
    else
    {     //当前结点右子树未被访问
        cur->rightSubTreeVisited=true;      //下一次出现在栈顶时的右子树已被访问
        s.Push(cur);                             //入栈
        cur=GoFarLeft<ElemType>(cur->node->rightChild,s);
        //搜索右子树最左侧的结点
    }
}
```

层次遍历是先访问层次小的所有结点,同一层次从左到右访问,然后再访问下一层次的结点。根据层次遍历的定义,除根结点外,每个结点都处于其双亲结点的下一层次,而指向每个结点的指针都记录在其双亲结点中,因此为了找到各结点,需将已经访问过的结点的孩子结点保存下来。根据层次遍历的定义,使用一个队列来存储已访问过的结点的孩子结点。初始将根结点入栈,每次要访问的下一个结点都是队列上取出指向结点的指针,每访问完一个结点后,如果它有左孩子、右孩子结点,则将它的左、右孩子结点入队,如此重复,直到队列为空,则遍历结束,下面是具体实现:

```
template<class ElemType>
void BinaryTree<ElemType>::LevelOrder(void(* visit)(ElemType &)) const
//操作结果:层次遍历二叉树
{
    LinkQueue<BinTreeNode<ElemType> * >q;             //队列
    BinTreeNode<ElemType> * t=root;                   //从根结点开始进行层次遍历
```

```
    if(t!=NULL) q.InQueue(t);                          //如果根非空,则入队
    while(!q.Empty())
    {    //q非空,说明还有结点未访问
        q.OutQueue(t);
        (*visit)(t->data);
        if(t->leftChild!=NULL)                         //左孩子非空
            q.InQueue(t->leftChild);                   //左孩子入队
        if(t->rightChild!=NULL)                        //右孩子非空
            q.InQueue(t->rightChild);                  //右孩子入队
    }
}
```

*6.3.3 二叉树遍历应用举例

应用二叉树的遍历可以实现许多关于二叉树的操作,在本小节中来看具体的几个例子。

1. 计算结点个数与树的高度

二叉树的结点个数等于左子树的结点数加上右子树的结点数再加上根结点数 1,因此求二叉树的结点数的问题可以分解为计算其左右子树的结点数问题。对应的递归算法如下:

```
template<class ElemType>
int BinaryTree<ElemType>::NodeCountHelp(const BinTreeNode<ElemType> * r) const
//操作结果:返回以 r 为根的二叉树的结点个数
{
    if(r==NULL) return 0;              //空二叉树结点个数为 0
    else return 1+ NodeCountHelp(r->leftChild)+ NodeCountHelp(r->rightChild);
        //非空二叉树结点个数为左右子树的结点个数之和再加 1
}
```

类似地,还可以实现计算二叉树高度的算法。根据对于高度的定义,空树的高度为 0,非空树的高度为其左右子树中高度的最大值再加 1。算法代码如下:

```
template<class ElemType>
int BinaryTree<ElemType>::HeightHelp(const BinTreeNode<ElemType> * r) const
//操作结果:返回以 r 为根的二叉树的高
{
    if(r==NULL)
    {    //空二叉树高为 0
        return 0;
    }
    else
    {    //非空二叉树高为左右子树的高的最大值再加 1
        int lHeight,rHeight;
        lHeight=HeightHelp(r->leftChild);              //左子树的高
        rHeight=HeightHelp(r->rightChild);             //右子树的高
```

```
    return 1+(lHeight>rHeight? lHeight : rHeight);
        //高为左右子树的高的最大值再加 1
    }
}
```

2. 二叉树的销毁

销毁一棵二叉树需要销毁其中的所有结点,因为每个结点的地址都记录在其双亲结点中,所以销毁结点的次序应该按照后序遍历的次序,首先销毁根结点的左右子树结点,最后再销毁根结点。因此,销毁函数模板的实现与二叉树的后序遍历的实现非常类似。

```
template<class ElemType>
void BinaryTree<ElemType>::DestroyHelp(BinTreeNode<ElemType> * &r)
//操作结果: 销毁以 r 为根的二叉树
{
    if(r!=NULL)
    {    //r 非空,实施销毁
        DestroyHelp(r->leftChild);        //销毁左子树
        DestroyHelp(r->rightChild);       //销毁右子树
        delete r;                         //销毁根结点
        r=NULL;
    }
}
```

3. 二叉树的复制

利用已有二叉树复制得到另外一棵与其完全相同的二叉树,实际上就是二叉树的复制构造函数模板。根据二叉树的特点,复制步骤如下: 如果二叉树 s 不空,复制二叉树根结点的左子树和右子树,然后再复制根结点,具体实现如下:

```
template<class ElemType>
BinTreeNode<ElemType> * BinaryTree<ElemType>
    ::CopyTreeHelp(BinTreeNode<ElemType> * r)
//操作结果: 将以 r 为根的二叉树复制成新的二叉树,返回新二叉树的根
{
    if(r==NULL)
    {    //复制空二叉树
        return NULL;                      //空二叉树根为空
    }
    else
    {    //复制非空二叉树
        BinTreeNode<ElemType> * lChild=CopyTree(r->leftChild);        //复制左子树
        BinTreeNode<ElemType> * rChild=CopyTree(r->rightChild);       //复制右子树
        BinTreeNode<ElemType> * rt=new BinTreeNode<ElemType> (r->data,
            lChild,rChild);               //复制根结点
        return rt;
    }
```

```
}
```

有了二叉树的复制函数模板 CopyTreeHelp(),就可以很方便地重载二叉树类中赋值操作符"＝"与复制构造函数模板,具体实现如下:

```
template<class ElemType>
BinaryTree<ElemType>::BinaryTree(const BinaryTree<ElemType>&copy)
//操作结果:由已知二叉树构造新二叉树——复制构造函数模板
{
    root=CopyTreeHelp(copy.root);              //复制二叉树
}


template<class ElemType>
BinaryTree<ElemType>&BinaryTree<ElemType>::operator= (const BinaryTree
<ElemType>&copy)
//操作结果:由已知二叉树 copy 复制到当前二叉树——赋值运算符重载
{
    if(&copy!=this)
    {
        DestroyHelp(root);                     //释放原二叉树所占用空间
        root=CopyTreeHelp(copy.root);          //复制二叉树
    }
    return * this;
}
```

4. 二叉树的显示

显示二叉树时,最好以树状形式显示,如图 6.10 所示,从图可知从上到下的显示顺序为35142,这实际上就是先右子树,再根结点,后左子树的中序遍历的顺序,并且二叉树根在显示在第 1 列,根的孩子显示在第 2 列,……,可知显示的列数为结点的层次数,因此可按照中序遍历的算法编程实现,具体实现如下。

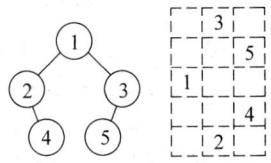

图 6.10　树形显示二叉树

```
template<class ElemType>
void DisplayBTWithTreeShapeHelp(BinTreeNode <ElemType>
* r,int level)
//操作结果:按树状形式显示以 r 为根的二叉树,level 为层次数,可设根结点的层次数为 1
{
    if(r!=NULL)
    {    //空树不显式,只显式非空树
        DisplayBTWithTreeShapeHelp<ElemType>(r->rightChild,level+ 1);
        //显示右子树
        cout<<endl;                     //显示新行
        for(int i=0; i<level- 1; i++)
            cout<<" ";                  //确保在第 level 列显示结点
        cout<<r->data;                  //显示结点
```

```
        DisplayBTWithTreeShapeHelp<ElemType>(r->leftChild,level+ 1);
          //显示左子树
    }
}


template<class ElemType>
void DisplayBTWithTreeShape(BinaryTree<ElemType> &bt)
//操作结果:树状形式显示二叉树
{
    DisplayBTWithTreeShapeHelp<ElemType>(bt.GetRoot(),1);
    //树状显示以 bt.GetRoot()为根的二叉树
    cout<<endl;
}
```

5. 由先序序列与中序序列构造二叉树

前面讨论了二叉树的先序、中序和后序遍历,并且知道,任意一棵二叉树的前序序列、中序序列和后序序列都是唯一的。反之,若已知一棵二叉树的先序序列和中序序列,用它们能否确定一棵二叉树呢? 又是否唯一呢?

根据前序遍历的定义,二叉树的前序遍历是先访问根结点 D,其次遍历左子树 L,最后遍历右子树 R。即在结点的先序序列中,第一个结点必是根 D,所以可以从先序序列中确定二叉树的根;另一方面,由于中序遍历是先遍历左子树 L,然后访问根 D,最后遍历右子树 R,所以在中序序列中,根结点 D 将中序序列分割成了两部分:在 D 之前的是左子树中的结点,D 之后的是右子树中的结点。这样,根据在中序序列中确定的左右子树的结点个数,又可反过来将先序序列中除根结点以外的部分分成左、右子树的先序序列。然后根据相同的方法又可以确定左、右子树的根及其下一代左、右子树。依此类推,最终可得到整棵二叉树。

比如,已知一棵二叉树的前序序列为:$ABCDEFGHI$,中序序列为:$DCBAGFHEI$,根据它们建立原始二叉树的过程如下。

根据先序遍历的定义,前序序列的第一个字母 A 一定是树的根,又根据中序遍历的定义,字母 A 把中序序列划分为两个子序列:DCB 和 $GFHEI$,这样可得到对二叉树的第一次近似,如图 6.11(a)所示。然后,根据在中序序列中划分的左右子树,可以知道,先序序列中的子序列(BCD)是左子树的先序序列,因此,取先序序列的字母 B 作为 A 的左子树的根,它把中序子序列(DCB)划分得到的两个子序列为:DC 和一个空子序列,表明 B 的右子树为空,这样可得到对应二叉树的第二次近似,如图 6.11(b)所示。将这个过程继续下去,最后可以得到如图 6.11(e)所示的二叉树。

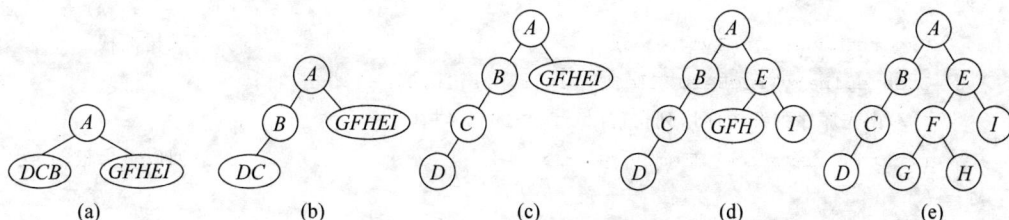

图 6.11 由先序序列和中序序列构造二叉树

可以看出,这个构造过程是一个递归的过程。首先根据给定的先序序列建立二叉树的根结点,根据中序序列确定二叉树的左子树序列和右子树序列,然后再根据左子树的前序序列和中序序列递归地构造左子树,根据右子树的前序序列和中序序列递归地构造右子树。

根据这个构造思想得到的程序实现如下:

```cpp
//文件路径名:e6_4\binary_tree.h
template<class ElemType>
void CreateBinaryTreeHelp(BinTreeNode<ElemType> * &r,ElemType pre[],ElemType in[],
    int preLeft,int preRight,int inLeft,int inRight)
//操作结果:已知二叉树的先序序列 pre[preLeft..preRight]和中序序列
//in[inLeft..inRight]构造以 r 为树的二叉树
{
    if(inLeft>inRight)
    {   //二叉树无结点,空二叉树
        r=NULL;                                         //空二叉树根为空
    }
    else
    {   //二叉树有结点,非空二叉树
        r=new BinTreeNode<ElemType>(pre[preLeft]);      //生成根结点
        int mid=inLeft;
        while(in[mid]!=pre[preLeft])
        {   //查找 pre[preLeft]在 in[]中的位置,也就是中序序列中根的位置
            mid++;
        }
        CreateBinaryTreeHelp(r->leftChild,pre,in,preLeft+1,preLeft+mid-inLeft,
            inLeft,mid-1);                              //生成左子树
        CreateBinaryTreeHelp(r->rightChild,pre,in,preLeft+mid-inLeft+1,
            preRight,mid+1,inRight);                    //生成右子树
    }
}


template<class ElemType>
BinaryTree<ElemType>CreateBinaryTree(ElemType pre[],ElemType in[],int n)
//操作结果:已知先序序列和中序序列构造二叉树
{
    BinTreeNode<ElemType> * r;                          //二叉树的根
    CreateBinaryTreeHelp<ElemType>(r,pre,in,0,n-1,0,n-1);
        //由先序序列和中序序列构造以 r 为根的二叉树
    return BinaryTree<ElemType>(r);                     //返回以 r 为根的二叉树
}
```

说明:与由先序序列与中序序列构造二叉树类似,也可以由后序序列与中序序列构造

二叉树。

6. 表达式的前缀（波兰式）表示、中缀表示和后缀（逆波兰式）表示

可以用二叉树表示表达式,二叉树表示表达式的递归定义如下:

如表达式为数或简单变量,则相应二叉树中只有一个根结点,其数据域存储此表达式信息;如表达式=(第 1 操作数)(运算符)(第 2 操作数),则相应的二叉树中以左子树表示第 1 操作数,右子树表示第 2 操作数,根结点的数据域存储运算符(如为一元运算符,则左子树为空),操作数本身又可以为表达式。

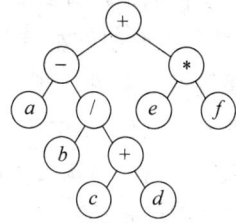

例如,表达式 $a-b/(c+d)+e*f$ 的二叉树表示如图 6.12 所示。

图 6.12　表达式 $a-b/(c+d)+e*f$ 的二叉树表示

如果先序遍历二叉树,按访问结点的先后次序将结点排列起来,可得到先序序列:

$$+-a/b+cd*ef \tag{6.3}$$

中序遍历二叉树,可得到中序序列:

$$a-b/c+d+e*f \tag{6.4}$$

后序遍历二叉树,可得到中序序列:

$$abcd+/-ef*+ \tag{6.5}$$

二叉树的先序序列 6.1 称为表达式的前缀(波兰式)表示,中序序列 6.2 称为表达式的中缀表示,后序序列 6.3 称为表达式的后缀(逆波兰式)表示。

6.4　线索二叉树

6.4.1　线索的概念

二叉树是一种典型的非线性结构,树中各结点(除根结点外)可以有 1 个前驱(双亲结点),0~2 个后继(孩子结点)。如果按某种方式遍历二叉树,遍历所得的结果序列就变为线性结构,树中所有结点都按照某种次序排列在一个线性有序(前序、中序、后序或层次序)的序列中,每个结点就有了唯一的前驱和后继,当以二叉链表为存储结构时,只能找到结点的左、右孩子信息,而不能直接得到前驱和孩子信息,如果保存这种在遍历过程中得到前驱和后继信息呢,最直接简单的方法是在每个结点上增加两个指针 back 和 next,分别指向结点在遍历过程得到的前驱和后继信息,这样做显然浪费了不少存储空间。而在一棵具有 n 个结点的二叉树中,有 $2n_0+n_1$ 个空链域,根据二叉树的性质 3,$n_0=n_2+1$,可知空链域个数为 $2n_0+n_1=n_0+n_1+n_2+1=n+1$,大约是总链域数目($2n$)的一半。为不浪费存储空间,可以考虑利用这些空链域来存放结点在某种遍历次序下的前驱或后继指针。对任一结点,如果无左孩子,则用左链域存放指向它的前驱结点的指针;如果无右孩子,则用右链域存放指向它的后继结点的指针;如果存在左孩子,则左链域存储指向左孩子的指针,如果存在右孩子,则右链域存储指向右孩子的指针。这样,既保持了原二叉树的结构,又利用空链域表示了部分前驱和后继关系。通常称表示前驱和后继的指针叫做"线索",而这种使树中结点的空链域存放前驱或后继信息的过程叫做"线索化",加上了线索的二叉树叫做线索二叉树。

由于树的遍历方式有多种,所以对于任意一个结点,都有多种遍历次序下的前驱和后继,在此重点介绍先左后右的 3 种遍历方式所对应的线索二叉树,即前序线索二叉树、中序线索二叉树和后序线索二叉树。

图 6.13 所示是中序线索二叉树的一个例子。图中的实线表示原来二叉树的结构关系(双亲—孩子关系),虚线表示线索(指向前驱或后继的指针)。

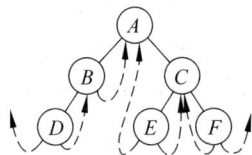

图 6.13 中序线索二叉树

在线索二叉树中,由于原来的空链域被置为指向前驱或后继的指针,为了区别线索和孩子指针,需要为每个结点设两个标志域,分别用来说明它的左链域和右链域指向的是孩子结点还是线索。如图 6.14 所示。

leftChild	leftTag	data	rightTag	rightChild

图 6.14 线索二叉树结点示意图

对图 6.14 中的标志域 leftTag 和 rightTag 作如下规定:

$$leftTag = \begin{cases} 0 & leftChild\ 域存储指向左孩子的指针 \\ 1 & leftChild\ 域存储指向前驱的指针 \end{cases}$$

$$rightTag = \begin{cases} 0 & rightChild\ 域存储指向右孩子的指针 \\ 1 & rightChild\ 域存储指向后继的指针 \end{cases}$$

图 6.13 所示的线索二叉树的存储表示如图 6.15。

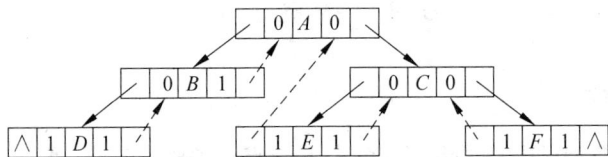

图 6.15 中序线索二叉树的存储示意图

从图 6.15 可以看到,有两个线索处于空状态,一个是中序遍历的第一个结点 D 的前驱线索,一个是中序遍历的最后一个结点 F 的后继线索。为了不让线索为空,可以仿照线性表的存储结构,在二叉树的线索链表上也增加一个头结点,并令头结点的 lefChild 域指向原来的线索二叉树的根结点,表头结点的 rightChild 指向中序序列的最后一个结点;令中序序列的第一个结点的 leftChild 指向表头结点,中序序列的最后一个结点的 rightChild 指向表头结点,如图 6.16 所示。

说明:带有头结点的线索二叉树看起来像带头结点的线性链表,但带头结点的线索二叉树编程比不带头结点的线索二叉树更易出错,可读性更差,因此本书线索二叉树不带头结点。

在实际应用中,线性表还包括了如下的基本操作。

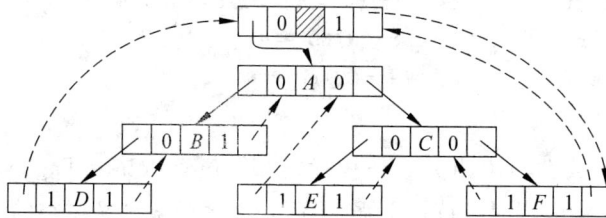

图 6.16　带有头结点的中序线索二叉树的存储示意图

1) ThreadBinTreeNode<ElemType> * GetRoot() const

初始条件：线索二叉树已存在。

操作结果：返回线索二叉树的根。

2) void Thread()

初始条件：线索二叉树已存在，但未线索化。

操作结果：线索化二叉树。

3) void Order(void (* visit)(ElemType &))

初始条件：线索二叉树已存在。

操作结果：按某种遍历顺序依次对线索二叉树的每个元素调用函数(* Visit)。

*6.4.2　线索二叉树的实现

线索二叉树可以从二叉树加线索实现，下面分中序线索二叉树、前序线索二叉树和后序线索二叉树进行讲解。

1. 中序线索二叉树

中序线索二叉树的结点类模板声明如下：

```
enum PointerTagType {CHILD_PTR,THREAD_PTR};
    //指针标志类型,CHILD_PTR(0):指向孩子的指针,THREAD_PTR(1):指向线索的指针


//线索二叉树结点类模板
template<class ElemType>
struct ThreadBinTreeNode
{
//数据成员:
    ElemType data;                                    //数据域
    ThreadBinTreeNode<ElemType> * leftChild;          //左孩子指针域
    ThreadBinTreeNode<ElemType> * rightChild;         //右孩子指针域
    PointerTagType leftTag,rightTag;                  //左右标志域


//构造函数模板:
    ThreadBinTreeNode();                              //无参构造函数模板
    ThreadBinTreeNode(const ElemType &val,            //由数据元素值,指针及标志域构造结点
        ThreadBinTreeNode<ElemType> * lChild=NULL,
```

```
        ThreadBinTreeNode<ElemType> * rChild=NULL,
        PointerTagType leftTag=CHILD_PTR,
        PointerTagType rightTag=CHILD_PTR);
    };
```

上面将指针标志域类型声明为一个枚举类型 enum PointerTagType {CHILD_PTR，THREAD_PTR}，这样编程时可读性更强，下面是中序线索二叉树类的声明：

```
//中序线索二叉树类模板
template<class ElemType>
class InThreadBinTree
{
protected:
//线索二叉树的数据成员:
    ThreadBinTreeNode<ElemType> * root;

//辅助函数模板:
    void InThreadHelp(ThreadBinTreeNode<ElemType> * cur,ThreadBinTreeNode
        <ElemType> * &pre);                //中序线索化以 cur 为根的二叉树
    ThreadBinTreeNode<ElemType> * TransformHelp(BinTreeNode<ElemType> * r);
        //bt 为根的二叉树转换成新的未线索化的中序线索二叉树,返回新二叉树的根
    ThreadBinTreeNode < ElemType > * CopyTreeHelp (ThreadBinTreeNode < ElemType > *
    copy);
        //复制线索二叉树
    void DestroyHelp(ThreadBinTreeNode<ElemType> * &r);   //销毁以 r 为根的二叉树

public:
//线索二叉树方法声明及重载编译系统默认方法声明:
    InThreadBinTree(const BinaryTree<ElemType>&bt);
        //由二叉树构造中序线索二叉树——转换构造函数模板
    virtual~InThreadBinTree();                          //析构函数模板
    ThreadBinTreeNode<ElemType> * GetRoot() const;       //返回线索二叉树的根
    void InThread();                                     //中序线索化二叉树
    void InOrder(void(* Visit)(ElemType &));             //二叉树的中序遍历
    InThreadBinTree(const InThreadBinTree<ElemType>&copy); //复制构造函数模板
    InThreadBinTree<ElemType>&operator= (const InThreadBinTree<ElemType>& copy);
        //赋值运算符重载
    };
```

线索化二叉树过程的本质是一种特殊的遍历过程。在线索化过程中，"访问"结点就是检查结点的左、右链域是否为空，若为空，则令其指向当前遍历次序下的前驱或后继。在遍历过程中，访问某结点时，由于它的前驱刚被访问过，所以若左链域为空，则可令其指向它的前驱，但由于它的后继尚未访问到，所以它的右链域不能马上进行线索化，而要等到下一个结点被访问后才能进行线索化，即右链域的线索化要滞后一步进行。因此，为了实现右链域

的线索化,需设立一个指针,令其指向上一次访问到的结点。中序线索化二叉树的算法
实现:

```
template<class ElemType>
void InThreadBinTree<ElemType>::InThreadHelp(ThreadBinTreeNode<ElemType> * cur,
        ThreadBinTreeNode<ElemType> * &pre)
//操作结果:中序线索化以 cur 为根的二叉树,pre 表示 cur 的前驱
{
    if(cur!=NULL)
    {       //按中序遍历方式进行线索化
        if(cur->leftTag==CHILD_PTR)
                InThreadHelp(cur->leftChild,pre);        //线索化左子树

        if(cur->leftChild==NULL)
        {       //cur 无左孩子,加线索
            cur->leftChild=pre;                          //cur 前驱为 pre
            cur->leftTag=THREAD_PTR;                      //线索标志
        }
        else
        {       //cur 有左孩子,修改标志
            cur->leftTag=CHILD_PTR;                       //孩子指针标志
        }

        if(pre!=NULL && pre->rightChild==NULL)
        {       //pre 无右孩子,加线索
            pre->rightChild=cur;                          //pre 后继为 cur
            pre->rightTag=THREAD_PTR;                     //线索标志
        }
        else if(pre!=NULL)
        {       //cur 有右孩子,修改标志
            pre->rightTag=CHILD_PTR;                       //孩子指针标志
        }
        pre=cur;                                           //遍历下一结点时,cur 为下一结点的前驱

        if(cur->rightTag==CHILD_PTR)
                InThreadHelp(cur->rightChild,pre);        //线索化右子树
    }
}
```

说明:上面的算法实现可读性强,但对将标志域赋成孩子指针标志 CHILD_PTR 的相
关语句可省略,这是因为在线索二叉树的结点类已将标志域的默认值设为 CHILD_PTR,也
就是在生成线索二叉树的结点时,leftTag 和 rightTag 都缺省为 CHILD_PTR,这样优化过
的代码如下:

```
template<class ElemType>
void InThreadBinTree<ElemType>::InThreadHelp(ThreadBinTreeNode<ElemType> * cur,
```

```
                ThreadBinTreeNode<ElemType> * &pre)
//操作结果：中序线索化以 cur 为根的二叉树,pre 表示 cur 的前驱
{
    if(cur!=NULL)
    {       //按中序遍历方式进行线索化
        if(cur->leftTag==CHILD_PTR)
            InThreadHelp(cur->leftChild,pre);                    //线索化左子树

        if(cur->leftChild==NULL)
        {       //cur 无左孩子,加线索
            cur->leftChild=pre;                                  //cur 前驱为 pre
            cur->leftTag=THREAD_PTR;                             //线索标志
        }

        if(pre!=NULL && pre->rightChild==NULL)
        {       //pre 无左孩子,加线索
            pre->rightChild=cur;                                 //pre 后继为 cur
            pre->rightTag=THREAD_PTR;                            //线索标志
        }
        pre=cur;                                    //遍历下一结点时,cur 为下一结点的前驱

        if(cur->rightTag==CHILD_PTR)
            InThreadHelp(cur->rightChild,pre);                   //线索化右子树
    }
}
```

  上面的算法是一个递归算法,每次递归都需要知道最近一次访问的结点,所以设置 pre 存储最近一次访问到的结点的指针。pre 的初始值设为 NULL。由于是递归程序,pre 不能作为该程序中的普通临时变量。这里将 pre 作为该函数的参数,这是为了让其对该函数具有"全局"变量的作用。由于在参数中设了一个在逻辑上并不需要而只在实现中需要的参数 pre,使得函数调用显得不自然。为解决该问题,再定义一个函数,它可以看成是对上面函数的"包装",但参数中去掉了 pre。该函数如下：

```
template<class ElemType>
void InThreadBinTree<ElemType>::InThread()
//操作结果：中序线索化二叉树
{
    ThreadBinTreeNode<ElemType> * pre=NULL;     //开始线索化时前驱为空
    InThreadHelp(root,pre);                      //中序线索化以 root 为根的二叉树
    if(pre->rightChild==NULL)                    //pre 为中序序列中最后一个结点
        pre->rightTag=THREAD_PTR;                //如无右孩子,则加线索标记
}
```

  在中序线索树中,中序序列的第一个访问的结点是二叉树最左侧的结点,对于任一结点 cur,如果 cur 的右链域为线索,则后继为 cur->rightChild；如果 cur 的右链域为孩子,则结点 cur 的后继应是遍历其右子树时访问的第一个结点,也就是右子树中最左侧的结点,中序

线索二叉树中序遍历的具体实现如下：

```
template<class ElemType>
void InThreadBinTree<ElemType>::InOrder(void(*visit)(ElemType &))
//操作结果：二叉树的中序遍历
{
    if(root!=NULL)
    {
        ThreadBinTreeNode<ElemType> * cur=root;        //从根开始遍历

        while(cur->leftTag==CHILD_PTR)                 //查找最左侧的结点,此结
            cur=cur->leftChild;                        //点为中序序列的第一个结点
        while(cur!=NULL)
        {
            (*visit)(cur->data);                       //访问当前结点

            if(cur->rightTag==THREAD_PTR)
            {    //右链为线索,后继为 cur->rightChild
                 cur=cur->rightChild;
            }
            else
            {    //右链为孩子,cur 右子树最左侧的结点为后继
                cur=cur->rightChild;                   //cur 指向右孩子
                while(cur->leftTag==CHILD_PTR)
                    cur=cur->leftChild;                //查找原 cur 右子树最左侧的结点
            }
        }
    }
}
```

2. 先序线索二叉树

先序线索二叉树与中序线索二叉树的结点实现完全相同,它们的线索二叉树结点类模板声明也相似,具体先序线索二叉树类模板声明形式如下：

```
//先序线索二叉树类模板
template<class ElemType>
class PreThreadBinTree
{
protected:
//线索二叉树的数据成员：
    ThreadBinTreeNode<ElemType> * root;

//辅助函数模板：
    与中序线索二叉树类的辅助函数模板类似

public:
```

//线索二叉树方法声明及重载编译系统默认方法声明:
　　与中序线索二叉树类的公有函数类似
};

在先序线索二叉树的先序遍历中,第一个访问的结点为二叉树的根结点,对于任一结点cur,如果 cur 的右链域为线索,则后继为 cur－＞rightChild;如果 cur 的右链域为孩子,这时若存在左孩子,则后继为左孩子 cur－＞leftChild,若无右孩子,则后继为 cur 的后继应是遍历其右子树时访问的第一个结点,也就是右子树的根结点 cur－＞rightChild,先序线索二叉树中序遍历的具体实现如下:

```
template<class ElemType>
void PreThreadBinTree<ElemType>::PreOrder(void(＊visit)(ElemType &))
//操作结果:二叉树的先序遍历
{
    if(root!=NULL)
    {
        ThreadBinTreeNode<ElemType> ＊ cur=root;
            //从根开始遍历,根结点为中先序序列的第一个结点

        while(cur!=NULL)
        {
            (＊visit)(cur->data);                //访问当前结点

            if(cur->rightTag==THREAD_PTR)
            {   //右链为线索,后继为 cur->rightChild
                cur=cur->rightChild;
            }
            else
            {   //右链为孩子
                if(cur->rightTag==CHILD_PTR)
                    cur=cur->leftChild;     //cur 有左孩子,则左孩子为后继
                else
                    cur=cur->rightChild;    //cur 无左孩子,则右孩子为后继
            }
        }
    }
}
```

3. 后序线索二叉树

在后序线索二叉树中的后序遍历要复杂些。后序序列的第一个访问的结点是二叉树最左下的结点,对于任一结点 cur,如果 cur 的右链域为线索,则后继为cur－＞rightChild,否则确定其后继要考虑如下几种情况。

(1) 若结点 cur 是二叉树的根,则其后继为空。

(2) 若结点 cur 是其双亲的右孩子或是双亲的左孩子并且双亲没有右孩子,则后继即为双亲结点。

（3）若结点 cur 是其双亲的左孩子，并且双亲有右孩子，则后继为双亲的右子树中按后序遍历列出的第一个结点，即双亲的右子树中最左下的结点。可见，在后序线索二叉树中找结点后继时需要能够找到结点的双亲，因此，在实现时需要利用前面讲过的三叉链表实现二叉树的存储。具体结点类模板声明如下：

```
//三叉链表二叉树结点类模板
template<class ElemType>
struct TriLkBinTreeNode
{
//数据成员:
    ElemType data;                                    //数据域
    TriLkBinTreeNode<ElemType> * leftChild;           //左孩子指针域
    TriLkBinTreeNode<ElemType> * rightChild;          //右孩子指针域
    TriLkBinTreeNode<ElemType> * parent;              //双亲指针域

//构造函数模板:
    TriLkBinTreeNode();                               //无参数的构造函数模板
    TriLkBinTreeNode (const ElemType &val,TriLkBinTreeNode <ElemType> * lChild=NULL,
        TriLkBinTreeNode<ElemType> * rChild=NULL,
//由数据元素值,指向左右孩子及双亲的指针构造结点
        TriLkBinTreeNode<ElemType> * pt=NULL);
};
```

后序线索二叉树类的声明与中序和先序线索二叉树类模板的声明完全相似，具体后序线索二叉树类模板声明形式如下：

```
//后序线索二叉树类模板
template<class ElemType>
class PostThreadBinTree
{
protected:
//线索二叉树的数据成员:
    PostThreadBinTreeNode<ElemType> * root;

//辅助函数模板: 与先序线索二叉树类模板和中序线索二叉树类的辅助函数模板类似

public:
//线索二叉树方法声明及重载编译系统默认方法声明: 与先序线索二叉树类和中序线索二叉树类的
    公有函数类似

};
```

根据前面关于后序线索二叉树的后序遍历的分析，容易得到后序遍历算法实现如下：

```
template<class ElemType>
void PostThreadBinTree<ElemType>::PostOrder(void(* visit)(ElemType &))
//操作结果: 二叉树的后序遍历
```

```
{
    if(root!=NULL)
    {
        PostThreadBinTreeNode<ElemType> * cur=root;                //从根开始遍历
        while(cur->leftTag==CHILD_PTR||cur->rightTag==CHILD_PTR)
        {    //查找最左下的结点,此结点为后序序列第一个结点
            if(cur->leftTag==CHILD_PTR) cur=cur->leftChild;   //移向左孩子
            else cur=cur->rightChild;                         //无左孩子,则移向右孩子
        }

        while(cur!=NULL)
        {
            (*visit)(cur->data);                              //访问当前结点

            PostThreadBinTreeNode<ElemType> * pt=cur->parent;
                                                              //当前结点的双亲
            if(cur->rightTag==THREAD_PTR)
            {    //右链域为线索,后继为 cur->rightChild
            cur=cur->rightChild;
            }
            else if(cur==root)
            {    //结点 cur 是二叉树的根,其后继为空
                cur=NULL;
            }
            else if(pt->rightChild==cur||pt->leftChild==cur && pt->rightTag==
                THREAD_PTR)
            {    //结点 cur 是其双亲的右孩子或是其双亲的左孩子且其双亲没有右子
                //树,则其后继即为双亲结点
                cur=pt;
            }
            else
            {    //结点 cur 是其双亲的左孩子,且其双亲有右子树,则其后继为双亲的右
                //子树中按后续遍历列出的第一个结点,即其双亲的右子树中最左下的结点
                cur=pt->rightChild;                           //cur 指向双亲的右孩子
                while(cur->leftTag==CHILD_PTR||cur->rightTag==CHILD_PTR)
                {    //查找最左下的结点,此结点为后序序列第一个结点
                    if(cur->leftTag==CHILD_PTR) cur=cur->leftChild;
                    //移向左孩子
                    else cur=cur->rightChild;                 //无左孩子,则移向右孩子
                }
            }
        }
    }
}
```

6.5 树和森林

这一节将讨论树和森林的存储表示及其遍历操作,并介绍树和森林与二叉树的对应关系。

6.5.1 树的存储表示

树的存储表示可以有多种方法,分别适合于不同的应用需求。在这里只介绍常用的几种方法。在实际应用中,树一般包括如下的基本操作。

1) TreeNode<ElemType> * GetRoot() const

初始条件:树已存在。

操作结果:返回树的根。

2) bool Empty() const

初始条件:树已存在。

操作结果:如果树为空,返回 true,否则返回 false。

3) StatusCode GetElem(TreeNode<ElemType> * cur, ElemType &e) const

初始条件:树已存在,cur 为树的一个结点。

操作结果:用 e 返回结点 cur 的元素值,如果不存在结点 cur,函数返回 NOT_PRESENT,否则返回 ENTRY_FOUND。

4) StatusCode SetElem(TreeNode<ElemType> * cur, const ElemType &e)

初始条件:树已存在,cur 为树的一个结点。

操作结果:如果不存在结点 cur,则返回 FAIL,否则返回 SUCCESS,并将结点 cur 的值设置为 e。

5) void PreRootOrder(void (* visit)(ElemType &))

初始条件:树已存在。

操作结果:按先根序依次对树的每个元素调用函数(* visit)。

6) void PostRootOrder(void (* visit)(ElemType &))

初始条件:树已存在。

操作结果:按后根序依次对树的每个元素调用函数(* visit)。

7) void LevelOrder(void (* visit)(ElemType &))

初始条件:树已存在。

操作结果:按层次依次对树的每个元素调用函数(* visit)。

8) int NodeCount() const

初始条件:树已存在。

操作结果:返回树的结点个数。

9) int NodeDegree(TreeNode<ElemType> * cur) const

初始条件:树已存在,cur 为树的一结点。

操作结果:返回树的结点 cur 的度。

10) int Degree() const

初始条件:树已存在。

操作结果：返回树的度。

11）TreeNode＜ElemType＞ * FirstChild(TreeNode＜ElemType＞ * cur) const

初始条件：树已存在，cur 为树的一结点。

操作结果：返回树结点 cur 的第一个孩子。

12）TreeNode＜ElemType＞ * RightSibling(TreeNode＜ElemType＞ * cur) const

初始条件：树已存在，cur 为树的一个结点。

操作结果：返回树结点 cur 的右兄弟。

13）TreeNode＜ElemType＞ * Parent(TreeNode＜ElemType＞ * cur) const

初始条件：树已存在，cur 为树的一个结点。

操作结果：返回树结点 cur 的双亲。

14）StatusCode InsertChild(TreeNode＜ElemType＞ * cur, int i, const ElemType &e)；

初始条件：树已存在，cur 为树的一个结点。

操作结果：将数据元素 e 插入为 cur 的第 i 个孩子，如果插入成功，则返回 SUCCESS，否则返回 FAIL。

15）StatusCode DeleteChild(TreeNode＜ElemType＞ * cur, int i)

初始条件：树已存在，cur 为树的一结点。

操作结果：删除 cur 的第 i 个棵子树，如果删除成功，则返回 SUCCESS，否则返回 FAIL。

16）int Height() const

初始条件：树已存在。

操作结果：返回树的高。

1. 双亲表示法

对于树中的每个结点，只存放其双亲结点的位置，这样每个结点就有两个域：data 和 parent，其中 data 域用来存储结点本身的信息，parent 用来存储指示双亲结点位置。将树中的所有结点用一组连续的存储单元来存放，如图 6.17 所示。

这种存储结构利用了树中每个结点（根结点除外）只有一个双亲的性质。在这种表示方式下，查找每个结点的双亲结点非常容易，但要找到某个结点的孩子结点时需要遍历整棵树，效率较低。双亲表示法结点及双亲表示法树类模板的声明如下：

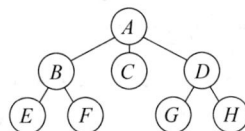

图 6.17　树双亲表示法示意图

```
//双法表示树结点类模板
template<class ElemType>
struct ParentTreeNode
{
//数据成员：
    ElemType data;              //数据域
    int parent;                 //双亲位置域

//构造函数模板：
```

```cpp
    ParentTreeNode();                                   //无参数的构造函数
    ParentTreeNode(ElemType item,int pt=- 1);          //已知数据域值和双亲位置建立结构
};

//双法表示树类模板
template<class ElemType>
class ParentTree
{
protected:
//树的数据成员:
    ParentTreeNode<ElemType> * nodes;                   //存储树结点
    int maxSize;                                        //树结点最大个数
    int root,num;                                       //根的位置及结点数

//辅助函数模板:
    void PreRootOrderHelp(int r,void(* visit)(ElemType &));      //先根序遍历
    void PostRootOrderHelp(int r,void(* visit)(ElemType &));     //后根序遍历
    int HeightHelp(int r) const;                        //返回以 r 为根的树的高
    int DegreeHelp(int r) const;                        //返回以 r 为根的树的度
    void MoveHelp(int from,int to);                     //将结点从 from 移到结点 to
    void DeleteHelp(int r);                             //删除以 r 为根的树

public:
//树方法声明及重载编译系统默认方法声明:
    ParentTree();                                       //构造函数模板
    virtual~ParentTree();                               //析构函数模板
    int GetRoot() const;                                //返回树的根
    bool Empty() const;                                 //判断树是否为空
    StatusCode GetElem(int cur,ElemType &e) const;      //用 e 返回结点元素值
    StatusCode SetElem(int cur,const ElemType &e);      //将结点 cur 的值置为 e
    void PreRootOrder(void(* visit)(ElemType &));       //树的先序遍历
    void PostRootOrder(void(* visit)(ElemType &));      //树的后序遍历
    void LevelOrder(void(* visit)(ElemType &));         //树的层次遍历
    int NodeCount() const;                              //返回树的结点个数
    int NodeDegree(int cur) const;                      //返回结点 cur 度
    int Degree() const;                                 //返回树的度
    int FirstChild(int cur) const;                      //返回结点 cur 的第一个孩子
    int RightSibling(int cur) const;                    //返回结点 cur 的右兄弟
    int Parent(int cur) const;                          //返回结点 cur 的双亲子
    StatusCode InsertChild(int cur,int i,const ElemType &e);
            //将数据元素插入为 cur 的第 i 个孩子
    StatusCode DeleteChild(int cur,int i);              //删除 cur 的第 i 个棵子树
    int Height() const;                                 //返回树的高
    ParentTree(const ElemType &e,int size=DEFAULT_SIZE);
            //建立以数据元素 e 为根的树
```

```
ParentTree(const ParentTree<ElemType>&copy);    //复制构造函数模板
ParentTree(ElemType items[],int parents[],int r,int n,int size=DEFAULT_SIZE);
        //建立数据元素为items[],对应结点双亲为parents[],根结点位置为r,结点个数
        //为 n 的树
ParentTree<ElemType>&operator=(const ParentTree<ElemType>& copy);
        //重载赋值运算符
};
```

2. 孩子双亲表示法

如果把每个结点的孩子结点排列起来,看成是一个线性表,且以单链表加以存储,则 n 个结点的树就有 n 个孩子链表(叶子结点的孩子链表为空表)。将这 n 个单链表的头指针又组织成一个线性表,存储在一个数组中,并在数组中同时存储数据元素的值及双亲位置,这样就得到了树的孩子双亲表示法,如图 6.18 所示。

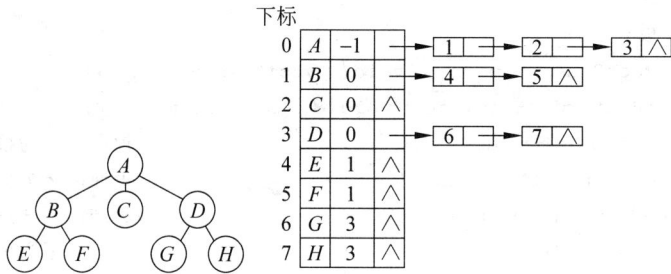

图 6.18 树的孩子双亲表示法示意图

孩子双亲表示法不但便于实现查找某个结点的孩子的操作,也适合于查找双亲结点的操作。孩子双亲表示法结点类模板及双亲表示法树类模板的声明如下:

```
//孩子双亲表示树结点类模板
template<class ElemType>
struct ChildParentTreeNode
{
//数据成员:
    ElemType data;                      //数据域
    LinkList<int>childLkList;           //孩子链表
    int parent;                         //双亲位置域

//构造函数模板:
    ChildParentTreeNode();              //无参数的构造函数
    ChildParentTreeNode(ElemType item,int pt=-1);
    //已知数据域值和双亲位置建立结构
};

//孩子双亲表示树类模板
template<class ElemType>
class ChildParentTree
{
```

```
protected:
//树的数据成员：
    ChildParentTreeNode<ElemType> * nodes;          //存储树结点
    int maxSize;                                    //树结点最大个数
    int root,num;                                   //根的位置及结点数

//辅助函数：与双亲表示树相同

public:
//树方法声明及重载编译系统默认方法声明：与双亲表示树相同
};
```

3. 孩子兄弟表示法

在一般的树中,每个结点具有的孩子数目不完全相同,如果用指针指示孩子结点地址的话,每个结点所需的指针数各不相同。如果根据树的度为每个结点设置相同数目的指针域,即为每个结点都设置最大的指针数目,由于树中有许多结点的度小于树的度,这样将有许多指针为空指针,会造成很大的空间浪费。如果采用变长结点的方式,为各个结点设置不同数目的指针域,又会给存储管理和操作带来很多麻烦。

但每个结点的首孩子与右兄弟确是唯一的,因此可采用二叉链表表示法——孩子兄弟表示法,结点的结构如图 6.19 所示。

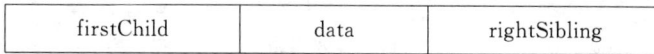

firstChild	data	rightSibling

图 6.19　孩子兄弟表示树的结点示意图

图 6.20 为树的孩子兄弟表示法示意图。

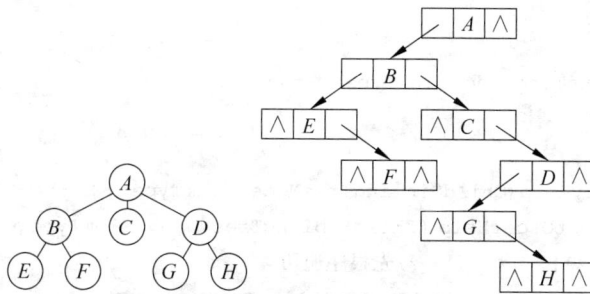

图 6.20　树的孩子兄弟表示法示意图

由于根结点只有一个,没有兄弟,所以它的右兄弟指针始终为空。图 6.20 所示树中根结点 A 有 3 个孩子,在此根据图中的次序,将最左边的孩子结点 B 作为它的第一个孩子,因此首孩子指针域中存放的是 B 的结点地址。结点 B 有孩子也有兄弟,所以它的右兄弟指针域中存储图中紧跟在它右边的兄弟 C 的结点地址,它的第一个孩子指针域中存储的是它的第一个孩子 E 的结点地址。结点 F 既没有兄弟也没有孩子,所以它的两个指针域都为空。

在树的孩子兄弟表示法中,要找到某一结点的所有孩子,只需先通过它的第一个孩子指针找到第一个孩子结点,然后再根据第一个孩子结点的右兄弟指针找到第二个孩子结点,再

根据第二个孩子结点的右兄弟指针找到第三个孩子结点,……,如此进行,直到某个结点的右兄弟指针域为空为止,就完成了对此结点的所有孩子结点的一次访问。但要找到某个结点 p 的双亲,需要从根开始遍历整棵树。

孩子兄弟表示法结点类模板及孩子兄弟表示法树类模板的声明如下:

```cpp
//孩子兄弟表示树结点类模板
template<class ElemType>
struct ChildSiblingTreeNode
{
//数据成员:
    ElemType data;                                      //数据域
    ChildSiblingTreeNode<ElemType> * firstChild;        //指向首孩子指针域
    ChildSiblingTreeNode<ElemType> * rightSibling;      //指向右兄弟指针域

//构造函数模板:
    ChildSiblingTreeNode();                             //无参数的构造函数模板
    ChildSiblingTreeNode(ElemType item, ChildSiblingTreeNode<ElemType> * fChild=NULL,
            ChildSiblingTreeNode<ElemType> * rSibling=NULL);
//已知数据域值、指向首孩子与右兄弟指针建立结点

};

//孩子兄弟表示树类模板
template<class ElemType>
class ChildSiblingTree
{
protected:
//树的数据成员:
    ChildSiblingTreeNode<ElemType> * root;              //根

//辅助函数模板:
    void DestroyHelp(ChildSiblingTreeNode<ElemType> * &r);   //销毁以 r 为根的树
    void PreRootOrderHelp(ChildSiblingTreeNode<ElemType> * r, void (* visit)
    (ElemType &));          //先根序遍历
    void PostRootOrderHelp(ChildSiblingTreeNode<ElemType> * r, void (* visit)
    (ElemType &));          //后根序遍历
    int NodeCountHelp(ChildSiblingTreeNode<ElemType> * r) const;
        //返回以 r 为根的树的结点个数
    int HeightHelp(ChildSiblingTreeNode<ElemType> * r) const;
        //返回以 r 为根的树的高
    int DegreeHelp(ChildSiblingTreeNode<ElemType> * r) const;
        //返回以 r 为根的树的度
    void DeleteHelp(ChildSiblingTreeNode<ElemType> * r);     //删除以 r 为根的树
    ChildSiblingTreeNode<ElemType> * ParentHelp(ChildSiblingTreeNode<ElemType> * r,
        const ChildSiblingTreeNode<ElemType> * cur) const;   //返回 cur 的双亲
```

```cpp
    ChildSiblingTreeNode<ElemType> * CopyTreeHelp(ChildSiblingTreeNode
    <ElemType> * copy);                        //复制树
     ChildSiblingTreeNode < ElemType > * CreateTreeGhelp (ElemType  items [ ], int
     parents[],int r,int n);
    //建立数据元素为 items[],对应结点双亲为 parents[],根结点位置为 r,结点
    //个数为 n 的树,并返回树的根


public:
//树方法声明及重载编译系统默认方法声明:
    ChildSiblingTree();                              //无参数的构造函数模板
    virtual ~ChildSiblingTree();                     //析构函数模板
    ChildSiblingTreeNode<ElemType> * GetRoot() const;    //返回树的根
    bool Empty() const;                              //判断树是否为空
    StatusCode GetElem(ChildSiblingTreeNode<ElemType> * cur,ElemType &e) const;
        //用 e 返回结点元素值
    StatusCode SetElem(ChildSiblingTreeNode<ElemType> * cur,const ElemType &e);
        //将结 cur 的值置为 e
    void PreRootOrder(void(*visit)(ElemType &));      //树的先根序遍历
    void PostRootOrder(void(*visit)(ElemType &));     //树的后根序遍历
    void LevelOrder(void(*visit)(ElemType &));        //树的层次遍历
    int NodeCount() const;                           //返回树的结点个数
    int NodeDegree(ChildSiblingTreeNode<ElemType> * cur) const;
        //返回结点 cur 的度
    int Degree() const;                              //返回树的度
    ChildSiblingTreeNode<ElemType> * FirstChild(ChildSiblingTreeNode
        <ElemType> * cur) const;          //返回树结点 cur 的第一个孩子
    ChildSiblingTreeNode<ElemType> * RightSibling(ChildSiblingTreeNode<ElemType>
        * cur) const;                     //返回树结点 cur 的右兄弟
    ChildSiblingTreeNode<ElemType> * Parent(ChildSiblingTreeNode<ElemType>
        * cur) const;                     //返回树结点 cur 的双亲
    StatusCode InsertChild(ChildSiblingTreeNode<ElemType> * cur,int i,const
        ElemType &e);                     //将数据元素插入为 cur 的第 i 个孩子
    StatusCode DeleteChild(ChildSiblingTreeNode<ElemType> * cur,int i);
        //删除 cur 的第 i 棵子树
    int Height() const;                  //返回树的高
    ChildSiblingTree(const ElemType &e);                 //建立以数据元素 e 为根的树
    ChildSiblingTree(const ChildSiblingTree<ElemType>&copy);  //复制构造函数模板
    ChildSiblingTree(ElemType items[],int parents[],int r,int n);
        //建立数据元素为 items[],对应结点双亲为 parents[],根结点位置为 r,结点个数
        //为 n 的树
        ChildSiblingTree(ChildSiblingTreeNode<ElemType> * r);//建立以 r 为根的树
        ChildSiblingTree < ElemType > &operator= (const ChildSiblingTree < ElemType > &
copy);
        //重载赋值运算符
};
```

说明：在实际应用中，通常使用树的孩子兄弟表示法作存储结构，因此后面的例题在不加以特别声明的情况下，都采用树的孩子兄弟表示法存储结构。

*6.5.2 树的显示

通常采用凹入表示法显示树，如图 6.21 所示，从图可知从上到下的显示顺序为
$ABEFCDGH$，实际上就是最先显示根，然后再依次显示各棵子树，并且树根显示在第 1 列，根的孩子显示在第 2 列，……，可知显示的列数为结点的层次数，因此可仿照显示二叉树的算法编程实现，具体实现如下。

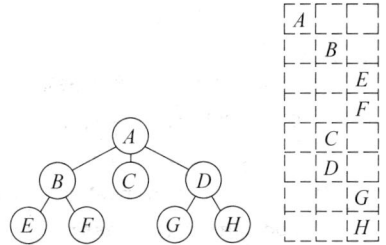

图 6.21 树形显示二叉树

```
template<class ElemType>
void DisplayTWithConcaveShapeHelp(const
ChildSiblingTree<ElemType>&t,
        ChildSiblingTreeNode < ElemType > * r, int
level)
//操作结果：按凹入表示法显示树，level 为层次数，可设根结点的层次数为 1
{
    if(r!=NULL)
    {   //非空根 r
        cout<<endl;                          //显示新行
        for(int i=0; i<level-1; i++)
            cout<<" ";                       //确保在第 level 列显示结点
        ElemType e;
        t.GetElem(r,e);                      //取出结点 r 的元素值
        cout<<e;                             //显示结点元素值
        for(ChildSiblingTreeNode<ElemType> * child=t.FirstChild(r); child!=NULL;
            child=t.RightSibling(child))
        {   //依次显示各棵子树
            DisplayTWithConcaveShapeHelp(t,child,level+ 1);
        }
    }
}


template<class ElemType>
void DisplayTWithConcaveShape(const ChildSiblingTree<ElemType>&t)
//操作结果：按凹入表示法显示树
{
    DisplayTWithConcaveShapeHelp(t,t.GetRoot(),1);
        //调用辅助函数实现按凹入表方式显示树
    cout<<endl;                              //换行
}
```

6.5.3 森林的存储表示

可以采用树的存储表示来表示森林，只是树只有一个根结点，而森林可以有多个根结

点,森林与树一样,常用存储结点有 3 种,下面将分别加以讨论。在实际应用中森林一般包括如下的基本操作。

1) TreeNode<ElemType> * GetFirstRoot() const

初始条件:森林已存在。

操作结果:返回森林的第一棵树的根。

2) bool Empty() const

初始条件:森林已存在。

操作结果:如果森林为空,返回 true,否则返回 false。

3) StatusCode GetElem(TreeNode<ElemType> * cur,ElemType &e)const

初始条件:森林已存在,cur 为森林的一个结点。

操作结果:用 e 返回结点 cur 的元素值,如果不存在结点 cur,函数返回 NOT_PRESENT,否则返回 ENTRY_FOUND。

4) StatusCode SetElem(TreeNode<ElemType> * cur,const ElemType &e)

初始条件:森林已存在,cur 为森林的一个结点。

操作结果:如果不存在结点 cur,则返回 FAIL,否则返回 SUCCESS,并将结点 cur 的值设置为 e。

5) void PreOrder(void (* visit)(ElemType &))

初始条件:森林已存在。

操作结果:按先序遍历依次对森林的每个元素调用函数(* visit)。

6) void InOrder(void (* visit)(ElemType &))

初始条件:森林已存在。

操作结果:按中序遍历依次对森林的每个元素调用函数(* visit)。

7) void LevelOrder(void (* visit)(ElemType &))

初始条件:森林已存在。

操作结果:按层次遍历依次对森林的每个元素调用函数(* visit)。

8) int NodeCount() const

初始条件:森林已存在。

操作结果:返回森林的结点个数。

9) int NodeDegree(TreeNode<ElemType> * cur) const

初始条件:森林已存在,cur 为森林的一结点。

操作结果:返回森林的结点 cur 的度。

10) TreeNode<ElemType> * FirstChild(TreeNode<ElemType> * cur) const

初始条件:森林已存在,cur 为森林的一结点。

操作结果:返回森林结点 cur 的第一个孩子。

11) TreeNode<ElemType> * RightSibling(TreeNode<ElemType> * cur) const

初始条件:森林已存在,cur 为森林的一结点。

操作结果:返回森林结点 cur 的右兄弟。

12) TreeNode<ElemType> * Parent(TreeNode<ElemType> * cur) const

初始条件:森林已存在,cur 为森林的一结点。

操作结果：返回森林结点 cur 的双亲。

13）StatusCode InsertChild(TreeNode＜ElemType＞ * cur,int *i*,const ElemType ＆*e*)

初始条件：森林已存在,cur 为森林的一个结点。

操作结果：将数据元素 *e* 插入为 cur 的第 *i* 个孩子,如果插入成功,则返回 SUCCESS,否则返回 FAIL。

14）StatusCode DeleteChild(TreeNode＜ElemType＞ * cur,int *i*)

初始条件：森林已存在,cur 为森林的一结点。

操作结果：删除 cur 的第 *i* 棵子树,如果删除成功,则返回 SUCCESS,否则返回 FAIL。

1. 双亲表示法

森林的双亲表示法与树的双亲表示法类似,假定树排列顺序为根在数组的排列顺序,在需要时通过扫描数组进行查找可得到树的根,因此可不存储根的位置,具体类模板声明如下:

```
//双亲表示森林类模板
template<class ElemType>
class ParentForest
{
protected:
//森林的数据成员:
    ParentTreeNode<ElemType> * nodes;              //存储森林结点
    int maxSize;                                    //森林结点最大个数
    int num;                                        //结点数

//辅助函数模板:
    ⋮

public:
//森林方法声明及重载编译系统默认方法声明:
    ParentForest();                                 //无参数的构造函数模板
    virtual~ParentForest();                         //析构函数模板
    int GetFirstRoot() const;                       //返回森林的第一棵树的根
    bool Empty() const;                             //判断森林是否为空
    StatusCode GetElem(int cur,ElemType &e) const;  //用 e 返回结点元素值
    StatusCode SetElem(int cur,const ElemType &e);  //将结点 cur 的值置为 e
    void PreOrder(void(* visit)(ElemType &));       //森林的先序遍历
    void InOrder(void(* visit)(ElemType &));        //森林的中序遍历
    void LevelOrder(void(* visit)(ElemType &));     //森林的层次遍历
    int NodeCount() const;                          //求森林的结点个数
    int NodeDegree(int cur) const;                  //求结点 cur 的度
    int FirstChild(int cur) const;                  //返回结点 cur 的第一个孩子
    int RightSibling(int cur) const;                //返回结点 cur 的右兄弟
    int Parent(int cur) const;                      //返回结点 cur 的双亲
    StatusCode InsertChild(int cur,int i,const ElemType &e);
        //将数据元素插入为 cur 的第 i 个孩子
    StatusCode DeleteChild(int cur,int i);          //删除 cur 的第 i 个棵子树
```

```
ParentForest(const ElemType &e,int size=DEFAULT_SIZE);
        //建立以数据元素 e 为根的树所构成的只有一棵树的森林
ParentForest(const ParentForest<ElemType> &copy);    //复制构造函数模板
ParentForest(ElemType items[],int parents[],int n,int size=DEFAULT_SIZE);
        //建立数据元素为 items[],对应结点双亲为 parents[],结点个数为 n 的森林
ParentForest<ElemType> &operator= (const ParentForest<ElemType> & copy);
        //重载赋值运算符
};
```

2. 孩子双亲表示法

森林的孩子双亲表示法与森林的双亲表示法类似,假定树排列顺序为根在数组的排列顺序,在需要时通过扫描数组可得到树的根,因此不必存储根的位置,具体类声明如下:

```
//孩子双亲表示森林类
template<class ElemType>
class ChildParentForest
{
protected:
//森林的数据成员:
    ChildParentTreeNode<ElemType>nodes[MAX_FOREST_SIZE];    //存储森林结点
    int num;                                                //根的位置及结点数

//辅助函数:
    ⋮

public:
//森林方法声明及重载编译系统默认方法声明: 与森林的双亲表示法相同
};
```

3. 孩子兄弟表示法

森林通常采用孩子兄弟表示法作存储结构,并且还将森林中树的根看成是兄弟,这样就只需要知道第一棵树的根,从它的 rightSibling 可得到第二棵树的根,再从第二棵树根的 rightSibling 域进一步可知第三棵树的根,……,具体类声明如下:

```
//孩子兄弟表示森林类模板
template<class ElemType>
class ChildSiblingForest
{
protected:
//森林的数据成员:
    ChildSiblingTreeNode<ElemType> * root;                  //森林第一棵树的根

//辅助函数模板:
    void DestroyHelp(ChildSiblingTreeNode<ElemType> * &r);
        //销毁以 r 为第一棵树根的森林
    void PreOrderHelp(ChildSiblingTreeNode<ElemType> * r,void(* visit)(ElemType &));
```

```
        //先序遍历以 r 为第一棵树的根的森林
    void InOrderHelp(ChildSiblingTreeNode<ElemType> * r,void(* visit)(ElemType &));
        //中序遍历以 r 为第一棵树的根的森林
    int NodeCountHelp(ChildSiblingTreeNode<ElemType> * r) const;
        //返回结点个数
    void DeleteHelp(ChildSiblingTreeNode<ElemType> * r);
        //删除以 r 为第一棵树的根的森林
    ChildSiblingTreeNode<ElemType> * ParentHelp(ChildSiblingTreeNode<ElemType> * r,
        const ChildSiblingTreeNode<ElemType> * cur) const;        //返回 cur 的双亲
    ChildSiblingTreeNode<ElemType> * CopyTreeHelp(ChildSiblingTreeNode
        <ElemType> * copy);            //复制森林
    ChildSiblingTreeNode<ElemType> * CreateForestHelp(ElemType items[],int
        parents[],int r,int n);
        //建立数据元素为 items[],对应结点双亲为 parents[],第一棵树根结点位置为
        //r,结点个数为 n 的森林,并返回森林的根


public:
//森林方法声明及重载编译系统默认方法声明:
    ChildSiblingForest();                                //无参数的构造函数模板
    virtual~ChildSiblingForest();                        //析构函数模板
    ChildSiblingTreeNode<ElemType> * GetFirstRoot() const;
        //返回森林的第一棵树的根
    bool Empty() const;                                  //判断森林是否为空
    StatusCode GetElem(ChildSiblingTreeNode<ElemType> * cur,ElemType &e) const;
        //用 e 返回结点元素值
    StatusCode SetElem(ChildSiblingTreeNode<ElemType> * cur,const ElemType &e);
        //将结点 cur 的值置为 e
    void PreOrder(void(* visit)(ElemType &));            //森林的先序遍历
    void InOrder(void(* visit)(ElemType &));             //森林的中序遍历
    void LevelOrder(void(* visit)(ElemType &));          //森林的层次遍历
    int NodeCount() const;                               //求森林的结点个数
    int NodeDegree(ChildSiblingTreeNode<ElemType> * cur) const;
        //求结点 cur 的度
    ChildSiblingTreeNode<ElemType> * FirstChild(ChildSiblingTreeNode
        <ElemType> * cur) const;            //返回森林结点 cur 的第一个孩子
    ChildSiblingTreeNode<ElemType> * RightSibling(ChildSiblingTreeNode
        <ElemType> * cur) const;            //返回森林结点 cur 的右兄弟
    ChildSiblingTreeNode<ElemType> * Parent(ChildSiblingTreeNode<ElemType>
        * cur) const;            //返回森林结点 cur 的双亲
    StatusCode InsertChild(ChildSiblingTreeNode<ElemType> * cur,int i,const
        ElemType &e);            //将数据元素插入为 cur 的第 i 个孩子
    StatusCode DeleteChild(ChildSiblingTreeNode<ElemType> * cur,int i);
        //删除 cur 的第 i 个棵子森林
    ChildSiblingForest(const ElemType &e);
        //建立以数据元素 e 为根的树所构成的只有一棵树的森林
```

```
ChildSiblingForest(const ChildSiblingForest<ElemType>&copy);
    //复制构造函数模板
ChildSiblingForest(ElemType items[],int parents[],int n);
     //建立数据元素为 items[],对应结点双亲为 parents[],结点个数为 n 的森林
ChildSiblingForest(ChildSiblingTreeNode<ElemType> * r);
    //建立以 r 为第一棵树的根的森林
ChildSiblingForest<ElemType>&operator= (const ChildSiblingForest
    <ElemType>& copy);                    //重载赋值运算符
};
```

6.5.4 树和森林的遍历

由于树不像二叉树那样,根位于两棵子树的中间,故树的遍历一般无"中序"一说。树一般只有先根遍历、后根遍历及层次遍历 3 种方法。其中,层次遍历方法的规则与二叉树的层次遍历规则相同,在此不再介绍。

1. 树的遍历

1) 树的先根遍历

若树为空,则空操作,结束;否则按如下规则遍历:

(1) 访问根结点;

(2) 分别先根遍历根的各棵子树。

2) 树的后根遍历

若树为空,则空操作,结束;否则按如下规则遍历:

(1) 分别后根遍历根的各棵子树;

(2) 访问根结点。

图 6.22 是一棵树及其先根遍历和后根遍历的结果。

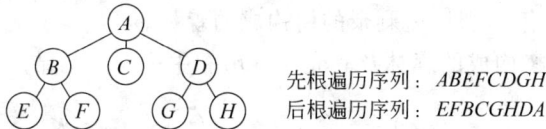

先根遍历序列: *ABEFCDGH*
后根遍历序列: *EFBCGHDA*

图 6.22　树的先根和后根遍历

树遍历的实现与二叉树的遍历类似,最简单的方法是采用递归方法,下面以先根遍历为例,具体实现如下:

```
template<class ElemType>
void ChildSiblingTree<ElemType>::PreRootOrderHelp(ChildSiblingTreeNode
    <ElemType> * r,void(* visit)(ElemType &))
//操作结果:按先根序依次对以 r 为根的树的每个元素调用函数(* visit)
{
    if(r!=NULL)
    {      //r 非空
        (* Visit)(r->data);                    //访问根结点
        for(ChildSiblingTreeNode<ElemType> * child=FirstChild(r); child!=NULL;
```

233

```
                     child=RightSibling(child))
        {        //依次先根序遍历每棵子树
                     PreRootOrderHelp(child,visit);
        }
    }
}

template<class ElemType>
void ChildSiblingTree<ElemType>::PreRootOrder(void(*visit)(ElemType &))
//操作结果:按先根序依次对树的每个元素调用函数(*visit)
{
    PreRootOrderHelp(GetRoot(),visit);        //调用辅助函数实现树的先根遍历
}
```

与树的遍历类似,森林有3种遍历方式:先序遍历、中序遍历和层次遍历。其中,层次遍历方法的规则与二叉树的层次遍历规则相同,在此不再介绍。

2. 森林的遍历

1) 森林的先序遍历

若森林为空,则空操作,结束;否则森林的先序遍历规则如下。

(1) 先访问森林中第一棵树的根结点;

(2) 先序遍历第一棵树的子树森林;

(3) 先序遍历除去第一棵树后剩余的树构成的森林。

2) 森林的中序遍历

若森林为空,则空操作,结束;否则森林的中序遍历规则如下。

(1) 中序遍历第一棵树的子树森林;

(2) 访问第一棵树的根结点;

(3) 中序遍历除去第一棵树后剩余的树构成的森林。

图 6.23 是由 3 棵树构成的森林及其先序遍历和中序遍历的结果。

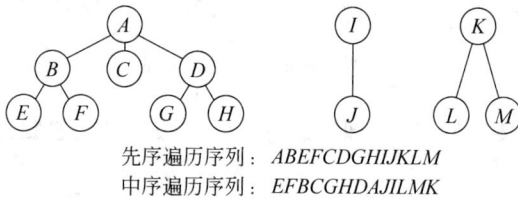

先序遍历序列:*ABEFCDGHIJKLM*
中序遍历序列:*EFBCGHDAJILMK*

图 6.23 森林的前序和中序遍历

森林遍历时,将森林分成3部分:

(1) 第一棵树的根结点;

(2) 第一棵树的子树森林;

(3) 除去第一棵树后剩余的树构成的森林。

对于森林的孩子兄弟表示法,root 为第一棵根的根,root->firstChild 为第一棵树的根的子树森林中的第一棵树的根,root->rightSibling 为除去第一棵树后剩余的树构成的

森林中的第一棵树的根,由于用森林的第一棵树的根来标识森林,因此与二叉树的遍历相同,可得到森林的遍历算法,下面以森林中序遍历为例,具体算法实现如下:

```
template<class ElemType>
void ChildSiblingForest<ElemType>::InOrderHelp(ChildSiblingTreeNode<ElemType> * r,
    void( * visit)(ElemType &))
//初始条件:r为森林中第一棵树的根
//操作结果:按森林中序遍历依次对每个元素调用函数( * visit)
{
    if(r!=NULL)
    {     //r非空
        InOrderHelp(FirstChild(r),visit);        //中序遍历第一棵树的子树森林
        ( * visit)(r->data);                     //访问第一棵树的根结点
        InOrderHelp(RightSibling(r),visit);
            //中序遍历除去第一棵树后剩余的树构成的森林
    }
}

template<class ElemType>
void ChildSiblingForest<ElemType>::InOrder(void( * visit)(ElemType &))
//操作结果:按中序依次对森林的每个元素调用函数( * visit)
{
    InOrderHelp(GetFirstRoot(),visit);           //GetFirstRoot()为第一棵树的根
}
```

6.5.5　树和森林与二叉树的转换

由于树和森林的逻辑结构较为复杂,在计算机内的存储和操作的实现相对也比二叉树复杂得多。与树和森林相比,二叉树的存储与操作实现要简洁一些。如果能将一棵树或一个森林转化为一棵二叉树,并且能够将转化后得到的二叉树确定地还原为原来的树和森林,则对树和森林的处理就可以转化为对相应二叉树的处理了。

从前面介绍的树的存储结构可以看出,树的孩子兄弟存储方式实质上是一种二叉链表存储,回想前面的二叉树也可以用二叉链表存储,所以以二叉链表作为媒介可以导出树和二叉树之间的对应关系。也就是说,给定一棵树,可以找到唯一的一棵二叉树与之对应,从物理结构来看,它们的二叉链表是相同的,只是链域的含义不同。森林是树的有限集合,它也可以用二叉链表表示,与树的二叉链表表示不同的是,这里将森林中各棵树的根互相作为兄弟进行存储,这样就可以容易得到森林的二叉链表(孩子兄弟)表示了,如图 6.24 所示。

下面给出森林和二叉树之间的转化方法的严格描述。由于树是森林的特例,所以实际上也包含了树的情况。

1. 森林转化为二叉树

如果 $F=\{T_1,T_2,\cdots,T_m\}$ 是由 n 棵树 $T_1,T_2,\cdots,T_m$ 组成的森林,转换得到的二叉树为 $B=(\text{root},\text{LB},\text{RB})$,则转化规则如下:

若 F 为空,即 $m=0$,则对应的二叉树 B 为空二叉树,否则按如下方式进行转换:

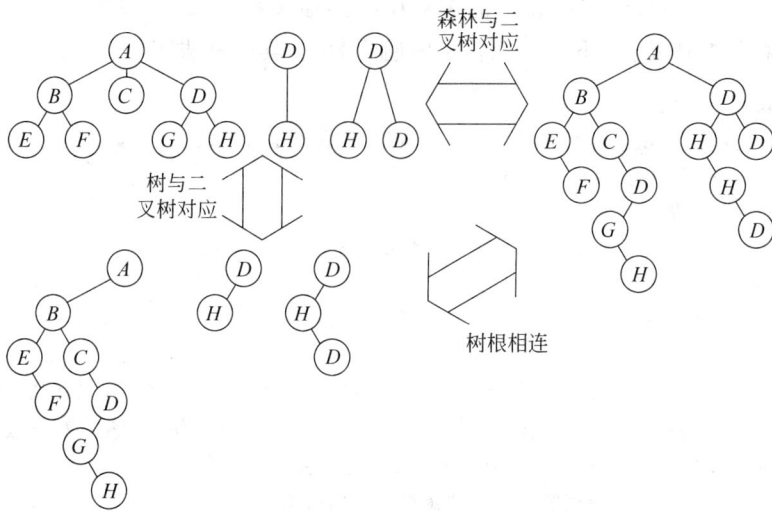

图 6.24　树和森林与二叉树的转化示意图

（1）将 F 中第一棵树 T_1 的根作为二叉树 B 的根 root；

（2）T_1 子树森林 $F_1 = \{T_{11}, T_{12}, \cdots, T_{1m}\}$ 构成的森林转化为二叉树后作为二叉树 B 的左子树 LB；

（3）森林 F 中剩下的 $n-1$ 棵树 $F_2 = \{T_2, T_3, \cdots, T_m\}$ 构成的森林转化为 B 的右子树 RB。

上面的转化规则实际上是一个递归算法，转化步骤可直观描述如下。

首先将森林中的每一棵树转化为二叉树，其基本方法是对树中的每一个结点，都转化为一个二叉树结点，各树结点的第一个孩子作为它在二叉树中的左孩子，而将树结点的右兄弟转化为在二叉树中的右孩子，其余结点依此类推。将森林中的各棵树都转化为对应的二叉树表示后，取第一棵树的根作为最终二叉树的根，第二棵树对应的二叉树作为最终二叉树的右子树，对森林中剩下的树实行同样的操作，即可得到对应的二叉树。

按上述递归定义容易实现递归算法如下：

```
//文件路径名:e6_5\alg.h
template<class ElemType>
BinTreeNode<ElemType> * TransformHelp(const ChildSiblingTreeNode<ElemType> * forestRoot)
//操作结果:将以 forestRoot 为森林中第一棵树的根的森林转换成二叉树,并返回二叉树的根
{
    if(forestRoot==NULL)
    {       //空森林转换为空二叉树
        return NULL;
    }
    else
    {       //按先序遍历方式进行转换
        BinTreeNode<ElemType> * r=new BinTreeNode<ElemType>(forestRoot->data);
            //将森林中第一棵树的根转换为二叉树的根
        r->leftChild=TransformHelp(forestRoot->firstChild);
```

```
        //将森林中第一棵树的子树森林转换为二叉树的左子树
    r->rightChild=TransformHelp(forestRoot->rightSibling);
        //将森林中剩下的树构成的森林转换为二叉树的右子树
    return r;
    }
}


template<class ElemType>
BinaryTree<ElemType>Transform(const ChildSiblingForest<ElemType>&forest)
//操作结果:将森林 forest 转换为二叉树,并返回二叉树
{
    return TransformHelp(forest.GetFirstRoot());
        //调用辅助函数完成将森林 forest 转化为二叉树
}
```

2. 二叉树转化为森林

设二叉树为 $B=(root, LB, RB)$,转化得到的森林为 $F=\{T_1, T_2, \cdots, T_n\}$,则转化规则如下:

如果 B 为空,则对应的森林 F 也为空;否则按如下方式进行转换:

(1) 将二叉树的根 root 作为 F 中第一棵树 T_1 的根;

(2) 由 B 的左子树 LB 转化得到的森林作为第一棵树 T_1 的子树森林 F_1;

(3) 由 B 的右子树 RB 转化得到的森林作为 F 中除了 T_1 之外其余的树 $T_2, \cdots, T_n$ 组成的森林 F_2。

这个转化规则也是一个递归算法,转化步骤可直观描述如下:

对二叉树中的任一结点,将它的左孩子作为森林中相应结点的第一个孩子,而将沿左孩子的右孩子分支一直往下的所有右孩子结点依次作为森林中相应结点第 2、第 3、……、第 k 个孩子。

上面递归定义采用递归程序实现如下:

```
//文件路径名:e6_6\alg.h
template<class ElemType>
ChildSiblingTreeNode<ElemType> * TransformHelp(const BinTreeNode<ElemType> *
binTreeRoot)
//操作结果:将以 binTreeRoot 根的二叉树转换为森林,并返回森林中第一棵树的根
{
    if(binTreeRoot==NULL)
    {   //空森林转换为空二叉树
        return NULL;
    }
    else
    {   //按先序遍历方式进行转换
        ChildSiblingTreeNode<ElemType> * r;
        r=new ChildSiblingTreeNode<ElemType> (binTreeRoot->data)
        //将二叉树的根转换为森林中第一棵树的根
```

```
        r->firstChild=TransformHelp(binTreeRoot->leftChild);
            //将二叉树的左子树转换为森林中第一棵树的子树森林
        r->rightSibling=TransformHelp(binTreeRoot->rightChild);
            //将二叉树的右子树转换为森林中剩下的树构成的森林
        return r;
    }
}


template<class ElemType>
ChildSiblingForest<ElemType>Transform(const BinaryTree<ElemType>&bt)
//操作结果：将二叉树转换为森林,并返回森林
{
    return TransformHelp(bt.GetRoot());
            //调用辅助函数完成将二叉树转换为森林
}
```

6.6   哈夫曼树与哈夫曼编码

在一些特定的应用中,树具有一些特殊特点,利用这些特点可以帮助我们解决很多工程问题。本节将以介绍一种应用很广的树——哈夫曼树为例,说明二叉树的一个具体应用。

哈夫曼(Huffman)树,也称为最优树,是一类带权路径长度最短的树,在实际中有广泛的用途。

6.6.1   哈夫曼树的基本概念

在哈夫曼树的定义中,要涉及到路径、路径长度、权等概念,下面先给出这些概念的定义,然后再介绍哈夫曼树的定义。

路径:从树的一个结点到另一个结点的分支构成这两个结点之间的路径,对于哈夫曼树特指从根结点到某结点的路径。

路径长度:路径上的分支数目叫做路径长度。

树的路径长度:从树根到每一结点的路径长度之和。

权:赋予某个事物的一个量,是对事物的某个或某些属性的数值化描述。在数据结构中,包括结点和边两大类,所以对应有结点权和边权。结点权或边权具体代表什么意义,由具体情况决定。

结点的带权路径长度:从树根到结点之间的路径长度与结点上权的乘积。

树的带权路径长度:树中所有叶子结点的带权路径长度之和。设树中有 n 个叶子结点,它们的权值分别为 $w_1, w_2, \cdots, w_n$,从根到各叶子结点的路径长度分别为 $l_1, l_2, \cdots, l_n$,则该树的带权路径长度(weighted path length)通常记做 $\mathrm{WPL} = \sum_{i=1}^{n} w_i l_i$。

哈夫曼树:根据给定的 n 个值 $w_1, w_2, \cdots, w_n$,可以构造出多棵具有 n 个叶子且叶子结点权值分别为这 n 个给定值的二叉树,其中带权路径长度 WPL 最小的二叉树叫做最优树,即哈夫曼树。

例如,图 6.24 中的 3 棵二叉树,都具有 4 个权值为 9、8、1、6 的叶子结点 a、b、c、d,它们的带权路径长度如下:

(a) WPL＝$9×2+8×2+1×2+6×2=48$

(b) WPL＝$8×1+1×3+6×3+9×2=47$

(c) WPL＝$9×1+8×2+1×3+6×3=46$

在学习了后面关于哈夫曼树的构造一节之后,读者可以看到图 6.25(c)恰好是哈夫曼树,也就是具有 4 个叶子结点的权值为 9、8、1、6 的二叉树中带权路径长度最小的二叉树。

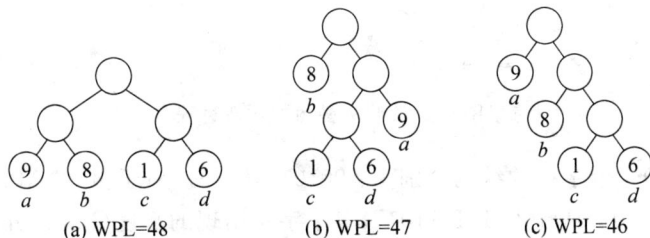

图 6.25　具有不同带权路径长度的二叉树

从上面的例子中,可以直观地发现,在哈夫曼树中,权值越大的结点离根结点越近。

6.6.2　哈夫曼树构造算法

给定 n 个权值 $\{w_1,w_2,\cdots,w_n\}$,如何构造对应的哈夫曼树呢?已经由哈夫曼最早发现了一个带有一般规律的算法,称为哈夫曼算法。算法的具体步骤如下。

(1) 根据给定的 n 个权值 $\{w_1,w_2,\cdots,w_n\}$,构造由 n 棵二叉树构成的森林 $F=\{T_1,T_2,\cdots,T_n\}$,其中每棵二叉树 T_i 分别都是只含有一个带权值为 w_i 的根结点,其左、右子树为空($i=1,2,\cdots,n$)。

(2) 在森林 F 中选取其根结点的权值最小的两棵二叉树(若这样的二叉树不止两棵时,则任选其中两棵),分别作为左、右子树构造一棵新的二叉树,并置这棵新的二叉树根结点的权值为其左、右子树根结点的权值之和。

(3) 从森林 F 中删去这两棵二叉树,同时将刚生成的新二叉树加入到森林 F 中。

(4) 重复(2)和(3)两步,直至森林 F 中只含一棵二叉树为止。

最后得到的那棵二叉树就是哈夫曼树。

下面以一个例子说明这个构造算法。图 6.26 展示了构造图 6.23(c)的哈夫曼树的过程,其中结点中标注的数字表示权值。

6.6.3　哈夫曼编码

在不同的应用中,权值的含义各不相同。下面介绍哈夫曼树在数据编码中的应用。

由于电子设备最适合表示 0、1 两种状态,因此用电子方式处理符号时,一般需要先对符号进行二进制编码。例如,在计算机中使用的 ASCII 码就是对计算机中常用的符号给出的8 位二进制编码。在实际中,也可以根据情况对字符进行特定的编码。比如,在报文传送中,假设已知传输的报文中只包括{A,B,C,D}这 4 个字符,则可以对每个字符进行等长编

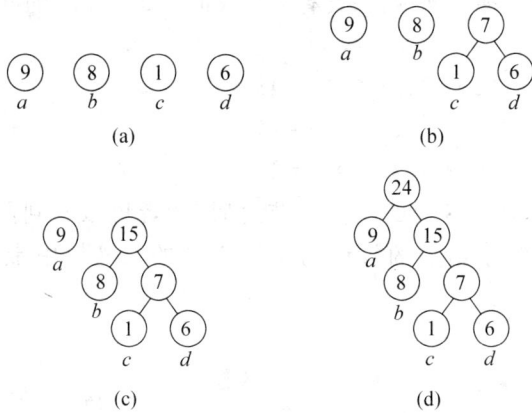

图 6.26　哈夫曼树的构造过程

码,比如 A、B、C、D 4 个字符的编码分别为:00、01、10、11。对于报文"ABDCCDCDCDDB",它的编码为"000111101011101110111101",各个字符出现的频度(次数)分别是 1、2、4、5,可知总编码长度为$(1+2+4+5) \times 2 = 24$。接收到报文后,可按 2 位一组进行译码即可。

　　在已知传输的字符集合及其出现频度的情况下,是否可得到更有效的编码,使得传输的总编码长度达到最短呢? 为了缩短编码总长度,可采用不定长编码。比如,按各个字符出现的频度不同而给予不等长编码,则可望减少总编码长度。比如,对前面的字符编码为

　　A:110

　　B:111

　　C:10

　　D:0

　　则此时的总编码长度为 $1 \times 3 + 2 \times 3 + 4 \times 2 + 5 \times 1 = 22$,比等长编码时的总编码长度更短。

　　怎样得到最短的编码呢? 使用哈夫曼树可以解决这个问题。这里首先介绍前缀码的概念。

　　前缀码:如果在一个编码系统中,任一个编码都不是其他任何编码的前缀(最左子串),则称此编码系统中的编码是前缀码。前面的不定长编码(A:110、B:111、C:10、D:0)就是前缀码。但若将这些字符的编码改为

　　A:110

　　B:11

　　C:00

　　D:0

就不是前缀码,因为 0 是 00 的前缀,11 是 110 的前缀。如果不定长编码不是前缀码,则在译码时会产生二义性。比如串"DC"的编码为"000",此时可译码为"DC"、"CD"、"CCC"。因此,对于不定长编码,要求一定为前缀码。

　　可以利用哈夫曼树来设计最优的前缀编码,也就是报文编码总长度最短的二进制前缀编码,通常称这种编码为哈夫曼编码。

　　假设有 n 个字符$\{c_1, c_2, \cdots, c_n\}$,它们在报文中出现的频率分别为$\{w_1, w_2, \cdots, w_n\}$,构造

哈夫曼编码的步骤很简单。首先以这 n 个频率作为权值,设计一棵哈夫曼树。然后对树中的每个左分支赋予 0,右分支赋予 1,则从根到每个叶子的路径上,各分支的赋值分别构成一个二进制串,该二进制串即为对应字符的前缀编码,这些前缀编码就是哈夫曼编码,如图 6.27 所示。

从哈夫曼编码的构造过程可以看出,每个字符的编码长度 l_i 刚好是从根到叶子的路径长度,所以具有 n 个字符的报文的

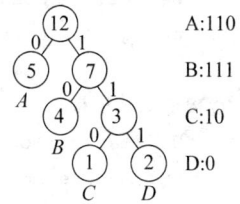

图 6.27　哈夫曼编码示意图

总编码长度为 $\sum\limits_{i=1}^{n} w_i l_i$。在对应的哈夫曼树中,$\sum\limits_{i=1}^{n} w_i l_i$ 就是哈夫曼树的带权路径长度。所以,这样得到的不定长编码就是最优的前缀编码。

一个任意长的哈夫曼编码序列可以被唯一地翻译为一个字符序列。根据哈夫曼编码方法,解码方法是依次取出编码序列中的各个二进制码,从哈夫曼编码树的根结点开始寻找一条到某叶子结点的路径。如果取出的编码为 0,则沿左分支向下走;如果取出的编码为 1,则沿右分支向下走。当到达一个叶子结点时,就翻译出一个相应的字符。然后再回到哈夫曼树的根结点,依次取出剩余的编码,按照同样的方法翻译出其他字符。

*6.6.4　哈夫曼树的实现

在关于哈夫曼树实际应用中,通常需要对字符进行编码以及对编码进行解码,因此哈夫曼树应包含如下基本操作。

1) String EnCode(CharType ch)

初始条件:哈夫曼树已存在。

操作结果:返回字符 ch 的编码。

2) LinkList<CharType> UnCode(String strCode)

初始条件:哈夫曼树已存在。

操作结果:对编码串 strCode 进行译码,返回编码前的字符序列。

根据哈夫曼算法可以看出,在具有 n 个叶结点权值的哈夫曼树的构造过程中,每趟都是从 F 中删除两棵树,增加一棵树,即每趟结束后减少一棵树,经过 $n-1$ 趟处理后,F 中就只剩一棵树了。另外,每次合并都要产生一个新的结点,合并 $n-1$ 趟后共产生了 $n-1$ 个新结点,并且这 $n-1$ 个新结点都是有左、右子树的分支结点。从而可以知道,最终得到的哈夫曼树中共有 $2n-1$ 个结点,并且这其中没有度为 1 的分支结点,最后一次合并产生的新结点就是哈夫曼树的根结点。

在构造哈夫曼树后,要求字符编码,需从叶结点出发走一条从叶结点到根结点的路径,而为译码则需要从根结点出发走一条到叶结点的路径,因此对每个结点来讲,既需要双亲信息,也需要孩子的信息,哈夫曼树结点中应包含双亲与孩子信息,具体声明如下:

```
//哈夫曼树结点类模板
template<class WeightType>
struct HuffmanTreeNode
{
//数据成员:
```

```
        WeightType weight;                          //权数据域
        unsigned int parent,leftChild,rightChild;   //双亲,左右孩子域

    //构造函数模板:
        HuffmanTreeNode();                          //无参数的构造函数模板
        HuffmanTreeNode(WeightType w,int p=0,int lChild=0,int rChild=0);
            //已知权,双亲及左右孩子构造结构
    };
```

在哈夫曼树中,不但应包含结点信息,还应包含叶结点字符信息以及叶结点字符编码信息等内容,下面是哈夫曼树类模板的声明:

```
//哈夫曼树类模板
template<class CharType,class WeightType>
class HuffmanTree
{
protected:
//哈夫曼树的数据成员:
    HuffmanTreeNode<WeightType> * nodes;    //存储结点信息,nodes[0]未用
    CharType * LeafChars;                    //叶结点字符信息,LeafChars[0]未用
    String * LeafCharCodes;                  //叶结点字符编码信息,LeafCharCodes[0]未用
    int curPos;                              //译码时从根结点到叶结点路径的当前结点
    int num;                                 //叶结点个数

//辅助函数模板:
    void Select(int cur,int &r1,int &r2);
        //nodes[1~cur]中选择双亲为 0,权值最小的两个结点 r1,r2
    void CreatHuffmanTree(CharType ch[],WeightType w[],int n);
        //由字符,权值和字符个数构造哈夫曼树

public:
//哈夫曼树方法声明及重载编译系统默认方法声明:
    HuffmanTree(CharType ch[],WeightType w[],int n);
        //由字符,权值和字符个数构造哈夫曼树
    virtual~HuffmanTree();                   //析构函数模板
    String EnCode(CharType ch);              //编码
    LinkList<CharType>DeCode(String strCode);//译码
    HuffmanTree(const HuffmanTree<CharType,WeightType> &copy);    //复制构造函数
    HuffmanTree<CharType,WeightType> &operator= (const HuffmanTree<CharType,
        WeightType>& copy);                  //重载赋值运算符
};
```

根据哈夫曼算法,容易实现构造哈夫曼类模板的函数模板以及构造函数模板,具体实现如下:

```
template<class CharType,class WeightType>
void HuffmanTree<CharType,WeightType>::CreatHuffmanTree(CharType ch[],
    WeightType w[],int n)
```

```
//操作结果:由字符,权值和字符个数构造哈夫曼树
{
    num=n;                              //叶结点个数
    int m=2*n-1;                        //结点个数

    nodes=new HuffmanTreeNode<WeightType>[m+1];    //nodes[0]未用
    LeafChars=new CharType[n+1];        //LeafChars[0]未用
    LeafCharCodes=new String[n+1];      //LeafCharCodes[0]未用

    for(int pos=1; pos<=n; pos++)
    {       //存储叶结点信息
        nodes[pos].weight=w[pos-1];     //权值
        LeafChars[pos]=ch[pos-1];       //字符
    }

    for(pos=n+1; pos<=m; pos++)
    {       //建立哈夫曼树
        int r1,r2;
        Select(pos-1,r1,r2);
            //nodes[1~pos-1]中选择双亲为 0,权值最小的两个结点 r1,r2

        //合并以 r1,r2 为根的树
        nodes[r1].parent=nodes[r2].parent=pos;          //r1,r2 双亲为 pos
        nodes[pos].leftChild=r1;        //r1 为 pos 的左孩子
        nodes[pos].rightChild=r2;       //r2 为 pos 的右孩子
        nodes[pos].weight=nodes[r1].weight+nodes[r2].weight;
            //pos 的权为 r1,r2 的权值之和
    }

    for(pos=1; pos<=n; pos++)
    {       //求 n 个叶结点字符的编码
        LinkList<char>charCode;         //暂存叶结点字符编码信息
        for(unsigned int child=pos,parent=nodes[child].parent; parent!=0;
            child=parent,parent=nodes[child].parent)
        {       //从叶结点到根结点逆向求编码
            if(nodes[parent].leftChild==child) charCode.Insert(1,'0');
                //左分支编码为'0'
            else charCode.Insert(1,'1');                        //右分支编码为'1'
        }
        LeafCharCodes[pos]=charCode;    //charCode 中存储字符编码
    }

    curPos=m;                           //译码时从根结点开始,m 为根
}
```

```
template<class CharType,class WeightType>
HuffmanTree<CharType,WeightType>::HuffmanTree(CharType ch[],WeightType w[],int n)
//操作结果：由字符,权值和字符个数构造哈夫曼树
{
    CreatHuffmanTree(ch,w,n);                    //由字符,权值和字符个数构造哈夫曼树
}
```

在上面求叶结点字符的编码时,需从叶结点出发走一条从叶结点到根结点的路径,而编码确是从根到叶结点路径顺序,由左分支为编码'0',右分支为编码'1',得到的编码,因此从叶结点出发走一条从叶结点到根结点的路径得到的编码是实际编码的逆序,并且编码长度不固定,又由于可以线性链表构造串,因此将编码信息存储在一个线性链表中,每得到一位编码,都将其插入在线性链表的最前面。

在具体求某个字符的编码时,由于已将叶结点字符的编码信息存储在一个数组中,因此需先查找字符的位置,然后再取出编码即可,具体实现如下：

```
template<class CharType,class WeightType>
String HuffmanTree<CharType,WeightType>::EnCode(CharType ch)
//操作结果：返回字符编码
{
    for(int pos=1; pos<=num; pos++)
    {   //查找字符的位置
        if(LeafChars[pos]==ch) return LeafCharCodes[pos];   //找到字符,得到编码
    }
    throw Error("非法字符,无法编码!");                        //抛出异常
}
```

说明：方法 EnCode 是通过顺序查找确定字符的位置,效率较低,如将查找通过指向函数的指针作为方法的参数来实现,则在具体应用时可进行优化,进而提高算法效率。

在进行译码时,由于不知道具体字符的类型(比如是单字节字符,还是双字节字符),因此没有采用字符串存储编码前的字符信息,而是用一个线性链表存储字符序列,具体实现如下：

```
template<class CharType,class WeightType>
LinkList<CharType>HuffmanTree<CharType,WeightType>::DeCode(String strCode)
//操作结果：对编码串 strCode 进行译码,返回编码前的字符序列
{
    LinkList<CharType>charList;                            //编码前的字符序列

    for(int pos=0; pos<strCode.Length(); pos++)
    {   //处理每位编码
        if(strCode[pos]=='0') curPos=nodes[curPos].leftChild;      //'0'表示左分支
        else curPos=nodes[curPos].rightChild;              //'1'表示右分支

        if(nodes[curPos].leftChild==0 && nodes[curPos].rightChild==0)
        {   //译码时从根结点到叶结点路径的当前结点为叶结点
            charList.Insert(charList.Length()+1,LeafChars[curPos]);
```

```
        curPos=2 * num-1;                              //curPos 回归根结点
    }
}
return charList;                                        //返回编码前的字符序列
}
```

**6.7 树 的 计 数

树的计数问题是指：具有 n 个结点的不同形态的树有多少棵？下面先讨论二叉树的情况，然后将结果推广到树与森林的情况。

在讨论之前，先说明两个不同的概念。

称二叉树 T_1 和 T_2 相似是指：二者都为空树或者二者均不为空树，且它们的左右子树分别相似。

称二叉树 T_1 和 T_2 等价是指：二者不仅相似，而且所有对应结点上的数据元素均相同。

本节中讨论二叉树的计数问题就是讨论具有 n 个结点、互不相似的二叉树的数目 b_n。当 n 很小时，b_n 可直接求得。比如，$b_0 = 1$，表示空树只有一种形态，$b_1 = 1$，表示只有一个根结点的二叉树只有一种形态，$b_2 = 2$，表示有 2 个结点的二叉树有 2 种不同的形态，$b_3 = 5$，表示有 3 个结点的二叉树有 5 种不同的形态，图 6.28 所示为有 2 个结点与 3 个结点不同形态二叉树的不同情况。

实际上，当 n 值增大时，可以通过递推公式求 b_n 的值。我们知道，一棵具有 $n(n>1)$ 个结点的二叉树可以看做由三部分组成：一个根结点，一棵有 i 个结点的左子树和一棵有 $n-i-1$ 个结点的右子树，如图 6.29 所示。

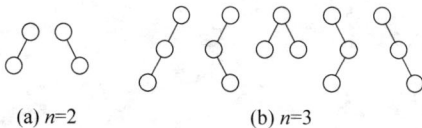

(a) $n=2$ (b) $n=3$

图 6.28 有 3 个结点的不同形态的二叉树

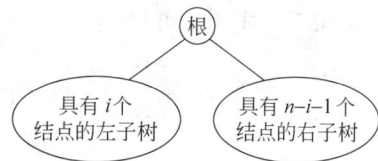

图 6.29 有 n 个结点的不同二叉树

从上面分析可以得到下面的递推公式：

$$\begin{cases} b_0 = 1 \\ b_n = \displaystyle\sum_{i=0}^{n-1} b_i b_{n-i-1} \quad n \geqslant 1 \end{cases} \tag{6.6}$$

其中，$b_i b_{n-i-1}$ 表示一棵二叉树可以由根结点、有 i 个结点的左子树和有 $n-i-1$ 个结点的右子树组成，这种情况下，它的不同形态二叉树棵数等于左子树上不同形态二叉树棵数与右子树上不同形态二叉树棵数的乘积。

对于序列 $\{b_0, b_1, b_2, \cdots, b_n, \cdots\}$ 定义如下的生成函数：

$$B(x) = b_0 + b_1 x + b_2 x^2 + \cdots + b_n x^n + \cdots = \sum_{n=0}^{\infty} b_n x^n \tag{6.7}$$

由于

$$B^2(x) = b_0 b_0 + (b_0 b_1 + b_1 b_0)x + (b_0 b_2 + b_1 b_1 + b_2 b_0)x^2 + \cdots$$

$$= \sum_{n=0}^{\infty} \left(\sum_{i=0}^{n} b_i b_{n-i} \right) x^n$$

根据式 6.4 可得

$$B^2(x) = \sum_{n=0}^{\infty} b_{n+1} x^n \qquad (6.8)$$

由式 6.6 可得 $xB^2(x) = B(x) - 1$，也就是

$$xB^2(x) - B(x) + 1 = 0$$

解上面关于以 $B(x)$ 为未知数的一元二次方程得

$$B(x) = \frac{1 \pm \sqrt{1-4x}}{2x}$$

由于 $b_0 = 1$，而 $\lim_{x \to 0} B(x) = 1 = b_0$，所以有

$$B(x) = \frac{1 - \sqrt{1-4x}}{2x} \qquad (6.9)$$

利用牛顿二项式定理可得

$$\sqrt{1-4x} = \sum_{n=0}^{\infty} \begin{pmatrix} \frac{1}{2} \\ n \end{pmatrix} (-4x)^n \qquad (6.10)$$

其中符号 $\begin{pmatrix} \alpha \\ n \end{pmatrix}$ 表示 $\dfrac{\alpha(\alpha-1)\cdots(\alpha-n+1)}{n!}$，由式 6.7 与式 6.8 可得

$$B(x) = \frac{1}{2} \sum_{n=1}^{\infty} \begin{pmatrix} \frac{1}{2} \\ n \end{pmatrix} (-1)^{n-1} 2^{2n} x^{n-1} = \sum_{n=0}^{\infty} \begin{pmatrix} \frac{1}{2} \\ n+1 \end{pmatrix} (-1)^n 2^{2n+1} x^n \qquad (6.11)$$

由式 6.5 与式 6.9 可得

$$b_n = \begin{pmatrix} \frac{1}{2} \\ n+1 \end{pmatrix} (-1)^n 2^{2n+1}$$

$$= \frac{\frac{1}{2}\left(\frac{1}{2}-1\right)\frac{1}{2}\left(\frac{1}{2}-2\right)\cdots\left(\frac{1}{2}-n\right)}{(n+1)!}(-1)^n 2^{n+1}$$

$$= \frac{1}{n+1} \cdot \frac{(2n)!}{n!n!}$$

$$= \frac{1}{n+1} C_{2n}^n$$

也就是

$$b_n = \frac{1}{n+1} C_{2n}^n \qquad (6.12)$$

式 6.10 称为 Catalan 公式，也就是含有 n 个结点的不相似的二叉树有 $\dfrac{1}{n+1} C_{2n}^n$ 棵。

由二叉树的计数可推得树的计数。由"树和森林与二叉树的转换"一节可知，若将一棵树中各子树按照其出现的次序依次被认为是其双亲结点的第 1 棵子树、第 2 棵子树、……、第 m 棵子树，可将这棵树转化成唯一的一棵没有右子树的二叉树，反之亦然。根据这个关

系,可以看到,具有 n 个结点的不同形态的树的数目 t_n 应该和具有 $n-1$ 个结点的不同二叉树的数目相同,也就是 $t_n = b_{n-1} = \dfrac{1}{n} C_{2n-2}^{n-1}$。图 6.30 所示的是具有 4 个结点的不同形态的树和具有 3 个结点的不同形态的二叉树的对应关系。

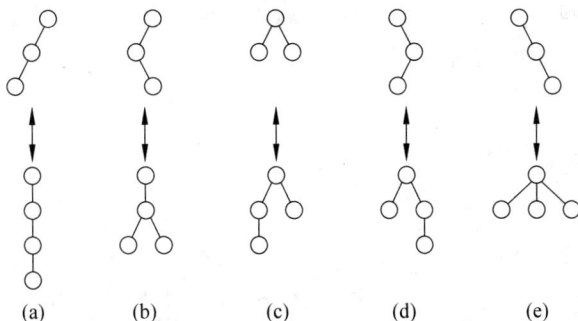

图 6.30 具有不同形态的树与二叉树

同样地,由森林与二叉树的转换可知,任意一森林可转换为一棵二叉树,反之亦然,所以具有 n 个结点的不同形态的森林数目 f_n 应该和具有 n 个结点的不同二叉树的数目相同,也就是 $f_n = b_n = \dfrac{1}{n+1} C_{2n}^{n}$。

**6.8 实例研究

6.8.1 树与等价关系

在离散数学中,对等价关系和等价类的定义如下:

如果集合 A 中的关系 $R \subseteq A \times A$ 是自反的、对称的和传递的,则称 R 为 A 的一个等价关系。

设 R 为 A 的一个等价关系。对任何 $x \in A$,令 $[x]_R = \{y \mid y \in A \text{ 且 } xRy\}$,则称 $[x]_R$ 为 x 关于关系 R 的一个等价类,简称为等价类。

若 R 是集合 A 上的一个等价关系,则由这个等价关系可产生这个集合的唯一划分,也就是可以按 R 将 A 划分为若干不相交的子集 $A_1, A_2, \cdots$,它们的并即为 A,这些子集 A_i 为 A 的 R 等价类($i = 1, 2, \cdots, n$)。

许多应用问题可以归结为按给定的等价关系划分某集合为等价类,通常称这类问题为等价问题。假设集合 A 有 n 个元素,m 个形如 $(x, y)(x, y \in A)$ 的等价偶对确定了等价关系 R,确定等价类的算法如下:

(1) 令 A 中每个元素各自形成一个只含单个成员的子集,记作 $A_1, A_2, \cdots, A_n$。

(2) 重复读入 m 个偶对,对每个偶对 (x, y),判定 x 和 y 所属子集。设 $x \in A_i, y \in A_j$,如果 $A_i \neq A_j$,则将 A_i 并入 A_j,并置 A_i 为空(或将 A_j 并入 A_i,并置 A_j 为空)。处理完 m 个偶对后,$A_1, A_2, \cdots, A_n$ 中所有非空子集即为 A 的 R 等价类。

上述确定等价类的算法主要对集合进行的操作有两个:其一是判定两个元素是否在同一子集中;其二是归并两个互不相交的集合为一个集合。

使用树的双亲表示法能方便地实现上面的两个操作，用树表示子集，如图 6.31 所示，判断两个元素是否在同一子集就是查看这两个元素所在的树的根是否相同；归并两个互不相交的集合就是将一个树的根作为另一树的根的孩子即可。

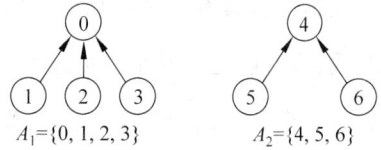

图 6.31　集合的一种表示法

下面是一个比较简单的实现：

```
//等价类
class SimpleEquivalence
{
protected:
//等价类的数据成员：
    int * parent;                              //存储结点的双亲
    int size;                                  //结点个数


//辅助函数
int Find(int cur) const;                       //查找结点 cur 所在树的根


public:
//抽象数据类型方法声明及重载编译系统默认方法声明：
    SimpleEquivalence(int sz);                 //构造 sz 个单结点树(等价类)
    virtual ~SimpleEquivalence();              //析构函数
    void Union(int a,int b);                   //合并 a 与 b 所在的等价类
    bool Differ(int a,int b);
          //如果 a 与 b 不在同一棵树上,返回 true,否则返回 false
    SimpleEquivalence(const SimpleEquivalence &copy);           //复制构造函数
    SimpleEquivalence &operator= (const SimpleEquivalence &copy);
          //赋值运算符重载
};


//等价类的实现部分
SimpleEquivalence::SimpleEquivalence(int sz)
//操作结果: 构造 sz 个单结点树(等价类)
{
    size=sz;                                   //容量
    parent=new int[size];                      //分配空间
    for(int i=0; i<size; i++)
        parent[i]=-1;                          //每个结点构成单结点树形成的等价类
}


int SimpleEquivalence::Find(int cur) const
//操作结果: 查找结点 cur 所在树的根
{
    if(cur<0‖cur>=size)
        throw Error("范围错!");                 //抛出异常
```

```
    while(parent[cur]!=-1) cur=parent[cur];     //查找根
    return cur;                                 //返回根
}


SimpleEquivalence::~SimpleEquivalence()
//操作结果: 释放对象占用的空间——析构函数
{
    delete []parent;                            //释放数组 parent
}


void SimpleEquivalence::Union(int a,int b)
//操作结果: 合并 a 与 b 所在的等价类
{
    if(a<0||a>=size||b<0||b>=size)
        throw Error("范围错!");                 //抛出异常
    int root1=Find(a);                          //查找 a 所在树(等价类)的根
    int root2=Find(b);                          //查找 b 所在树(等价类)的根
    if(root1!=root2) parent[root2]=root1;       //合并树(等价类)
}


bool SimpleEquivalence::Differ(int a,int b)
//操作结果: 如果 a 与 b 不在同一棵树上,返回 true,否则返回 false
{
    if(a<0||a>=size||b<0||b>=size)
        throw Error("范围错!");                 //抛出异常
    int root1=Find(a);                          //查找 a 所在树(等价类)的根
    int root2=Find(b);                          //查找 b 所在树(等价类)的根
    return root1!=root2;                        //比较树(等价类)的根
}


SimpleEquivalence::SimpleEquivalence(const SimpleEquivalence &copy)
//操作结果: 由 copy 构造新对象——复制构造函数
{
    size=copy.size;                             //容量
    parent=new int[size];                       //分配空间
    for(int i=0; i<size; i++)
        parent[i]=copy.parent[i];               //复制 parent 的每个元素

}


SimpleEquivalence &SimpleEquivalence::operator=(const SimpleEquivalence &copy)
//操作结果: 将 copy 赋值给当前对象——赋值运算符重载
{
    if(&copy!=this)
    {
```

```
        size=copy.size;                      //容量
        delete []parent;                     //释放空间
        parent=new int[size];                //分配空间
        for(int i=0; i<size; i++)
            parent[i]=copy.parent[i];        //复制 parent 的每个元素
    }
    return * this;
}
```

上面的操作 Find 和 Union 虽然简单,但性能不太好,例如 $A_i = \{i\}$,
$0 \leqslant i < n$,由表示这些集的树构成森林,执行如下操作:

Union(1,0),Union(2,1),Union(3,2),…,Union($n-1,n-2$)

这时形成的树如图 6.32 所示,操作 Find(0)从 0 查找根,共需循环
$n-1$ 次,也就是时间复杂度为 $O(n)$。

改进的方法是在作 Union 操作之前先判断子集所含的成员数,然后
将成员数少的子集树的根结点作为成员数多的子集树的根的孩子,为此,
令根结点 root 的 parent[root]存储子集的成员数的相反数,修改后的
Union 操作如下:

图 6.32 单支树

```
void Equivalence::Union(int a,int b)
//操作结果:合并 a 与 b 所在的等价类
{
    if(a<0‖a>=size‖b<0‖b>=size)
        throw Error("范围错!");              //抛出异常
    int root1=Find(a);                       //查找 a 所在树(等价类)的根
    int root2=Find(b);                       //查找 b 所在树(等价类)的根
    if(parent[root1]<parent[root2])
    {    //root1 所含结点数较多,将 root2 合并到 root1
        parent[root1]=parent[root1]+ parent[root2];
            //root1 的结点个数为原 root1 与 root2 结点个数之和
        parent[root2]=root1;                 //将 root2 合并到 root1
    }
    else
    {    //root2 所含结点数较多,将 root1 合并到 root2
        parent[root2]=parent[root1]+ parent[root2];
            //root2 的结点个数为原 root1 与 root2 结点个数之和
        parent[root1]=root2;                 //将 root1 合并到 root2
    }
}
```

用数学归纳法可以证明,按照上面的算法进行 Union 操作得到的集合树的深度不超过
$\lfloor \log_2 n \rfloor + 1$,具体证明如下。

当 $i=1$ 时,只有一个结点的树深度为 1,又 $\lfloor \log_2 1 \rfloor + 1 = 1$,所以结论成立。

设当 $i \leqslant n-1$ 时结论也成立,则当 $i=n$ 时,不失一般性,可假设此树是由含有 $m(1 \leqslant m \leqslant n/2)$ 个元素,根为 j 的树 A_j 和含有 $n-m$ 个元素,根为 k 的树 A_k 合并而成,由上面的算

法,根 j 的双亲为 k,也就是 k 为合并后的根结点。

如果合并前子树 A_j 的深度＜子树 A_k 的深度,则合并后的树的深度和 A_k 的深度相同,不超过 $\lfloor \log_2(n-m) \rfloor + 1 \leqslant \lfloor \log_2 n \rfloor + 1$,所以这时结论也成立。

如果合并前子树 A_j 的深度≥子树 A_k 的深度,则合并后的树的深度为 A_j 的深度＋1,不超过 $(\lfloor \log_2 m \rfloor + 1) + 1 = \lfloor \log_2(2m) \rfloor + 1 \leqslant \lfloor \log_2 n \rfloor + 1$,所以这时结论也成立。

显然,随着子集树的逐对合并,树的深度也越来越大,为了进一步减少确定元素所在集合的时间,还可进一步将 Find 算法加以改进,当所查元素 cur 不在树的第二层时,在算法中增加一个"压缩路径"的功能,即将所有从根到元素 i 路径上的元素都变成树根的孩子,这样可使树的深度进一步减少,提高了查找的效率。具体实现如下:

```
int Equivalence::Find(int cur) const
//操作结果: 查找结点 cur 所在树的根
{
    if(cur<0||cur>=size)
        throw Error("范围错!");              //抛出异常
    int root=cur;                            //根
    while(parent[root]>0) root=parent[root]; //查找根
    for(int p,i=cur; i!=root; i=p)
    {    //将从 cur 到根路径上的所有结点都变成根的孩子结点
        p=parent[i];                         //用 p 暂存 i 的双亲
        parent[i]=root;                      //将 i 变为 root 的孩子
    }
    return root;                             //返回根
}
```

6.8.2 Huffman 压缩算法

使用哈夫曼编码可以对文件进行压缩,由于字符的哈夫曼编码以比特为单位,而将哈夫曼编码以压缩文件进行存储时,压缩文件最少以字节(字符)为单位进行存储,因此需要定义字符缓存器,以便自动将比特转换为字节,具体定义如下:

```
//字符缓存器
struct BufferType
{
    char ch;                                 //字符
    unsigned int bits;                       //实际比特数
};
```

下面是哈夫曼压缩类的声明:

```
//文件路径名:huffman\huffman_compress.h
//哈夫曼压缩类
class HuffmanCompress
{
protected:
//哈夫曼压缩类的数据成员:
```

```
    HuffmanTree<char,unsigned long> * pHuffmanTree;
    FILE * infp, * outfp;                        //输入/输出文件
    BufferType buf;                              //字符缓存

//辅助函数:
    void Write(unsigned int bit);               //向目标文件中写入一个比特
    void WriteToOutfp();                         //强行将字符缓存写入目标文件

public:
//哈夫曼压缩类方法声明及重载编译系统默认方法声明:
    HuffmanCompress();                           //无参数的构造函数
    ~HuffmanCompress();                          //析构函数
    void Compress();                             //压缩算法
    void DeCompress();                           //解压缩算法
    HuffmanCompress(const HuffmanCompress &copy);            //复制构造函数
    HuffmanCompress &operator=(const HuffmanCompress& copy);//赋值运算符重载
};
```

辅助函数 Write 用于一次向字符缓存中写入一比特,当缓存器中的比特数为 8(也就是为一个字节)时,将缓存中的字符写入目标文件中,具体实现如下:

```
void HuffmanCompress::Write(unsigned int bit)
//操作结果: 向目标文件中写入一个比特
{
    buf.bits++;                                  //缓存比特数自增 1
    buf.ch=(buf.ch<<1)|bit;                      //将 bit 加入到缓存字符中
    if(buf.bits==8)
    {      //缓存区已满,写入目标文件
        fputc(buf.ch,outfp);                     //写入目标文件
        buf.bits=0;                              //初始化 bits
        buf.ch=0;                                //初始化 ch
    }
}
```

辅助函数 WriteToOutfp 用于在哈夫曼编码结束时,强行将缓存写入目标文件中,具体实现如下:

```
void HuffmanCompress::WriteToOutfp()
//操作结果: 强行将字符缓存写入目标文件
{
    unsigned int len=buf.bits;                   //缓存实际比特数
    if(len>0)
    {      //缓存非空,将缓存的比特个数增加到 8,自动写入目标文件
        for(unsigned int i=0; i<8- len; i++) Write(0);
    }
}
```

压缩操作 Compress 首先要求用户输入源文件与目标文件名,然后统计源文件中各字符出现的频度,以字符出现频度为权建立哈夫曼权,再将源文件大小和各字符出现的频度写入目标文件中,最后对源文件中各字节(字符)进行哈夫曼编码,将编码以比特为单位写入到目标文件,具体实现如下:

```
void HuffmanCompress::Compress()
//操作结果:用哈夫曼编码压缩文件
{
    char infName[256],outfName[256];                    //输入(源)/输出(目标)文件名

    cout<<"请输入源文件名(文件小于 4GB):";               //被压缩文件小于 4GB
    cin>>infName;                                       //输入源文件名
    if((infp=fopen(infName,"rb"))==NULL)
        throw Error("打开源文件失败!");                  //抛出异常

    fgetc(infp);                                        //取出源文件第一个字符
    if(feof(infp))
        throw Error("空源文件!");                        //抛出异常

    cout<<"请输入目标文件:";
    cin>>outfName;
    if((outfp=fopen(outfName,"wb"))==NULL)
        throw Error("打开目标文件失败!");                //抛出异常

    cout<<"正在处理,请稍候..."<<endl;

    const unsigned long n=256;                          //字符个数
    char ch[n];                                         //字符数组
    unsigned long w[n];                                 //字符出现频度(权)
    unsigned long i,size=0;
    char cha;

    for(i=0; i<n; i++)
    {   //初始化 ch[]和 w[]
        ch[i]=(char)i;                                  //初始化 ch[i]
        w[i]=0;                                         //初始化 w[i]
    }

    rewind(infp);                                       //使源文件指针指向文件开始处
    cha=fgetc(infp);                                    //取出源文件第一个字符
    while(!feof(infp))
    {   //统计字符出现频度
        w[(unsigned char)cha]++;                        //字符 cha 出现频度自加 1
        size++;                                         //文件大小自加 1
        cha=fgetc(infp);                                //取出源文件下一个字符
```

```
    }
    if(pHuffmanTree!=NULL) delete []pHuffmanTree; //释放空间
    pHuffmanTree=new HuffmanTree<char,unsigned long>(ch,w,n);        //生成哈夫曼树
    rewind(outfp);                                  //使目标文件指针指向文件开始处
    fwrite(&size,sizeof(unsigned long),1,outfp);    //向目标文件写入源文件大小
    for(i=0; i<n; i++)
    {   //向目标文件写入字符出现频度
        fwrite(&w[i],sizeof(unsigned long),1,outfp);
    }

    buf.bits=0;                                     //初始化 bits
    buf.ch=0;                                       //初始化 ch
    rewind(infp);                                   //使源文件指针指向文件开始处
    cha=fgetc(infp);                                //取出源文件的第一个字符
    while(!feof(infp))
    {   //对源文件字符进行编码,并将编码写入目标文件
        String strTmp=pHuffmanTree->EnCode(cha);//字符编码
        for(i=0; i<strTmp.Length(); i++)
        {   //向目标文件写入编码
            if(strTmp[i]=='0') Write(0);            //向目标文件写入 0
            else Write(1);                          //向目标文件写入 1
        }
        cha=fgetc(infp);                            //取出源文件的下一个字符
    }
    WriteToOutfp();                                 //强行写入目标文件

    fclose(infp); fclose(outfp);                    //关闭文件
    cout<<"处理结束."<<endl;
}
```

解压缩操作 UnCompress 同样地首先要求用户输入压缩文件与目标文件名,然后从压缩文件中读入源文件的大小以及各字符出现的频度,以字符出现频度为权建立哈夫曼权,再对压缩文件的各字节进行解码,并将解码后的字符写入目标文件中,具体实现如下:

```
void HuffmanCompress::DeCompress()
//操作结果: 解压缩用哈夫曼编码压缩的文件
{
    char infName[256],outfName[256];                //输入(压缩)/输出(目标)文件名

    cout<<"请输入压缩文件名:";
    cin>>infName;
    if((infp=fopen(infName,"rb"))==NULL)
        throw Error("打开压缩文件失败!");            //抛出异常

    fgetc(infp);                                    //取出压缩文件第一个字符
```

```cpp
    if(feof(infp))
        throw Error("压缩文件为空!");                  //抛出异常

    cout<<"请输入目标文件名:";
    cin>>outfName;
    if((outfp=fopen(outfName,"wb"))==NULL)
        throw Error("打开目标文件失败!");              //抛出异常

    cout<<"正在处理,请稍候..."<<endl;

    const unsigned long n=256;                        //字符个数
    char ch[n];                                       //字符数组
    unsigned long w[n];                               //权
    unsigned long i,size=0;
    char cha;

    rewind(infp);                                     //使源文件指针指向文件开始处
    fread(&size,sizeof(unsigned long),1,infp);        //读取目标文件的大小
    for(i=0; i<n; i++)
    {
        ch[i]=(char)i;                                //初始化 ch[i]
        fread(&w[i],sizeof(unsigned long),1,infp);    //读取字符频度
    }
    if(pHuffmanTree!=NULL) delete []pHuffmanTree;     //释放空间
    pHuffmanTree=new HuffmanTree<char,unsigned long>(ch,w,n); //生成哈夫曼树

    unsigned long len=0;                              //解压的字符数
    cha=fgetc(infp);                                  //取出源文件的第一个字符
    while(! feof(infp))
    {   //对压缩文件字符进行解码,并将解码的字符写入目标文件
        String strTmp="";                             //将 cha 转换二进制形式的串
        unsigned char c=(unsigned char)cha;           //将 cha 转换成 unsigned char 类型
        for(i=0; i<8; i++)
        {   //将 c 转换成二进制串
            if(c<128) Concat(strTmp,"0");             //最高位为 0
            else Concat(strTmp,"1");                  //最高位为 1
            c=c<<1;                                   //左移一位
        }

        String strTemp(pHuffmanTree->DeCode(strTmp)); //译码
        for(i=1; i<=strTemp.Length(); i++)
        {   //向目标文件写入字符
            len++;                                    //目标文件长度自加 1
            fputc(strTemp[i-1],outfp);                //将字符写入目标文件中
            if(len==size) break;                      //解压完毕退出内循环
```

```
        }
        if(len==size) break;                        //解压完毕退出外循环
        cha=fgetc(infp);                             //取出源文件的下一个字符
    }

    fclose(infp); fclose(outfp);                     //关闭文件
    cout<<"处理结束."<<endl;
}
```

6.9 深入学习导读

本章中的哈夫曼树类的实现思想来源于严蔚敏、吴伟民编著的《数据结构(C 语言版)》[12]，算法实现简单明了，但用这种算法对文件进行压缩时，需要对文件扫描两遍，效率较低，为只扫描一遍文件就能实现压缩文件的目的，需对哈夫曼树类进行改造，产生了自适应形式的夫曼树类，读者可参考 Adam Drozdek 著，郑岩、战晓苏译的《数据结构与算法——C++版(第 3 版)》[3](Data Structures and Algorithms In C++. Third Edition)。

树的计数公式及指导方法主要参考了严蔚敏、吴伟民编著的《数据结构(C 语言版)》[12]。

生成函数与牛顿二项式定理主要参考了耿素云、屈婉玲、王捍贫编著的《离散数学教程》[23]。

树与等价关系的思想来源于严蔚敏、吴伟民编著的《数据结构(C 语言版)》[12]与 Cliford A. Shaffer 所著的《Practical Introduction to Data Structures and Algorithm Analysis. Second Edition》[2]。

本章中的 Huffman 压缩算法中的字符缓存器由作者独立完成，读者可从效率方面 Huffman 压缩算法加以改进。

习　题　6

1. 把图 6.33 所示的树转变为二叉树。

2. 已知一棵二叉树的先序序列与中序序列分别如下，试画出此二叉树。

先序序列：$ABCDEFGHIJ$

中序序列：$CBEDAGHFJI$

3. 已知权值序列 $w=\{7,5,2,4\}$，试画出它对应的哈夫曼树。

*4. 简述在后序线索树中找指定结点 x 的后继结点的方法。

5. 图示出表达式 $(a-b*c)*(d+e/f)$ 的二叉树表示。

6. 设用于通信的电文仅由 8 个字母组成，它们在电文中出现

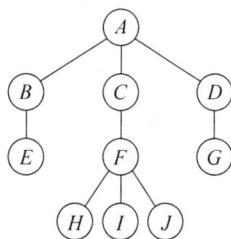

图 6.33　二叉树

的频率分别为 $0.30、0.07、0.10、0.03、0.20、0.06、0.22、0.02$，试设计哈夫曼树及其编码。使用 $0\sim7$ 的二进制表示形式是另一种编码方案。给出两种编码的对照表、带权路径长度 WPL 值。

*7. 若一个具有 N 个顶点，K 条边的无向图是一个森林（$N > K$），试求森林中含有多少棵树？

**8. 假设二叉树中所有非叶子结点都有左、右子树，试证明：$\sum\limits_{i=1}^{n} 2^{-(L_i-1)} = 1$。

其中 n 为叶子结点的个数，L 表示第 i 个叶子结点所在的层次数（设根结点所在的层次数为 1）。

*9. 以二叉链表作为二叉树的存储结构，试编写算法判断二叉树是否为完全二叉树。

*10. 试编写交换二叉树的所有结点的左右孩子的算法。

上机实验题 6

1. 编写一个程序，用二叉树表示算术表达式，表达式只包含 ＝、＋、－、＊、／、(、)和用字母表示的数且没有错误，例如"$(a+b)*c-e/f=$"表达式对应的二叉树如图 6.34 所示。

提示：采用中缀表达式求值的算法思想，只是操作数栈中用存储指向结点的指针来代替存储操作数。

**2. 试对本章的哈夫曼树类的方法 EnCode 加以改进，将查找字符位置通过指向函数的指针作为方法的参数来实现，则在具体应用时可进行优化，进而提高算法效率。

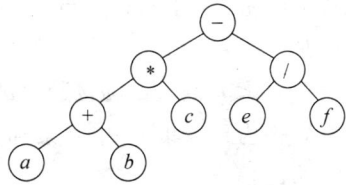

图 6.34　二叉树

第7章 图

图(graph)是最重要的一种数据结构,图在化学、地理和电子工程等领域都有各种各样的应用,本章将学习图的数据结构及表示方法,并讨论几种处理图的重要算法。

7.1 图的定义和术语

图由顶点(vertex)和边(edge)两个有限集合组成,形式化定义如下:

$$Graph = (V, R)$$

其中 $V = \{v \mid v \in \text{dataobject}\}$

$R = \{E\}$

$E = \{<u, v> \mid P(u, v) \text{且}(u, v \in V)\}$

V 称为顶点集,V 中元素称为顶点,E 为边集,E 中的顶点对 $<u, v>$ 称为边,$P(u, v)$ 定义了边的信息。

如果图的边 $<u, v>$ 限定为从顶点 u 指向另一个顶点 v,u 称为起点,v 称为终点,这样的图称为有向图(directed graph),如图 7.1(a)所示;如果 $<u, v> \in E$,则必有 $<v, u> \in E$,也就是 E 是对称的,则以无序对 (u, v) 代替这两个有序对,并称这样的图为无向图(undirected graph),如图 7.1(b)所示;如果有向图的边上都有一个正数值——权值(weight),这样的图称为有向网(directed network),如图 7.1(c)所示;如果无向图的边上都有一个正数值——权值时,这样的图称为无向网(undirected network),如图 7.1(d)所示。

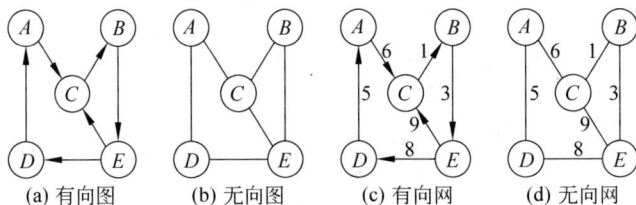

(a) 有向图　(b) 无向图　(c) 有向网　(d) 无向网

图 7.1 各种类型图示意图

用 n 表示图中顶点数目,用 e 表示图中边的数目,不考虑顶点到自身的边,对于无向图,$0 \leqslant e \leqslant \dfrac{n(n+1)}{2}$,有 $\dfrac{n(n+1)}{2}$ 条边的无向图称为完全图(completed graph),对于有向图,$0 \leqslant e \leqslant n(n-1)$,有 $n(n-1)$ 条边的有向图称为有向完全图。有很少条边的图称为稀疏图(sparse graph),有较多条边的图称为稠密图(dense graph)。

设有两个图,$G_1 = (V_1, \{E_1\})$ 与 $G_2 = (V_2, \{E_2\})$,如 $V_2 \subseteq V_1$,$E_2 \subseteq E_1$,则称图 G_2 是图 G_1 的子图(subgraph),如图 7.2 所示。

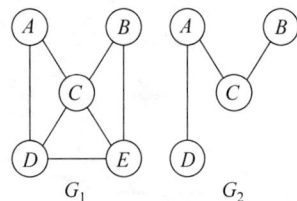

图 7.2 子图示意图

对于无向图 $G=(V,\{E\})$，如边 $(u,v)\in E$，则称 u 与 v 互为邻接点(adjacent)，边 (u,v) 依附(incident)于顶点 u 与 v，或称为 (u,v) 与顶点 u 与 v 相关联，顶点的度(degree)是与 v 相关联的边的数目，记为 $TD(v)$。

对于有向图 $G=(V,\{E\})$，如边 $<u,v>\in E$，则称顶点 u 邻接到顶点 v，顶点 v 邻接自顶点 u，边 $<u,v>$ 与顶点 u,v 相关联，邻接到 v 的边的数目称为 v 的入度(indegree)，记为 $ID(v)$，邻接自顶点 v 的边的数目称为 v 的出度(outdegree)，记为 $OD(v)$，顶点 v 的度为 $TD(v)=ID(v)+OD(v)$。一般地，如顶点 v_i 的度记为 $TD(v_i)$，则一个有 n 个顶点，e 条边的图满足如下关系：

$$e = \frac{1}{2}\sum_{i=0}^{n-1}TD(v_i)$$

如果图存在顶点序列 $v_1,v_2,\cdots,v_n$ 边 $<v_i,v_{i+1}>$(有向图)或 (v_i,v_{i+1})(无向图)都存在 $(i=1,2,\cdots,n-1)$，则称顶点序列 $v_1,v_2,\cdots,v_n$ 构成一条长度为 $n-1$ 的路径(path)，如图路径上各个顶点都不同，则称这个路径为简单路径(simple path)，路径长度(lenght)是指路径包含的边的条数，如果路径 $v_1,v_2,\cdots,v_n$ 中 $v_1=v_n$，则称这样的路径为回路(cycle)，如果图的一条回路除了起点与终点相同外，其他顶点都不相同，这样的路径为简单回路(simple cycle)。

如果一个无向图中任意两个不同的顶点都存在从一个顶点到另一个顶点的路径，则称此无向图是连通的(connected)，无向图的极大连通子图称为连通分量(connected component)，图 7.3 给出了有 3 个连通分量的无向图示例。

对于一个有向图，如果一个有向图中任意两个不同的顶点 u 和 v，都存在从顶点 u 到顶点 v 的路径，则称此有向图是强连通的(strongly connected)，有向图的极大强连通子图称为强连通分量(strongly connected component)，图 7.4 给出了有 2 个强连通分量的有向图示例(顶点 A 构成一个强连通分量，顶点 C、B、E、D 构成另一个强连通分量)。

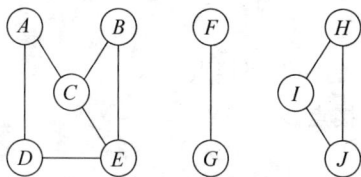

图 7.3 连通分量示意图   图 7.4 具有 3 个强连通分量的图

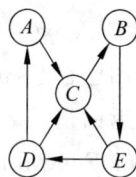

连通图的极小连通子图称为连通图的生成树，生成树包含图中全部 n 个顶点，只有 $n-1$ 条边，并且任加一条新边，必将构成回路，图 7.2 中图 G_1 的一棵生成树如图 7.5 所示。

为方便起见，对图作下的限制。

(1) 图中不含从自身到自身的边，也就是不存在 $<v,v>$ 这样的边，图 7.6(a)所示。

(2) 连接两个特定顶点的边最多只有一条，也不是说边 $<u,v>$ 要么存在，要么只有一条，如图 7.6(b)所示。

在图或网的实现中，对每个顶点加一个标志域，主要用于在图的遍历操作中标识顶点是否被访问，利于遍历操作的实现，在实际

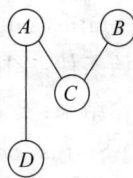

图 7.5 G_1 的一棵生成树

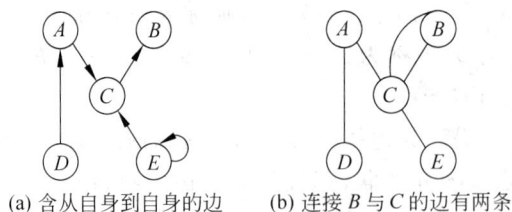

(a) 含从自身到自身的边 (b) 连接 B 与 C 的边有两条

图 7.6 本书加以限制的图

应用中,图包含了如下的基本操作。

1）StatusCode GetElem(int v, const ElemType &e) const

初始条件:图已存在。

操作结果:求顶点的元素值。

2）StatusCode SetElem(int v, const ElemType &e) const

初始条件:图已存在。

操作结果:设置顶点的元素值。

3）int GetVexNum() const

初始条件:图已存在。

操作结果:返回顶点个数。

4）int GetEdgeNum() const

初始条件:图已存在。

操作结果:返回边个数。

5）int FirstAdjVex(int v) const

初始条件:图已存在,v 是图顶点。

操作结果:返回顶点 v 的第一个邻接点。

6）int NextAdjVex(int v_1, int v_2) const

初始条件:图已存在,v_1 和 v_2 是图顶点,v_2 是 v_1 的一个邻接点。

操作结果:返回顶点 v_1 的相对于 v_2 的下一个邻接点。

7）void InsertEdge(int v_1, int v_2)

初始条件:图已存在,v_1 和 v_2 是图顶点。

操作结果:插入顶点为 v_1 和 v_2 的边。

8）void DeleteEdge(int v_1, int v_2)

初始条件:图已存在,v_1 和 v_2 是图顶点。

操作结果:删除顶点为 v_1 和 v_2 的边。

9）StatusCode GetTag(int v) const

初始条件:图已存在,v 是图顶点。

操作结果:返回顶点 v 的标志。

10）StatusCode SetTag(int v, StatusCode val)

初始条件:图已存在,v 是图顶点。

操作结果:设置顶点 v 的标志为 val。

网一般包含如下的基本操作。

1）StatusCode GetElem（in v，ElemType $\&e$）const

初始条件：网已存在。

操作结果：求顶点元素值。

2）StatusCode SetElem（int v，const ElemType $\&e$）

初始条件：图已存在。

操作结果：设置顶点的元素值。

3）ElemType GetInfinity() const

初始条件：网已存在。

操作结果：返回无穷大。

4）int GetVexNum() const

初始条件：网已存在。

操作结果：返回顶点个数。

5）int GetEdgeNum() const

初始条件：网已存在。

操作结果：返回边数。

6）int FirstAdjVex(int v) const

初始条件：网已存在，v 是网顶点。

操作结果：返回顶点 v 的第一个邻接点。

7）int NextAdjVex(int v_1，int v_2) const

初始条件：网已存在，v_1 和 v_2 是网顶点。

操作结果：返回顶点 v_1 的相对于 v_2 的下一个邻接点。

8）void InsertEdge(int v_1，int v_2，int w)

初始条件：网已存在，v_1 和 v_2 是网顶点，w 为权值。

操作结果：插入顶点为 v_1 和 v_2，权为 w 的边。

9）void DeleteEdge(int v_1，int v_2)

初始条件：网已存在，v_1 和 v_2 是网顶点。

操作结果：删除顶点为 v_1 和 v_2 的边。

10）WeightType GetWeight(int v_1，int v_2) const

初始条件：网已存在，v_1 和 v_2 是网顶点。

操作结果：返回顶点为 v_1 和 v_2 的边的权值。

11）void SetWeight(int v_1，int v_2，WeightType w)

初始条件：网已存在，v_1 和 v_2 是网顶点，w 为权值。

操作结果：设置顶点为 v_1 和 v_2 的边的权值。

12）StatusCode GetTag(int v) const

初始条件：网已存在，v 是网顶点。

操作结果：返回顶点 v 的标志。

13) void SetTag(int v,StatusCode val) const

初始条件：网已存在,v 是网顶点。

操作结果：设置顶点 v 的标志为 val。

在上面介绍的基本操作中,没有考虑图的遍历操作,本书将遍历定义为一般函数,在 7.3 节进行详细的讨论,图顶点的标志可用来表示在遍历的过程某个顶点是否被访问,为编写遍历算法打下良好的基础。

7.2 图的存储表示

图有多种存储表示,但最常用的只有两种：邻接矩阵和邻接表,下面将分别加以讨论。

7.2.1 邻接矩阵

设图的顶点个数为 n,各个顶点依次记为：$v_0,v_1,\cdots,v_{n-1}$,则邻接矩阵 Matrix 是一个 $n \times n$ 的数组,它的第 i 行包含所有以 v_i 为起点的边,而第 j 列包含所有以 v_i 为终点的边,对于图,邻接矩阵元素的定义：

$$\text{Matrix}[i][j] = \begin{cases} 1, & \text{存在边} < v_i, v_j > \\ 0, & \text{不存在边} < v_i, v_j > \end{cases}$$

对于网,邻接矩阵元素的定义：

$$\text{Matrix}[i][j] = \begin{cases} w_{ij}, & \text{存在边} < v_i, v_j > \\ \infty, & \text{不存在边} < v_i, v_j > \end{cases}$$

其中的 ∞ 是比任何权值更大的一个数值。

邻接矩阵的每个元素都要占用存储空间,可知空间复杂度为 $O(n^2)$。

图 7.1 中各个图的邻接矩阵如下：

图 7.1(a) 的邻接矩为
$$\begin{bmatrix} 0 & 0 & 1 & 0 & 0 \\ 0 & 0 & 0 & 0 & 1 \\ 0 & 1 & 0 & 0 & 0 \\ 1 & 0 & 0 & 0 & 0 \\ 0 & 0 & 1 & 1 & 0 \end{bmatrix}$$

图 7.1(b) 的邻接矩为
$$\begin{bmatrix} 0 & 0 & 1 & 1 & 0 \\ 0 & 0 & 1 & 0 & 1 \\ 1 & 1 & 0 & 0 & 1 \\ 1 & 0 & 0 & 0 & 1 \\ 0 & 1 & 1 & 1 & 0 \end{bmatrix}$$

图 7.1(c) 的邻接矩为
$$\begin{bmatrix} \infty & \infty & 6 & \infty & \infty \\ \infty & \infty & \infty & \infty & 3 \\ \infty & 1 & \infty & \infty & \infty \\ 5 & \infty & \infty & \infty & \infty \\ 0 & \infty & 9 & 8 & \infty \end{bmatrix}$$

$$
\text{图 7.1(d)的邻接矩为} \begin{bmatrix} \infty & \infty & 6 & 5 & \infty \\ \infty & \infty & 1 & \infty & 3 \\ 6 & 1 & \infty & \infty & 9 \\ 5 & \infty & \infty & \infty & 8 \\ \infty & 3 & 9 & 8 & \infty \end{bmatrix}
$$

在图的实现中,生成图一般用 InsertEdge 方法插入边来实现,读者可参看本书提供的测试程序。下面分别讨论图与网的邻接矩阵存储结构。

1. 图的邻接矩阵存储结构

对于有向图,第 i 行的元素之和为顶点 v_i 的出度 $\mathrm{OD}(v_i)$,第 j 列的元素之和为顶点 v_j 的入度 $\mathrm{ID}(v_j)$,即可:

$$
\mathrm{OD}(v_i) = \sum_{j=0}^{n-1} \mathrm{Matrix}[i][j]
$$

$$
\mathrm{ID}(v_j) = \sum_{i=0}^{n-1} \mathrm{Matrix}[i][j]
$$

有向图的邻接矩阵表示法及相关函数的具体类模板声明如下:

```
//有向图的邻接矩阵类模板
template<class ElemType>
class AdjMatrixDirGraph
{
protected:
//邻接矩阵的数据成员:
    int vexNum,edgeNum;                    //顶点个数和边数
    int **Matrix;                          //邻接矩阵
    ElemType *elems;                       //顶点元素
    mutable StatusCode *tag;               //指向标志数组的指针

//辅助函数模板
    void DestroyHelp();                    //销毁有向图,释放有向图占用的空间

public:
//抽象数据类型方法声明及重载编译系统默认方法声明:
    AdjMatrixDirGraph(ElemType os[],int vertexNum=DEFAULT_SIZE);
        //构造顶点数据为 es[],顶点个数为 vertexNum,边数为 0 的有向图
    AdjMatrixDirGraph(int vertexNum=DEFAULT_SIZE);
                                           //构造顶点个数为 vertexNum,边数为 0 的有向图
    ~AdjMatrixDirGraph();                  //析构函数模板
    StatusCode GetElem(int v, ElemType &e)const;   //求顶点的元素值
    StatusCode SetElem(int v, const ElemType &e);  //设置顶点的元素值
    int GetVexNum() const;                 //返回顶点个数
    int GetEdgeNum() const;                //返回边数
    int FirstAdjVex(int v) const;          //返回顶点 v 的第一个邻接点
    int NextAdjVex(int v1,int v2) const;   //返回顶点 v1 的相对于 v2 的下一个邻接点
```

```
    void InsertEdge(int v1,int v2);                    //插入顶点为 v1 和 v2 的边
    void DeleteEdge(int v1,int v2);                    //删除顶点为 v1 和 v2 的边
    StatusCode GetTag(int v) const;                    //返回顶点 v 的标志
    void SetTag(int v,StatusCode val) const;           //设置顶点 v 的标志为 val
    AdjMatrixDirGraph(const AdjMatrixDirGraph<ElemType> &copy);     //复制构造函数模板
    AdjMatrixDirGraph<ElemType> &operator= (const AdjMatrixDirGraph<ElemType> &copy);
                                                       //重载赋值运算符
};

template<class ElemType>
void Display(const AdjMatrixDirGraph<ElemType> &g);    //显示邻接矩阵有向图
```

在释放邻接矩阵有向图对象时,应释放 vexsData,tag 数组,对于二维数组 Matrix,应先释放 Matrix 的行,再释放 Matrix,具体实现如下:

```
template<class ElemType>
void AdjMatrixDirGraph<ElemType>::DestroyHelp()
//操作结果:销毁有向图,释放有向图占用的空间
{
    delete []elems;                                    //释放顶点元素
    delete []tag;                                      //释放标志

    for (int iPos=0; iPos<vexNum; iPos++)
    {   //释放邻接矩阵的行
        delete []Matrix[iPos];
    }
    delete []Matrix;                                   //释放邻接矩阵
}
```

对于无向图,邻接矩阵是一个对称矩阵,也就是 $\text{Matrix}[i][j] = \text{Matrix}[j][i]$,顶点 v_i 的度 $\text{TD}(v_i)$ 是邻接矩阵中第 i 行的元素(或第 i 列)之和,即

$$\text{TD}(v_i) = \sum_{j=0}^{n-1}\text{Matrix}[i][j] = \sum_{j=0}^{n-1}\text{Matrix}[j][i]$$

下面是无向图的邻接矩阵表示法的具体类模板声明及实现:

```
//无向图的邻接矩阵类模板
template<class ElemType>
class AdjMatrixUndirGraph
{

protected:
//邻接矩阵的数据成员:
    int vexNum,edgeNum;                                //顶点个数和边数
    int **Matrix;                                      //邻接矩阵
    ElemType *elems;                                   //顶点元素
    mutable StatusCode *tag;                           //指向标志数组的指针
```

//辅助函数模板
  与邻接矩阵有向图类相同

public:
//抽象数据类型方法声明及重载编译系统默认方法声明:
  与邻接矩阵有向图类模板相同
};

在作插入边$<v_1,v_2>$操作时,不但要修改 $Matrix[v_1][v_2]$ 的值,也应修改 $Matrix[v_2]$ $[v_1]$ 的值,具体实现如下:

```
template<class ElemType>
void AdjMatrixUndirGraph<ElemType>::InsertEdge(int v1,int v2)
//操作结果:插入顶点为 v1 和 v2,权为 w 的边
{
    if (v1<0 || v1>=vexNum) throw Error("v1 不合法!");          //抛出异常
    if (v2<0 || v2>=vexNum) throw Error("v2 不合法!");          //抛出异常
    if (v1==v2) throw Error("v1 不能等于 v2!");                 //抛出异常

    if (Matrix[v1][v2]==0 && Matrix[v2][v1]==0)
    {  //原无向图无边(v1,v2),插入后边数自增 1
        edgeNum++;
    }
    Matrix[v1][v2]=1;                          //修改<v1,v2>对应的邻接矩阵元素值
    Matrix[v2][v1]=1;                          //修改<v2,v1>对应的邻接矩阵元素值
}
```

2. 网的邻接矩阵存储结构

在网的邻接矩阵定义中的∞对于不同类型及不同应用的具体值是不相同的,因此将∞作为构造函数模板的一个参数,下面是邻接矩阵有向网类模板的声明:

```
//有向网的邻接矩阵类模板
template<class ElemType,class WeightType>
class AdjMatrixDirNetwork
{
protected:
//邻接矩阵的数据成员:
    int vexNum,edgeNum;                        //顶点个数和边数
    WeightType **Matrix;                       //邻接矩阵
    ElemType *elems;                           //顶点数据
    mutable StatusCode *tag;                   //指向标志数组的指针
    WeightType infinity;                       //无穷大

//辅助函数模板
    void DestroyHelp();                        //销毁有向网,释放有向网占用的空间
```

public:

//抽象数据类型方法声明及重载编译系统默认方法声明:

　　AdjMatrixDirNetwork(ElemType es[],int vertexNum=DEFAULT_SIZE,
　　　WeightType infinit=(WeightType)DEFAULT_INFINITY);
　　　　//构造顶点数据为 es[],顶点个数为 vertexNum,infinit 表示无穷大,边数为 0 的有向网
　　AdjMatrixDirNetwork(int vertexNum= DEFAULT_SIZE,
　　　WeightType infinit=(WeightType)DEFAULT_INFINITY);
　　　　//构造顶点个数为 vertexNum, infnit 表示无穷大,边数为 0 的有向网
　　~AdjMatrixDirNetwork();　　　　　　　　　　　//析构函数模板
　　StatusCode GetElem (int v, ElemType &e) const;　　//求顶点的元素值
　　StatusCode GetElem (int v, const ElemType &e);　　//设置顶点的元素值
　　WeightType GetInfinity() const;　　　　　　　//返回无穷大
　　int GetVexNum() const;　　　　　　　　　　//返回顶点个数
　　int GetEdgeNum() const;　　　　　　　　　　//返回边数
　　int FirstAdjVex(int v) const;　　　　　　　//返回顶点 v 的第一个邻接点
　　int NextAdjVex(int v1,int v2) const;　　　　//返回顶点 v1 的相对于 v2 的下一个邻接点
　　void InsertEdge(int v1,int v2,WeightType w);//插入顶点为 v1 和 v2,权为 w 的边
　　void DeleteEdge(int v1,int v2);　　　　　　//删除顶点为 v1 和 v2 的边
　　WeightType GetWeight(int v1,int v2) const;　　　　//返回顶点为 v1 和 v2 的边的权值
　　void SetWeight(int v1,int v2,WeightType w);　　　　//设置顶点为 v1 和 v2 的边的权值
　　StatusCode GetTag(int v) const;　　　　　　//返回顶点 v 的标志
　　void SetTag(int v,StatusCode val) const;　　//设置顶点 v 的标志为 val
　　AdjMatrixDirNetwork(const AdjMatrixDirNetwork<ElemType,WeightType> &copy);
　　　//复制构造函数模板
　　AdjMatrixDirNetwork<ElemType,WeightType> &operator=
　　　(const AdjMatrixDirNetwork<ElemType,WeightType> &copy);　　//重载赋值运算符
};

邻接矩阵无向网类模板的声明:

//无向图的邻接矩阵类模板
template< class ElemType class WeightType>
class AdjMatrixUndirNetwork
{
protected:
//邻接矩阵的数据成员:
　　int vexNum,edgeNum;　　　　　　　　　　　//顶点个数和边数
　　int * * Matrix;　　　　　　　　　　　　　//邻接矩阵
　　ElemType * vexsData;　　　　　　　　　　//顶点数据
　　mutable StatusCode * tag;　　　　　　　//指向标志数组的指针
　　weightType infinity;　　　　　　　　　　//无穷大

//辅助函数模板与邻接矩阵有向网类模板相同

public:

```
//抽象数据类型方法声明及重载编译系统默认方法声明：与邻接矩阵有向网类模板相同
};
```

设置标志函数 SetTag()用于对顶点的访问标志进行设置,比如当顶点被访问到时,可设置顶点标志为 VISITED,下面是具本实现：

```
template<class ElemType,class WeightType>
void AdjMatrixDirNetwork<ElemType,WeightType>::SetTag(int v,StatusCode val) const
//操作结果：设置顶点 v 的标志为 val
{
    if (v<0 || v>=vexNum) throw Error("v 不合法!");      //抛出异常

    tag[v]=val;
}
```

7.2.2 邻接表

邻接表(adjacency list)是图的另一种常用结构,在邻接表中每个顶点都建立一个单链表,第 i 个顶点的单链表由图中与顶点 v_i 相关联的边构成(对于有向图,v_i 是起点),由于已知一个顶点为 v_i,为表示边,只需再存储另一个顶点——邻接点即可。各边在链表中的次顺序是任意的,视边的输入次序而定,在画图时通常按邻接点的编号大小排序。

邻接表是图的链式存储结构,在邻接矩阵中,当边数较少时,邻接矩阵中有大量的 0 元素,将耗费大量的存储空间,本质上邻接表就是将矩阵中的行用链表来存储,并且只存储非 0 元素,设图中有 e 条边,n 个顶点,用邻接表表示无向图(网)时,需要存储 n 个顶点和 $2e$ 条边,对于有向图(网),则需要存储存储 n 个顶点和 e 条边,当 $e \ll n^2$ 时,邻接表比邻接矩阵更节约存储空间,此处 $\ll$ 表示远远小于。

1. 图的邻接表存储结构

对于图的邻接表存储结构,顶点结构如图 7.7 所示,其中 data 存储顶点的数据,adjLink 存储指向由顶点相关联的边组成的链表,图 7.8 为图的邻接表存储结构示意图。

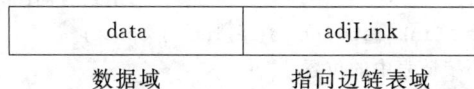

data	adjLink
数据域	指向边链表域

图 7.7 图邻接表顶点结点结构示意图

邻接表顶点类模板声明如下：

```
//邻接表图顶点结点类模板
template<class ElemType>
class AdjListGraphVexNode
{
public:
//数据成员：
    ElemType data;                              //数据元素值
    LinkList<int> * adjLink;                    //邻接链表
```

//构造函数模板：

```
    AdjListGraphVexNode();                              //无参数的构造函数模板
    AdjListGraphVexNode(ElemType item, LinkList< int > * adj=NULL);
        //构造顶点数据为 item,指向邻接链表的指针为 adj 的结构
};
```

在邻接边链表实现中一般含有头结点,当然也可不含头结点,在图示时为简便直观起点,没有图示出头结点,如图 7.8 所示。

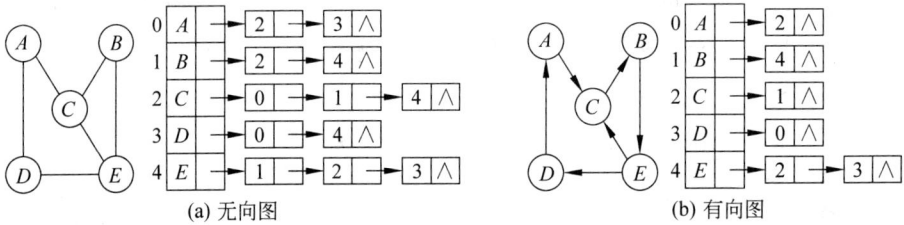

图 7.8　图的邻接表示意图

邻接表有向图类声明如下：

```
//有向图的邻接表类模板
template< class ElemType>
class AdjListDirGraph
{
protected:
//邻接表的数据成员:
    int vexNum,edgeNum;                                 //顶点个数和边数
    AdjListGraphVexNode< ElemType> * vexTable;          //顶点表
    mutable StatusCode * tag;                           //指向标志数组的指针

//辅助函数模板
    void DestroyHelp();                                 //销毁有向图,释放有向图占用的空间
    int IndexHelp(const LinkList< int> * la,int v) const;
        //定位顶点 v 在邻接链表中的位置

public:
//抽象数据类型方法声明及重载编译系统默认方法声明:
    AdjListDirGraph(ElemType es[],int vertexNum= DEFAULT_SIZE);
        //构造顶点数据为 es[],顶点个数为 vertexNum,边数为 0 的有向图
    AdjListDirGraph(int vertexNum= DEFAULT_SIZE);
        //构造顶点个数为 vertexNum,边数为 0 的有向图
    ~AdjListDirGraph();                                 //析构函数模板
    StatusCode GetElem (int v,ElemType &e)const;        //求顶点的元素值
    StatusCode GetElem (int v,const ElemType &e);       //设置顶点的元素值
    ElemType GetInfinity() const;                       //返回无穷大
    int GetVexNum() const;                              //返回顶点个数
    int GetEdgeNum() const;                             //返回边数
```

```
    int FirstAdjVex(int v) const;                              //返回顶点 v 的第一个邻接点
    int NextAdjVex(int v1,int v2) const;                       //返回顶点 v1 的相对于 v2 的下一个邻接点
    void InsertEdge(int v1,int v2);                            //插入顶点为 v1 和 v2 的边
    void DeleteEdge(int v1,int v2);                            //删除顶点为 v1 和 v2 的边
    StatusCode GetTag(int v) const;                            //返回顶点 v 的标志
    void SetTag(int v,StatusCode val) const;                   //设置顶点 v 的标志为 val
    AdjListDirGraph(const AdjListDirGraph<ElemType> &copy);    //复制构造函数
    AdjListDirGraph<ElemType> &operator= (const AdjListDirGraph<ElemType> &copy);
        //重载赋值运算符
};
```

邻接表无向图类模板声明如下：

```
//无向图的邻接表类模板
template< class ElemType>
class AdjListUndirGraph
{
protected:
//邻接表的数据成员：
    int vexNum,edgeNum;                                //顶点个数和边数
    AdjListGraphVexNode<ElemType> * vexTable;          //顶点表
    mutable StatusCode * tag;                          //指向标志数组的指针

//辅助函数模板：与邻接表有向图相同

public:
//抽象数据类型方法声明及重载编译系统默认方法声明：与邻接表有向图相同
};
```

由于边链表由线性链表表示，因此可使用线性链表的各种操作，使程序代码更简单，由于经常在邻接链表中定位顶点在链表中的位置，因此专门用一个辅助函数模板 IndexHelp ()来实现。

```
template< class ElemType>
int AdjListDirGraph<ElemType>::IndexHelp(const LinkList< int> * la,int v) const
//操作结果：定位顶点 v 在邻接链表中的位置
{
    int curPos,adjVex;
    curPos=la->GetCurPosition();

    la->GetElem(curPos,adjVex);             //取得邻接点信息
    if (adjVex==v) return curPos;           //v 为线性链表的当前位置处

    curPos=1;
    for (curPos=1; curPos<=la->Length(); curPos++)
    {   //循环定位
```

```
        la->GetElem(curPos,adjVex);                //取得边信息
        if (adjVex==v) break;                      //定位成功
    }

    return curPos;                    //curPos=la.Length()+1 表示定位失败
}
```

在上面的函数模板中,如果顶点 v 在链表中的位置是链表的当前位置(由 curPos=la->GetCurPosition()取出链表的当前位置),则直接返回当前位置即可,否则在链表中查找顶点的位置。

操作 FirstAdjVex()用于取出顶点的第一个邻接点,容易使用线性链表的操作实现,具体实现如下:

```
template<class ElemType>
int AdjListDirGraph<ElemType>::FirstAdjVex(int v) const
//操作结果: 返回顶点 v 的第一个邻接点
{
    if (v<0 || v>=vexNum) throw Error("v 不合法!");      //抛出异常

    if (vexTable[v].adjLink==NULL)
    {  //空邻接链表,无邻接点
        return-1;
    }
    else
    {  //非空邻接链表,存在邻接点
        int adjVex;
        vexTable[v].adjLink->GetElem(1,adjVex);
        return adjVex;
    }
}
```

操作 NextAdjVex()用于找出下一个邻接点,实现时应先找出上一个邻接点在链表中的位置,然后再取出下一个邻接点,具体实现如下:

```
template<class ElemType>
int AdjListDirGraph<ElemType>::NextAdjVex(int v1,int v2) const
//操作结果: 返回顶点 v1 的相对于 v2 的下一个邻接点
{
    if (v1<0 || v1>=vexNum) throw Error("v1 不合法!");   //抛出异常
    if (v2<0 || v2>=vexNum) throw Error("v2 不合法!");   //抛出异常
    if (v1==v2) throw Error("v1 不能等于 v2!");          //抛出异常

    if (vexTable[v1].adjLink==NULL) return-1;
        //邻接链表 vexTable[v1].adjLink 为空,返回-1

    int curPos=IndexHelp(vexTable[v1].adjLink,v2);    //取出 v2 在邻接链表中的位置
```

```
    if (curPos<vexTable[v1].adjLink->Length())
    {    //存在下 1 个邻接点
        int adjVex;
        vexTable[v1].adjLink->GetElem(curPos+1,adjVex);        //取出后继
        return adjVex;
    }
    else
    {    //不存在下一个邻接点
        return-1;
    }
}
```

图的常见操作是找出一个顶点的所有邻接点,可用操作 FirstAdjVex() 找出第一个邻接点,用 NextAdjVex() 不断找出下一个邻接点,直到没有下一个邻接点为止,代码如下:

```
for (u=g1.FirstAdjVex(v); u !=-1; u=g1.NextAdjVex(v,u))
```

每次调用 NextAdjVex(v,u) 时,都需要定位 u 在邻接链表中的位置:

```
IndexHelp(vexTable[v].adjLink,u)
```

如果 u 在链表中的位置都是链表的当前位置,在 IndexHelp() 的实现中不用循环,只需直接返回当前链表的当前位置即可,这样便高的效率,这就是在线性链表的实现中增加的返回当前链表位置操作 GetCurPosition() 在算法效率中的作用。

2. 网的邻接表存储结构

对于网,由于每条边还包括含有权值,因此在表示边的邻接链表中,表示边的数据信息如图 7.9 所示。

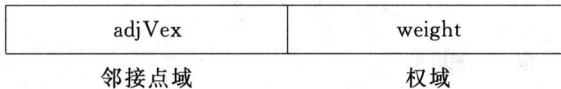

adjVex	weight
邻接点域	权域

图 7.9   网邻接表边数据示意图

网的边数据类模板声明如下:

```
//邻接表网的边数据类模板
template<class WeightType>
class AdjListNetworkEdge
{
public:
//数据成员:
    int adjVex;                              //邻接点
    WeightType weight;                       //权值

//构造函数模板:
    AdjListNetworkEdge();                     //无参数的构造函数模板
    AdjListNetworkEdge(int v,WeightType w);   //构造邻接点为 v,权为 w 的邻接边
};
```

网的顶点结点与图的顶点结构相同,如图 7.7 所示,具体类模板声明如下:

```
//邻接表网顶点结点类模板
template<class ElemType,class WeightType>
class AdjListNetWorkVexNode
{
public:
//数据成员:
    ElemType data;                                        //数据元素值
    LinkList<AdjListNetworkEdge<WeightType>> * adjLink;   //邻接链表

//构造函数模板:
    AdjListNetWorkVexNode();                              //无参数的构造函数模板
    AdjListNetWorkVexNode(ElemType item,
        LinkList<AdjListNetworkEdge<WeightType>> * adj=NULL);
        //构造顶点数据为 item,指向邻接链表的指针为 adj 的结构
};
```

邻接表网如图 7.10 所示。

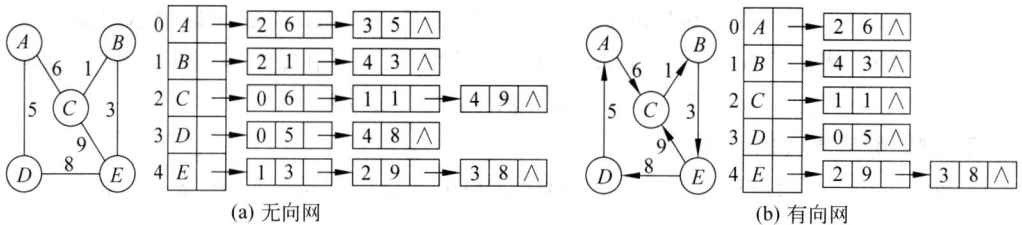

图 7.10　图的邻接表示意图

邻接表有向网类模板声明如下:

```
//有向网的邻接表类模板
template<class ElemType,class WeightType>
class AdjListDirNetwork
{
protected:
//邻接表的数据成员:
    int vexNum,edgeNum;                                  //顶点个数和边数
    AdjListNetWorkVexNode<ElemType,WeightType> * vexTable;   //顶点表
    mutable StatusCode * tag;                            //指向标志数组的指针
    WeightType infinity;                                 //无穷大

//辅助函数模板
    void DestroyHelp();                                  //销毁有向网,释放有向网占用的空间
    int IndexHelp(const LinkList<AdjListNetworkEdge<WeightType>> * la,int v) const;
        //定位顶点 v 在邻接链表中的位置

public:
```

//抽象数据类型方法声明及重载编译系统默认方法声明:
```
    AdjListDirNetwork(ElemType es[],int vertexNum=DEFAULT_VERTEX_NUM,
        WeightType infinit= (ElemType)DEFAULT_INFINITY);
        //构造顶点数据为 es[],顶点个数为 vertexNum,infinit 表示无穷大,边数为 0 的有向网
    AdjListDirNetwork(int vertexNum=DEFAULT-SIZE,
        WeightType infinit= (WeightType)DEFAULT-SIZE);
        //构造顶点个数为 VertexNum,infinit 表示无穷大,边数为 e 的有向网
    ~AdjListDirNetwork();                                //析构函数模板
    StatusCode GetElem (int v, ElemType &e)const;        //求顶点的元素值
    StatusCode SetElem (int v, const ElemType &e);       //设置顶点的元素值
    WeightType GetInfinity() const;                      //返回无穷大
    int GetVexNum() const;                               //返回顶点个数
    int GetEdgeNum() const;                              //返回边数
    int FirstAdjVex(int v) const;                        //返回顶点 v 的第一个邻接点
    int NextAdjVex(int v1,int v2) const;      //返回顶点 v1 的相对于 v2 的下一个邻接点
    void InsertEdge(int v1,int v2,int w);                //插入顶点为 v1 和 v2,权为 w 的边
    void DeleteEdge(int v1,int v2);                      //删除顶点为 v1 和 v2 的边
    WeightType GetWeight(int v1,int v2) const;           //返回顶点为 v1 和 v2 的边的权值
    void SetWeight(int v1,int v2,WeightType w);          //设置顶点为 v1 和 v2 的边的权值
    StatusCode GetTag(int v) const;                      //返回顶点 v 的标志
    void SetTag(int v,StatusCode val) const;             //设置顶点 v 的标志为 val
    AdjListDirNetwork(const AdjListDirNetwork<ElemType,WeightType> &copy);
        //复制构造函数模板
    AdjListDirNetwork<ElemType,WeightType> &operator=
        (const AdjListDirNetwork<ElemType,WeightType> &copy);        //重载赋值运算符
};
```

邻接表无向网类模板声明如下:

```
//无向网的邻接表类
template<class ElemType,class WeightType>
class AdjListUndirNetwork
{
protected:
//邻接表的数据成员:
    int vexNum,edgeNum;                                              //顶点个数和边数
    AdjListNetWorkVexNode<ElemType,WeightType> * vexTable;   //邻接表
        //由顶点数组组成的邻接表
    mutable StatusCode * tag;                                        //指向标志数组的指针
    ElemType infinity;                                              //无穷大

//辅助函数与邻接表有向网相同

public:
//抽象数据类型方法声明及重载编译系统默认方法声明:与邻接表有向网相同
};
```

在修改邻接表无向网的边(v_1,v_2)的权操作 SetWeight(v_1,v_2,w)中,既要修改$<v_1,v_2>$的

权,同时也应修改$<v_2,v_1>$的权,具体实现如下:

```
template<class ElemType,class WeightType>
void AdjListUndirNetwork<ElemType,WeightType>::SetWeight(int v1,int v2,WeightType w)
//操作结果:设置顶点为 v1 和 v2 的边的权值
{
    if (v1<0 || v1>=vexNum) throw Error("v1 不合法!");          //抛出异常
    if (v2<0 || v2>=vexNum) throw Error("v2 不合法!");          //抛出异常
    if (v1==v2) throw Error("v1 不能等于 v2!");                 //抛出异常
    if (w==infinity) throw Error("w 不能为无穷大!");            //抛出异常

    AdjListNetworkEdge<WeightType> tmpEdgeNode;

    int curPos=IndexHelp(adjList[v1].adjLink,v2);          //取出 v2 在邻接链表中的位置
    if (curPos<=vexTable[v1].adjLink->Length())
    { //存在边<v1,v2>
        adjList[v1].adjLink->GetElem(curPos,tmpEdgeNode);     //取出边
        tmpEdgeNode.weight=w;                                 //修改<v1,v2>权值
        adjList[v1].adjLink->SetElem(curPos,tmpEdgeNode);     //设置边
    }

    curPos=IndexHelp(adjList[v2].adjLink,v1);              //取出 v1 在邻接链表中的位置
    if (curPos<=vexTable[v2].adjLink->Length())
    { //存在边<v2,v1>
        adjList[v2].adjLink->GetElem(curPos,tmpEdgeNode);     //取出边
        tmpEdgeNode.weight=w;                                 //修改<v2,v1>权值
        vexTable[v2].adjLink->SetElem(curPos,tmpEdgeNode);    //设置边
    }
}
```

7.3 图 的 遍 历

图的搜索有广泛的应用,例如有许多国家,有些国家两两相互连接,要求从某个指定的起始国出发,通过国家之间的连接,从一国到另一国,最后到达另一指定的终点国,通常情况下起始国和终点国之间并不直接相连,这时必须按照某种组织方式搜索图中的顶点。

图的遍历算法一般是从一个起始顶点出发,试图访问全部顶点,必须解决如下问题。

(1) 从起点出发可能到达不了所有其他顶点(如非连接图)。

(2) 有些图存在回路,必须确定算法不会因回路而陷入死循环。

为解决上面的问题,图的遍历算法一般为图的每个顶点保留一个标志域(tag),在算法开始时,所有顶点的标志域设置为 UNVISITED,在遍历过程中,如某个顶点被访问到,将标志域置为 VISITED,如果在遍历时遇到标志域为 VISITED 的顶点,就不访问它,这样便避免了遇到回路时陷入死循环的问题。

如果图是不连通的,则还有未被访问到的顶点,这些顶点的标志域值为 UNVISITED,这时可从某个未被访问到的顶点开始继续进行搜索,下面介绍两种常用的图遍历算法。

7.3.1 深度优先搜索

深度优先搜索(depth first search,DFS)在搜索过程中,每当访问某个顶点 v 后,DFS 将递归地访问它的所有未被访问到的相邻的顶点,实际结果是沿着图的某一分支进行搜索,直至末端为止,然后再进行回溯,沿另一分支进行搜索,依此类推,深度优先搜索的搜索过程将产生一棵深度优先搜索树(depth first search tree),此树由图遍历过程中所有连接某一新(未被访问的)顶点边所组成,并不包括那些连接已访问顶点的边,DFS 算法适合于所有类型的图,下面是算法实现:

```
template<class ElemType>
void DFSTraverse(const AdjMatrixDirGraph<ElemType> &g,void (* visit)(const ElemType &))
//初始条件：存在图 g
//操作结果：对图 g 进行深度优先遍历
{
    int v;
    for (v=0; v<g.GetVexNum(); v++)
    { //对每个顶点作访问标志
        g.SetTag(v,UNVISITED);
    }

    for (v=0; v<g.GetVexNum(); v++)
    { //对尚未访问的顶点按 DFS 进行深度优先搜索
        if (g.GetTag(v)==UNVISITED)
        {    //从 v 开始进行深度优先搜索
            #ifdef_MSC_VER
                DFS<ElemType> (g,v,visit);    //VC需<ElemType>确定函数模板参数
            #else
                DFS (g,v,visit);
            #endif
        }
    }
}


template <class ElemType>
void DFS(const AdjMatrixDirGraph<ElemType> &g, int v, void (* visit)(const ElemType &))
//初始条件：存在图 g
//操作结果：从顶点 v 出发进行深度优先搜索图 g
{
    g.SetTag(v, VISITED);                          //作访问标志
    ElemType e=g.GetVexData(v);                     //顶点 v 的数据元素
    (* visit)(e);                                   //访问顶点 v 的数据元素
    for (int w=g.FirstAdjVex(v); w !=-1; w=g.NextAdjVex(v, w))
    {        //对 v 的尚未访问过的邻接顶点 w 递归调用 DFS
        if (g.GetTag(w)==UNVISITED)
        {    //从 w 开始进行深度优先搜索
            #ifdef _MSC_VER
```

```
            DFS<ElemType>(g, w, visit);        //VC需<ElemType>确定函数模板参数
        #else
            DFS(g, w, visit);
        #endif
        }
    }
}
```

提示：

（1）上面的算法采用了有向图的邻接矩阵存储结构，由于图的所有存储结构都采用了相同的接口函数，所以其他存储结构的相应算法与采用图的邻接矩阵存储结构时的算法完全相同。

（2）在调用图的深度优先遍历算法的函数 DFSTraverse() 时，由于参数 Visit 也是一个模板函数，在编译时为确认模板参数，在调用时应加上模板类型参数，例如：DFSTraverse$<$char$>$(g,Write) 或 DFSTraverse$<$char$>$(g,Write$<$char$>$)。

图的深度优先算法示例如图 7.11 所示，从 v_0 出发进行搜索，在访问了 v_0 后选择邻接点 v_1，由于 v_1 未被访问，接着从 v_1 出发进行搜索，依此类推，接着从 v_2，v_5 出发进行搜索，在访问了 v_5 之后，由于 v_5 的邻接点都已被访问，回溯到 v_2，由于 v_2 的所有邻接点也被访问，再回溯到 v_1，再搜索 v_1 的未被访问的邻接点 v_4，从 v_4 出发进行搜索，再继续下去，由此可得到顶点的访问序列如下：v_0 $\rightarrow v_1 \rightarrow v_2 \rightarrow v_5 \rightarrow v_4 \rightarrow v_6 \rightarrow v_3 \rightarrow v_7 \rightarrow v_8$。

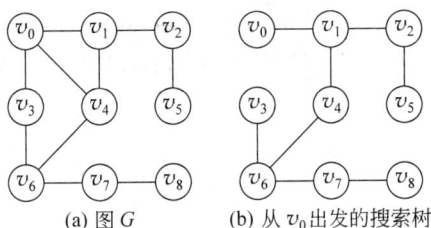

图 7.11　图 G 从顶点 v_0 进行深度优先搜索的搜索树

设图的顶点数为 n，边数为 e，对图的每个顶点至多调用一次 DFS 函数，当某个顶点被置访问标志 VISITED 后将不再从此出发进行搜索，遍历的实质是对每个顶点查找邻接点的过程，时间复杂度与所采用的存储结构有关，当用邻接矩阵作存储结构时，查找所有顶点的邻接点的时间为 $O(n^2)$，可知深度优先搜索遍历图的时间复杂度为 $O(n^2+n)=O(n^2)$；当用邻接表作存储结构时，查找所有顶点的邻接点的时间为 $O(e)$，可知深度优先搜索遍历图的时间复杂度为 $O(e+n)$。

7.3.2　广度优先搜索

广度优先搜索（breadth first search，BFS）类似于树的层次遍历，如从顶点 v 出发进行搜索，在访问了 v 之后依次访问 v 的未被访问的邻接点，然后再从这些邻接点出发依次访问它们的邻接点，直至图中所有被访问的顶点的邻接点都已被访问完为止，如果这时图中还有未访问的顶点，将选择一个未被访问的顶点作起始点继续进行搜索，直到图中所有顶点都被访问到为止。实际上广度优先搜索是以顶点 v 为起始点，由近至远依次访问和 v 有路径相通且路径长度为 $1,2,\cdots$ 的顶点，如图 7.12 所示，从顶点 v_0 出发进行搜索，首先访问 v_0，然后再访问 v_0 的未被

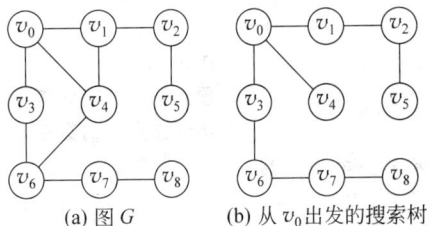

图 7.12　图 G 从顶点 v_0 进行广度优先搜索的搜索树

访问过的邻接点 v_1、v_3 和 v_4，然后依次访问 v_1 的未被访问过的邻接点 v_2，v_3 的未被访问过的邻接点 v_6，依此类推，直到所有顶点都被访问到为止，由此完成图的遍历，得到的顶点序列如下所示：$v_0 \rightarrow v_1 \rightarrow v_3 \rightarrow v_4 \rightarrow v_2 \rightarrow v_6 \rightarrow v_5 \rightarrow v_7 \rightarrow v_8$。

BFS 算法适合于所有类型的图，下面是算法实现：

```
template<class ElemType>
void BFSTraverse(const AdjListDirGraph<ElemType> &g,void (* visit)(const ElemType &))
//初始条件：存在图 g
//操作结果：对图 g 进行广度优先遍历
{
    int v;
    for (v=0; v<g.GetVexNum(); v++)
    {   //对每个顶点作访问标志
        g.SetTag(v,UNVISITED);
    }

    for (v=0; v<g.GetVexNum(); v++)
    {   //对尚未访问的顶点按 BFS 进行深度优先搜索
        if (g.GetTag(v)==UNVISITED)
        {
            #ifdef  MSC_VER
                BFS<ElemType> (g,v,visit);        //VC 需<ElemType>确定函数模板参数
            #else
                BFS(g,v,visit);
            #endif
        }
    }
}


template<class ElemType>
void BFS(const AdjListDirGraph<ElemType> &g,int v,void (* visit)(const ElemType &))
//初始条件：存在图 g
//操作结果：从顶点 v 出发进行广度优先搜索图 g
{
    g.SetTag(v,VISITED);                    //作访问标志
    ElemType e;                             //临时变量
    g.GetElem(v,e);                         //求顶点 v 的数据元素
    (* Visit(e));                           //访问顶点 v 的数据元素
    LinkQueue<int>q;                        //定义队列
    q.InQueue(v);                           //v 入队
    while (!q.Empty())
    {   //队列 q 非空，进行循环
        int u,w;                            //临时顶点
        q.OutQueue(u);                      //出队
        for (w=g.FirstAdjVex(u); w>=0; w=g.NextAdjVex(u,w))
        {   //对 u 尚未访问过的邻接顶点 w 进行访问
            if (g.GetTag(w)==UNVISITED)
```

```
        {   //对 w 进行访问
            g.SetTag(w,VISITED);                //设置访问标志
            g.GetElem(w,e);                     //求顶点 w 的数据元素
            (* Visit)(e);                       //访问顶点 w 的数据元素
            q.InQueue(w);                       //w 入队
        }
    }
  }
}
```

对于广度优先搜索,每个顶点进一次且仅进一次队列,遍历的本质是找邻接点,时间复杂度与深度优先搜索的时间复杂度相同,两者的不同体现在对顶点的访问顺序不同。

7.4　图的最小代价生成树

本节将介绍求最小代价生成树(minimum cost spanning tree,MST)的两种常用算法,给定一个连通网 G,最小代价生成树是一个包括 G 的所有顶点和 G 中的部分边,满足下列条件。

(1) 最小代价生成树边的条数是顶点个数减 1 的差,并且能保证最小代价生成树是连通的。

(2) 最小代价生成树边上的权值之和最小。

由离散数学可知最小代价生成树是自由树结构,最小代价生成树可用于解决如下问题:

(1) 在几个城市之间建立电话网,使所需费用最少;

(2) 连接电路板上的一系列接头,使所需焊接的线路最短。

构造最小代价生成树的算法一般都要用到如下的定理。

定理:设 $G=(V,\{E\})$ 是一个连通网,U 是顶点集 V 的非空子集,如 $<u,v>$ 是连接 U 与 $V-U$ 具有最小权值的边(其中 $u \in U$ 和 $v \in V-U$),则存在一棵包含边 $<u,v>$ 的最小代价生成树。

证明:采用反证法进行证明,设网 G 的任何一棵最小代价生成树都不包含边 $<u,v>$,设 T 是 G 的一棵最小代价生成树,由假设可知 T 不包含边 $<u,v>$,将 $<u,v>$ 加入到 T 中时,由树的性质可知这时 T 中必存在一条包含 $<u,v>$ 的回路,这条回路必定存在另一条边 $<u',v'>$,其中 $u' \in U,v' \in V-U$,在 T 中删除边 $<u',v'>$,便可去掉回路,同时也不影响连通性,这样便可得到另一棵生成树 T',由于 $<u,v>$ 的权值不大于 $<u',v'>$ 的权值,可知 T' 边上的权值之和不大于 T 边上的权值之和,T' 是最小代价生成树,而 T' 包含边 $<u,v>$,这与假设矛盾。

7.4.1　Prim 算法

设 $G=(V,\{E\})$ 是连通网,TE 是最小代价生成树的边的集合,算法如下:

(1) TE={},$U=\{u_0\}$。

(2) 在所有 $<u,v> \in E, u \in U, v \in V-U$ 的边中选择权值最小的边 $<u',v'>$。

(3) 将 $<u',v'>$ 并入 TE 中,v' 并入 U 中。

（4）重复(2)和(3)直到 TE 有 $n-1$ 条边（n 为 G 的顶点个数），这时 $T=(T,\{TE\})$ 便是最小代价生成树。

Prim 算法生成最小代价生成树示例如图 7.13 所示。

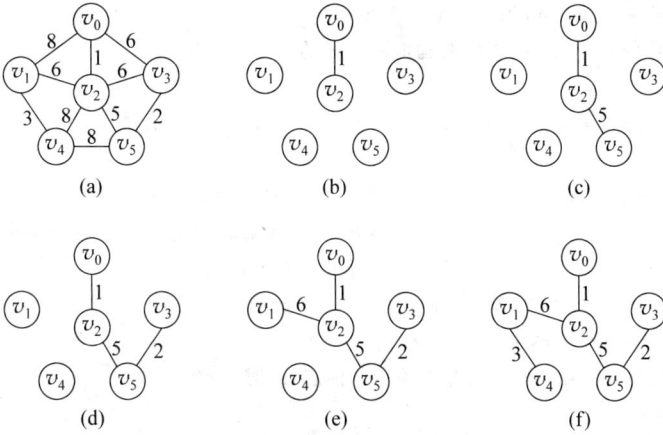

图 7.13　Prim 算法构造最小生成树的过程

为实现 Prim 算法，附设一个辅助数组 adjVex[]，用于存储 $V-U$ 中的顶点到 U 最小权值的边，也就是当 $v\in V-U$ 时，adjVex$[v]\in U$，且<v,adjVex$[v]$>是 v 到 U 的所有边中权值最小的边，这样连接 U 到 $V-U$ 权值最小的边便是 adjVex[]中具有权最小的边，将 U 中顶点的标志域设置为 VISITED，$V-U$ 中顶点标志域设置为 UNVISITED，具体算法如下：

```
template<class ElemType,class WeightType>
int MinVertex(const AdjMatrixUndirNetwork<ElemType,WeightType> &net,int * adjVex)
//操作结果：返回 w,使得边<w,adjVex[w]>为连接 V-U 到 U 的具有最小权值的边
{
    int w=-1;                              //初始化最小顶点
    int v;                                 //临时顶点
    for (v=0; v<net.GetVexNum(); v++)
    {  //查找第一个满足条件的 V-U 中顶点 v
        if (net.GetTag(v)==UNVISITED       //表示 v 为 V-U 中的顶点
            && net.GetWeight(v,adjVex[v])>0)    //存在从 v 到 U 的边 (v,adjVex[v])
        {
            w=v;
            break;
        }
    }
    for (v++; v<net.GetVexNum(); v++)
        //查找连接 V-U 到 U 的具有最小权值的边<w,adjVex[w]>
      if (net.GetTag(v)==UNVISITED && net.GetWeight(v,adjVex[v])>0 &&
          net.GetWeight(v,adjVex[v])<net.GetWeight(w,adjVex[w]))
          w=v;
    return w;
```

```
     }

template<class ElemType,class WeightType>
void MiniSpanTreePrim(const AdjMatrixUndirNetwork<ElemType,WeightType> &net,int u0)
//初始条件：存在网 net,u0 为 net 的一个顶点
//操作结果：用 Prim 算法从 u0 出发构造网 net 的最小代价生成树
{
    if (u0<0 || u0>=net.GetVexNum())  throw Error("u0 不合法 1!");     //抛出异常

    int * adjVex;                          //如果 v∈V-U,net.GetWeight(v,adjVex[v])>0
                                           //表示 (v,adjVex[v])是 v 到 U 具有最小权值的边
    int u,v,w;                             //表示顶点的临时变量
    adjVex=new int[net.GetVexNum()];          //分配存储空间
    for (v=0; v<net.GetVexNum(); v++)
    { //初始化辅助数组 adjVex,并对顶点作标志,此时 U={v0}
      if (v !=u0)
      {   //对于 v∈V-U
        adjVex[v]=u0;
        net.SetTag(v,UNVISITED);
      }
      else
      {   //对于 v∈U
        net.SetTag(v,VISITED);
        adjVex[v]=u0;
      }
    }
    for (u=1; u<net.GetVexNum(); u++)
    {  //选择生成树的其余 net.GetVexNum()-1 个顶点
      w=MinVertex(net,adjVex);
         //选择使得边<w,adjVex[w]>为连接 V-U 到 U 的具有最小权值的边
      if (w==-1)
      {  //表示 U 与 V-U 已无边相连
        return;
      }
      cout<<"edge: ("<<adjVex[w]<<","<<w<<") weight: "
        <<net.GetWeight(w,adjVex[w])<<endl;         //输出边及权值
      net.SetTag(w,VISITED);                        //将 w 并入 U
      for (int v=net.FirstAdjVex(w); v>=0 ; v=net.NextAdjVex(w,v))
      {  //新顶点并入 U 后重新选择最小边
        if (net.GetTag(v)==UNVISITED &&         //v ∈V-U
            (net.GetWeight(v,w)<net.GetWeight(v,adjVex[v]) ||  //边<v,w>的权值更小
            net.GetWeight(v,adjVex[v])==0) )      //不存在边<v,adjVex[v]>
        {  //<v,w>为新的最小边
          adjVex[v]=w;
        }
```

```
        }
    }
    delete []adjVex;                              //释放存储空间
}
```

上面的算法中第 1 个 for 循环语句的执行频度为 n，而第 2 个 for 循环语句的执行频度也为 n，其内部的 MinVerTex() 函数用循环语句实现时每个 for 循环语句的执行频度也为 n，第 3 个 for 循环语句执行频度最多为 $n-1$，可知 Prim 算法的时间复杂度为 $O(n^2)$。

7.4.2 Kruskal 算法

Kruskal 算法从另一途径构造最小代价生成树，算法的初态为只有 n 个顶点而无边的非通图 $T=(V,\{TE\})$，此处 $TE=\{\}$，这时每个顶点自成一个自由树，在 E 中选择权值最小的边 $<u,v>$，如果此边所依附的顶点分别落在两个不同的自由树中，便将 $<u,v>$ 并入 TE 中，也就是将 u 和 v 所在的自由树合并为一棵新的自由树，否则舍去此边选择下一条权值最小的边，依次类推直到 T 中所有顶点都在同一棵自由树上为止。

如图 7.14 所示为 Kruskal 算法生成最小代价生成树示例。

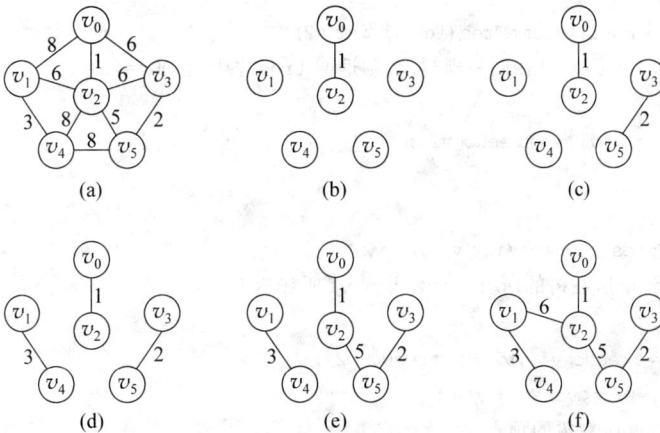

图 7.14　Kruskal 算法构造最小生成树的过程

按照边的权值的顺序处理边可通过对边按权值大小进行排序的办法来进行，算法中还有一个技巧是怎样确定两个顶点是否属于同一个自由树，可对自由树进行编号，用数组 TreeNo 存储每个顶点所在自由树的编号，也就是 TreeNo[v] 表示顶点 v 所在的自由树的编号，顶点 v_1 和 v_2 是否在同一棵自由树中的条件是 TreeNo[v_1]==TreeNo[v_2]，合并自由树就成将一棵自由树所有顶点的编号改为另一棵自由树的编号即可，具体算法如下：

```
//Kruskal 森林类
class KruskalForest
{
private:
    int * treeNo;                    //顶点所在的树编号
    int vexNum;                      //顶点数
public:
```

```
        KruskalForest(int num=DEFAULT_SIZE);    //构造函数
        ~KruskalForest(){ delete []TreeNo; };    //析构函数
        bool IsSameTree(int v1,int v2);           //判断 v1 和 v2 是否在同一棵树上
        void Union(int v1,int v2);                //将 v2 所在树的所有顶点合并到 v1 所在树上
};


//Kruskal 森林类实现
KruskalForest::KruskalForest(int num)
//操作结果: 构造顶点数为 num 的 Kruskal 森林
{
    vexNum=num;                        //顶点数
    TreeNo=new int[vexNum];            //分配存储空间
    for (int v=0; v<vexNum; v++)
    {   //初始时,每棵树只有一个顶点,树的个数与顶点个数相同
        TreeNo[v]=v;
    }
}


bool KruskalForest::IsSameTree(int v1,int v2)
//操作结果: 如果 v1 和 v2 在同一棵树上,则返回 true,否则返回 false
{
    return treeNo[v1]==treeNo[v2];
}


void KruskalForest::Union(int v1,int v2)
//操作结果: 将 v2 所在树的所有顶点合并到 v1 所在树上
{
    int v1TNo=treeNo[v1],v2TNo=treeNo[v2];
    for (int v=0; v<vexNum; v++)
    {   //查找 v2 所在树的顶点
        if (TreeNo[v]==v2TNo)
        {   //将 v2 所在树上的顶点所在树编号改为 v1 所在树的编号
            TreeNo[v]=v1TNo;
        }
    }
}


//Kruskal 边类
template< class WeightType>
class KruskalEdge
{
public:
    int vertex1,vertex2;                        //边的顶点
    WeightType weight;                          //边的权值
    KruskalEdge(int v1=-1,int v2=-1,int w=0);   //构造函数
```

```cpp
};

template<class WeightType>
KruskalEdge<WeightType>::KruskalEdge(int v1,int v2,int w)
//操作结果：由顶点 v1、v2 和权 w 构造边——构造函数
{
    vertex1=v1;                                    //顶点 vertex1
    vertex2=v2;                                    //顶点 vertex2
    weight=w;                                      //权 weight
}


template<class WeightType>
void Sort(KruskalEdge<WeightType> * a,int n)
//操作结果：按权值对边进行升序排序
{
    for (int i=n-1; i>0; i--)
      for (int j=0; j<i; j++)
        if (a[j].weight>a[j+1].weight)
        {   //出现逆序,则交换 a[j]与 a[j+1]
            KruskalEdge<WeightType> tmpEdge;   //临时边
            tmpEdge=a[j];
            a[j]=a[j+1];
            a[j+1]=tmpEdge;
        }
}


template<class ElemType,class WeightType>
void MiniSpanTreeKruskal(const AdjListUndirNetwork<ElemType,WeightType> &net)
//初始条件：存在网 net
//操作结果：用 Kruskal 算法构造网 net 的最小代价生成树
{
    int count;                                     //计数器
    KruskalForest kForest(net.GetVexNum());        //定义 Kruskal 森林
    KruskalEdge<WeightType> * kEdge;
    kEdge= new KruskalEdge<WeightType>[net.GetEdgeNum()];
      //定义边数组,只存储 v>u 的边(v,u)

    count=0;                                       //表示当前已存入 kEdge 的边数
    for (int v=0; v<net.GetVexNum(); v++)
    {
      for (int u=net.FirstAdjVex(v); u>=0; u=net.NextAdjVex(v,u))
      {   //将边(v,u)存入 kEdge 中
        if (v>u)
        {   //只存储 v>u 的边(v,u)
            KruskalEdge<WeightType> tmpKEdge(v,u,net.GetWeight(v,u));
```

```
            kEdge[count++]=tmpKEdge;
        }
    }
}

    Sort(kEdge,count);                              //对边按权值进行排序

    for (int i=0; i<count; i++)
    {   //对 kEdge 中的边进行搜索
        int v1=kEdge[i].vertex1,v2=kEdge[i].vertex2;
        if (!kForest.IsSameTree(v1,v2))
        {   //边的两端不在同一棵树上,则为最小代价生成树上的边
            cout<<"edge:("<<v1<<","<<v2<<") weight:"
              <<net.GetWeight(v1,v2)<<endl;          //输出边及权值
            kForest.Union(v1,v2);                    //将 v2 所在树的所有顶点合并到 v1 所在树上
        }
    }
    delete []kEdge;                                  //释放存储空间
}
```

上面的算法可进行优化,对于按照边的权值顺序处理边可用最大优先堆队列来实现(参考 9.9.3 小节),则每次选择最小边的代价最多为 loge,图的每条边只扫描一次,确定两个顶点是否属于同一棵自由树及合并自由树可用等价关系来实现(参考 6.8.1 小节),当采用适当的路径压缩算法后可使 Union 算法接近于常数,上面算法中的第 1 个 for 循环是构造边组成的数组,一般情况下运行时间为 $O(n+e)$,可知 Kruskal 算法的时间复杂度为 $O(n+eloge)$,通常可假设 $eloge>n$,所以时间复杂度为 $O(eloge)$。

从上面的分析可知对于稠密网,比较适合用 Prim 算法构造最小生成树;对于稀疏网,比较适合用 Kruskal 算法构造最小生成树。

7.5   有向无环图及应用

有向无环图(directed acyclic graph,DAG)是一个无环的有向图,有向无环图是一种比有向树更一般的特殊有向图,图 7.15 是有向树、有向无环图和有向图的示例。

判断一个有向图是否是有向无环图的简单方法是拓扑排序,也可采用深度优先搜索法进行判断,如果从有向图上某顶点 v 出发进行深度优先搜索 DFS(v),在 DFS(v)结束之前出现一条从顶点 u 到顶点 v 的回边,这时必定存在包含顶点 v 和 u 的回路。

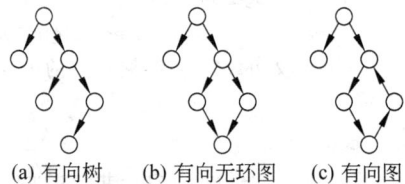

(a) 有向树   (b) 有向无环图   (c) 有向图

图 7.15   有向树、有向无环图和有向图的示例

有向无环图是描述一项工程进行过程的有效工具,一般工程(project)可分解为若干被称为活动(activity)的子工程,人们通常关心整个工程是否能顺利完成,计算工程的最短完

成时间,对于有向图可用拓扑排序和求关键路径加以求解,下面分别加以讨论。

7.5.1 拓扑排序

对一个有向无环图 $G=(V,\{E\})$ 进行拓扑排序,就是将 G 中所有顶点排成一个线性序列,使得图中任意一对顶点 u 和 v,若 $<u,v>\in E$,则 u 在线性序列中出现在 v 之前,这样的线性序列称为拓扑有序(Topological Order)的序列,简称拓扑序列。

将大学现有课程看作是有向图的顶点,如果第一门课程是第二门课程的先修课,则就从第一门课到第二门课画一条有向边,拓扑排序就是将所有课程进行一种排列,使其一门课程的所有先修课程都在它之前出现。

说明:

(1) 如果图中存在有向环,则不可能满足拓扑有序,例如图 7.16 中存在有向环,由于 $<v_0,v_1>\in E$,所以 v_0 应排在 v_1 的前面,而 $<v_1,v_2>\in E$,$<v_2,v_0>\in E$,可知 v_1 应排在 v_2 的前面,v_2 应排在 v_0 的前面,这样就会出现 v_1 应排在 v_0 的前面,出现矛盾,也就是不存在拓扑序列。

(2) 一个 DAG 的拓扑序列通常表示某种方案切实可行,例如一本书的作者将书本中的各章节作为顶点,各章节的先学后修关系作为边,构成一个有向图。按有向图的拓扑次序安排章节,才能保证读者在学习某章节时,其预备知识已在前面的章节里介绍过。

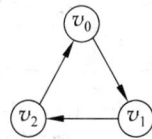

图 7.16 存在环的有向图

拓扑排序可解决这样的问题,用顶点表示活动,有向边表示活动间的优先关系,这样的有向图称为顶点表示活动的图(activity on vertex network,AOV)。

在 AOV 图中,如从 u 到 v 存在一条路径,表示 u 是 v 的前驱,v 是 u 的后继,如果存在边 $<u,v>$,就表示 u 是 v 的直接前驱,v 是 u 的直接后继。

在 AOV 图中不会出现有向环,如果出现了这样的环就表示某项活动以自己为先决条件,这显然是不可能的,这样的工程是无法开工的。对给定的 AOV 图应先判断图中是否存在有向环,其判断方法是对有向图构造顶点的拓扑有序序列,如图的所有顶点都落在一个拓扑序列中,则 AOV 图就不存在环,下面是构造拓扑序列的方法。

(1) 在有向图中任选一个没有前驱的顶点输出。

(2) 从图中删除该顶点和所有以它为起点的边。

(3) 重复上述步骤(1)(2),直到全部顶点都已输出,此时,其顶点输出序列即为一个拓扑有序序列;或者直到图中没有无前驱的顶点为止,此情形表明有向图中存在环。

在图 7.17 的有向图中,图 7.17(a)中 v_0 没有前驱,可输出 v_0,如图 7.16(b)所示,这时 v_1 没有前驱,可输出 v_1,如图 7.17(c)所示,这样继续下去,可依次输出 v_4、v_3 和 v_2,得到的拓扑序列如下:$v_0 \rightarrow v_1 \rightarrow v_4 \rightarrow v_3 \rightarrow v_2$。

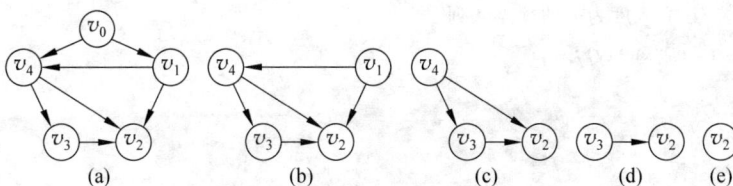

图 7.17 AOV 图及其拓扑排序的过程

说明：如果在拓扑排序过程中出现了多个顶点没有前驱，这时可任选一个顶点输出，所以拓扑排序的结果可能不唯一。

在拓扑排序算法实现中，用数组 indegree[]存储顶点的入度，没有前驱的顶点就是入度为零的顶点，删除顶点及从它出发的边可用边的终点的入度减 1 实现。同时可用一个队列暂存所有入度为零的顶点，具体算法实现如下：

```
template<class ElemType>
void StatIndegree(const AdjMatrixDirGraph<ElemType> &g,int * indegree)
//操作结果：统计图 g 各顶点的入度
{
    for (int v=0; v<g.GetVexNum(); v++)
    {   //初始化入度为 0
        indegree[v]=0;
    }

    for (int v1=0; v1<g.GetVexNum(); v1++)
    {   //遍历图的顶点
        for (int v2=g.FirstAdjVex(v1); v2 !=-1; v2=g.NextAdjVex(v1,v2))
        {   //v2 为 v1 的一个邻接点
            indegree[v2]++;
        }
    }
}


template<class ElemType>
StatusCode TopSort(const AdjMatrixDirGraph<ElemType> &g)
//初始条件：存在有向图 g
//操作结果：如 g 无回路，则输出 g 的顶点的一个拓扑序列，并返回 SUCCESS,否则返回 FAIL
{
    int * indegree=new int[g.GetVexNum()];          //顶点入度数组
    LinkQueue<int>q;                                //队列
    int count=0;
    StatIndegree(g,indegree);                       //统计顶点的入度

    for (int v=0; v<g.GetVexNum(); v++)
    {   //遍历顶点
        if (indegree[v]==0)
        {   //建立入度为 0 的顶点队列
            q.InQueue(v);
        }
    }

    while (!q.Empty())
    {   //队列非空
        int v1;
```

```
        q.OutQueue(v1);                              //取出一个入度为 0 的顶点
        cout<<v1<<" ";
        count++;                                      //对输出顶点进行记数
        for(int v2=g.FirstAdjVex(v1); v2 !=-1; v2=g.NextAdjVex(v1,v2))
        {    //v2 为 v1 的一个邻接点,对 v1 的每个邻接点入度减 1
            if (--indegree[v2]==0)
            {    //v2 入度为 0,将 v2 入队
                q.InQueue(v2);
            }
        }
    }
    delete []indegree;                               //释放 indegree 所占用的存储空间

    if (count<g.GetVexNum()) return FAIL;            //图 g 有回路
    else return SUCCESS;                             //拓扑排序成功
}
```

在上面的算法实现中,对于有 n 个顶点和 e 条边的有向图,建立各顶点的入度的队列的时间复杂度为 $O(n+e)$,建立入度为零的队列的时间复杂度为 $O(n)$,在拓扑排序过程中,如没有环,则每个顶点入度减 1 的操作在 while 的循环体中共循环了 e 次,每个顶点进一次队列,出一次队列,可知 while 循环共循环了 n 次,总的时间复杂度为 $O(n+e)$。

7.5.2 关键路径

与 AOV 图相对应的是 AOE(activity on edge)网——边表示活动的网,AOE 网是一种边带有权值的有向无环图,用顶点来表示事件(event),边表示活动,边上的权值表示活动的持续时间,AOE 网通常用来计算工程的最短完成时间。

图 7.18 的 AOE 网有 11 个活动,9 个事件 $v_0,v_1,v_2,v_3,v_4,v_5,v_6,v_7,v_8$,事件 v_0 表示整个工程的开始,事件 v_8 表示整个工程的结束,其他事件 $v_i(0<i<8)$ 表示在它之前的活动已结束,在它之后的活动可以开始,比如 v_1 表示在它之前的活动 $<v_0,v_1>$ 已结束,在它之后的活动 $<v_1,v_4>$ 可以开始。v_4 表示在它之前的活动 $<v_1,v_4>$ 和 $<v_2,v_4>$ 已结束,在它之后的活动 $<v_4,v_6>$ 和 $<v_4,v_7>$ 可以开始,与每个活动联系的权值表示一个活动需要持续的时间,例如活动 $<v_0,v_1>$ 需要 6 天,活动 $<v_4,v_7>$ 需要 7 天。

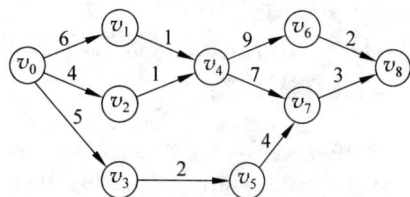

图 7.18   AOE 网示例

AOE 网表示的工程只有一个开始点和一个完成点,所以通常一个 AOE 网只有一个入度为 0 的顶点(称为源点)和一个出度为 0 的顶点(称为汇点)。

AOE 网主要研究如下问题。

(1)确定整个工程的最少完成时间。

(2)为缩短工程的完成时间,哪些活动起关键的作用? 也就是加快这些活动的完工时间,能缩短整个工程的工期。

在 AOE 网中,有些活动可以并行地进行,最短完成时间应是从源点到汇点的最长路径

长度(指路径上所有权值之和)。称这样的路径为关键路径(critical path),为了设计求关键路径的算法,下面介绍几种相关的量,设源点为 v_0,汇点为 v_{n-1}:

(1)事件 v_i 的最早发生时 ve(i) 是从源点到顶点 v_i 的最长路径长度,例如只有$<v_1,v_4>$和$<v_2,v_4>$这两个活动都完成了,事件 v_4 才能发生,虽然路径(v_0,v_2,v_4)的完成需要 5 天,但在第 5 天时,路径(v_0,v_1,v_4)还未完成,当路径(v_0,v_1,v_4)都完成了,事件 v_4 才能发生,也就是第 7 天才能发生,所以事件 v_4 的最早发生时刻是 7,也就是 $v_0 \sim v_4$ 的最长路径长度。

计算 ve(i) 是按拓扑排序的次序,从 ve$(0)=0$ 开始递推如下:

$$ve(j) = \max_i\{ve(i) + g.GetWeight(i,j) \mid <v_i,v_j> \in E\}$$

(2)事件 v_i 的最迟发生时 vl(i) 是在不影响整个工程工期的情况下,事情的最迟发生时刻,计算 vl(i) 是按逆拓扑排序的次序,从 vl$(n-1)=$ve$(n-1)$ 开始递推如下:

$$vl(i) = \min_j\{vl(j) - g.GetWeight(i,j) \mid <v_i,v_j> \in E\}$$

(3)活动$<v_i,v_j>$的最早开始时间 ee(i,j) 本质是 $v_0 \sim v_i$ 的最长路径长度,计算公式如下:

$$ee(i,j) = ve(i)$$

(4)活动$<v_i,v_j>$的最迟开始时间 el(i,j) 是在不影响整个工程的工期的情况下,活动的最迟开始时间,计算公式如下:

$$el(i,j) = vl(j) - g.GetWeight(i,j)$$

el$(i,j)-$ee(i,j) 为活动$<v_i,v_j>$的时间余量,将 el$(i,j)=$ee(i,j) 的活动称为关键活动,关键路径上的活动都为关键活动。

求关键路径的算法思路如下。

(1)以拓扑排序的次序按 $ve(j)=\max_i\{ve(i)+g.GetWeight(i,j)\mid<v_i,v_j>\in E\}$ 计算各顶点(事件)的最早发生时刻。

(2)以逆拓扑排序的次序按 $vl(i)=\min_j\{vl(j)-g.GetWeight(i,j)\mid<v_i,v_j>\in E\}$ 计算各顶点(事件)的最迟发生时刻。

(3)计算每个活动$<v_i,v_j>$的最早开始时间 ee(i,j) 和最迟开始时间 el(i,j),如满足 ee$(i,j)=$el(i,j),则为关键活动,输出关键活动。

具体算法如下:

```
template<class ElemType,class WeightType>
void StatIndegree(const AdjMatrixDirNetwork<ElemType,WeightType> &net,int * indegree)
//操作结果:统计网 net 各顶点的入度
{
    for (int v=0; v<net.GetVexNum(); v++)
    { //初始化入度为 0
        indegree[v]=0;
    }

    for (int v1=0; v1<net.GetVexNum(); v1++)
    { //遍历网的顶点
        for (int v2=net.FirstAdjVex(v1); v2 !=-1; v2=net.NextAdjVex(v1,v2))
```

```
    {   //v2 为 v1 的一个邻接点
        indegree[v2]++;
    }
    }
}


template<class ElemType,class WeightType>
StatusCode CriticalPath(const AdjMatrixDirNetwork<ElemType,WeightType> &net)
//初始条件:存在有向网 net
//操作结果:如 net 无回路,则输出 net 的关键活动,并返回 SUCCESS,否则返回 FAIL
{
    int * indegree=new int[net.GetVexNum()];        //顶点入度数组
    int * ve=new int[net.GetVexNum()];              //事件最早发生时刻数组
    LinkQueue<WeightType> q;                         //用于存储入度为 0 的顶点
    LinkStack<WeightType> s;                         //用于实现逆拓扑排序序列的栈
    int ee,el,u,v,count=0;

    for (v=0; v<net.GetVexNum(); v++)
    {   //初始化事件最早发生时刻
        ve[v]=0;
    }

    StatIndegree(net,indegree);                      //统计顶点的入度

    for (v=0; v<net.GetVexNum(); v++)
    {   //遍历顶点
        if (indegree[v]==0)
        {   //建立入度为 0 的顶点队列
            q.InQueue(v);
        }
    }

    while (!q.Empty())
    {   //队列非空
        q.OutQueue(u);                               //取出一个入度为 0 的顶点
        s.Push(u);                                   //顶点 u 入栈,以便得逆拓扑排序序列
        count++;                                     //对顶点进行记数
        for (v=net.FirstAdjVex(u); v !=-1; v=net.NextAdjVex(u,v))
        {   //v2 为 v1 的一个邻接点,对 v1 的每个邻接点入度减 1
            if (--indegree[v]==0)
            {   //v 入度为 0,将 v 入队
                q.InQueue(v);
            };
            if (ve[u]+net.GetWeight(u,v)>ve[v])
            {   //修改 ve[v]
```

```
                ve[v]=ve[u]+net.GetWeight(u,v);
        }
    }
}
delete []indegree;                              //释放 indegree 所占用的存储空间

if (count<net.GetVexNum())
{
    delete []ve;                                //释放 ve 所占用的存储空间
    return FAIL;                                //网 g 有回路
}

int * vl=new int[net.GetVexNum()];             //事件最迟发生时刻数组
s.Top(u);                                       //取出栈顶,栈顶为汇点
for (v=0; v<net.GetVexNum(); v++)
{   //初始化事件最迟发生时刻

    vl[v]=ve[u];
}

while (!s.Empty())
{   //s 非空
    s.Pop(u);
    for (v=net.FirstAdjVex(u); v !=-1; v=net.NextAdjVex(u,v))
    {   //v 为 u 的一个邻接点
     if (vl[v]-net.GetWeight(u,v)<vl[u])
       {   //修改 vl[u]
           vl[u]=vl[v]-net.GetWeight(u,v);
       }
    }
}

for (u=0; u<net.GetVexNum(); u++)
{   //求 ee,el 和关键路径
    for (v=net.FirstAdjVex(u); v !=-1; v=net.NextAdjVex(u,v))
    {   //v 为 u 的一个邻接点
        ee=ve[u]; el=vl[v]-net.GetWeight(u,v);
        if (ee==el)
        {   //<u,v>为关键活动
            cout<<"<"<<u<<","<<v<<">";
        }
    }
}

delete []ve;                                    //释放 ve 所占用的存储空间
```

```
        delete []vl;                          //释放 vl 所占用的存储空间
        return SUCCESS;                        //操作成功
    }
```

拓扑排序过程中计算 ve(i)时每条边只参与计算一次;而利用栈得到逆拓扑排序计算 vl(i)时每条边也只计算一次,在求每条边的最早开始时间 ee 和最迟开始时间 el 时每条边也只参与计算一次,可知总的时间复杂度为 $O(n+e)$。

对于图 7.18 所示的 AOE 网的计算如表 7.1 和表 7.2 所示。

表 7.1　计算 ve 和 vl

顶　　点	ve	vl
v_0	0	0
v_1	6	6
v_2	4	6
v_3	5	9
v_4	7	7
v_5	7	11
v_6	16	16
v_7	14	15
v_8	18	18

表 7.2　计算 ee 和 el

边	ee	el	el-ee
$<v_0,v_1>$	0	0	0
$<v_0,v_2>$	0	2	2
$<v_0,v_3>$	0	4	4
$<v_1,v_4>$	6	6	0
$<v_2,v_4>$	4	6	2
$<v_3,v_5>$	5	9	4
$<v_4,v_6>$	7	7	0
$<v_4,v_7>$	7	8	1
$<v_5,v_7>$	7	11	4
$<v_6,v_8>$	16	16	0
$<v_7,v_8>$	14	15	1

满足 el＝ee 的关键活动为$<v_0,v_1>$,$<v_1,v_4>$,$<v_4,v_6>$和$<v_6,v_8>$,它们组成的关键路径如图 7.19 所示。

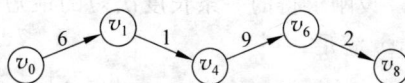

图 7.19　图 7.18 所示路径的关键路径

7.6　最短路径

假设要用一个网来表示交通运输网络,可用顶点来表示城市,边表示城市之间的交通运输路线,边上的权值表示路线运输所花的时间,最短路径问题是指从网中某个顶点 u 到另一个顶点 v 的路径如果不只一条,寻找一条路径使其此路径上各边的权值之和最小。一般称路径的起始点为源点(sourse),路径的终止点为终点(destination)。下面介绍两种最常见的最短路径问题。

7.6.1　单源点最短路径问题

单源点最短路径问题是指给定一个带权有向网 net 的源点,求 v 到 net 中其他顶点的最短路径。

例如图 7.20 所示的有向网 net 中从 v_0 到其余顶点之间的最短路径如图 7.21 所示。

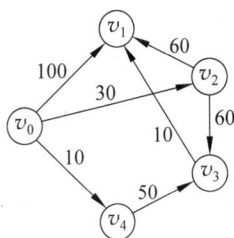

图 7.20　有向网

始点	终点	最短路径	路径长度
v_0	v_1	(v_0, v_4, v_3, v_1)	70
	v_2	(v_0, v_2)	30
	v_3	(v_0, v_4, v_3)	60
	v_4	(v_0, v_4)	10

图 7.21　图 7.20 的有向网的最短路径

从图 7.20 易知,如果 $(v_0, \cdots, v_k, v_j)$ 是最短路径,则 $(v_0, \cdots, v_k)$ 也是最短路径,要存储 $v_0 \sim v_j$ 的最短路径 path[j],只需要存储此路径上 v_j 的前一个顶点 v_k 即可,也就是可表示为 path[j]=k,事实上现在路由器中的路由算法就采用这种方法存储从一个网络结点到另一个网络结点的路由路径的。

为了求得最短路径,迪杰斯特拉(Dijkstra)提出了一种按最短路径长度递增的次序逐次生成最短路径的算法,其特点是首先求出最短的一条最短路径,然后再求长度次短的一条最短路径,依此类推求出其他最短路径。

设集合 U 存放已求得最短路径的端点,设源点为 v_s,在初始状态下 $U=\{v_s\}$,然后每求得一条最短路径,就将路径上的端点加入到 U 中,直到 $U=V$ 时为止。

用数组 dist[] 存储当前找到的从源点 v_s 到其他各顶点的最短路径的长度,其初态是如果存在边 $<v_s, v_i>$,则 dist[i]=g.GetWeight(s, j),否则除非 $v_i = v_s$,dist[s]=0,其他情况下 dist[i]=net.GetInfinity(),这里 net.GetInfinity() 表示一个比实际权值更大的一个数。

设第 1 条最短路径是 (v_s, v_j),也就是:
$$\text{dist}[j] = \max_i \{\text{dist}[i] \mid v_i \in V-U\}$$

设刚求得的一条长度次短的最短路径的终点 v_j,则此路径 $(v_s, \cdots, v_j)$ 的中间点都在 U 中,v_j 满足:
$$\text{dist}[j] = \max_i \{\text{dist}[i] \mid v_i \in V-U\}$$

将 v_j 加入到 U 中,下一条最短路径有两种形式:

(1) $(v_s,\cdots,v_k)$,此路径的中间点不含 v_j,长度为 dist$[k]$。

(2) $(v_s,\cdots,v_j,v_k)$,其中包含的路径 $(v_s,\cdots,v_j)$ 的中间点不含 v_j,整个路径长度为 dist$[j]+$net. GetWeight(j,k)。

下面是 Dijkstra 算法的思路。

(1) 构造 dist 的初始值如下:

$$\text{dist}[i] = \begin{cases} 0, & v_i = v_s \\ \text{net. GetInfinity}(), & <v_s,v_i> \notin E \\ \text{g. GetWeight}, & <v_s,v_i> \in E \end{cases}$$

路径 path 的初始值如下:

$$\text{path}[i] = \begin{cases} s, & <v_s,v_i> \in E \\ -1, & <v_s,v_i> \notin E \end{cases}$$

此处 path$[i]=-1$ 表示还没有求出最短路径,path$[i]=s$ 表示路径上的上一顶点。

(2) 选择 v_j,使得

$$\text{dist}[j] = \min_i\{\text{dist}[j] \mid v_j \in V-U\}$$

将 v_j 加入到 U 中。

(3) 修改从 v_s 到 $V-U$ 中的任一顶点 v_k 当前求得的最短路径,如果

$$\text{dist}[j]+\text{g. GetWeight}(j,k) < \text{dist}[k]$$

则新的从 v_s 到顶点 v_k 当前求得的最短路径为 $(v_s,\cdots,v_j,v_k)$,修改 dist$[k]$ 及 path$[k]$ 如下:

$$\text{dist}[k] = \text{dist}[j]+\text{g. GetWeight}(j,k)$$
$$\text{path}[k] = j$$

(4) 重复(3)和(4)共 $n-1$ 次,此时将求出所有从 v_s 到其余各面点的最短路径。

具体算法如下:

```
template< class ElemType,class WeightType>
void ShortestPathDIJ(const AdjMatrixDirNetwork< ElemType,WeightType> &net,int v0,
    int * path,WeightType * dist)
//操作结果:用 Dijkstra 算法求有向网 net 从顶点 v0 到其余顶点 v 的最短路径 path 和路径长度
//dist[v],path[v]存储最短路径上至此顶点的前一顶点的顶点号
{
    for (int v=0; v<net.GetVexNum(); v++)
    {   //初始化 path 和 dist 及顶点标志
        dist[v]=(v0 !=v && net.GetWeight(v0,v)==0 ) ? net.GetInfinity() : net.GetWeight
            (v0,v);
        if (v0 !=v && dist[v]<net.GetInfinity()) path[v]=v0;
        else path[v]=-1;                            //路径存放数组初始化
        net.SetTag(v,UNVISITED);                    //置顶点标志
    }
    net.SetTag(v0,VISITED);                         //U= {v0}

    for (int u=1; u<net.GetVexNum(); u++)
    {   //除 v0 外的其余 net.GetVexNum()-1 个顶点
```

```
WeightType minVal=net.GetInfinity(); int v1=v0;
for (int w=0; w<net.GetVexNum(); w++)
{   //disk[v1]=min{dist[w] | w ∈ V-U
    if (net.GetTag(w)==UNVISITED && dist[w]<minVal)
    {   //net.GetTag(w)==UNVISITED 表示 w∈V-U
        v1=w;
        minVal=dist[w];
    }
}
net.SetTag(v1,VISITED);                           //将 v1 并入 U

for (int v2=net.FirstAdjVex(v1); v2 !=-1; v2=net.NextAdjVex(v1,v2))
{   //更新当前最短路径及距离
    if (net.GetTag(v2)==UNVISITED && minVal+net.GetWeight(v1,v2)<dist[v2])
    {   //如 v2∈V-U 且 minVal+net.GetWeight(v1,v2)<dist[v2],则修改 dist[v2]
        //及 path[v2]
        dist[v2]=minVal+net.GetWeight(v1,v2);
        path[v2]=v1;
    }
}
    }
}
```

对于图 7.20,实行迪杰斯特拉算法求从 v_0 到其余各个顶点的最短路径过程示意如表 7.3 所示。

表 7.3　迪杰斯特拉算法求从 v_0 到其余各个顶点的最短路径过程示意

终　点	$i=1$	$i=2$	$i=3$	$i=4$
v_1	dist[1]=100 path[1]=0	dist[1]=100 path[1]=0	dist[1]=90 path[1]=2	dist[1]=70 path[1]=3
v_2	dist[2]=30 path[2]=0	dist[2]=30 path[2]=0		
v_3	dist[3]=∞ path[3]=−1	dist[3]=60 path[3]=4	dist[3]=60 path[3]=4	
v_4	dist[4]=10 path[4]=0			
v_j	v_4	v_2	v_3	v_1
U	$\{v_0,v_4\}$	$\{v_0,v_2,v_4\}$	$\{v_0,v_2,v_3,v_4\}$	$\{v_0,v_1,v_2,v_3,v_4\}$

迪杰斯特拉算法的第 1 个 for 循环语句的时间复杂度为 $O(n)$,第 2 个 for 循环语句循环了 $n-1$ 次,每次循环的执行时间为 $O(n)$,可知总时间复杂度为 $O(n^2)$。

7.6.2　所有顶点之间的最短路径

求每一对顶点间的最短路径的一个可行方法是以每个顶点为源点,重复执行迪杰斯特

拉算法 n 次,时间复杂度为 $O(n^3)$。

求每对顶点间的最短路径的另一个方法是弗洛伊德(Floyd)算法,虽然时间复杂度仍是 $O(n^3)$,但思路更简单明了。

弗洛伊德算法基本思想如下:

设路径上可能包含的中间点集合为 U,用 $\text{dist}[i][j]$ 表示求得的从 v_i 到 v_j 的最短路径的长度。

初始时 $U=\{\}$,要求中间点在 U 中的从 v_i 到 v_j 的最短路径,如果 $<v_i,v_j>\in E$,则所求的最短路径为 (v_j,v_j),$\text{dist}[i][j]=\text{net. GetWeight}(i,j)$,否则不存在路径,$\text{dist}[i][j]=\text{net. GetInfinity}()$,这里 $\text{net. GetInfinity}()$ 表示一个比实际权值更大的一个数。

将 v_0 加入到 U 中,即 $U=\{v_0\}$,从 v_i 到 v_j 的中间点在 U 中的最短路径有如下两种情况:

① 以 v_0 为中间点,这时路径为 (v_i,v_0,v_j),路径长度为 $\text{dist}[i][0]+\text{dist}[0][j]$。

② 不以 v_0 为中间点,这时路径为 (v_i,v_j),路径长度为 $\text{dist}[i][j]$。

可知 $\text{dist}[i][j]=\min\{\text{dist}[i][j],\text{dist}[i][0]+\text{dist}[0][j]\}$。

一般地假设 $U=\{v_0,v_1,\cdots,v_{k-1}\}$,向 U 中加入 v_k,现要求中间都落在 U 中(即中间点序列号不大于 k)的从 v_i 到 v_j 的最短路径,这样的路径也可分为如下两种情况。

① 以 v_k 为中间点,并且其他中间点的序号小于 k,此时路径为 $(v_i,\cdots,v_k,\cdots,v_j)$,路径长度为 $\text{dist}[i][k]+\text{dist}[k][j]$。

② 不以 v_k 为中间点,这时中间点的序号小于 k,此时路径为 $(v_i,\cdots,v_j)$,路径长度为 $\text{dist}[i][j]$。

经过上面的步骤 n 次后,可得从 v_i 到 v_j 中间点的序号不大于 $n-1$ 的最短路径,也就是所求的最短路径。

为了分析方便起见,定义 n 阶方阵序列如下:

$$D^{(-1)},D^{(0)},D^{(1)},\cdots,D^{(n-1)}$$

$$D^{(-1)}[i][j]=\begin{cases}0, & i=j \\ \infty, & i\neq j \text{ 且 } <v_i,v_j>\notin E \\ \text{net. GetWeight}(i,j), & <v_i,v_j>\in E\end{cases}$$

$$D^{(k)}[i][j]=\text{Min}\{D^{(k-1)}[i][k]+D^{(k-1)}[k][j],D^{(k-1)}[i][j]\}\quad(0\leqslant k\leqslant n-1)$$

从上面分析可知 $D^{(1)}[i][j]$ 是计算从 v_i 到 v_j 中间点序号不大于 1 的最短路径,$D^{(k)}[i][j]$ 是计算从 v_i 到 v_j 中间点序号不大于 k 的最短路径,$D^{(n-1)}[i][j]$ 是计算从 v_i 到 v_j 中间点序号不大于 $n-1$ 的最短路径,也就是计算从 v_i 到 v_j 的最短路径。

具体算法如下:

```
template<class ElemType,class WeightType>
void ShortestPathFloyd(const AdjListDirNetwork< ElemType, WeightType> &net, int * * path,
WeightType * * dist)
//操作结果:用 Floyd 算法求有向网 net 中各对顶点 u 和 v 之间的最短路径 path[u][v] 和路径长度
//dist[u][v],path[u][v] 存储从 u 到 v 的最短路径上至此顶点的前一顶点的顶点号,dist[u][v]
//存储从 u 到 v 的最短路径的长度
{
```

```
for (int u=0; u<net.GetVexNum(); u++)
  for (int v=0; v<net.GetVexNum(); v++)
  { //初始化 path 和 dist
    dist[u][v]=(u !=v) ? net.GetWeight(u,v):0;
    if (u !=v && dist[u][v]<net.GetInfinity()) path[u][v]=u;    //存在边<u,v>
    else path[u][v]=-1;                                         //不存在边<u,v>
  }

for (int k=0; k<net.GetVexNum(); k++)
  for (int i=0; i<net.GetVexNum(); i++)
    for (int j=0; j<net.GetVexNum(); j++)
      if (dist[i][k]+dist[k][j]<dist[i][j])
      { //从 i 到 k 再到 j 的路径长度更短
        dist[i][j]=dist[i][k]+dist[k][j];
        path[i][j]=path[k][j];
      }
}
```

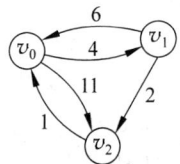

图 7.22　有向网示意图

对于图 7.22,利用上面的算法求每对顶点的最短路径及路径长度时所涉及的矩阵的值如下:

$$\text{dist}^{(-1)} = \begin{bmatrix} 0 & 4 & 11 \\ 6 & 0 & 2 \\ 1 & \infty & 0 \end{bmatrix} \qquad \text{path}^{(-1)} = \begin{bmatrix} -1 & 0 & 0 \\ 1 & -1 & 1 \\ 2 & -1 & -1 \end{bmatrix}$$

$$\text{dist}^{(0)} = \begin{bmatrix} 0 & 4 & 11 \\ 6 & 0 & 2 \\ 1 & 5 & 0 \end{bmatrix} \qquad \text{path}^{(0)} = \begin{bmatrix} -1 & 0 & 0 \\ 1 & -1 & 1 \\ 2 & 0 & -1 \end{bmatrix}$$

$$\text{dist}^{(1)} = \begin{bmatrix} 0 & 4 & 6 \\ 6 & 0 & 2 \\ 1 & 5 & 0 \end{bmatrix} \qquad \text{path}^{(1)} = \begin{bmatrix} -1 & 0 & 1 \\ 1 & -1 & 1 \\ 2 & 0 & -1 \end{bmatrix}$$

$$\text{dist}^{(2)} = \begin{bmatrix} 0 & 4 & 6 \\ 3 & 0 & 2 \\ 1 & 5 & 0 \end{bmatrix} \qquad \text{path}^{(2)} = \begin{bmatrix} -1 & 0 & 1 \\ 2 & -1 & 1 \\ 2 & 0 & -1 \end{bmatrix}$$

**7.7　实例研究

7.7.1　周游世界问题——哈密尔顿圈

假设有一张地图,城市与城市之间有道路相连,要求在这张地图中找出一条把每一个城市都只走一次而不重复,并且还会回到起点的路线;如果找不出这条路线,也请报告这个现象。这个问题就是周游世界问题,也称为哈密尔顿圈问题。

对于图 7.23(a),有 10 个城市(0~9),很明显地它有一条每一个城市都走一次,而且也只走一次的路径,不但如此,还会回到起点。不过并不是每一个图都有这样的路径,对于

图 7.23(b),如果从 0 起到达 1 之后,不论是到 2 还是到 4,都无法回头到达另一个城市。

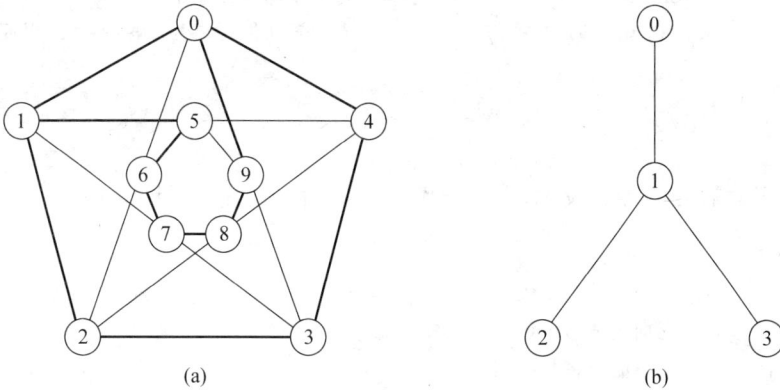

图 7.23　存在哈密尔顿圈的图与不存在哈密尔顿圈的图

可以用一个无向图来表示地图,当两个城市 u 与 v 之间有道路相连时,就在 u 与 v 之间画一条边,用数组 path[] 来存放经过的路径,当经过城市 v 时,将 v 的标志置为 VISITED。在处理过程中将把经过的城市依照次序存放在 path[] 数组中,用 pathVertexNum 表示当前路径的顶点个数,设 v 为哈密尔顿圈的当前结点,对于 v 的邻接点 w,如果 pathVertexNum 为图的顶点个数(g.GetVexNum()),并且 w 为路径的起点(path[0]),这就表示已得到一条哈密尔顿圈:

$$path[0],path[1],path[2],\cdots,path[pathVertexNum-1],path[0]$$

这时输出此哈密尔顿圈即可,否则如果 w 未被访问过,将 w 加入到路径中,路径顶点个数将加 1,并进行递归求出长度更长的路径,在递归结束后,为求得其他的路径,将进行回溯,也就是恢复路径顶点个数,将重置 w 的标志为 UNVISITED,具体实现如下:

```
//文件路径名: hamilton_cycle\hamilton_cycle.h
template< class ElemType>
void HamiltonCycleHelp(const AdjMatrixUndirGraph< ElemType > &g, int v, int path[], int
    pathVertexNum,ostream &outStream)
//初始条件:存在无向图 g,path 为哈密尔顿圈,v 为哈密尔顿圈的当前结点,pathVertexNum 为路径
//当前顶点个数,outStream 为输出流
//操作结果:给出图 g 中由 path[0] 开始的哈密尔顿圈
{
    for (int w=g.FirstAdjVex(v); w>=0; w=g.NextAdjVex(v,w))
    { //对 v 的所有邻接点进行循环
        if (pathVertexNum==g.GetVexNum() && w==path[0])
        { //得到一个哈密尔顿圈
            OutputSolution(g,path,pathVertexNum,outStream);        //输出哈密尔顿圈
        }
        else if (g.GetTag(w)==UNVISITED)
        { //w 未被访问过
            path[pathVertexNum++]=w;              //将 w 加入到哈密尔顿圈中
            g.SetTag(w,VISITED);                  //置访问标志为 VISITED
            HamiltonCycleHelp(g,w,path,pathVertexNum,outFile);
```

```
            //将 w 作为新的当前结点建立哈密尔顿圈
        pathVertexNum--;                      //恢复路径顶点个数,回溯
        g.SetTag(w,UNVISITED);                //重置访问标志为 UNVISITED,以便回溯
    }
  }
}
```

上面的函数需要的参数较多,为便于操作,将上面算法进行封装如下:

```
template<class ElemType>
void HamiltonCycle(const AdjMatrixUndirGraph<ElemType> &g,ostream &outStream)
//初始条件:存在无向图 g,outStream 为输出流
//操作结果:输出图 g 的哈密尔顿圈
{
    int v=0, * path,pathVertexNum=1;
    path=new int[g.GetVexNum()];             //为 path 分配存储空间
    path[0]=v;                               //哈密尔顿圈的起点
    g.SetTag(v,VISITED);                     //置访问标志
    HamiltonCycleHelp(g,v,path,pathVertexNum,outStream);
        //建立图 g 的以 v 为起点的哈密尔顿圈
    delete []path;                           //释放 path 占用空间
}
```

在输出哈密尔顿圈的函数 OutputSolution 中,只要分别输出 path[0], path[1], path[2],…,path[pathVertexNum-1],path[0]即可,由于有多条哈密尔顿圈,用静态变量 n 存储当前已输出的哈密尔顿圈个数,可为哈密尔顿圈编号,具体实现如下:

```
template<class ElemType>
void OutputSolution(const AdjMatrixUndirGraph< ElemType > &g, int path[], int pathVertexNum,
    ostream &outStream)
//操作结果:输出哈密尔顿圈,outStream 为输出流
{
    static int n=0;                          //已输出的哈密尔顿圈个数
    ElemType e;                              //顶点元素值

    g.GetElem(path[0],e);                    //取出顶点元素值
    outStream<<"No"<<++n<<":\t"<<e;          //输出起始点
    for(int pos=1;pos<pathVertexNum;pos++)
    {   //显示路径上中间顶点的元素值
        g.GetElem(path[0],e);                //取出顶点元素值
        outStream<<"->"<<e;                  //输出路径上的中间点
    }
    g.GetElem(path[0],e);                    //取出顶点元素值
    outStream<<"->"<<e<<endl;                //输出终止点
}
```

7.7.2 一笔画问题——欧拉问题

一笔画问题起源于 1736 年欧拉(Euler)对当时的哥尼斯堡七桥问题的解答。在当时东普鲁士古城哥尼斯堡被一条叫做普雷格尔的河横穿而过,为了交通需要而建了 7 座桥,它们的位置如图 7.24(a)所示。

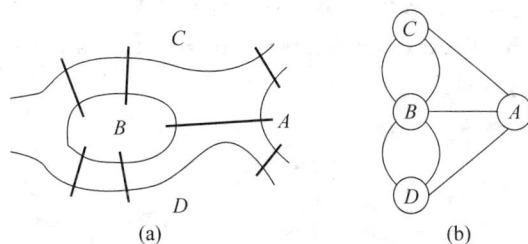

图 7.24　哥尼斯堡七桥问题

当时城中的人一直想法把每一座桥都走过,并且每条桥都只经过一次。在 1736 年欧拉的文章中,他把河的两岸、河中两个小岛用 4 个顶点代替,而把桥用连接两个顶点之间的线段来表示,如图 7.24(b)所示。

对于连通图,欧拉证明了如下结论。

(1) 如果所有顶点的度都为偶数,那么就一定可以从任何一个顶点出发,走遍每一条边而回到起始顶点,并且每一条边都只经过一次。对于图 7.25(a),A、B、C、G 的度为 4,E 与 F 的度为 2,D 的度为 6,都是偶数,可以从任一顶点出发而回到起始顶点,而且每一条边都只经过一次;比如 $A->B->D->G->F->E->G->D->C->A->B->D->C->A$ 就是一种走法。

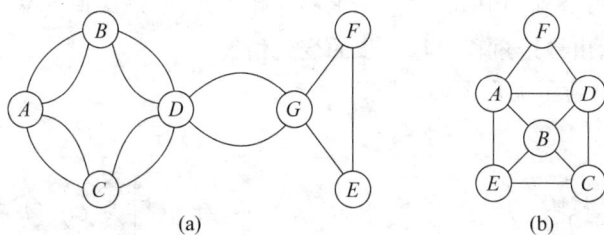

图 7.25　欧拉图

(2) 如果图中有两个顶点的度为奇数,那么从其中 1 个奇顶点出发,一定可以把每一条边都走一次而不重复,最后回到另一个奇顶点。图 7.25(b)就是一个例子,C 与 E 就是仅有的两个度为奇数的顶点,走法如下:$C->D->F->A->E->C->B->A->D->B->E$。

(3) 如果度为奇数的顶点的个数大于 2,就不可能有一笔画的走法。正因为如此,7 桥问题就是不可解的(如图 7.24(b)所示),因为 A、C 与 D 的度为 3,而 B 的度为 5,因此全都是度为奇数的顶点。

欧拉问题的具体实现请读者从作者教学网站上下载。

7.8 深入学习导读

哈密尔顿圈与欧拉问题的相关图论理论可参考耿素云、屈婉玲、王捍贫编著的《离散数学教程》[25]，相关的算法实现可参考冼镜光编著的《C 语言名题精选百则技巧篇》[21]。

本书实现了求最小代价生成树的 Kruskal 算法，其他 Kruskal 算法实现方法可参考 Cliford A. Shaffer 所著的《A Practical Introduction to Data Structures and Algorithm Analysis, Second Edition》[2]。

习　题　7

1. 什么是无向图的连通分量与生成树？

2. 给出图 7.26 所有拓扑有序序列。

3. 有向图中顶点的度是怎样确定的？

4. 对于图 7.27 从顶点 d 出发分别按深度优先搜索与广度优先搜索方法进行遍历，写出相应的顶点序列。

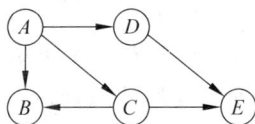

图 7.26　第 2 题的图

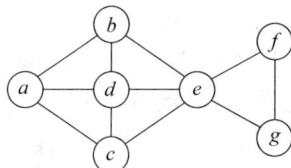

图 7.27　第 4 题的图

5. 对于图 7.28，分别用 Prim 算法与 Kruskal 算法（要求从顶点 V_1 出发）构造出一棵最小生成树，要求图示出构造过程中每一步的变化情况。

6. 已知图 7.29 所示无向图 G，试求：

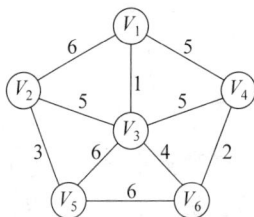

图 7.28　第 5 题的图

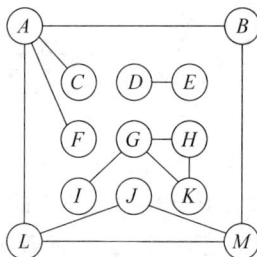

图 7.29　第 6 题的图

(1) G 有几个连通分量？

(2) 深度优先搜索所产生的森林是什么？

(3) 深度优先搜索的顶点序列是什么？

7. 设 G 为有 n 个顶点 $(n>1)$ 的无向连通图，证明 G 至少有 $n-1$ 条边。

8. 对于如图 7.30 所示的事件结点网络，求出各事件可能的最早发生时刻与最迟发生时刻,各活动可能的最早开始时间和允许的最晚完成时间,并问哪些活动是关键活动。

*9. 如图 7.31 所示为 5 个乡镇之间的交通图,乡镇之间道路的长度如图中边上所注。现在要在这 5 个乡镇中选择一个乡镇建立一个消防站,问这个消防站应建在哪个乡镇,才能使离消防站最远的乡镇到消防站的路程最短。试回答解决上述问题应采用什么算法,并写出应用该算法解答上述问题的每一步计算结果。

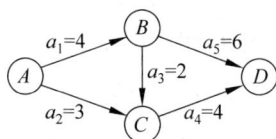

图 7.30 第 8 题的图

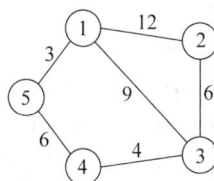

图 7.31 第 9 题的图

上机实验题 7

1. 改进本书实现的求最小生成树的 Kruskal 算法,用最大优先队列来实现按照边的权值顺序处理,用等价关系判断两个结点是否属于同一棵自由树以及合并自由树。

**2. 在有向图 G 中顶点只有编号的信息,如果 r 到 G 中的每个顶点都有路径可达,则称顶点 r 为 G 的根顶点。编写算法判断有向图 G 是否有根,若有,则显示所有根顶点的值。

第 8 章 查 找

8.1 查找的基本概念

查找表(search table)是由同一类型的数据元素(或记录)所组成的集合。

对查找表通常有如下 4 种操作:

(1) 查询某个"特定的"数据元素是否在查找表中;

(2) 检索某个"特定的"数据元素的各种属性;

(3) 在查找表中插入一个数据元素;

(4) 从查找表中删除某个元素。

前两种操作统称为"查找"的操作,如果只对查找表进行前两种"查找"的操作,也就是查找表的元素不发生变化,这样的查找表称为静态查找表(static search table);如在查找过程中同时还要插入查找表中不存在的数据元素或从查找表中删除已存在的某个数据元素,也就是查找表的数据元素要发生变化,这样的查找表称为动态查找表(dynamic search table)。

关键字是数据元素(或记录)中某个数据项的值,用它可标识(识别)一个数据元素(或记录)。例如,对于学生记录可用学号作关键字,为了实现查找功能,可以按关键字进行比较操作,需要时可重载关系运算符($<$,$<=$,$>$,$>=$,$==$,$!=$)。根据给定的某个值,在查找表中确定一关键字等于给定值的记录或数据元素,如查找表中存在这样的记录,则称查找是成功的,此时查找结果将给出整个记录的信息,或指示此记录在查找表中的位置;如查找表中不存在关键字等于给定值的记录,则称为查找不成功,此时查找结果可给出一个"空"记录或"空"指针。

对于查找表,假设每个数据元素都与一个关键字相关,并且记录都可按关键字进行比较,可以使用类型转换函数自动将数据元素类型转换为关键字类型,从而实现将数据元素的比较自动转换为关键字的比较。

类类型转换函数专门用来将类类型转换为基本数据类型。为类声明一个类类型转换函数的语法如下:

```
operator<基本类型名>()
{
    ⋮
    return<基本类型值>;
}
```

类类型转换函数没有返回值类型,因为<基本类型名>就代表了它的返回类型,而且也没有任何参数。在调用过程中要带一个对象实参。

下面是具体实例:

```
//文件路径名: e8_1\main.cpp
```

```
//数据元素类型声明
template< class KeyType,class OtherInfoType>
class ElemType
{
private：
//数据成员：
    KeyType key;                              //关键字
    OtherInfoType OtherInfo;                  //元素的其他信息

public：
//公共操作：
    ElemType(KeyType k);                      //构造函数
    ElemType(KeyType k,OtherInfoType oInfo);  //构造函数
    KeyType GetKey();                         //返回关键字信息
    OtherInfoType GetOtherInfo();             //返回其他信息
    operator KeyType()const;                  //类类型转换函数
};


//数据元素类型的实现部分
template< class KeyType,class OtherInfoType>
ElemType< KeyType,OtherInfoType>::ElemType(KeyType k)
//操作结果：构造关键字为 k 的数据元素——构造函数
{
    key=k;                                    //关键字
}


template< class KeyType,class OtherInfoType>
ElemType< KeyType,OtherInfoType>::ElemType(KeyType k,OtherInfoType oInfo)
//操作结果：构造关键字为 k,其他信息为 oInfo 的数据元素——构造函数
{
    key=k;                                    //关键字
    OtherInfo=oInfo;                          //其他信息
}


template< class KeyType,class OtherInfoType>
KeyType ElemType< KeyType,OtherInfoType>::GetKey()
//操作结果：返回关键字信息
{
    return key;
}


template< class KeyType,class OtherInfoType>
OtherInfoType ElemType< KeyType,OtherInfoType>::GetOtherInfo()
//操作结果：返回其他信息
{
```

```
        return OtherInfo;
    }


    template< class KeyType,class OtherInfoType>
    ElemType< KeyType,OtherInfoType> ::operator KeyType()const
    //操作结果:将数据元素类型转换为关键字类型——类类型转换函数
    {
        return key;
    }


    int main(void)
    {

        ElemType< int,void * >elem1(18),elem2(168);              //定义数据元素 elem1,elem2
        int key=198;                                            //关键字

        if (elem1>elem2) cout<<"elem1>elem2"<<endl;             //>关系运算
        else if (elem1>=elem2) cout<<"elem1>=elem2"<<endl;      //>=关系运算
        else if (elem1<elem2) cout<<"elem1<elem2"<<endl;        //<关系运算
        else if (elem1<=elem2) cout<<"elem1<=elem2"<<endl;      //<=关系运算
        else if (elem1==elem2) cout<<"elem1==elem2"<<endl;      //==关系运算
        else if (elem1!=elem2) cout<<"elem1!=elem2"<<endl;      //!=关系运算

        if (elem1>key) cout<<"elem1>key"<<endl;                 //>关系运算
        else if (elem1>=key) cout<<"elem1>=key"<<endl;          //>=关系运算
        else if (elem1<key) cout<<"elem1<key"<<endl;            //<关系运算
        else if (elem1<=key) cout<<"elem1<=key"<<endl;          //<=关系运算
        else if (elem1==key) cout<<"elem1==key"<<endl;          //==关系运算
        else if (elem1!=key) cout<<"elem1!=v"<<endl;            //!=关系运算

        if (key>elem2) cout<<"key>elem2"<<endl;                 //>关系运算
        else if (key>=elem2) cout<<"key>=elem2"<<endl;          //>=关系运算
        else if (key<elem2) cout<<"key<elem2"<<endl;            //<关系运算
        else if (key<=elem2) cout<<"key<=elem2"<<endl;          //<=关系运算
        else if (key==elem2) cout<<"key==elem2"<<endl;          //==关系运算
        else if (key!=elem2) cout<<"key!=elem2"<<endl;          //!=关系运算

        system("PAUSE");                                        //调用库函数 system()
        return 0;                                               //返回值 0,返回操作系统

    }
```

说明:数据元素的类型可以与关键字类型相同,这时任何数据元素都自动是关键字。当然,不必进行转换了,例如本章后面的测试程序都假定数据元素与关键字类型都为 int。

8.2 静态表的查找

8.2.1 顺序查找

下面采用数组表示静态表,其查找过程是从第 1 个记录开始逐个地对记录的关键字的值进行比较,如某个记录的关键字的值和给定值相等,则查找成功,返回此记录的序号;如果直到最后一个记录的关键字的值都和给定值不相等,则表示查找表中没有所查的记录,查找失败,返回−1。具体算法如下:

```
template<class ElemType,class KeyType>
int SqSerach(ElemType elem[],int n,KeyType key)
//操作结果:在顺序表中查找关键字的值等于 key 的记录,如查找成功,则返回此记录的序号,否则
//返回-1
{
    int i;            //临时变量
    for (i=0; i<n && elem[i] !=key; i++);
    if (i<n)
    { //查找成功
        return i;
    }
    else
    { //查找失败
        return-1;
    }
}
```

对于查找表的效率,一般通过平均查找长度(ASL)进行衡量,此处的平均查找长度是指为确定元素在查找表中的位置进行执行关键字比较次数的平均值。对于有 n 个元素的查找表,查找成功的平均比较次数如下:

$$\text{ASL}_{\text{succ}} = \sum_{i=0}^{n-1} p_i c_i$$

其中, p_i 为查找表中查找第 i 个对象的概率,满足条件 $\sum_{i=0}^{n-1} p_i = 1$, c_i 是查找到第 i 个对象所需关键字的比较次数。对于前面的顺序查找,查找第 i 个元素要比较 $i+1$ 次,所以 $c_i = i+1$,这时

$$\text{ASL}_{\text{succ}} = \sum_{i=0}^{n-1} p_i \cdot (i+1)$$

如果是等概率查找,也就是 $p_i = \dfrac{1}{n}$,这时有

$$\text{ASL}_{\text{succ}} = \sum_{i=0}^{n-1} \frac{i+1}{n} = \frac{n \cdot (n+1)}{2} \cdot \frac{1}{n} = \frac{n+1}{2}$$

也就是对于顺序查找,在等概率的情况下平均查找长度为 $\dfrac{n+1}{2}$ 。

查找不成功时,比较次数都为 n。

顺序查找与其他查找方法相比,查找成功的平均查找长度较长,但对表没有什么特别的要求,并且线性链表只能进行顺序查找。

8.2.2　有序表的查找

有序表是指查找表的元素按关键字有序,也就是满足:
$$\text{elem}[0] \leqslant \text{elem}[1] \leqslant \cdots \leqslant \text{elem}[n-1]$$

有序表一般采用折半查找(binary search)来实现,折半查找的本质是首先确定待查元素所在的范围,然后再逐步缩小范围(区间),直到查找到元素或查找失败为止。

例如,对于如下的 7 个元素的有序表:
$$(1,3,4,5,7,8,9)$$

现在要查找关键字符 key=4 的元素,设 low 和 high 分别指示查找范围(区间)的下界和上界,mid 指示查找范围的中间位置,取 mid=(low+high)/2,low 和 high 的初值分别是 0 和 6,这时的查找区间为[0,6]。

下面分析查找过程:

由于 key<elem[mid],所以待查的元素在 mid 的左侧,这样查找区间为[low,mid−1],也就是令 high=mid−1,mid=(low+high)/2=1,如下所示:

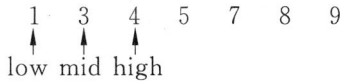

这时 key>elem[mid],所以查找区间为[mid+1,high],也就是 low=mid+1,这时查找区间为[4,4],mid=4,如下所示:

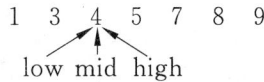

这时 key==elem[mid],查找成功。

折半查找过程是用查找区间的中间位置元素的关键字与给定值进行比较,如相等,则查找成功;如不相等,将缩小范围,直到新的区间中间位置的关键字等于给定值或 low>high(表示查找失败)时为止。

下面是具体算法:

```
template<class ElemType,class KeyType>
int BinSerach(ElemType elem[],int n,KeyType key)
//操作结果:在有序表中查找其关键字的值等于 key 的记录,如查找成功,则返回此记录的序号
//否则返回-1
{
    int low=0,high=n-1;                                    //查找区间初值
```

```
    while (low<=high)
    {
      int mid= (low+high) / 2;                          //查找区间中间位置
      if (key==elem[mid])
      {  //查找成功
         return mid;
      }
      else if (key<elem[mid])
      {  //继续在左半区间进行查找
         high=mid-1;
      }
      else
      {  //继续在右半区间进行查找
         low=mid+1;
      }
    }

    return-1;                                           //查找失败
}
```

下面通过折半查找判定树进行分析,设待查区间为[low,high],则折半查找判定树递归
定义如下:

(1) 如果 low>high,则折半查找判定树为空。

(2) 如果 low≤high,则折半查找判定树的根为 mid＝(low＋high) / 2,左子树为查找
区间[low,mid－1]所构成的折半查找判定树,右子树为查找区间[mid＋1,high]所构成的
折半查找判定树。

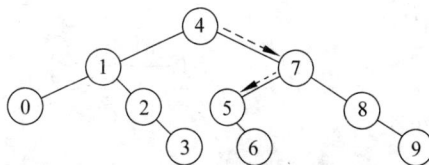

查找区间[0,9]的折半查找判定树如图 8.1 所示。

在查找第 5 个元素时,先和第 4 个元素进行比较,再和第 7 个元素进行比较,最后再和
第 5 个元素进行比较,这时查找成功。如图 8.2 所示。

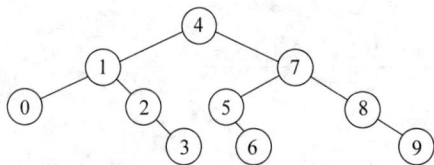

图 8.1 折半查找判定树   图 8.2 查找第 5 个元素的过程

如果从根结点比较到第 2 个元素时,给定值小于第 2 个元素的关键字。由于第 2 个元
素在折半查找判定树中无左孩子,这时查找失败。如从根结点比较到第 6 个元素时,给定值
与第 6 个元素的关键字值不相等,由于第 6 个元素在折半查找判定树中无孩子,也查找失
败。可知,查找失败将导致从根结点到叶结点或度为 1 的结点的一条路径,其比较次数不超
过折半查找判定树的高度。

设结点个数为 n 的判定树深度为 $H(n)$,用数学归纳容易证明 $H(n)$ 是关于 n 的不减函
数。设

$$2^{h-1} \leqslant n < 2^h \qquad\qquad (8.1)$$

取以 2 为底的对数可得

$$h-1 \leqslant \log_2 n < h$$

所以，$h-1=\lfloor \log_2 n \rfloor$，进而可得 $h=\lfloor \log_2 n \rfloor +1$。

取 $n_1=2^{h-1}-1$，则结点个数为 n_1 的判定树为深度为 $h-1$ 的满二叉树，所以 $H(n_1)=h-1$。

类似地，取 $n_2=2^h-1$，则结点个数为 n_2 的判定树为深度 h 的满二叉树，所以 $H(n_2)=h$。

由式 8.1 可知

$$2^{h-1}-1 < n \leqslant 2^h-1$$

所以，$n_1<n\leqslant n_2$，进一步可得 $H(n_1)\leqslant H(n)\leqslant H(n_2)$，所以有

$$h-1 \leqslant H(n) \leqslant h$$

进而可得

$$\lfloor \log_2 n \rfloor \leqslant H(n) \leqslant \lfloor \log_2 n \rfloor +1 \qquad\qquad (8.2)$$

可知查找失败的比较次数不超过 $\lfloor \log_2 n \rfloor +1$。

为了讨论查找成功的平均比较次数，设结点个数为 n 的判定树的查找所有结点的总比较次数为 $C(n)$，用数学归纳容易证明 $C(n)$ 是关于 n 的不减函数。与上面类似地，设 $2^{h-1}\leqslant n<2^h$，则有 $h=\lfloor \log_2 n \rfloor +1$。

取 $n_1=2^{h-1}-1$，则结点个数为 n_1 的判定树为深度为 $h-1$ 的满二叉树，所以 $C(n_1)=\displaystyle\sum_{i=1}^{h-1} i \cdot 2^{i-1}$。

取 $n_2=2^h-1$，则结点个数为 n_2 的判定树为深度 h 的满二叉树，所以 $C(n_2)=\displaystyle\sum_{i=1}^{h} i \cdot 2^{i-1}$。

设 $f(x,h)=\displaystyle\sum_{i=1}^{h} i \cdot x^{i-1}$，则有

$$\int_0^x f(t,h)\mathrm{d}t = \sum_{i=1}^{h}\int_0^x i \cdot t^{i-1}\mathrm{d}t = \sum_{i=1}^{h} x^i = \frac{x(1-x^h)}{1-x}$$

所以

$$f(x,h)=\left(\frac{x(1-x^h)}{1-x}\right)' = \frac{[1-(h+1)x^h](1-x)+(x-x^{h+1})}{(1-x)^2}$$

可得

$$C(n_1)=\sum_{i=1}^{h-1} i \cdot 2^{i-1} = f(2,h-1) = (h-1) \cdot 2^{h-1}+1 = \lfloor \log_2 n \rfloor \cdot 2^{\lfloor \log_2 n \rfloor}+1$$

$$C(n_2)=\sum_{i=1}^{h} i \cdot 2^{i-1} = f(2,h) = (h-1) \cdot 2^h+1 = \lfloor \log_2 n \rfloor \cdot 2^{\lfloor \log_2 n \rfloor +1}+1$$

由 $2^{h-1}\leqslant n<2^h$ 可得 $2^{h-1}-1<n\leqslant 2^h-1$，也就是 $n_1<n\leqslant n_2$，所以

$$\lfloor \log_2 n \rfloor \cdot 2^{\lfloor \log_2 n \rfloor}+1 \leqslant C(n) \leqslant \lfloor \log_2 n \rfloor \cdot 2^{\lfloor \log_2 n \rfloor +1}+1 \qquad\qquad (8.3)$$

可得查找成功的平均比较次数为 $\mathrm{ASL}_{\mathrm{succ}}(n)=\dfrac{C(n)}{n}$，由式(8.3)可得

$$\frac{\lfloor \log_2 n \rfloor \cdot 2^{\lfloor \log_2 n \rfloor}+1}{n} \leqslant \mathrm{ASL}_{\mathrm{succ}}(n) \leqslant \frac{\lfloor \log_2 n \rfloor \cdot 2^{\lfloor \log_2 n \rfloor +1}+1}{n} \qquad\qquad (8.4)$$

由$\lfloor \log_2 n \rfloor$的含义可得

$$\log_2 n - 1 \leqslant \lfloor \log_2 n \rfloor \leqslant \log_2 n \tag{8.5}$$

由式(8.4)与式(8.5)可得

$$\frac{(\log_2 n - 1) \cdot n/2 + 1}{n} \leqslant \mathrm{ASL_{succ}}(n) < \frac{2n\log_2 n + 1}{n} \tag{8.6}$$

由上面的分析可知折半查找的效率较高,但要求查找表为有序表,也就是对查找表的要求较高。

8.3　动态查找表

动态查找表是在查找过程中动态生成的,也就是对于给定值 key,如果查找表中存在关键字等于 key 的元素,则查找成功;否则,在查找表中插入关键字等于 key 的元素。动态查找表有不同的实现方法,下面介绍常用的三种实现方法。

8.3.1　二叉排序树

1. 二叉排序树的定义

二叉排序树是一种较为特别的二叉树,以下是它的具体定义。

定义:二叉排序树或者是一棵空树,或者是具有下列性质的二叉树。

(1) 若它的左子树不空,则左子树上所有结点的关键字值均小于它的根结点的关键字值。

(2) 若它的右子树不空,则右子树上所有结点的关键字值均大于它的根结点的关键字值。

(3) 它的左、右子树也分别为二叉排序树。

由定义可知二叉排序树作中序遍历将得到所有元素值的一个从小至大序列。

下面是二叉排序树的基本操作。

1) BinTreeNode<ElemType> * GetRoot() const

初始条件:二叉排序树已存在。

操作结果:返回二叉排序树的根。

2) bool Empty() const

初始条件:二叉排序树已存在。

操作结果:如二叉排序树为空,则返回 true;否则返回 false。

3) StatusCode GetElem(TreeNode<ElemType> * cur,ElemType &e) const

初始条件:二叉排序树已存在,cur 为二叉排序树的一个结点。

操作结果:如果不存在结点 cur,函数返回 NOT_PRESENT;否则返回 ENTRY_FOUND,并用 e 返回结点 cur 元素值。

4) StatusCode SetElem(TreeNode<ElemType> * cur,const ElemType &e)

初始条件:二叉排序树已存在,cur 为二叉排序树的一个结点。

操作结果：如果不存在结点 cur，则返回 FAIL；否则返回 SUCCESS，并将结点 cur 的值设置为 e。

5) void InOrder(void (∗ visit)(const ElemType &)) const

初始条件：二叉排序树已存在。

操作结果：中序遍历二叉排序树，对每个结点调用函数(∗ visit)。

6) void PreOrder(void (∗ visit)(const ElemType &)) const

初始条件：二叉排序树已存在。

操作结果：先序遍历二叉排序树，对每个结点调用函数(∗ visit)。

7) void PostOrder(void (∗ visit)(const ElemType &)) const

初始条件：二叉排序树已存在。

操作结果：后序遍历二叉排序树，对每个结点调用函数(∗ visit)。

8) void LevelOrder(void (∗ visit)(const ElemType &)) const

初始条件：二叉排序树已存在。

操作结果：层次遍历二叉排序树，对每个结点调用函数(∗ visit)。

9) int NodeCount() const

初始条件：二叉排序树已存在。

操作结果：返回二叉排序树的结点个数。

10) BinTreeNode<ElemType> ∗ Search(const KeyType &key) const

初始条件：二叉排序树已存在。

操作结果：查找关键字为 key 的数据元素。

11) bool Insert(const ElemType &e)

初始条件：二叉排序树已存在。

操作结果：插入数据元素 e。

12) bool Delete(const KeyType &key)

初始条件：二叉排序树已存在。

操作结果：删除关键字为 key 的数据元素。

13) BinTreeNode＜ElemType＞ ∗ LeftChild(const BinTreeNode＜ElemType＞ ∗ cur) const

初始条件：二叉排序树已存在，cur 是二叉树的一个结点。

操作结果：返回二叉排序树结点 cur 的左孩子。

14) BinTreeNode＜ElemType＞ ∗ RightChild(const BinTreeNode＜ElemType＞ ∗ cur) const

初始条件：二叉排序树已存在，cur 是二叉排序树的一个结点。

操作结果：返回二叉排序树结点 cur 的右孩子。

15) BinTreeNode ＜ ElemType ＞ ∗ Parent(const BinTreeNode ＜ ElemType ＞ ∗ cur) const

初始条件：二叉排序树已存在，cur 是二叉树的一个结点。

操作结果：返回二叉排序树结点 cur 的双亲结点。

16）int Height() const

初始条件：二叉排序树已存在。

操作结果：返回二叉排序树的高。

显然，二叉排序树的大部分操作与二叉树的操作相同。在下面二叉排序树类模板中，对二叉排序树新增加的操作用阴影加以标识。

```
//二叉排序树类模板
template<class ElemType,class KeyType>
class BinarySortTree
{
protected:
//二叉排序树的数据成员:
    BinTreeNode<ElemType> * root;

//辅助函数模板:
    BinTreeNode<ElemType> * CopyTreeHelp(BinTreeNode<ElemType> * copy);
        //复制二叉排序树
    void DestroyHelp(BinTreeNode<ElemType> * &r);
        //销毁以 r 为根二叉排序树
    void PreOrderHelp(BinTreeNode<ElemType> * r,void (* visit)(const ElemType &)) const;
        //先序遍历
    void InOrderHelp(BinTreeNode<ElemType> * r,void (* visit)(const ElemType &)) const;
        //中序遍历
    void PostOrderHelp(BinTreeNode<ElemType> * r,void (* visit)(const ElemType &)) const;
        //后序遍历
    int HeightHelp(const BinTreeNode<ElemType> * r) const;
        //返回二叉排序树的高
    int NodeCountHelp(const BinTreeNode<ElemType> * r) const;
        //返回二叉排序树的结点个数
    BinTreeNode<ElemType> * ParentHelp(BinTreeNode<ElemType> * r,
        const BinTreeNode<ElemType> * cur) const;        //返回 cur 的双亲
    BinTreeNode<ElemType> * SearchHelp(const KeyType &key,BinTreeNode<ElemType> * &f)
        const;                                //查找关键字为 key 的数据元素
    void DeleteHelp(BinTreeNode<ElemType> * &p);        //删除 p 指向的结点

public:
//二叉排序树方法声明及重载编译系统默认方法声明:
    BinarySortTree();                                //无参数的构造函数模板
    virtual ~BinarySortTree();                        //析构函数模板
    BinTreeNode<ElemType> * GetRoot() const;          //返回二叉排序树的根
    bool Empty() const;                               //判断二叉排序树是否为空
    StatusCode GetElem(BinTreeNode<ElemType> * cur,ElemType &e) const;
        //用 e 返回结点数据元素值
    StatusCode SetElem(BinTreeNode<ElemType> * cur,const ElemType &e);
        //将结点 cur 的值置为 e
    void InOrder(void (* visit)(const ElemType &)) const;        //二叉排序树的中序遍历
```

```
    void PreOrder(void (* visit)(const ElemType &)) const;          //二叉排序树的先序遍历
    void PostOrder(void (* visit)(const ElemType &)) const;         //二叉排序树的后序遍历
    void LevelOrder(void (* visit)(const ElemType &)) const;        //二叉排序树的层次遍历
    int NodeCount() const;                                          //求二叉排序树的结点个数
    BinTreeNode<ElemType> * Search(const KeyType &key) const;
        //查找关键字为 key 的数据元素
    bool Insert(const ElemType &e);                                //插入数据元素 e
    bool Delete(const KeyType &key);                               //删除关键字为 key 的数据元素
    BinTreeNode<ElemType> * LeftChild(const BinTreeNode<ElemType> * cur) const;
        //返回二叉排序树结点 cur 的左孩子
    BinTreeNode<ElemType> * RightChild(const BinTreeNode<ElemType> * cur) const;
        //返回二叉排序树结点 cur 的右孩子
    BinTreeNode<ElemType> * Parent(const BinTreeNode<ElemType> * cur) const;
        //返回二叉排序树结点 cur 的双亲
    int Height() const;                                           //求二叉排序树的高
    BinarySortTree(const ElemType &e);                           //建立以 e 为根的二叉排序树
    BinarySortTree(const BinarySortTree<ElemType,KeyType> &copy);
                                                                  //复制构造函数模板
    BinarySortTree(BinTreeNode<ElemType> * r);                   //建立以 r 为根的二叉排序树
    BinarySortTree<ElemType,KeyType> &operator=
        (const BinarySortTree<ElemType,KeyType> & copy);          //重载赋值运算符
};
```

例如,图 8.3 就是一棵二叉排序树。

2. 二叉排序树的查找(Search)

二叉排序树的查找方法比较简单,当二叉排序树非空时,首先将给定值与根结点的关键字的值进行比较,如相等,则查找成功;否则,如果给定值小于根结点关键字的值,则沿 leftChild 前进至左子树,否则沿 rightChild 前进至右子树。在下一结点中重复此过程,直到查找成功,或向前进行至一空子树时为止。查找成功时,返回指向关键字值等于给定值的结点的指针;查找失败时,返回 NULL。

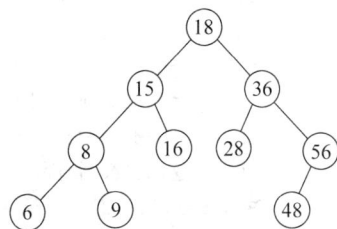

图 8.3 二叉排序树示意图

由于在二叉排序的插入和删除算法中要用到当前结点的双亲信息,因此下面先构造一辅助函数,不但能返回指向要查找的结点的指针,也能返回它的双亲。具体 C++ 函数实现如下:

```
template<class ElemType,class KeyType>
BinTreeNode<ElemType> * BinarySortTree< ElemType, KeyType > :: SearchHelp (const KeyType
&key, BinTreeNode<ElemType> * &f) const
//操作结果: 返回指向关键字为 key 的数据元素的指针,用 f 返回其双亲
{
    BinTreeNode<ElemType> * p=GetRoot();           //指向当前结点
    f=NULL;                                        //指向 p 的双亲

    while (p !=NULL && p->data !=key)
```

```
    {   //查找关键字为 key 的结点
        if (key<p->data)
        {   //key更小,在左子树上进行查找
            f=p;
            p=p->leftChild;
        }
        else
        {   //key更大,在右子树上进行查找
            f=p;
            p=p->rightChild;
        }
    }

    return p;
}
```

查找算法具体实现如下:

```
template<class ElemType,class KeyType>
BinTreeNode< ElemType > * BinarySortTree < ElemType, KeyType >:: Search (const KeyType
    &key) const
//操作结果:返回指向关键字为 key 的数据元素的指针
{
    BinTreeNode<ElemType> * f;                      //指向被查找结点的双亲
    return SearchHelp(key,f);


}
```

例如,在图 8.3 所示的二叉排序树中查找关键字等于 16 的结点,首先以 key=16 与根结点 18 进行比较,由于 key<18,所以沿 leftChild 指针前进到左孩子 15;由于 key>15,则继续沿 rightChild 前进到结点 16;由于 key==16,查找成功。又如查找关键字的值为 40 的结点,与前面类似,分别与结点 18、36、56 和 48 进行比较关键字后,沿 48 的 leftChild 前进到了空子树,表示查找失败。

*3. 二叉排序树的插入(Insert)

函数 Insert 的作用是将一个新元素插入到二叉排序树中。在二叉排序树中插入一个新结点后,形成的二叉树仍然是二叉排序树。为了在二叉排序树中插入新结点,首先需要做的是查找二叉排序树。由于根据二叉排序树的定义,二叉排序树的结点的数据元素的关键字之值都不相同,因此只有查找失败时才能完成插入操作。可用 SearchHelp 函数来实现查找操作,如查找失败,新结点为 f 的孩子,根据插入元素的关键字之值决定新结点是 f 的左孩子还是 f 的右孩子。

具体 C++ 实现如下:

```
template<class ElemType,class KeyType>
bool BinarySortTree<ElemType,KeyType>::Insert(const ElemType &e)
//操作结果:插入数据元素 e
```

```
    {
        BinTreeNode<ElemType> * f;                      //指向被查找结点的双亲
        if (SearchHelp(e,f)==NULL)
        { //查找失败,插入成功
            BinTreeNode<ElemType> * p;                  //插入的新结点
            p=new BinTreeNode<ElemType>(e);
            if (Empty())
            { //空二叉树,新结点为根结点
                root=p;
            }
            else if (e<f->data)
            { //e更小,插入结点为 f 的左孩子
                f->leftChild=p;
            }
            else
            { //e更大,插入结点为 f 的右孩子
                f->rightChild=p;
            }

            return true;
        }
        else
        { //查找成功,插入失败
            return false;
        }
    }
```

从空树出发,经过不断地进行插入操作后便可生成一个二叉排序树。设关键字序列为
{16,8,28,6,18,10},生成二叉排序树的过程如图 8.4 所示。

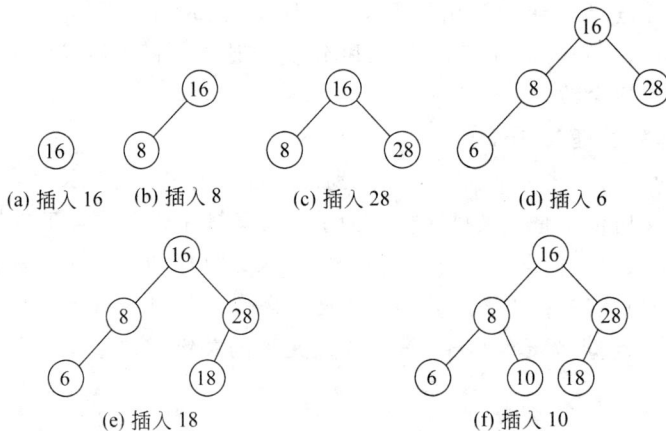

图 8.4　二叉树的生成过程

** 4. 二叉排序树的删除（Delete）

从二叉排序树删除结点后,得到的二叉树仍然是二叉排序树。首先必须查找二叉排序树并找到需要删除的结点。在删除过程中,假设二叉排序树上指针 p 指向被删除结点,指针 f 指向被删除结点的双亲,不失一般性,设 $*p$ 是 $*f$ 的左孩子,下面分 4 种情况讨论。

（1） $*p$ 结点无左子树和右子树,即为一个叶结点。由于删除叶子结点后不会破坏整棵二叉排序树的特性,所以这种情况可只需改双亲 $*f$ 的指针域即可,也就是 f->leftChild=NULL。

（2） $*p$ 结点无左子树,即左子树为空,但 $*p$ 有一非空右子树 P_R,这时只要将 P_R 接成为双亲 $*f$ 的左子树即可,也就是 $f->$leftChild$=p->$rightChild,这样修改后不会破坏二叉排序树的特性。

（3） $*p$ 结点无右子树,但 $*p$ 有一非空左子树 P_L,这时只要将 P_L 接成为双亲 $*f$ 的左子树即可,也就是 $f->$leftChild$=p->$leftChild,这样修改后不会破坏二叉排序树的特性。

（4） $*p$ 结点有非空左子树 P_L 和右子树 P_R。如图 8.5(a)所示,这种情况可转化为前面的情况即可,从图 8.5(b)可知,中序遍历序列为:

$\cdots C_L C \cdots D_L D E_L E \cdots$

可将 tmpPtr$->$data 赋值给 p$->$data,然后再删除 $*$tmpPtr,如图 8.5(c)所示。这时, $*$tmpPtr 最多只有一个非空子树,也就是转化为前面三种情况之一了。图 8.5(d)为删除 $*$tmpPtr 后的情形,从图可知仍保持二叉排序树的特性。

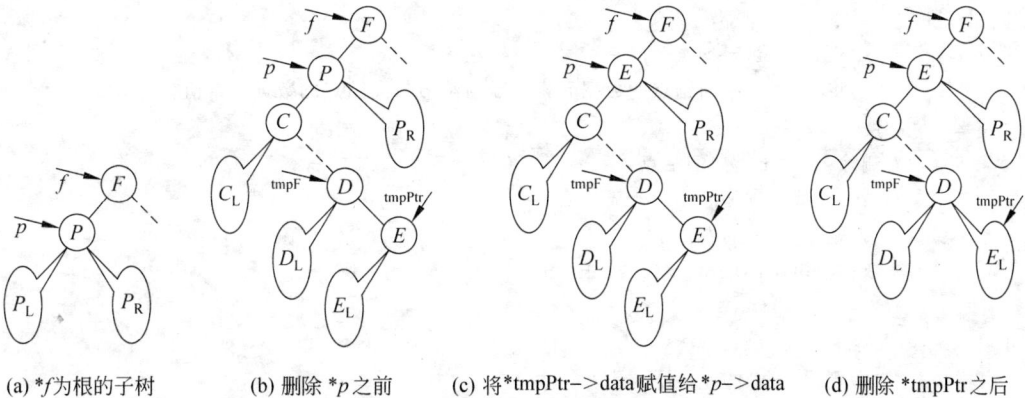

(a) *f为根的子树　　(b) 删除 *p 之前　　(c) 将*tmpPtr->data赋值给*p->data　　(d) 删除 *tmpPtr 之后

图 8.5　删除 $*p$ 示意图

下面是用 C++ 实现删除 $*p$ 的具体程序:

```
template<class ElemType,class KeyType>
void BinarySortTree<ElemType,KeyType>::DeleteHelp(BinTreeNode<ElemType> * &p)
//操作结果: 删除 p 指向的结点
{
    BinTreeNode<ElemType> * tmpPtr, * tmpF;
    if (p->leftChild==NULL && p->rightChild==NULL)
    { //p为叶结点
```

```
        delete p;
        p=NULL;
    }
    else if (p->leftChild==NULL)
    {  //p 只有左子树为空
        tmpPtr=p;
        p=p->rightChild;
        delete tmpPtr;
    }
    else if (p->rightChild==NULL)
    {  //p 只有右子树非空
        tmpPtr=p;
        p=p->leftChild;
        delete tmpPtr;
    }
    else
    {  //p 左右子非空
        tmpF=p;
        tmpPtr=p->leftChild;
        while(tmpPtr->rightChild !=NULL)
        {  //查找 p 在中序序列中直接前驱 tmpPtr 及其双亲 tmpF,直到 tmpPtr 右子树为空
            tmpF=tmpPtr;
            tmpPtr=tmpPtr->rightChild;
        }
        p->data=tmpPtr->data;
            //将 tmpPtr 指向结点的数据元素值赋值给 p 指向结点的数据元素值

        //删除 tmpPtr 指向的结点
        if (tmpF->rightChild==tmpPtr)
        {  //删除 tmpF 的右孩子
            DeleteHelp(tmpF->rightChild);
        }
        else
        {  //删除 tmpF 的左孩子
            DeleteHelp(tmpF->leftChild);
        }
    }
}
```

下面讨论算法 Delete。首先查找二叉排序树中待删除项所在的结点,再调用 DeleteHelp 删除该结点。用 C++ 实现的具体算法如下:

```
template<class ElemType,class KeyType>
bool BinarySortTree<ElemType,KeyType>::Delete(const KeyType &key)
//操作结果:删除关键字为 key 的数据元素
{
```

```
BinTreeNode<ElemType> * p, * f;
p=SearchHelp(key,f);
if ( p==NULL)
{   //查找失败,删除失败
    return false;
}
else
{   //查找成功,插入失败
    if (f==NULL)
    {   //被删除结点为根结点
        DeleteHelp(root);
    }
    else if (key<f->data)
    {   //elem.key更小,删除 f 的左孩子
        DeleteHelp(f->leftChild);
    }
    else
    {   //elem.key更大,删除 f 的右孩子
        DeleteHelp(f->rightChild);
    }
    return true;
}
}
```

**5. 二叉排序树查找分析

在二叉排序树上查找一个结点的过程,就是从根结点到此结点不断地和给定值比较关键字的过程,并且和给定值进行比较关键字的结点的个数等于从根结点到此结点路径的长度加1,也就是此结点的层次数。可知与给定值比较关键字个数不超过树的深度,对于元素个数为 n 的二叉排序树的深度可能相差很大,如图 8.6 所示。图 8.6(a)树的深度为 7,而图 8.6(b)树的深度为 3,它们的关键字是相同的。

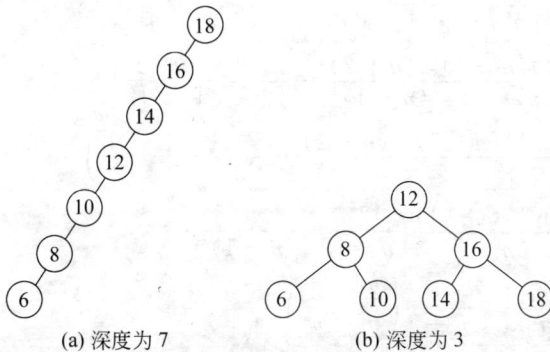

(a) 深度为 7   (b) 深度为 3

图 8.6   不同形态二叉排序示例

下面分析平均查找时间性能。设有 n 个元素的序列中,比根结点的关键字小的结点个数为 i,则比根结点的关键字大的结点个数为 $n-i-1$,这种情况下的平均查找长度为

$$\text{ASL}(n,i) = \frac{1 + i(\text{ASL}(i) + 1) + (n-i-1)(\text{ASL}(n-i-1) + 1)}{n}$$

其中，$\text{ASL}(i)$ 为含 i 个元素的二叉排序树的平均查找长度，$\text{ASL}(n-i-1)$ 为含 $n-i-1$ 个元素的二叉排序树的平均查找长度，$(\text{ASL}(i)+1)$ 为查找左子树中每个元素的关键字比较次数平均值，而 $(\text{ASL}(n-i-1)+1)$ 为查找右子树中每个元素的平均比较次数。假设关键字的排列是完全随机的，不妨记 $P(n,i) = \text{ASL}(n,i)$，$P(n) = \text{ASL}(n)$，当 $n \geqslant 1$ 时，可得如下结论

$$
\begin{aligned}
P(n) &= \frac{1}{n} \sum_{i=0}^{n-1} P(n,i) \\
&= 1 + \frac{1}{n^2} \sum_{i=0}^{n-1} \left[iP(i) + (n-i-1)P(n-i-1) \right] \\
&= 1 + \frac{2}{n^2} \sum_{i=1}^{n-1} iP(i)
\end{aligned}
$$

显然，$P(0) = 0$，$P(1) = 1$，由上式可得 $\sum_{i=1}^{n-1} iP(i) = \frac{n^2}{2}[P(n) - 1]$。这样，进一步可得

$$\frac{n^2}{2}[P(n) - 1] = (n-1)P(n-1) + \frac{(n-1)^2}{2}[P(n-1) - 1]$$

可得如下结论

$$
\begin{aligned}
P(n) &= \left(1 - \frac{1}{n^2}\right)P(n-1) + \frac{2}{n} - \frac{1}{n^2} \\
&= \left(1 - \frac{1}{n^2}\right)\left[\left(1 - \frac{1}{(n-1)^2}\right)P(n-2) + \frac{2}{n-1} - \frac{1}{(n-1)^2}\right] + \frac{2}{n} - \frac{1}{n^2} \\
&\ \ \vdots \\
&= \left(1 - \frac{1}{n^2}\right)\left(1 - \frac{1}{(n-1)^2}\right)\cdots\left(1 - \frac{1}{2^2}\right)\left(\frac{2}{1} - \frac{1}{1^2}\right) \\
&\quad + \left(1 - \frac{1}{n^2}\right)\left(1 - \frac{1}{(n-1)^2}\right)\cdots\left(1 - \frac{1}{3^2}\right)\left(\frac{2}{2} - \frac{1}{2^2}\right) + \cdots \\
&\quad + \left(1 - \frac{1}{n^2}\right)\left(\frac{2}{n-1} - \frac{1}{(n-1)^2}\right) + \frac{2}{n} - \frac{1}{n^2} \\
&= \frac{(n+1)(n-1)}{n^2} \frac{n(n-2)}{(n-1)^2} \cdots \frac{3 \times 1}{2^2}\left(\frac{2}{1} - \frac{1}{1^2}\right) \\
&\quad + \frac{(n+1)(n-1)}{n^2} \frac{n(n-2)}{(n-1)^2} \cdots \frac{4 \times 2}{3^2}\left(\frac{2}{2} - \frac{1}{2^2}\right) + \cdots \\
&\quad + \frac{(n+1)(n-1)}{n^2}\left(\frac{2}{n-1} - \frac{1}{(n-1)^2}\right) \\
&\quad + \frac{(n+1)}{n} \times \frac{n}{n+1}\left(\frac{2}{n} - \frac{1}{n^2}\right) \\
&= \frac{n+1}{n} \sum_{k=2}^{n+1} \frac{k-1}{k}\left(\frac{2}{k-1} - \frac{1}{(k-1)^2}\right) \\
&= \frac{n+1}{n} \sum_{k=2}^{n+1} \left(\frac{3}{k} - \frac{1}{k-1}\right)
\end{aligned}
$$

$$= \frac{n+1}{n}\left(\frac{1}{n+1} - 1 + \sum_{k=2}^{n+1}\frac{2}{k}\right)$$

$$= \frac{n+1}{n}\left(\frac{3}{n+1} - 3 + 2H(n)\right)$$

$$= \frac{2(n+1)}{n}H(n) - 3$$

其中,$H(n)$是调和级数

$$H(n) = \sum_{i=1}^{n}\frac{1}{i}$$

由于调和级数具有性质(参见附录 A)

$$\ln(n) < H(n) < 1 + \ln(n)$$

可知

$$2\left(1 + \frac{1}{n}\right)\ln n - 3 < P(n) < 2\left(1 + \frac{1}{n}\right)(1 + \ln n) - 3$$

从而可知 $P(n) = O(\log n)$。

二叉排序树在随机情况下,二叉排序树的查找时间复杂度为 $O(\log n)$。然而,在某些情况下,为保证查找效率较高,还需作"平衡化"处理。下节将要讨论的二叉平衡树就是这种情况。

*8.3.2　二叉平衡树

1. 二叉平衡树的定义

二叉排序树查找算法的性能取决于二叉树的结构,而二叉排序树的形状则取决于其数据集。如果数据呈现有序排列,则二叉排序树是线性的,查找算法效率不高。反之,如果二叉排序树的结构合理,则查找速度较快。事实上,树的高度越小,查找速度越快。因此,希望二叉树的高度尽可能小。本节将讨论一种特殊类型的二叉搜索树,称作 AVL 树(也称作二叉平衡树),在这种类型的树中,二叉树结构近乎平衡。AVL 树由数学家 Adelson-Velskii 和 Landis 于 1962 年提出,并以他们的名字命名。

首先介绍 AVL 树的定义。

AVL 树是具有如下特征的二叉排序树:

(1) 根的左子树和右子树的高度差的绝对值不大于 1;

(2) 根的左子树和右子树都是 AVL 树。

如果将二叉树上结点的平衡因子(balance factor,BF)定义为此结点的左子树与右子树的高度之差,则二叉平衡树上所有结点的平衡因子的绝对值小于等于 1,也就是只能为 1、0 和 -1。图 8.7(a)是二叉平衡树的示例,图 8.7(b)为二叉不平衡树的示例。图中结点的值为结点的平衡因子。

下面是二叉排序树的基本操作。

1) BinAVLTreeNode<ElemType> * GetRoot() const

初始条件:二叉平衡树已存在。

操作结果:返回二叉平衡树的根。

(a) 二叉平衡树

(b) 二叉不平衡树

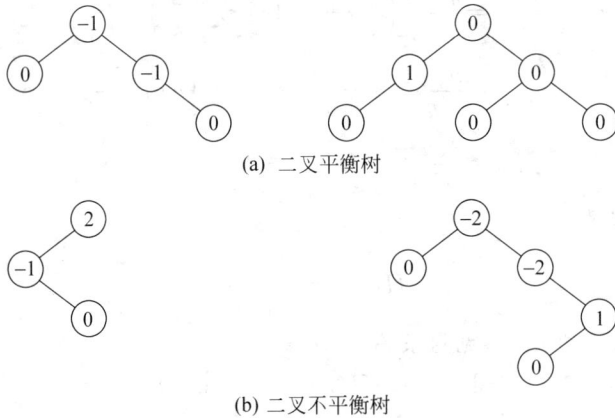

图 8.7　二叉平衡树与二叉不平衡树示例

2) bool Empty() const

初始条件：二叉平衡树已存在。

操作结果：如二叉平衡树为空,则返回 true;否则返回 false。

3) StatusCode GetElem(TreeNode<ElemType> * cur,ElemType &e) const

初始条件：二叉平衡树已存在,cur 为二叉平衡树的一个结点。

操作结果：如果不存在结点 cur,函数返回 NOT_PRESENT;否则返回 ENTRY_FOUND;并用 e 返回结点 cur 元素值。

4) StatusCode SetElem(TreeNode<ElemType> * cur,const ElemType &e)

初始条件：二叉平衡树已存在,cur 为二叉平衡树的一个结点。

操作结果：如果不存在结点 cur,则返回 FAIL;否则返回 SUCCESS,并将结点 cur 的值设置为 e。

5) void InOrder(void (* visit)(const ElemType &)) const

初始条件：二叉平衡树已存在。

操作结果：中序遍历二叉平衡树,对每个结点调用函数(* visit)。

6) void PreOrder(void (* visit)(const ElemType &)) const

初始条件：二叉平衡树已存在。

操作结果：先序遍历二叉平衡树,对每个结点调用函数(* visit)。

7) void PostOrder(void (* visit)(const ElemType &)) const

初始条件：二叉平衡已存在。

操作结果：后序遍历二叉平衡树,对每个结点调用函数(* visit)。

8) void LevelOrder(void (* visit)(const ElemType &)) const

初始条件：二叉平衡树已存在。

操作结果：层次遍历二叉平衡树,对每个结点调用函数。

9) int NodeCount() const

初始条件：二叉平衡树已存在。

操作结果：返回二叉平衡树的结点个数。

10）BinAVLTreeNode<ElemType> * Search(const KeyType &key) const

初始条件：二叉平衡树已存在。

操作结果：查找关键字为 key 的数据元素。

11）bool Insert(const ElemType &e)

初始条件：二叉平衡树已存在。

操作结果：插入数据元素 e。

12）bool Delete(const KeyType &key)

初始条件：二叉平衡树已存在。

操作结果：删除关键字为 key 的数据元素。

13）BinAVLTreeNode < ElemType > * LeftChild（const BinAVLTreeNode<ElemType> * cur）const

初始条件：二叉平衡树已存在，cur 是二叉树的一个结点。

操作结果：返回二叉平衡树结点 cur 的左孩子。

14）BinAVLTreeNode < ElemType > * RightChild（const BinAVLTreeNode<ElemType> * cur）const

初始条件：二叉平衡树已存在，cur 是二叉平衡树的一个结点。

操作结果：返回二叉平衡树结点 cur 的右孩子。

15）BinAVLTreeNode < ElemType > * Parent（const BinAVLTreeNode < ElemType > * cur）const

初始条件：二叉平衡树已存在，cur 是二叉树的一个结点。

操作结果：返回二叉平衡树结点 cur 的双亲结点。

16）int Height() const

初始条件：二叉平衡树已存在。

操作结果：返回二叉平衡树的高。

对于二叉平衡树，平衡因子与每个结点相关，每个结点必须存储平衡因子的值。下面是二叉平衡树的数据元素类模板声明：

```
#define LH 1                                    //左高
#define EH 0                                    //等高
#define RH-1                                    //右高

//二叉平衡树结点类模板
template<class ElemType>
struct BinAVLTreeNode
{
//数据成员：
    ElemType data;                              //数据域
    int bf;                                     //结点的平衡因子
    BinAVLTreeNode<ElemType> * leftChild;       //左孩子指针域
    BinAVLTreeNode<ElemType> * rightChild;      //右孩子指针域

//构造函数模板：
    BinAVLTreeNode();                           //无参数的构造函数模板
```

```
    BinAVLTreeNode(const ElemType &val,
        int bFactor=0,
        BinAVLTreeNode<ElemType> * lChild=NULL,
        BinAVLTreeNode<ElemType> * rChild=NULL);
        //已知数据元素值,平衡因子和指向左右孩子的指针构造一个结点
};
```

二叉平衡树类模板声明如下：

```
//二叉平衡树类模板
template< class ElemType,class KeyType>
class BinaryAVLTree
{
protected:
//二叉平衡树的数据成员:
    BinAVLTreeNode<ElemType> * root;


//辅助函数模板:
    BinAVLTreeNode<ElemType> * CopyTreeHelp(BinAVLTreeNode<ElemType> * copy);
        //复制二叉平衡树
    void DestroyHelp(BinAVLTreeNode<ElemType> * &r);          //销毁以 r 为根二叉平衡树
    void PreOrderHelp(BinAVLTreeNode<ElemType> * r,void (* visit)(const ElemType &)) const;
        //先序遍历
    void InOrderHelp(BinAVLTreeNode<ElemType> * r,void (* visit)(const ElemType &)) const;
        //中序遍历
    void PostOrderHelp(BinAVLTreeNode<ElemType> * r,void (* visit)(const ElemType &)) const;
        //后序遍历
    int HeightHelp(const BinAVLTreeNode<ElemType> * r) const;
        //返回二叉平衡树的高
    int NodeCountHelp(const BinAVLTreeNode<ElemType> * r) const;
        //返回二叉平衡树的结点个数
    BinAVLTreeNode<ElemType> * ParentHelp(BinAVLTreeNode<ElemType> * r,
        const BinAVLTreeNode<ElemType> * cur) const;          //返回 cur 的双亲
    BinAVLTreeNode<ElemType> * SearchHelp(const KeyType &key,
        BinAVLTreeNode<ElemType> * &f) const;                 //查找关键字为 key 的数据元素
    BinAVLTreeNode<ElemType> * SearchHelp(const KeyType &key,BinAVLTreeNode<ElemType>
        * &f, LinkStack<BinAVLTreeNode<ElemType> * >&s);
        //返回指向关键字为 key 的元素的指针,用 f 返回其双亲
    void LeftRotate(BinAVLTreeNode<ElemType> * &subRoot);
        //对以 subRoot 为根的二叉树作左旋处理,处理之后 subRoot 指向新的树根结点,也就是
        //旋转处理前的右子树的根结点
    void RightRotate(BinAVLTreeNode<ElemType> * &subRoot);
        //对以 subRoot 为根的二叉树作右旋处理,处理之后 subRoot 指向新的树根结点,也就
        //是旋转处理前的左子树的根结点
```

```
    void InsertLeftBalance(BinAVLTreeNode<ElemType> * &subRoot);
    //对以 subRoot 为根的二叉树插入时作左平衡处理,处理后 subRoot 指向新的树根结点
    void InsertRightBalance(BinAVLTreeNode<ElemType> * &subRoot);
    //对以 subRoot 为根的二叉树插入时作右平衡处理,处理后 subRoot 指向新的树根结点
    void InsertBalance(const ElemType &elem,LinkStack<BinAVLTreeNode<ElemType> * >&s);
    //从插入结点 elem 根据查找路径进行回溯,并作平衡处理
    void DeleteLeftBalance(BinAVLTreeNode<ElemType> * &subRoot,bool &isShorter);
    //对以 subRoot 为根的二叉树删除时作左平衡处理,处理后 subRoot 指向新的树根结点
    void DeleteRightBalance(BinAVLTreeNode<ElemType> * &subRoot,bool &isShorter);
    //对以 subRoot 为根的二叉树删除时作右平衡处理,处理后 subRoot 指向新的树根结点
    void DeleteBalance(const KeyType &key,LinkStack< BinAVLTreeNode<ElemType> * >&s);
    //从删除结点根据查找路径进行回溯,并作平衡处理
    void DeleteHelp(const KeyType &key,BinAVLTreeNode<ElemType> * &p,
        LinkStack<BinAVLTreeNode<ElemType> * >&s);        //删除 p 指向的结点
```

```
public:
//二叉平衡树方法声明及重载编译系统默认方法声明:
    BinaryAVLTree();                                    //无参数的构造函数模板
    virtual ~BinaryAVLTree();                           //析构函数模板
    BinAVLTreeNode<ElemType> * GetRoot() const;         //返回二叉平衡树的根
    bool Empty() const;                                 //判断二叉平衡树是否为空
    StatusCode GetElem(BinAVLTreeNode<ElemType> * cur,ElemType &e) const;
        //用 e 返回结点数据元素值
    StatusCode SetElem(BinAVLTreeNode<ElemType> * cur,const ElemType &e);
        //将结点 cur 的值置为 e
    void InOrder(void (* visit)(const ElemType &)) const;       //二叉平衡树的中序遍历
    void PreOrder(void (* visit)(const ElemType &)) const;      //二叉平衡树的先序遍历
    void PostOrder(void (* visit)(const ElemType &)) const;     //二叉平衡树的后序遍历
    void LevelOrder(void (* visit)(const ElemType &)) const;    //二叉平衡树的层次遍历
    int NodeCount() const;                              //求二叉平衡树的结点个数
```

```
    BinAVLTreeNode<ElemType> * Search(const KeyType &key) const;
        //查找关键字为 key 的数据元素
    bool Insert(const ElemType &e);                             //插入数据元素 e
    bool Delete(const KeyType &key);                            //删除关键字为 key 的数据元素
```

```
    BinAVLTreeNode<ElemType> * LeftChild(const BinAVLTreeNode<ElemType> * cur) const;
        //返回二叉平衡树结点 cur 的左孩子
    BinAVLTreeNode<ElemType> * RightChild(const BinAVLTreeNode<ElemType> * cur) const;
        //返回二叉平衡树结点 cur 的右孩子
    BinAVLTreeNode<ElemType> * Parent(const BinAVLTreeNode<ElemType> * cur) const;
        //返回二叉平衡树结点 cur 的双亲
    int  Height() const;                                //求二叉平衡树的高
    BinaryAVLTree(const ElemType &e);                   //建立以 e 为根的二叉平衡树
    BinaryAVLTree(const BinaryAVLTree<ElemType,KeyType> &copy);   //复制构造函数模板
    BinaryAVLTree(BinAVLTreeNode<ElemType> * r);        //建立以 r 为根的二叉平衡树
    BinaryAVLTree<ElemType,KeyType> &operator=
```

```
    (const BinaryAVLTree<ElemType,KeyType>& copy);        //重载赋值语句
};
```

因为二叉平衡树也是二叉排序树,所以 AVL 树的查找算法与二叉排序树的查找算法
相同。二叉平衡树的其他操作,如计算结点的数目、判断二叉树是否为空及树的遍历等等都
与二叉树的算法相同。然而,二叉平衡树的插入和删除操作与二叉排序树不同。在 AVL
树上插入或删除一个结点后,要求得到的二叉树必须仍为 AVL 树。下面将专门进行讨论。

*2. 二叉平衡树的插入(Insert)

要在一棵二叉平衡树中插入一元素,首先需要查找二叉树并找到结点的插入位置。因
为二叉平衡树为二叉排序树,要为新元素查找插入位置,可以使用为二叉排序树设计的查找
算法来查找二叉树。如果要插入的结点已经存在于二叉平衡树中,则查找到达某一非空子
树处结束。因为在一棵二叉排序树中不允许有相同结点出现,在这种情况下,假设要插入的
结点不在二叉平衡树中,则查找到达某一空子树处结束,并把结点插入该子树中。在树中插
入新项后,所得的二叉树可能不再是二叉平衡树,需要调整二叉树达到平衡标准,可以通过
回溯插入新元素时所经过的路径来实现。这条路径上所有的结点均被访问过,并且平衡因
子可能已被改变,或者需要重新构建二叉平衡树的这一部分。由于需要回溯插入新项时所
经过的路径,因此重定义查找辅助算法,在查找过程中存储所经过的路径,为便于回溯路径
方便,使用栈存储路径,具体算法实现如下:

```
template<class ElemType,class KeyType>
BinAVLTreeNode<ElemType> * BinaryAVLTree<ElemType,KeyType>::SearchHelp(
    const KeyType &key,  BinAVLTreeNode<ElemType> * &f,
    LinkStack<BinAVLTreeNode<ElemType> * >&s)
//操作结果:返回指向关键字为 key 的元素的指针,用 f 返回其双亲,栈 s 存储查找路径
{
    BinAVLTreeNode<ElemType> * p=GetRoot();  //指向当前结点
    f=NULL;      //指向 p 的双亲
    while (p !=NULL && p->data !=key)
    {  //查寻关键字为 key 的结点
        if (key<p->data)
        {  //key更小,在左子树上进行查找
            f=p;
            s.Push(p);
            p=p->leftChild;
        }
        else
        {  //key更大,在右子树上进行查找
            f=p;
            s.Push(p);
            p=p->rightChild;
        }
    }
    return p;
}
```

下面通过示例说明插入结点后失去平衡的调整方法。在图中同时标出数据元素值及其结点的平衡因子,将平衡因子标注在数据元素值的上面。

对于图 8.8(a)的二叉平衡树,将 90 插入后如图 8.8(b)所示。这时已失去平衡了,从插入结点 90 向根结点进行搜索,第 1 个失去平衡的结点是 68,这时调整以 68 为根的二叉树,调整后 68 为新根 80 的左孩子,这种调整称为左旋平衡处理,如图 8.8(c)所示。

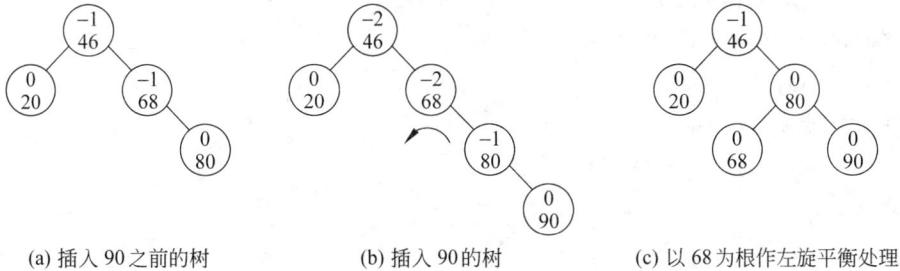

(a) 插入 90 之前的树　　　　(b) 插入 90 的树　　　　(c) 以 68 为根作左旋平衡处理

图 8.8　插入 90 并作旋转平衡处理示意图

现在考虑在图 8.9(a)中插入 76 的情况,插入后如图 8.9(b)所示,从结点 76 向根结点进行搜索。第 1 个失去平衡的结点是 68,这种情况要作两次旋转,首先以 80 为根作一次右旋平衡处理,如图 8.9(c)所示,然后再作一次以 68 为根作一次的左旋平衡处理,如图 8.9(d)所示。

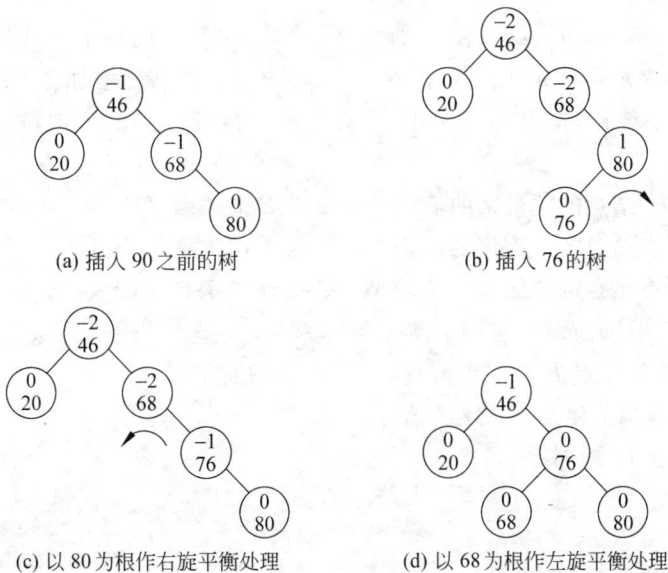

(a) 插入 90 之前的树　　　　　　　　(b) 插入 76 的树

(c) 以 80 为根作右旋平衡处理　　　　(d) 以 68 为根作左旋平衡处理

图 8.9　插入 76 并作旋转平衡处理示意图

从上面的讨论可知对于插入结点后失去平衡的调整都是作适当的旋转平衡处理,下面分 4 种情况加以讨论。

1) 单右旋转平衡处理

如图 8.10(a)所示,插入结点在 A 的左孩子的左子树上,图中子树 B_L,B_R,A_R 有相同的高度h,虚线矩形表示有一元素插入在 B_L 中,使子树 B_L 的高度增加 1,以结点 B 为根结点的子树仍为二叉平衡树,但是结点 A 的平衡标准已被破坏。由于这是一棵二叉排序树,可知:

(1) B_L 中所有结点的关键字的值均小于结点 B 的关键字的值。

(2) B_R 中所有结点的关键字的值均大于结点 B 的关键字的值。

(3) A_R 中所有结点的关键字的值均大于结点 A 的关键字的值。

可作如图 8.10(b)所示的右旋平衡处理:

(1) 使 B_R(原为结点 B 的右子树)成为结点 A 的左子树。

(2) 使结点 A 成为结点 B 的右孩子。

(3) 结点 B 变为重构树的根结点。

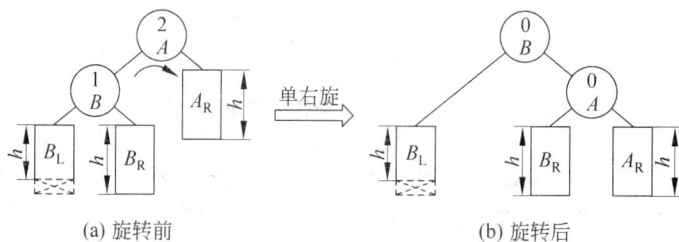

图 8.10　结点 A 的单右旋平衡处理

2) 单左旋转平衡处理

如图 8.11(a)所示,插入结点在 A 的右孩子的右子树上,图中子树 A_L,B_R,B_L 有相同的高度 h,虚线矩形表示有一元素插入在 B_R 中,使子树 B_R 的高度增加 1,以结点 B 为根结点的子树仍为二叉平衡树,但是结点 A 的平衡标准已被破坏。由于这是一棵二叉排序树,可知:

(1) B_L 中所有结点的关键字的值小于结点 B 的关键字的值。

(2) B_R 中所有结点的关键字的值均大于结点 B 的关键字的值。

(3) A_L 中所有结点的关键字的值均小于结点 A 的关键字的值。

可作如图 8.10(b)所示的右旋平衡处理:

(1) 使 B_L(原为结点 B 的左子树)成为结点 A 的右子树。

(2) 使结点 A 成为结点 B 的左孩子。

(3) 结点 B 变为重构树的根结点。

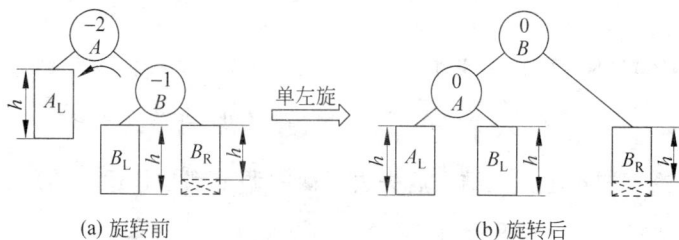

图 8.11　结点 A 的单左旋平衡处理

3）先左旋转后右旋转平衡处理

如图 8.12 所示，插入结点在 A 的左孩子的右子树上，子树的高度如图所示。虚线矩形表示有一项插入在 C_L 或 C_R 子树中，使子树高度增加。注意到此树有以下特点（作旋转处理前的树）。

（1）C_R 中所有结点的关键字的值均小于结点 A 的关键字的值。

（2）C_R 中所有结点的关键字的值均大于结点 C 的关键字的值。

（3）C_L 中所有结点的关键字的值均小于结点 C 的关键字的值。

（4）C_L 中所有的关键字的值均大于结点 B 的关键字的值。

（5）插入后，以结点 B 和结点 C 为根结点的子树仍为二叉平衡树。

（6）平衡标准在树的根结点 A 处被破坏。

这是一个双旋转的示例。在结点 B 先做一次左旋转平衡，在结点 A 再作一次右旋转平衡处理。

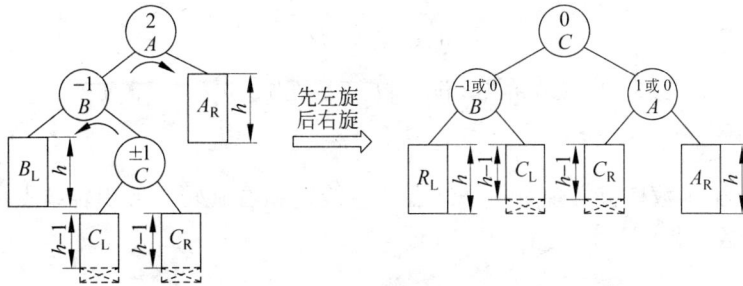

(a) 插入结点在 C 的子树上

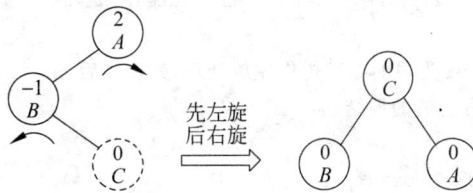

(b) C 为插入结点

图 8.12　先在结点 B 作左旋后再在结点 A 作右旋平衡处理

4）先右旋转后左旋转平衡处理

如图 8.13 所示，插入结点在 A 的右孩子的左子树上，子树的高度如图所示。虚线矩形表示有一项插入在 C_L 或 C_R 子树中，使子树高度增加。树有以下特点（作旋转处理前的树）：

（1）C_L 中所有结点的关键字的值均小于结点 A 的关键字的值。

（2）C_L 中所有结点的关键字的值均小于结点 C 的关键字的值。

（3）C_R 中所有结点的关键字的值均大于结点 C 的关键字的值。

（4）C_R 中所有结点的关键字的值均小于结点 B 的关键字的值。

（5）插入后，以结点 B 和结点 C 为根结点的子树仍为二叉平衡树。

（6）平衡标准在树的根结点 A 处被破坏。

这也是一个双旋转的示例。在结点 B 先做一次右旋转平衡，在结点 A 再作一次左旋转

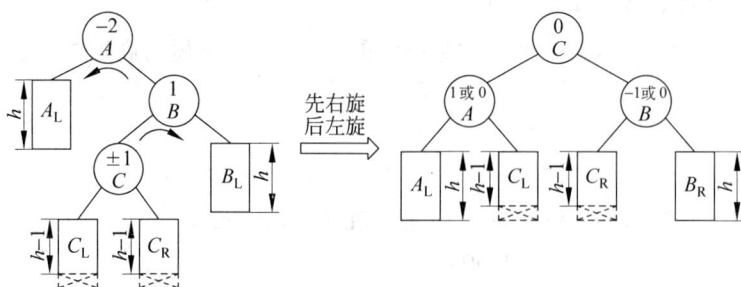

(a) 插入结点在 C 的子树上

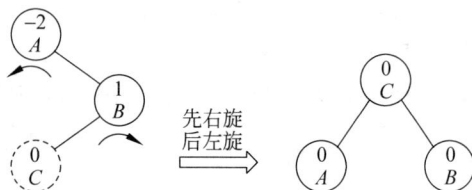

(b) C 为插入结点

图 8.13　先在结点 B 作右旋后再在结点 A 作左旋平衡处理

平衡处理。

下面的 C++ 函数模板实现对一个结点的左旋转和右旋转。待旋转结点的指针被作为参数传递给函数模板。

```
template<class ElemType,class KeyType>
void BinaryAVLTree<ElemType,KeyType>::LeftRotate(BinAVLTreeNode<ElemType> *
    &subRoot)
//操作结果：对以 subRoot 为根的二叉树作左旋处理,处理之后 subRoot 指向新的树根结点
//也就是旋转处理前的右子树的根结点
{
    BinAVLTreeNode<ElemType> * ptrRChild;
    ptrRChild=subRoot->rightChild;              //ptrRChild 指向 subRoot 右孩子
    subRoot->rightChild=ptrRChild->leftChild;
        //ptrRChild 的左子树链接为 subRoot 的右子树
    ptrRChild->leftChild=subRoot;               //subRoot 链接为 ptrRChild 的左孩子
    subRoot=ptrRChild;                          //subRoot 指向新的根结点
}


template<class ElemType,class KeyType>
void BinaryAVLTree<ElemType,KeyType>::RightRotate(BinAVLTreeNode<ElemType> *
    &subRoot)
//操作结果：对以 subRoot 为根的二叉树作右旋处理,处理之后 subRoot 指向新的树根结点
//也就是旋转处理前的左子树的根结点
{
    BinAVLTreeNode<ElemType> * pLChild;
    pLChild=subRoot->leftChild;                 //pLChild 指向 subRoot 左孩子
    subRoot->leftChild=pLChild->rightChild;
```

```
                                              //pLChild 的右子树链接为 subRoot 的左子树
    pLChild->rightChild=subRoot;              //subRoot 链接为 pLChild 的右子树
    subRoot=pLChild;                          //subRoot 指向新的根结点
}
```

现在已经了解怎样实现单旋转,接下来写出 C++ 函数模板 InsertLeftBalance 和 InsertRightBalance。InsertLeftBalance 函数模板处理插入结点在旋转结点的左子树上,InsertRightBalance 函数模板处理插入结点在旋转结点的右子树上,以指向要旋转结点的指针作为参数传递给函数模板。这两个函数模板使用函数模板 LeftRotate 和 RightRotate 来作旋转平衡处理,同时调整由于重构而变化的结点平衡因子。具体 C++ 实现如下:

```
template<class ElemType,class KeyType>
void BinaryAVLTree< ElemType,KeyType>::InsertLeftBalance (BinAVLTreeNode< ElemType> *
    &subRoot)
//操作结果:对以 subRoot 为根的二叉树插入时作左平衡处理,插入结点在 subRoot 左子树上,处
//理后 subRoot 指向新的树根结点
{
    BinAVLTreeNode<ElemType> * ptrLChild, * ptrLRChild;
    ptrLChild=subRoot->leftChild;            //ptrLChild 指向 subRoot 左孩子
    switch (ptrLChild->bf)
    {   //根据 subRoot 的左子树的平衡因子作相应的平衡处理
    case LH:           //插入结点在 subRoot 的左孩子的左子树上,作单右旋处理
      subRoot->bf=ptrLChild->bf=EH;          //平衡因子都为 0
      RightRotate(subRoot);                  //右旋
      break;
    case RH:           //插入结点在 subRoot 的左孩子的右子树上,作先左旋后右旋处理
      ptrLRChild=ptrLChild->rightChild;
        //ptrLRChild 指向 subRoot 的左孩子的右子树的根
      switch (ptrLRChild->bf)
      {   //修改 subRoot 及左孩子的平衡因子
      case LH:                              //插入结点在 ptrLRChild 的左子树上
        subRoot->bf=RH;
        ptrLChild->bf=EH;
        break;
      case EH:         //插入前 ptrLRChild 为空,ptrLRChild 指向插入结点
        subRoot->bf=ptrLChild->bf=EH;
        break;
      case RH:                              //插入结点在 ptrLRChild 的右子树上
        subRoot->bf=EH;
        ptrLChild->bf=LH;
        break;
      }
      ptrLRChild->bf=0;
      LeftRotate(subRoot->leftChild);        //对 subRoot 左子树作左旋处理
      RightRotate(subRoot);                  //对 subRoot 作右旋处理
```

```
            }
        }


    template< class ElemType, class KeyType>
    void BinaryAVLTree< ElemType, KeyType>::InsertRightBalance(BinAVLTreeNode< ElemType> *
        &subRoot)
    //操作结果：对以 subRoot 为根的二叉树插入时作右平衡处理,插入结点在 subRoot 左子树上
    //处理后 subRoot 指向新的树根结点
    {
        BinAVLTreeNode< ElemType> * ptrRChild, * ptrRLChild;
        ptrRChild=subRoot->rightChild;                //ptrRChild 指向 subRoot 右孩子
        switch (ptrRChild->bf)
        {   //根据 subRoot 的右子树的平衡因子作相应的平衡处理
        case RH:        //插入结点在 subRoot 的右孩子的右子树上,作单左旋处理
            subRoot->bf=ptrRChild->bf=EH;        //平衡因子都为 0
            LeftRotate(subRoot);                //左旋
            break;
        case LH:        //插入结点在 subRoot 的右孩子的左子树上,作先右旋后左旋处理
            ptrRLChild=ptrRChild->leftChild;
                //ptrRLChild 指向 subRoot 的右孩子的左子树的根
            switch (ptrRLChild->bf)
            {   //修改 subRoot 及右孩子的平衡因子
            case RH:                                //插入结点在 ptrRLChild 的右子树上
                subRoot->bf=LH;
                ptrRChild->bf=EH;
                break;
            case EH:        //插入前 ptrRLChild 为空,ptrRLChild 指向插入结点
                subRoot->bf=ptrRChild->bf=EH;
                break;
            case LH:                                //插入结点在 ptrRLChild 的左子树上
                subRoot->bf=EH;
                ptrRChild->bf=RH;
                break;
            }
            ptrRLChild->bf=0;
            RightRotate(subRoot->rightChild);        //对 subRoot 右子树作右旋处理
            LeftRotate(subRoot);                //对 subRoot 作左旋处理
        }
    }
```

在二叉平衡树中插入数据元素 elem 的实现步骤如下。

(1) 用待插入数据元素创建一个结点。

(2) 查找树,找到新结点应在树中的位置。

(3) 将新结点插入树中。

(4) 从插入结点回溯至根结点的路径,该路径是为查找新结点在树中的位置而建立的。

如有必要,调整结点的平衡因子,或者重构路径上的某一结点。

用函数 InsertBalance 实现第(4)步的操作,第(4)步要求回溯路径至根结点,而在二叉树中只有从父结点指向孩子结点的指针,故需要存储查找插入位置的路径。为回溯方便起见,在查找插入位置的过程中用栈存储路径。函数 InsertBalance 还用到一个布尔型参数 isTaller 向父结点表明子树的高度是否有增长。下面是具体实现:

```
template<class ElemType,class KeyType>
void BinaryAVLTree<ElemType,KeyType>::InsertBalance(const ElemType &e,
    LinkStack<BinAVLTreeNode<ElemType> * > &s)
//操作结果: 从插入元素 e 根据查找路径进行回溯,并作平衡处理
{
    bool isTaller=true;
    while (!s.Empty() && isTaller)
    {
        BinAVLTreeNode<ElemType> * ptrCurNode, * ptrParent;
        s.Pop(ptrCurNode);              //取出待平衡的结点
        if (s.Empty())
        {  //ptrCurNode 已为根结点,ptrParent 为空
            ptrParent=NULL;
        }
        else
        {  //ptrCurNode 不为根结点,取出双亲 ptrParent
            s.Top(ptrParent);
        }

        if (e<ptrCurNode->data)
        {  //e 插入在 ptrCurNode 的左子树上
            switch (ptrCurNode->bf)
            {  //检查 ptrCurNode 的平衡度
            case LH:                    //插入后 ptrCurNode->bf=2,作左平衡处理
                if (ptrParent==NULL)
                {  //已回溯到根结点
                    InsertLeftBalance(ptrCurNode);
                    root=ptrCurNode;        //转换后 ptrCurNode 为新根
                }
                else if (ptrParent->leftChild==ptrCurNode)
                {  //ptrParent 左子树作平衡处理
                    InsertLeftBalance(ptrParent->leftChild);
                }
                else
                {  //ptrParent 右子树作平衡处理
                    InsertLeftBalance(ptrParent->rightChild);
                }
                isTaller=false;
```

```
            break;
        case EH:                        //插入后 ptrCurNode->bf=LH
            ptrCurNode->bf=LH;
            break;
        case RH:                        //插入后 ptrCurNode->bf=EH
            ptrCurNode->bf=EH;
            isTaller=false;
            break;
        }
    }
    else
    {   //e 插入在 ptrCurNode 的右子树上
        switch (ptrCurNode->bf)
        {   //检查 ptrCurNode 的平衡度
        case RH:                        //插入后 ptrCurNode->bf=-2,作右平衡处理
            if (ptrParent==NULL)
            {   //已回溯到根结点
                InsertRightBalance(ptrCurNode);
                root=ptrCurNode;        //转换后 ptrCurNode 为新根
            }
            else if (ptrParent->leftChild==ptrCurNode)
            {   //ptrParent 左子树作平衡处理
                InsertRightBalance(ptrParent->leftChild);
            }
            else
            {   //ptrParent 右子树作平衡处理
                InsertRightBalance(ptrParent->rightChild);
            }
            isTaller=false;
            break;
        case EH:                        //插入后 ptrCurNode->bf=RH
            ptrCurNode->bf=RH;
            break;
        case LH:                        //插入后 ptrCurNode->bf=EH
            ptrCurNode->bf=EH;
            isTaller=false;
            break;
        }
    }
}
```

下面的函数模板 Insert 创建了一个结点,存储结点中的 elem,并且调用函数模板 InsertBalance 将新的元素插入二叉平衡树。

```
template<class ElemType,class KeyType>
bool BinaryAVLTree<ElemType,KeyType>::Insert(const ElemType &e)
//操作结果:插入数据元素 e
{
    BinAVLTreeNode<ElemType> * f;
    LinkStack<BinAVLTreeNode<ElemType> * >s;
    if (SearchHelp(e,f,s)==NULL)
    {   //查找失败,插入成功
        BinAVLTreeNode<ElemType> * p;              //插入的新结点
        p=new BinAVLTreeNode<ElemType>(e);         //生成插入结点
        p->bf=0;
        if (Empty())
        {   //空二叉树,新结点为根结点
            root=p;
        }
        else if (e<f->data)
        {   //e更小,插入结点为 f 的左孩子
            f->leftChild=p;
        }
        else
        {   //e更大,插入结点为 f 的右孩子
            f->rightChild=p;
        }

        InsertBalance(e,s);                        //插入结点后作平衡处理
        return true;
    }
    else
    {   //查找成功,插入失败
        return false;
    }
}
```

** 5) 二叉平衡树的删除(Delete)

二叉平衡树的删除操作与插入操作类似,也需要作旋转平衡处理。下面只作简单分析,对于详细的旋转细节,读者可仿照插入操作的旋转过程进行分析。

要删除二叉平衡树的某一元素,首先需查找到包含该元素的结点,这时将遇到下面的 4 种情况之一。

(1) 要删除的结点为叶结点。

(2) 要删除的结点拥有一个左孩子,但没有右孩子,即其右子树为空。

(3) 要删除的结点拥有一个右孩子,但没有左孩子,即其左子树为空。

(4) 要删除的结点拥有一个左孩子和一个右孩子。

前 3 种情况比第 4 种情况好处理。下面首先讨论第 4 种情况。

假设要删除的结点为 A，它有一个左孩子和一个右孩子。类似于二叉排序树中的删除操作，我们可以先将第 4 种情况简化为前面 3 种情况。找出 A 在中序遍历中的的直接前驱 B，然后将 B 的数据复制给 A，则现在要删除的结点为 B，显然 B 没有右子树。

要删除结点，需调整其父结点的一个指针。结点删除后，得到的树可能不再是一个二叉平衡树。这里需要从删除结点的父结点回溯至根结点。对于该路径上的每一结点，有可能只需要改变其平衡因子，也有可能需要在某一特定结点作旋转平衡处理。下面的步骤描述了在回溯至根结点的路径上对结点的操作，类似于插入操作，我们使用一个布尔型变量 isShorter 来指示于树的高度是否减小。设 p 为回溯至根结点的路径上的某一结点。下面来观察 p 的当前平衡因子。

（1）如果 p 的当前平衡因子为 EH（等高），则根据其左子树或右子树是否被减短将 p 的当前平衡因子做相应的改变。变量 isShorter 被设置为 false。如图 8.14 所示。

（2）假设 p 的当前平衡因子不为 EH（不等高），且 p 的较高的子树被减短，则 p 的当前平衡因子被改变成 EH（等高），变量 isShorter 被设置为 true。如图 8.15 所示。

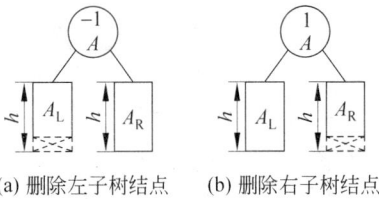

(a) 删除左子树结点   (b) 删除右子树结点

图 8.14 A 平衡因子为 EH（等高），删除子树的结点

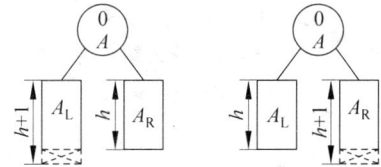

(a) 删除左子树结点   (b) 删除右子树结点

图 8.15 A 平衡因子不为 EH（不等高），删除较高子树的结点

（3）假设 p 的当前平衡因子不为 EH（不等高），且 p 的较短的子树被减短，再进一步假设 q 指向 p 的较高的子树的根结点。

① 如果 q 的平衡因子为 EH（等高），则需要在 p 处进行一次单旋转，isShorter 被设置为 false。如图 8.16 所示。

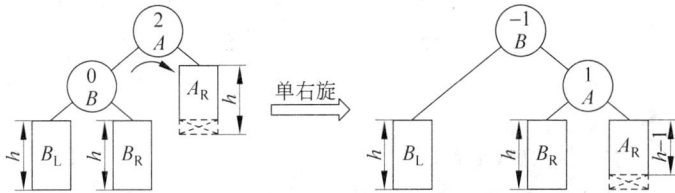

(a) 删除 A 的右子树上的结点，作单右旋

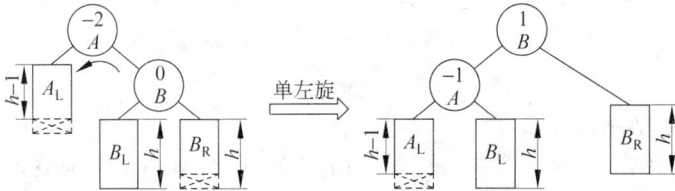

(b) 删除 A 的左子树上的结点，作单左旋

图 8.16 B 平衡因子为 EH（等高），删除 A 的较低子树的结点

② 如果 q 的平衡因子等于 p 的平衡因子,则需要在 p 处进行一次单旋转,isShorter 被设置为 true。如图 8.17 所示。

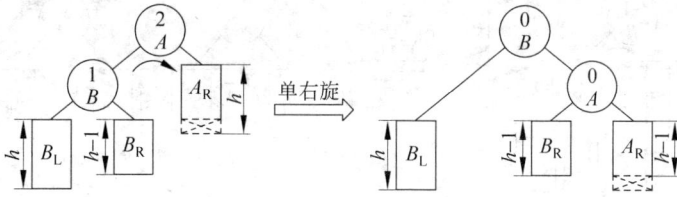

(a) 删除 A 的右子树上的结点,作单右旋

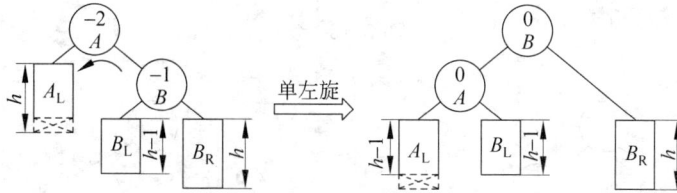

(b) 删除 A 的左子树上的结点,作单左旋

图 8.17　A 与 B 的平衡因子相同,删除 A 的较低子树的结点

③ 假设 p 和 q 的平衡因子互为相反数,则需要在 p 处进行一次双旋转,也就是在 q 处进行一次单旋转,再在 p 处进行一次单旋转。调整其平衡因子,并将 isShorter 设置为 true。删除 p 的右子树上的结点的情况如图 8.18 所示,删除 p 的左子树上的结点的情况如图 8.19 所示。

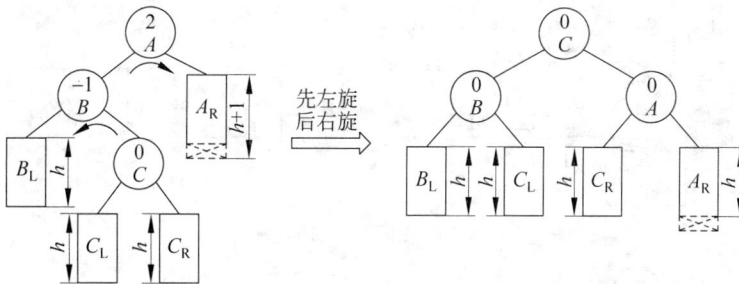

(a) C 的平衡因子为 EH(等高)

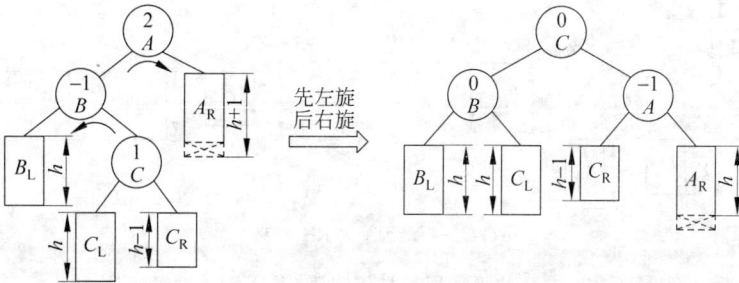

(b) C 的平衡因子为 LH(左高)

图 8.18　A 与 B 的平衡因子是相反数,删除 A 的右子树的结点

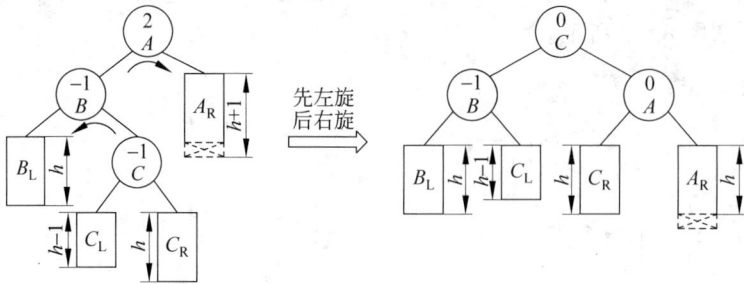

(c) C 的平衡因子为 RH(右高)

图 8.18（续）

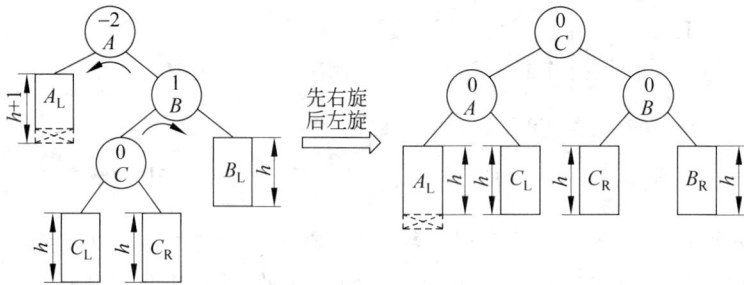

(a) C 的平衡因子为 EH(等高)

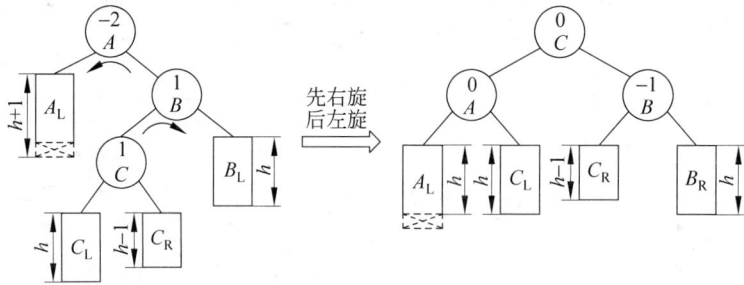

(b) C 的平衡因子为 LH(左高)

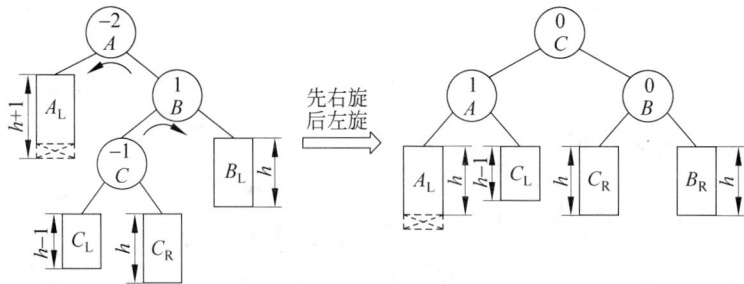

(c) C 的平衡因子为 RH(右高)

图 8.19　A 与 B 的平衡因子是相反数，删除 A 的左子树的结点

下面是用 C++ 实现的删除操作及相关辅助函数模板：

```
template<class ElemType,class KeyType>
```

```
void BinaryAVLTree<ElemType,KeyType>::DeleteLeftBalance(BinAVLTreeNode<ElemType> * &
    subRoot,bool &isShorter)
//操作结果：对以 subRoot 为根的二叉树删除时作左平衡处理,删除 subRoot 的左子树上的结点,
//处理后 subRoot 指向新的树根结点
{
    BinAVLTreeNode<ElemType> * ptrRChild, * ptrRLChild;
    ptrRChild=subRoot->rightChild;            //ptrRChild 指向 subRoot 右孩子
    switch (ptrRChild->bf)
    {   //根据 subRoot 的右子树的平衡因子作相应的平衡处理
    case RH:                                  //右高,作单左旋转
        subRoot->bf=ptrRChild->bf=EH;         //平衡因子都为 0
        LeftRotate(subRoot);                  //左旋
        isShorter=true;
        break;
    case EH:                                  //等高,作单左旋转
        subRoot->bf=RH;
        ptrRChild->bf=LH;
        LeftRotate(subRoot);                  //左旋
        isShorter=false;
        break;
    case LH:                                  //左高,先右旋后左旋
        ptrRLChild=ptrRChild->leftChild;
            //ptrRLChild 指向 subRoot 的右孩子的左子树的根
        switch (ptrRLChild->bf)
        {   //修改 subRoot 及右孩子的平衡因子
        case LH:
            subRoot->bf=EH;
            ptrRChild->bf=RH;
            isShorter=true;
            break;
        case EH:
            subRoot->bf=ptrRChild->bf=EH;
            isShorter=false;
            break;
        case RH:
            subRoot->bf=LH;
            ptrRChild->bf=EH;
            isShorter=true;
            break;
        }
        ptrRLChild->bf=0;
        RightRotate(subRoot->rightChild);     //对 subRoot 右子树作右旋处理
        LeftRotate(subRoot);                  //对 subRoot 作左旋处理
    }
}
```

```cpp
template<class ElemType,class KeyType>
void BinaryAVLTree<ElemType,KeyType>::DeleteRightBalance(BinAVLTreeNode<ElemType> *
    &subRoot,bool &isShorter)
//操作结果：对以 subRoot 为根的二叉树删除时作右平衡处理,删除 subRoot 的右子树上的结点,处
//理后 subRoot 指向新的树根结点
{
    BinAVLTreeNode<ElemType> * ptrLChild,* ptrLRChild;
    ptrLChild=subRoot->leftChild;               //ptrLChild指向 subRoot 左孩子
    switch (ptrLChild->bf)
    {   //根据 subRoot 的左子树的平衡因子作相应的平衡处理
    case LH:                                   //右高,作单右旋转
        subRoot->bf=ptrLChild->bf=EH;          //平衡因子都为 0
        RightRotate(subRoot);                  //右旋
        isShorter=true;
        break;
    case EH:                                   //等高,作单右旋转
        subRoot->bf=LH;
        ptrLChild->bf=RH;                      //平衡因子都为 0
        RightRotate(subRoot);                  //右旋
        isShorter=false;
        break;
    case RH:                                   //左高,先左旋后右旋
        ptrLRChild=ptrLChild->rightChild;
            //ptrLRChild指向 subRoot 的左孩子的右子树的根
        switch (ptrLRChild->bf)
        {   //修改 subRoot 及左孩子的平衡因子
        case LH:
            subRoot->bf=RH;
            ptrLChild->bf=EH;
            isShorter=true;
            break;
        case EH:
            subRoot->bf=ptrLChild->bf=EH;
            isShorter=false;
            break;
        case RH:
            subRoot->bf=EH;
            ptrLChild->bf=LH;
            isShorter=true;
            break;
        }
        ptrLRChild->bf=0;
        LeftRotate(subRoot->leftChild);        //对 subRoot 左子树作左旋处理
        RightRotate(subRoot);                  //对 subRoot 作右旋处理
    }
```

```
}

template< class ElemType,class KeyType>
void BinaryAVLTree< ElemType,KeyType> ::DeleteBalance(const KeyType &key,
    LinkStack< BinAVLTreeNode< ElemType> * > &s)
//操作结果：从删除结点根据查找路径进行回溯，并作平衡处理
{
    bool isShorter=true;
    while (!s.Empty() && isShorter)
    {
        BinAVLTreeNode< ElemType> * ptrCurNode,* ptrParent;
        s.Pop(ptrCurNode);                      //取出待平衡的结点
        if (s.Empty())
        {   //ptrCurNode已为根结点,ptrParent为空
            ptrParent=NULL;
        }
        else
        {   //ptrCurNode不为根结点,取出双亲 ptrParent
            s.Top(ptrParent);
        }

        if (key< ptrCurNode-> data)
        {   //删除 ptrCurNode 的左子树上的结点
            switch (ptrCurNode-> bf)
            {   //检查 ptrCurNode 的平衡度
            case LH:                        //左高
                ptrCurNode-> bf=EH;
                break;
            case EH:                        //等高
                ptrCurNode-> bf=RH;
                isShorter=false;
                break;
            case RH:                        //右高
                if (ptrParent==NULL)
                {   //已回溯到根结点
                    DeleteLeftBalance(ptrCurNode,isShorter);
                    root=ptrCurNode;        //转换后 ptrCurNode 为新根
                }
                else if (ptrParent-> leftChild==ptrCurNode)
                {   //ptrParent 左子树作平衡处理
                    DeleteLeftBalance(ptrParent-> leftChild,isShorter);
                }
                else
                {   //ptrParent 右子树作平衡处理
                    DeleteLeftBalance(ptrParent-> rightChild,isShorter);
```

```
                }
                break;
            }
        }
        else
        {    //删除 ptrCurNode 的右子树上的结点
            switch (ptrCurNode->bf)
            {    //检查 ptrCurNode 的平衡度
            case RH:                            //右高
                ptrCurNode->bf=EH;
                break;
            case EH:                            //等高
                ptrCurNode->bf=LH;
                isShorter=false;
                break;
            case LH:                            //左高
                if (ptrParent==NULL)
                {    //已回溯到根结点
                    DeleteLeftBalance(ptrCurNode,isShorter);
                    root=ptrCurNode;            //转换后 ptrCurNode 为新根
                }
                else if (ptrParent->leftChild==ptrCurNode)
                {    //ptrParent 左子树作平衡处理
                    DeleteLeftBalance(ptrParent->leftChild,isShorter);
                }
                else
                {    //ptrParent 右子树作平衡处理
                    DeleteLeftBalance(ptrParent->rightChild,isShorter);
                }
                break;
            }
        }
    }
}


template<class ElemType,class KeyType>
void BinaryAVLTree<ElemType,KeyType>::DeleteHelp(const KeyType &key,
    BinAVLTreeNode<ElemType> * &p,LinkStack<BinAVLTreeNode<ElemType> * >&s)
//操作结果: 删除 p 指向的结点
{
    BinAVLTreeNode<ElemType> * tmpPtr, * tmpF;
    if (p->leftChild==NULL && p->rightChild==NULL)
    {    //p 为叶结点
        delete p;
        p=NULL;
```

```
        DeleteBalance(key,s);
    }
    else if (p->leftChild==NULL)
    { //p 只有左子树为空
        tmpPtr=p;
        p=p->rightChild;
        delete tmpPtr;
        DeleteBalance(key,s);
    }
    else if (p->rightChild==NULL)
    { //p 只有右子树非空
        tmpPtr=p;
        p=p->leftChild;
        delete tmpPtr;
        DeleteBalance(key,s);
    }
    else
    { //p 左右子非空
        tmpF=p;
        s.Push(tmpF);
        tmpPtr=p->leftChild;
        while (tmpPtr->rightChild !=NULL)
        {   //查找 p 在中序序列中直接前驱 tmpPtr 及其双亲 tmpF,tmpPtr 无右子树为空
            tmpF=tmpPtr;
            s.Push(tmpF);
            tmpPtr=tmpPtr->rightChild;
        }
        p->data=tmpPtr->data;
                        //将 tmpPtr 指向结点的元素值赋值给 tmpF 指向结点的元素值


        //删除 tmpPtr 指向的结点
        if (tmpF->rightChild==tmpPtr)
        {   //删除 tmpF 的右孩子
            DeleteHelp(key,tmpF->rightChild,s);
        }
        else
        {   //删除 tmpF 的左孩子
            DeleteHelp(key,tmpF->leftChild,s);
        }
    }
}


template<class ElemType,class KeyType>
bool BinaryAVLTree<ElemType,KeyType>::Delete(const KeyType &key)
//操作结果：删除关键字为 key 的结点
```

```
    {
        BinAVLTreeNode<ElemType> * p, * f;
        LinkStack<BinAVLTreeNode<ElemType> * > s;
        p=SearchHelp(key,f,s);
        if ( p==NULL)
        { //查找失败,删除失败
            return false;
        }
        else
        { //查找成功,插入失败
            if (f==NULL)
            { //被删除结点为根结点
                DeleteHelp(key,root,s);
            }
            else if (key<f->data)
            { //key更小,删除 f 的左孩子
                DeleteHelp(key,f->leftChild,s);
            }
            else
            { //key更大,插入 f 的右孩子
                DeleteHelp(key,f->rightChild,s);
            }
            return true;
        }
    }
```

**6) 二叉平衡树的性能分析

考虑所有高度为 h 的二叉平衡树,令 T_h 为一棵高度为 h 的二叉平衡树,且满足 T_h 拥有最少的结点,并设 T_h 的结点个数为 N_h,也就是结点个数为 N_h 的二叉平衡树的最大深度为 h。设 T_{hl} 为 T_h 的左子树,T_{hr} 为 T_h 的右子树,T_{hl} 的结点个数为 N_{hl},T_{hr} 的结点个数为 N_{hr},则

$$N_h = N_{hl} + N_{hr} + 1 \qquad (8.7)$$

因为 T_h 是高度为 h 且拥有最少结点的二叉平衡树,从而可推出 T_h 的其中一个子树的高度为 $h-1$,而另一子树的高度为 $h-2$。不失一般性,假设 T_{hl} 的高度为 $h-1$,T_{hr} 的高度为 $h-2$。从 T_h 的定义可知,T_{hl} 是高度为 $h-1$ 的二叉平衡树,且在所有高度为 $h-1$ 的二叉平衡树中,T_{hl} 拥有最少的结点数量。相似地,T_{hr} 是高度为 $h-2$ 的二叉平衡树,且在所有高度为 $h-2$ 的二叉平衡树中,T_{hr} 拥有最小的结点个数,T_{hl} 的通式为 T_{h-1},T_{hr} 的通式为 T_{h-2},T_{h-1} 的结点个数为 N_{h-1},T_{h-2} 的结点个数为 N_{h-2},由式 8.7 得:

$$N_h = N_{h-1} + N_{h-2} + 1 \qquad (8.8)$$

显然有 $N_0=0, N_1=1, N_2=2, \cdots$,令 $F_{h+2}=N_h+1$,由式 8.8 可得:

$$F_2 = 1, F_3 = 2, F_3 = 3, \cdots, F_{h+2} = F_{h+1} + F_h$$

如设 $F_0=0, F_1=1$,显然 F_h 为 Fibonacci(斐波那契)序列。由 12.2.2 小节可知,$F_n = \frac{1}{\sqrt{5}}\left[\left(\frac{1+\sqrt{5}}{2}\right)^n - \left(\frac{1-\sqrt{5}}{2}\right)^n\right]$,$F_h$ 约等于 $\frac{\varphi^h}{\sqrt{5}}$(其中 $\varphi = \frac{1+\sqrt{5}}{2}$),则 N_h 约等于 $\frac{\varphi^{h+2}}{\sqrt{5}}-1$,可解得

$h \approx \log_\varphi (\sqrt{5}(N_h + 1)) - 2$。也就是含有 n 个结点的二叉平衡树的最大深度约为 $\log_\varphi(\sqrt{5}(n + 1)) - 2$，在二叉平衡树上进行查找的时间复度为 $O(\log n)$。

*8.3.3　B 树和 B^+ 树

1. B 树

B 树的研究通常归功于 R. Bayer 和 E. McCreight，他们在 1972 年的论文中描述了 B 树。到 1979 年，B 树几乎已经代替了下节要介绍的散列方法以外的所有大型文件访问方法。对于需要完成插入、删除和关键字范围检索等操作的应用程序，B 树或 B 树的一些变体是标准的文件组织方法。B 树涉及在实现基于磁盘的检索树结构时遇到的所有问题。

（1）B 树总是树高平衡的，所有的叶结点都在同一层。

（2）更新和检索操作只影响一些磁盘块，因此性能很好。

（3）B 树把相关的记录（即关键字有类似的值）放在同一磁盘块中，从而利用了访问局部性原理。

（4）B 树保证了树中内部结点的最小孩子个数，也就保证了最少关键字个数。这样在检索和更新操作期间减少需要的磁盘读写次数。

一棵 m 阶 B 树定义为有以下特性的 m 树。

（1）根或者是一个叶结点，或者至少有两个孩子。

（2）除了根结点以外，每个内部结点有 $\left\lceil \dfrac{m}{2} \right\rceil$ 到 m 个孩子。

（3）所有叶结点在树结构的同一层，并且不含任何信息（可看成是外部结点或查找失败的结点），因此 m 阶 B 树结构总是树高平衡的。

图 8.20 为一棵 4 阶 B 树，树的深度为 4。

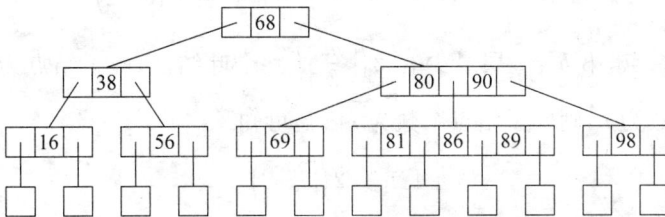

图 8.20　4 阶 B 树示意图

B 树检索是一个交替的两步过程，从 B 树的根结点开始。

（1）在当前结点中对关键字进行二分法查找。如果查找到关键字，就返回相关记录。如果当前结点是叶结点，就报告检索失败。

（2）否则，沿着某个分支重复这一过程。

例如，考虑在图 8.20 所示的 4 阶 B 树中查找关键字值 98 的记录。先查找根结点，然后进入第二个（右边的）分支。检查完第二层的结点后，再进入第三个分支，来到下一层，从而到达包含关键字值 98 的结点。

m 阶 B 树的插入操作的第一步是找到最下层的内部结点，如果结点的孩子个数小于 m，那么就直接插入关键字，如果结点的孩子个数等于 m，那么就把这个结点分裂成两个结点，并且把中间的关键字提升到父结点。如果父结点也已经满了，就再分裂父结点，并且再次提升中间的关键字。插入过程保证所有结点至少半满。例如,当一个 4 阶 B 树的内部结点已满时,将会有 5 个孩子。这个结点会分裂成为两个结点,每个结点包含两个关键字,这样就能继续保持 B 树的特性了。

m 阶 B 树的删除操作的第一步是找到包含被指定关键字的结点,并从中删除之,如果结点为最下层的内部结点,且其中的孩子个数大于 $\left\lceil \dfrac{m}{2} \right\rceil$,则删除完成,否则要进行"合并"或从相邻兄弟中借一个关键字,如果所删除的关键字 K_i 所在结点不是最下层的内部结点,则在此关键字右邻子树中最左边的最下层内部结点中的最小关键字 K_j 替换 K_i,然后再删除相应结点中的 K_j。

性质:设 m 阶 B 树的关键字个数为 n,则叶结点为 $n+1$。

证明:采用数学归纳法证明。

当 $n=1$ 时,m 阶 B 树只有一个根结与两个叶结点,结点成立。

设 $0<n<k$ 时结论成立,当 $n=k$ 时,设根结点有 p 个孩子,根结点有 $p-1$ 个关键字,根结点的子树为 $\text{SubT}_1, \text{SubT}_2, \cdots, \text{SubT}_p$,设 SubT_i 的关键字个数为 $n_i (i=1,2,\cdots,p)$,则有:

$$n_1 + n_2 + \cdots + n_p + p - 1 = k \tag{8.9}$$

由归纳假设可知 SubT_i 的叶结点个数为 $n_i+1 (i=1,2,\cdots,p)$,所以由式(8.9)可知总的叶子结点个数为

$$(n_1+1) + (n_2+1) + \cdots + (n_p+1) = n_1 + n_2 + \cdots + n_p + p = k+1$$

结论成立,所以引理成立。

设 B 树的叶结点的层次数为 $h+1$,由 B 树定义可知,第一层至少有 1 个结点,第 2 层最少有 2 个结点,第 3 层最少有 $2\left\lceil \dfrac{m}{2} \right\rceil$ 个结点,第 4 层最少有 $2\left(\left\lceil \dfrac{m}{2} \right\rceil\right)^2$ 个结点,$\cdots$,第 h 层最少有 $2\left(\left\lceil \dfrac{m}{2} \right\rceil\right)^{h-2}$ 个结点,第 $h+1$ 层最少有 $2\left(\left\lceil \dfrac{m}{2} \right\rceil\right)^{h-1}$ 个叶结点,叶子结点为查找不成功的结点。设关键字个数为 n,则叶子结点个数为 $n+1$,可知

$$n + 1 \geqslant 2\left(\left\lceil \dfrac{m}{2} \right\rceil\right)^{h-1}$$

可得

$$h \leqslant \log_{\left\lceil \frac{m}{2} \right\rceil}\left(\dfrac{n+1}{2}\right) + 1$$

可知在有 n 个关键字的 m 阶 B 树上进行查找时,从树根到关键字所在结点的路径的结点个数最大为 $\log_{\left\lceil \frac{m}{2} \right\rceil}\left(\dfrac{n+1}{2}\right)+1$,设 $n=100000000000, m=1000$,则路径上结点个数最多为 $\log_{\left\lceil \frac{1000}{2} \right\rceil}\left(\dfrac{100000000000+1}{2}\right)+1 \approx 4.964$,也就是查找路径上的结点个数最多为 4。

2. B$^+$ 树

B$^+$ 树是 B 树的一种变形,比 B 树具有更广泛的应用,m 阶 B$^+$ 树有如下特征。

(1) 每个结点的关键字个数与孩子个数相等,所有非最下层的内层结点的关键字是对应子树上的最大关键字,最下层内部结点包含了全部关键字。

（2）除了根结点以外，每个内部结点有 $\left\lceil\dfrac{m}{2}\right\rceil$ 到 m 个孩子。

（3）所有叶结点在树结构的同一层，并且不含任何信息（可看成是外部结点或查找失败的结点），因此树结构总是树高平衡的。

图 8.21 为一棵 4 阶 B^+ 树，树的深度为 4。

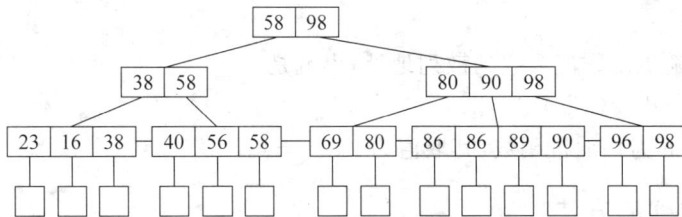

图 8.21　4 阶 B^+ 树示意图

在 B^+ 树上进行查找时，要从根结点查找到最下层内部结点为止，也可在最下层内部结点从左到右进行顺序查找，插入与删除都在最下层内部结点处进行，其他地方都与 B 树相应操作类似。

8.4　散　列　表

8.4.1　散列表的概念

在散列算法中，数据借助于一个称为散列表（hash table）的表进行组织，并将散列表存储在一个数组中。我们对关键字 key 应用一个叫做散列函数（hash function）的函数 $H(\text{key})$ 来确定具有此关键字 key 的特定数据元素是否在表中，即计算 $H(\text{key})$ 的值。$H(\text{key})$ 给出数据项元素在散列表中的位置。设散列表 ht 的大小为 m，$0 \leqslant H(\text{key}) < m$。为了确定关键字值为 key 的数据元素是否在表中，只需要在散列表中查看数据元素 $\text{ht}[H(\text{key})]$。这样一个数据元素的地址通过一个函数来计算，所以数据元素并不需要按照特定的次序存放。

散列函数 H 将关键字 key 映射为一个整数，满足 $0 \leqslant H(\text{key}) < m$。两个关键字 key_1 和 key_2，如果 $key_1 \neq key_2$，$H(key_1) = H(key_2)$，也就是不同关键字得到相同的散列地址，这种现象称为冲突，key_1 与 key_2 称为同义词。

选择一个散列函数时，考虑的主要因素如下：

（1）选择一个易于计算的散列函数。

（2）尽量减少冲突发生的次数。

8.4.2　构造散列函数的方法

有多种构造散列函数的方法，下面介绍一些常见的方法。

1. 平方取中法

在这种方法中，计算散列函数 H 的方法是先计算关键字的平方，然后用结果的中间几位来获得散列表元素的地址。因为一个平方数的中间几位通常依赖于所有的各位，所以即使一些位的数字相同，不同的关键字值也很可能会产生不同的散列地址。

2. 除留余数法

在这种方法中,用关键字 key 除以不大于散列表大小的数 p 的一个余数,此余数表示 key 在 ht 中的地址,也就是

$$H(\text{key}) = \text{key} \% p$$

为减少冲突,在一般情况下,p 最好为素数或不包含小于 20 的素数因子的合数。

3. 随机数法

取关键字的随机函数值为它的散列地址,也就是

$$H(\text{key}) = \text{Random}(\text{key})$$

其中,Random 为伪随机函数,其取值为 $0 \sim m-1$。

8.4.3 处理冲突的方法

选择的散列函数不仅要易于计算,更重要的是要尽量减少冲突的次数。实际应用中,除特殊情况外,冲突是不可避免的。因此,散列算法必须包含处理冲突的算法。冲突解决技术可以分为两类:开放定址法和链地址法。在开放定址法中,数据存储在散列表中;在链地址法中,数据存储在链表中,散列表是指向链表的指针数组。

1. 开放定址法

设散列地址为 $0 \sim m-1$,冲突是指关键字 key 得到的地址为 h 的位置上已存放有数据元素,处理冲突的方法就是为此关键字寻找另一个空的散列地址,处理冲突的过程可能得到一个地址序列

$$h_1, h_2, \cdots, h_k$$

也就是在处理冲突时,得到另一个散列地址 h_1,如果 h_1 还有冲突,则求下一个散列地址 h_2,依此类推,直到 h_k 不发生冲突为止。

开放定址法的一般形式如下

$$h_i = (H(\text{key}) + d_i) \% m \quad 1 \leqslant i \leqslant m-1$$

其中,$H(\text{key})$ 为散列函数,m 为表长,d_i 为增量序列,d_i 有两种常见的取法。

(1) $d_i = i$,也就是 $d_i = 1, 2, \cdots, m-1$,这种取法称为线性探测法。

(2) $d_i =$ 随机数,这种取法称为随机探测法。

例如,取散列函数为 $H(\text{key}) = \text{key} \% 7$,在长度为 7 的散列表中已存储有关键字分别为 16,24,11 的数据元素。现用线性探测法插入关键字为 17 的数据元素,散列值 $h = H(17) = 3$,产生冲突,取下一个散列地址 $h_1 = (H(17)+1) \% 7 = 4$,还有冲突,再取下一个散表地址 $h_2 = (H(17)+2) \% 7 = 5$,ht[5] 为空,将关键字为 17 的数据元素插入在 ht[5] 中。显然,在查找关键字为 17 的元素时要比较 3 次,如图 8.22 所示。

0	1	2	3	4	5	6
		16	24	11		

(a) 输入前

0	1	2	3	4	5	6
		16	24	11	17	

(b) 线性探测法插入 17

图 8.22 在散列表中插入元素 17 示意图

例 8.1 已知散列表地址空间是 $0..8$，散列函数是 $H(k)=k\%7$，采用线性探测法处理冲突，将 $100,20,21,35,3,78,99,10$ 数据元素依次存入散列表中，列出插入时的比较次数，并求出在等概率下的平均查找长度。

仿照前面的分析可得散列表及查找各关键字的比较次数如表 8.1 所示。

表 8.1　散列表及查找各关键字的比较次数

散列地址	0	1	2	3	4	5	6	7	8
关键字	21	35	100	3	78	99	20	10	
比较次数	1	2	1	1	4	5	1	5	

$$平均查找长度 = \frac{4\times1+1\times2+1\times4+2\times5}{8} = 2.5$$

2. 链地址法

散列表 ht 是一个指针数组，对于每个 h，$0\leqslant h<m$，ht$[h]$ 是指向链表的一个指针。对数据项中的每个关键字 key，首先计算 $h=H(\text{key})$，然后将含此关键字的数据元素插入到 ht$[h]$ 指向的链表中，所以对于不相同的关键字 key_1 和 key_2，如果 $H(\text{key}_1)=H(\text{key}_2)$，带有关键字 key_1 和 key_2 的数据元素将被插入到相同的链表，使得冲突的处理更为快捷和高效。

从使用链地址法的散列表的结构可以看出，数据元素的插入和删除比较简单。在一般情况下，创建短链表可以使查找长度缩短。

例 8.2 已知散列表地址空间是 $0..6$，散列函数与例 8.1 的散列函数相同，现在采用链地址法处理冲突，试构造 $\{100,20,21,35,3,78,99,10\}$ 中数据构成的散列表并求平均查找长度。

散列表如图 8.23 所示。

图 8.23　链地址法处理
冲突的散列表

$$平均查找长度 = \frac{5\times1+3\times2}{8} = 1.375$$

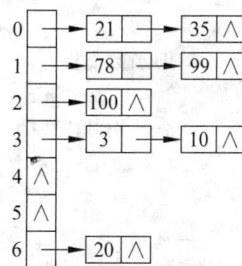

*8.4.4　散列表的实现

每种构造散列表的方法以及处理冲突的方法都可构造一个类来实散列表，散列表一般具有如下基本操作。

1) void Traverse(void (* visit)(const ElemType &)) const
初始条件：散列表已存在。
操作结果：依次对散列表的每个元素调用函数(* visit)。
2) bool Search(const KeyType &key, ElemType &e) const
初始条件：散列表已存在。
操作结果：查寻关键字为 key 的元素的值。
3) bool Insert(const ElemType &e)
初始条件：散列表已存在。
操作结果：插入数据元素 e。

4) bool Delete(const KeyType &key)

初始条件：散列表已存在。

操作结果：删除关键字为 key 的数据元素。

下面实现用除留余数法构造散列表，线性探测法处理冲突的散列表，其他散列表的实现请读者作为练习加以实现。

为了表示 ht[h] 是否为空，在数据元素结构中增加数组 empty，empty[i] 值为 true 表示 ht[i] 为空元素，empty[i] 值为 false 表示 ht[i] 为非空元素，其中 $i = 0, 1, \cdots, m-1$。具体 C++ 实现如下：

```cpp
template< class ElemType,class KeyType>
class HashTable
{
protected:
//散列表的数据成员:
    ElemType * ht;                                 //散列表
    bool * empty;                                  //空元素
    int m;                                         //散列表容量
    int p;                                         //除留余数法的除数

//辅助函数模板:
    int H(KeyType key) const;                      //散列函数模板
    int Collision(KeyType key,int i) const;        //处理冲突的函数模板
    bool SearchHelp(const KeyType &key, int &pos); const  //查寻关键字为 key 的元素的位置

public:
//散列表方法声明及重载编译系统默认方法声明:
    HashTable(int size,int divisor);               //构造函数模板
    ~HashTable();                                  //析构函数模板
    void Traverse(void ( * visit)(const ElemType &)) const;    //遍历散列表
    bool Search(const KeyType &key,ElemType &e);   //查寻关键字为 key 的元素的位置
    bool Insert(const ElemType &e);                //插入元素 e
    bool Delete(const KeyType &key);               //删除关键字为 key 的元素
    HashTable(const HashTable<ElemType,KeyType> &copy);      //复制构造函数模板
    HashTable<ElemType,KeyType> &operator=
        (const HashTable<ElemType,KeyType> &copy);    //重载赋值运算符
};

//散列表类模板的实现部分
template< class ElemType,class KeyType>
int HashTable<ElemType,KeyType>::H(KeyType key) const
//操作结果: 返回散列地址
{
    return key %p;
}

template<class ElemType,class KeyType>
```

```
int HashTable<ElemType,KeyType>::Collision(KeyType key,int i) const
//操作结果：返回第 i 次冲突的探查地址
{
    return (H(key)+i) % m;
}


template<class ElemType,class KeyType>
HashTable<ElemType,KeyType>::HashTable(int size,int divisor)
//操作结果：以 size 为散列表容量,divisor 为除留余数法的除数构造一个空的散列表
{
    m=size;                                    //赋值散列表容量
    p=divisor;                                 //赋值除数
    ht=new ElemType[m];                        //分配存储空间
    empty=new bool[m];                         //分配存储空间

    for (int pos=0; pos<m; pos++)
    {   //将所有元素置空
        empty[pos]=true;
    }
}


template<class ElemType,class KeyType>
HashTable<ElemType,KeyType>::~HashTable()
//操作结果：销毁散列表
{
    delete []ht;                               //释放 ht
    delete []empty;                            //释放 empty
}


template<class ElemType, class KeyType>
bool HashTable<ElemType, KeyType>::Search(const KeyType &key, ElemType &e) const
//操作结果：查寻关键字为 key 的元素的值,如果查找成功,返回 true,并用 e 返回元素的值,
//     否则返回 false
{
    int pos;                                   //元素的位置
    if (SearchHelp(key, pos))
    {   //查找成功
        e=ht[pos];                             //用 e 返回元素值
        return true;                           //返回 true
    }
    else
    {   //查找失败
        return false;                          //返回 false
    }
}
```

```
            {        //数据元素非空
                (* visit)(ht[pos]);
            }
        }
    }
}


template<class ElemType,class KeyType>
bool HashTable<ElemType,KeyType>::SearchHelp(const KeyType &key,int &pos) const
//操作结果：查寻关键字为 key 的元素的位置,如果查找成功,返回 true,并用 pos 指示待查数据
//元素在散列表的位置,否则返回 false
{
    int c=0;                                        //冲突次数
    pos=H(key);                                     //散列表地址

    while (c<m &&                                   //冲突次数应小于 m
      !empty[pos] &&                                //元素 ht[pos]非空
      ht[pos] != key)                               //关键字值不等
    {
      pos=Collision(key,++c);                       //求得下一个探查地址
    }

    if (c>=m || empty[pos])
    {   //查找失败
      return false;
    }
    else
    {   //查找成功
      return true;
    }
}


template<class ElemType,class KeyType>
bool HashTable<ElemType,KeyType>::Insert(const ElemType &e)
//操作结果：在散列表中插入元素 e,插入成功返回 true,否则返回 false
{
    int pos;                                        //插入位置
    if (!SearchHelp(e,pos) && empty[pos])
    {   //插入成功
      ht[pos]=e;                                    //数据元素 e
      empty[pos]=false;                             //表示非空
      return true;
    }
    else
    {   //插入失败
      return false;
```

```
        }
    }


    template< class ElemType,class KeyType>
    bool HashTable<ElemType,KeyType>::Delete(const KeyType &key)
    //操作结果:删除关键字为 key 的数据元素,删除成功返回 true,否则返回 false
    {
        int pos;                                        //数据元素位置
        if (SearchHelp(key,pos))
        {   //删除成功
            empty[pos]=true;                            //表示元素为空
            return true;
        }
        else
        {   //删除失败
            return false;
        }
    }


    template< class ElemType,class KeyType>
    HashTable<ElemType,KeyType>::HashTable(const HashTable<ElemType,KeyType> &copy)
    //操作结果:由散列表 copy 构造新散列表——复制构造函数模板
    {
        m=copy.m;                                       //散列表容量
        p=copy.p;                                       //除留余数法的除数
        ht=new ElemType[m];                             //分配存储空间
        empty=new bool[m];                              //分配存储空间

        for (int curPosition=0; curPosition<m; curPosition++)
        {   //复制数据元素
            ht[curPosition]=copy.ht[curPosition];       //复制元素
            empty[curPosition]=copy.empty[curPosition];  //复制元素是否为空值
        }
    }


    template< class ElemType,class KeyType>
    HashTable<ElemType,KeyType> &HashTable<ElemType,KeyType>::
    operator= (const HashTable<ElemType,KeyType> &copy)
    //操作结果:将散列表 copy 赋值给当前散列表——重载赋值运算符
    {
        if (&copy !=this)
        {
            delete []ht;                                //释放当前散列表存储空间
            delete []empty;                             //释放散列表是否为空标志所占用存储空间
            m=copy.m;                                   //散列表容量
```

```
        p=copy.p;                                    //除留余数法的除数
        ht=new ElemType[m];                           //分配存储空间
        empty=new bool[m];                            //分配存储空间

        for (int curPosition=0; curPosition<m; curPosition++)
        {   //复制数据元素
            ht[curPosition]=copy.ht[curPosition];          //复制元素
            empty[curPosition]=copy.empty[curPosition]; //复制元素是否为空值
        }
    }
    return * this;
}
```

8.5 实 例 研 究

8.5.1 查找 3 个数组的最小共同元素

有 3 个数组 $x[]$、$y[]$ 与 $z[]$，各有 xNum、yNum 与 zNum 个元素，而且三者都已经从小到大依序排列。要求找出最小的共同元素在 3 个数组中的出现位置，若没有共同元素，请显示合适的信息。

因为 3 个数组 $x[]$、$y[]$ 和 $z[]$ 已经排好序，充分利用这个条件可以开发出效率很高的程序。

假设从头开始到达 $x[xPos]$、$y[yPos]$ 和 $z[zPos]$ 时，这 3 个元素并不完全相同（可能其中有两个相同，也可能完全不同），那么为了要找出是否有三者一样的元素时，下面对各种情况进行分析。

(1) 如果 $x[xPos]<y[yPos]$，因为 $y[yPos]$ 比较大，所以在 $x[xPos]$ 中如果要有与 $y[yPos]$ 相等的元素，那就一定排在 $x[xPos]$ 后面，因此依自然的做法就是将 xPos 加 1，移到 $x[xPos]$ 的下一个元素。

(2) 如果 $x[xPos]\geqslant y[yPos]$，但 $y[yPos]<z[zPos]$，由第一个条件，$x[xPos]$ 可能等于 $y[yPos]$，但由第二个条件可知 $y[y]$ 比 $z[zPos]$ 小，又假设在 $x[xPos]$、$y[yPos]$ 与 $z[zPos]$ 之前没有相等的元素，所以如果有三者都相同的元素时，一定就排在 $y[yPos]$ 后面，因此将 yPos 加 1，移到 $y[yPos]$ 的下一个元素。

(3) 如果 $x[xPos]\geqslant y[yPos]$，且 $y[yPos]\geqslant z[zPos]$，但是 $z[zPos]<x[xPos]$，这就失去了三者相等的机会，只能将 zPos 加上 1。

如果上面的条件都不成立，只能是 $x[xPos]\geqslant y[yPos]$，$y[yPos]\geqslant z[zPos]$ 且 $z[zPos]\geqslant x[xPos]$，这时三者相等，换句话说，就找到了 3 个相同的元素了。

下面是具体算法实现：

```
//文件路径名：serach3\serach3.h
template<class ElemType>
StatusCode Search(ElemType x[],ElemType y[],ElemType z[],int xNum,int yNum,int zNum,
    int &xPos,int &yPos,int &zPos)
```

//初始条件：3 个数组 x[]、y[]和 z[]各有 xNum、yNum 和 zNum 个元素
//操作结果：找出最少的共同元素在三个数组中的出现位置 xPos、yPos 和 zPos
{
    xPos=yPos=zPos=0;   //初始位置
    while (xPos<xNum && yPos<yNum && zPos<zNum)
    { //循环查找最小共同元素的位置
        if (x[xPos]<y[yPos]) xPos++;   //最小共同元素位置在原 xPos 之后
        else if (y[yPos]<z[zPos]) yPos++;   //最小共同元素位置在原 yPos 之后
        else if (z[zPos]<x[xPos]) zPos++;   //最小共同元素位置在原 zPos 之后
        else return ENTRY_FOUND;   //查找成功
    }
    return NOT_PRESENT;   //查找失败
}

8.5.2 查找最小元素

一个数组是以循环顺序排列的,也就是说在数组中存在某个位置 i,有这样的关系：

$$x_0 < x_1 < \cdots < x_{i-1}, x_i < x_{i+1} < \cdots < x_{n-1} < x_0$$

例如,8,10,14,16,2,6 这 7 个元素就是循环顺序排列的,因为从 2 开始为递增,到了最后一个元素就转换为第 1 个元素,再依顺序递增。换句话说,如果把 $x_i, x_{i+1}, \cdots, x_{n-1}$ 取出,并且接到数组开头,于是就是一个从小到大的顺序。当然,如果 $i=0$,就变成一般递增的序列了。现在要求查找最小元素。

由于从 x_0 起顺序是递增的,一直到极小元素出现为止,很容易会想到如下的算法实现：

```
//文件路径名：e8_2\cycle_min.h
template<class ElemType>
int CycleMin(ElemType x[],int n)
//初始条件：数组 x[]以循环顺序排列
//操作结果：查找数组 x[]的最小元素出现的位置
{
    int pos;                        //最小元素出现的位置
    for (pos=1; pos<n && x[pos-1]<x[pos]; pos++);     //查找第 1 次出现不递增的位置
    if (pos<n) return pos;          //x[pos-1]>x[pos],这时 x[pos]为最小元素
    else return 0;                  //原序列递增,x[0]最小
}
```

一旦上面算法中的循环结束,如果 pos 等于 n 那就表示每一个元素都大于在它前面的那个元素,因而极小元素为 x_0;但若 $i<n$,且 $x[pos-1]>x[pos]$,因此极小元素为 $x[pos]$。

上面的算法显然是正确的,但效率却不够高,因为在最坏的情况下可能要做 $n-1$ 次比较。不过,这个数组严格说还是有序的,根据这一特性应该可以找出更好、更快的方法,解决的办法是采用二分查找法,也许会说这个数组并没有完全依顺序排列。不错,只要能够把查找区间分成两部分,而有办法判定最小元素在其中哪一部分即可,设查找区间为[low,hig],mid 为区间的中间位置,也就是 mid=(low+hig)/2,下面进行讨论。

(1) 如果 $x_{low} \leqslant x_{hig}$,说明查找区间[low,hig]中的元素递增,最小元素为 x_{low}。

（2）如果 $x_\text{low}>x_\text{hig}$ 且 $x_\text{low}\leqslant x_\text{mid}$，说明 x_mid 不比左边的元素小，因为从左到右是递增的，一直到极小元素出现才不升反降，但 $x_\text{low}\leqslant x_\text{mid}$ 明确指出从 x_low 到 x_mid 是递增的，因而最小元素不会在 low 与 mid 之间，因此新的查找区间是[mid+1,hig]。

（3）如果 $x_\text{low}>x_\text{hig}$ 且 $x_\text{low}>x_\text{mid}$，因为从 x_low 起是递增的，一直到极小值出现才会降下来，然后自极小值起才再度上升，$x_\text{low}>x_\text{mid}$ 表示 low 与 mid 中一定有最小元素，所以新的查找区间为[low,mid]。

下面是具体实现：

```
//文件路径名：cycle_min\cycle_min.h
template<class ElemType>
int CycleMin(ElemType x[],int n)
//初始条件：数组 x[]以循环顺序排列
//操作结果：查找数组 x[]的最小元素出现的位置
{
    int low=0,hig=n-1;                      //初始化查找区间[low,hig]
    while (low<hig)
    {  //最小元素在区间[low,hig]中
        int mid=(low+hig) / 2;              //查找区间的中间位置
        if (x[low]<=x[hig]) return low;     //区间[low,hig]中元素递增
        else if (x[low]<x[mid]) low=mid+1;  //最小元素出现在区间的右边
        else hig=mid;                       //最小元素出现在区间的左边
    }
    return low;                             //最小元素的位置
}
```

8.6 深入学习导读

本章使用类类型转换函数自动将数据元素类型转换为关键字类型，从而实现将数据元素的比较自动转换为关键字的比较的思想来源于《Robert L. Kruse, Alexander J. Ryba. Data Structures and Program Design in C++》[1]。

本章的大部分时间复杂度的指导思路来源于严蔚敏、吴伟民编著的《数据结构（C 语言版)》[12]。

查找 3 个数组的最小共同元素与查找最小元素参考了冼镜光编著的《C 语言名题精选百则技巧篇》[21]。

习　题　8

1. 标出图 8.24 中二叉排序树中各结点的平衡因子。

2. 已知序列{4,1,6,1,3,8,2}，试构造二叉排序树。

3. 有关键字序列{13,20,6,10,15,17}，Hash 函数为 $H(\text{key})=\text{key} \% 7$，表长为 8，采用线性探测法处理冲突，试构造哈希表。

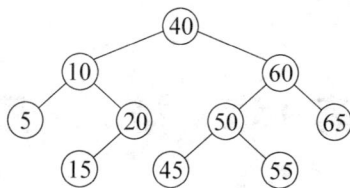

图 8.24

4. 有关键字序列{7,23,6,9,17,19,21,22,5}, Hash 函数为 $H(key)=key \% 5$, 采用链地址法处理冲突, 试构造哈希表。

5. 设散列函数 $H(k)=k \% 7$, 散列表的地址空间为 0~6, 对关键字序列{32,13,49,55,22,38,22}, 按线性探测法处理冲突构造哈希表, 并指出查找各关键字要进行比较的次数。

6. 已知关键字序列{12,26,38,89,56}, 试构造平衡二叉树。

*7. 画出对长度为 10 的有序表进行折半查找的判定树, 并求其等概率时查找成功的平均查找长度。

8. 试写一递归算法, 从大到小输出二叉排序树中所有关键字的值不小于 Key 的元素值。

*9. 试编程判断一个二叉排序树是否为平衡二叉树。

**10. 设结点个数为 n 的判定树深度为 $H(n)$, 用数学归纳容易证明 $H(n)$ 是关于 n 的不减函数。

上机实验题 8

1. 试实现用除留余数法构造散列表, 链地址法处理冲突的散列表类。

**2. 编写一个程序读入一个字符串, 统计字符串中出现的字符及次数, 然后输出结果, 要求用一个二叉排序树来保存处理结果, 结点的数据元素由字符与出现次数组成, 关键字为字符。

第9章 排　序

9.1 概　述

排序(sorting)就是将数据元素(或记录)的任意序列,重新排序成按关键字有序的序列,排序在程序设计中有着重要的应用。

从第8章可以看出,对于有序的顺序表采用折半查找法效率比无序的顺序表采用顺序查找法效率高得多,本章将研究各种排序算法。

设有一组数据元素序列如下:

$$(E_0, E_1, \cdots, E_{n-1})$$

对应的关键字分别为

$$(\text{key}_0, \text{key}_1, \cdots, \text{key}_{n-1})$$

排序问题就是将这些记录重新排成新序列

$$(E_{s_0}, E_{s_1}, \cdots, E_{s_{n-1}})$$

使得

$$\text{key}_{s_0} \leqslant \text{key}_{s_1} \leqslant \cdots \leqslant \text{key}_{s_{n-1}}$$

也就是说排序就是重排数据元素,使其按关键字有序。

如果数据元素关键字没有重复出现,则按任何排序方法排序后得到的序列是唯一的;对于可以重复出现的关键字,则排序结果可能不唯一,假如对于任意 $\text{key}_i == \text{key}_j (0 \leqslant i < j \leqslant n-1)$,设排序前数据元素 E_i 在 E_j 的前面,如果排序后数据元素 E_i 也在 E_j 的前面,这样的排序方法称为稳定的;反之如可能排序后数据元素 E_i 在 E_j 的后面,则称所用的排序方法是不稳定的。

按照排序过程中所涉及的存储器,可将排序分为如下两类。

(1) 内部排序。待排序的数据元素全部存入计算机的内存中,在排序过程中不需要访问外存。

(2) 外部排序。待排序的数据元素不能全部装入内存,在排序过程中需要不断访问外存。

本章主要讲内部排序,然后再简述外部排序。

对于内部排序,按排序过程中所依据的不同原则,内排序可分为4种:

(1) 插入排序;

(2) 交换排序;

(3) 选择排序;

(4) 归并排序。

按内排序过程中所需的工作量,可分为如下3类:

(1) 简单排序方法,时间复杂度为 $O(n^2)$;

(2) 先进排序方法,时间复杂度为 $O(n \lg n)$;

（3）基数排序方法，时间复杂度为$O(dn)$。

对于排序表，假设每个数据元素都与一个关键字相关，并且记录都可按关键字进行比较，可以使用类类型转换函数自动将数据元素类型转换为关键字类型，从而实现对数据元素的比较自动转换为关键字的比较。

说明：

（1）数据元素的类型可以与关键字类型是一样的，这时任何数据元素都自动是关键字，当然不必进行转换了，比如本章后面的测试程序都假定数据元素与关键字类型都为 int。

（2）对于在排序表中比较数据元素大小时，会自动转换为对关键字的比较（当然如果数据元素类型与关键字类型相同时不必转换），这一转换过程隐藏在类类型转换函数之中，也就是在定义类类型转换函数时已隐藏地定义了关键字，因此本章的排序算法将不标明关键字类型，只标明数据元素类型，具体模板类型参数声明如下：

```
template<class ElemType>
```

9.2 插入排序

9.2.1 直接插入排序

直接插入排序(straight insertion sort)是一种简单的排序算法，其基本思想是将第一个数据元素看成是一个有序子序列，再依次从第二个记录起逐个插入到这个有序的子序列中。一般地，在第 i 步上，将 elem[i]插入到由 elem[0]～elem[i-1]构成的有序子序列中。

例如，已知待排序的一组数据元素序列如下：
$$\{18, 8, 56, 9, 68, 8\}$$

首先可假设有序子序列中只包含一个数据元素，也就是{18}，将 8 插入在有序子序列中，由于8<18，显然插入后的有序子序列为：
$$\{8, 18\}$$

然后再将 56 插入上述有序子序列中，由于18<56，可知插入后的新有序子序列如下：
$$\{8, 18, 56\}$$

按这种过程继续下去，直到有序子序列的数据元素个数与原序列数据元素个数相等为止。

下面是 C++ 编写的算法实现，此处参数含数据元素数组，数组中存放 n 个数据元素。

```
template<class ElemType>
void StraightInsertSort(ElemType elem[], int n)
//操作结果:对数组 elem 作直接插入排序
{
    for (int i=1;i<n; i++ )
    { //第 i 趟直接插入排序
        ElemType e=elem[i];                    //暂存 elem[i]
        int j;                                 //临时变量
        for (j=i-1; j>=0 && e<elem[j];j--)
        { //将比 e 大的记录都后移
```

```
            elem[j+1]=elem[j];                    //后移
        }
        elem[j+1]=e;                              //j+1 为插入位置
    }
}
```

对于关键字序列{18，8，56，9，68，8}各趟插入排序过程如图 9.1 所示。

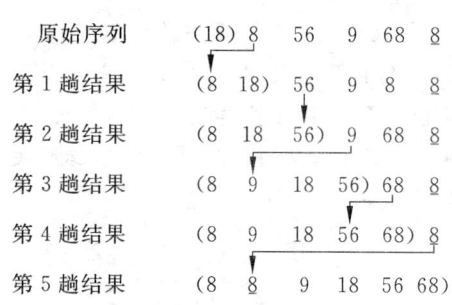

原始序列　　　(18) 8　56　9　68　8

第 1 趟结果　　(8　18) 56　9　8　8

第 2 趟结果　　(8　18　56) 9　68　8

第 3 趟结果　　(8　9　18　56) 68　8

第 4 趟结果　　(8　9　18　56　68) 8

第 5 趟结果　　(8　8　9　18　56 68)

图 9.1　直接插入排序示意图

现在考虑第 i 趟插入排序，当 elem$[i]$. key 比它前面元素的关键字小时，就向前移动此元素，直到遇到一个关键字比它小或相等的元素时为此。

插入排序算法由嵌套的两个 for 循环组成，外层 for 循环执行 $n-1$ 次，内层 for 循环比较复杂，循环次数依赖于第 i 个元素前的元素中关键字之值比 elem$[i]$. key 大的元素个数，在最坏情况下，每个元素都必须移动到数组的最前面，如果原数组元素是逆序的就会发生这种情况，这时第一趟循环 1 次，第二趟循环 2 次，依此类推，总循环次数为

$$\sum_{i=1}^{n-1} i = \frac{n(n-1)}{2} = O(n^2)$$

在最好情况下，数组元素已按关键字递增有序，这时每个内层 for 循环刚进入就退出了，只比较一次，而不移动记录，总的比较次数为 $n-1$，可知这时的时间复杂度为 $O(n)$。

如待排序的元素是随机的，也就是排序的元素可能出现的各种排序的概率是相同的，可以证明直接插入排序的平均时间复杂度为 $O(n^2)$。有兴趣的读者可作为练习加以证明。

9.2.2　Shell 排序

Shell(希尔)排序是对插入排序的一种改进，从上节对插入排序的分析可知，在最坏情况下时间复杂度为 $O(n^2)$，在最好情况下时间复杂度为 $O(n)$，如果待排序元素按关键字基本有序时，插入排序的效率将大大提高，显然当元素个数 n 较少时效率也较高，Shell 排序正是从这两方面出发对插入排序进行改进而得到的一种效率较高的排序方法。

希尔排序的基本思想是先将整个待排数据元素序列分割成若干个子序列，分别对各子序列进行直接插入排序，等整个序列中的数据元素"基本有序"时，再对全体数据元素进行一次直接插入排序。

例如，对于关键字序列{18，8，15，9，5，3，8，16}，首先将此序列分成 4 个子序列，(18，5)，(8，3)，(15，8)，(9，16)，分别对每个子序列进行排序，可得序列：

(5，3，8，9，18，8，15，16)

然后再分为 2 个子序列(5，8，18，15)和(3，9，8，16)，分别对两个子序列进行排序可得序列：

(5，3，8，8，15，9，18，16)

最后对整个序列进行排序可得如下有序序列：

(3, 5, 8, 8, 9, 15, 16, 18)

整个排序过程如图 9.2 所示。

为方便起见,设待排序序列的长度为 $n=8$,Shell 排序的一种可能的实现方式是第 1 趟将序列分成 $n/2$ 个长度至多为 2 的子序列,这时子序列中相邻两个元素的下标相差 $n/2$,称增量为 $n/2$;第 2 趟将序列分成 $n/4$ 个长度至多为 4 的子序列,这时子序列中相邻两个元素的下标相差 $n/4$,增量为 $n/4$;其他各趟以此类推,直到增量为 1 时为止。

对于一般的 Shell 排序算法,设增量序列为 $\text{inc}[0] > \text{inc}[1] > \text{inc}[2] > \cdots > \text{inc}[t-1] = 1$。

下面是用 C++ 实现的 Shell 排序算法。

原始序列	18	8	15	9	5	3	8	16

图 9.2 Shell 排序示意图

```
template<class ElemType>
void ShellInsert(ElemType elem[], int n, int incr)
//操作结果: 对数组 elem 作一趟增量为 incr 的 Shell 排序,对插入排序作出的修改是
//    子序列中前后相邻记录的增量为 incr,而不是 1
{
    for ( int i=incr; i<n; i++ )
    { //第 i-incr+1 趟插入排序
        ElemType e=elem[i];                      //暂存 elem[i]
        int j;                                   //临时变量
        for(j=i-incr; j>=0 && e<elem[j]; j-=incr)
        { //将子序列中比 e 大的记录都后移
            elem[j+incr]=elem[j];                //后移
        }
        elem[j+incr]=e;                          //j+incr 为插入位置
    }
}
template<class ElemType>
void ShellSort(ElemType elem[], int n, int inc[], int t)
//操作结果: 按增量序列 inc[0..t-1]对数组 elem 作 Shell 排序
{
    for (int k=0;k<t; k++)
    { //第 k+1 趟 Shell 排序
        ShellInsert(elem, n, inc[k]);
    }
}
```

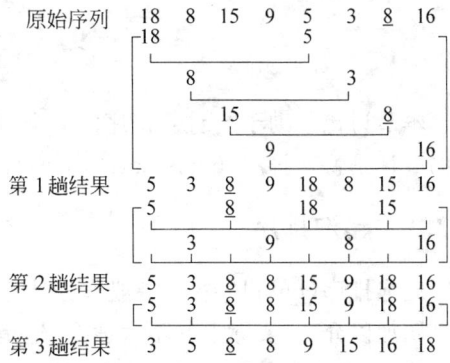

分析 Shell 排序是一个复杂的问题,它的时间复杂度是"增量"序列的函数,到现在为止还未得到数学上的解决,有人指出,当增量序列为 $\text{inc}[k]=2^{t-k+1}-1$ 时 Shell 排序的时间复杂度为 $O(n^{1.5})$。

9.3　交 换 排 序

本节讨论借助于"交换"排序的一类方法,最简单的一种是起泡排序(bubble sort),最先进的一种是快速排序(quick sort),下面分别加以讨论。

9.3.1　起泡排序

起泡排序(bubble sort)一般作为计算机科学的一些入门课程(如 C 语言程序设计)中作为例题加以介绍,实际上并不太适合,这是因为起泡排序并没有特殊的价值,而是一种相对速度较慢的排序,也没有插入排序易懂,但起泡排序是快速排序(quick sort)的基础,本小节将介绍起泡排序。

18	8	8	8	5	4	4	1
8	15	9	5	3	3	5	1	**4**
15	9	5	3	8	1	**5**
9	5	3	8	1	**8**
5	3	8	1	**8**
3	8	1	**9**
8	1	**15**
1	**18**
初始序列	第1趟结果	第2趟结果	第3趟结果	第4趟结果	第5趟结果	第6趟结果	第7趟结果

图 9.3　起泡排序示意图

起泡排序的基本思想是,将序列中的第 1 个元素与第 2 个元素进行比较,如前者大于后者,则两个元素交换位置,否则不交换;再将第 2 个元素与第 3 个元素比较,若前者大于后者,两个元素交换位置,否则不交换;依此类推,直到第 $n-1$ 个元素与第 n 个元素比较(或交换)。经过如此一趟排序,使得 n 个元素中最大者被安置在第 n 个位置上。此后,再对前 $n-1$ 个元素进行同样过程,使得该 $n-1$ 个元素的最大者被安置在整个序列的第 $n-1$ 个位置上;然后再对前 $n-2$ 个元素重复上述过程……直到某一趟排序过程中不出现元素交换位置的动作,排序结束。

图 9.3 是对关键字序列(18, 8, 15, 9, 5, 3, 8, 1)进行起泡排序的实例,从图中可以看出,在起泡排序的过程中,关键字较小的元素像水中的气泡在逐趟向上飘浮,关键字较大的元素像石块一样向下沉,并且每一趟都有一块最大的"石块"沉到水底。

下面是起泡排序算法:

```
template<class ElemType>
void BubbleSort(ElemType elem[], int n)
//操作结果:在数组 elem 中用起泡排序进行排序
{
    for (int i=1; i<n; i++)
    {   //第 i 趟起泡排序
    for (int j=0; j<n-i;j++)
    {   //比较 elem[j]与 elem[j+1]
        if (elem[j]>elem[j+1])
        {   //如出现逆序,则交换 elem[j]和 elem[j+1]
            Swap(elem[j], elem[j+1]);
        }
    }
    }
```

}

起泡排序的外层 for 的循环次数为 $n-1$，内层 for 循环的循环次数为 i，可知内层的比较次数为：

$$\sum_{i=1}^{n-1} i = \frac{n(n-1)}{2} = O(n^2)$$

所以起泡排序的最好、最坏和平均情况下的时间复杂度是相同的。

9.3.2 快速排序

快速排序(quick sort)平均时间性能最快，有着广泛的应用，典型应用是 UNIX 系统库函数例程中的 qsort 函数，但有趣的是在初始序列有序的情况下，快速排序的时间性能最差。

快速排序的基本思想是任选序列中的一个数据元素(通常选取第一个数据元素)作为枢轴(pivot)，用它和所有剩余数据元素进行比较，将所有较它小的数据元素都排在它前面，将所有较它大的数据元素都排在它之后，经过一趟排序后，可按此数据元素所在位置为界，将序列划分为两个部分，再对这两个部分重复上述过程直至每一部分中只剩一个数据元素为止。

假设待排序的序列为(elem[low], elem[low+1], …, elem[high])，首先任选取序列中的一数据元素(通常可选第一个数据元素)作为枢轴(pivot)，再将所有比 pivot 小的数据元素排序 pivot 的左边，将所有比 pivot 大的数据元素排序 pivot 的右边，设由此得到的枢轴的位置是 i，则以 i 作为分界线，将原序列作一次如下的划分：

(elem[low], elem[low+1], …, elem[$i-1$]) elem[i] (elem[$i+1$], elem[$i+2$], …, elem[high])

这样划分后得到两个子序列 (elem[low], elem[low + 1], …, elem[$i-1$]) 和 (elem[$i+1$], elem[$i+2$], …, elem[high])，并且枢轴 elem[i](也就是 pivot)已被放到正确的位置上，然后再分别对 (elem[low], elem[low], …, elem[$i-1$]) 和 (elem[$i+1$], elem[$i+2$], …, elem[high]) 子序列进行划分，直到每个子序列的长度都为 1 时为止。

一趟快速排序的具体方法是，设枢轴是 elem[low]，首先从 high 所指位置开始向左搜索到第一个小于 elem[low]的数据元素 (此数据元素仍假记为 elem[high])为止，然后交换 elem[low]和 elem[high]，这时枢轴为 elem[high]，再从 low 所指位置开始向右搜索到第一个大于 elem[high]的数据元素(此数据元素仍假设为 elem[low])为止，然后交换 elem[low]和 elem[high]，这时枢轴为 elem[low]；重复这两步直到 low＝high 时为止，这时枢轴的位置为 low。

下面是快速排序算法的 C++ 具体实现。

```
template<class ElemType>
int Partition(ElemType elem[], int low, int high)
//操作结果:交换 elem[low..high]中的元素,使枢轴移动到适当位置,要求在枢轴之前的元素
//    不大于枢轴,在枢轴之后的元素不小于枢轴,并返回枢轴的位置
{
    while (low<high)
```

```
    {
        while (low<high && elem[high]>=elem[low])
        {  //elem[low]为枢轴,使 high 右边的元素不小于 elem[low]
            high--;
        }
        Swap(elem[low], elem[high]);

        while (low<high && elem[low]<=elem[high])
        {  //elem[high]为枢轴,使 low 左边的元素不大于 elem[high]
            low++;
        }
        Swap(elem[low], elem[high]);
    }
    return low;//返回枢轴位置
}


template<class ElemType>
void QuickSortHelp(ElemType elem[], int low, int high)
//操作结果:对数组 elem[low..high]中的记录进行快速排序
{
    if (low<high)
    {  //子序列 elem[low..high]长度大于 1
        int pivotLoc=Partition(elem, low, high);         //进行一趟划分
        QuickSortHelp(elem, low, pivotLoc-1);
            //对子表 elem[low, pivotLoc-1]递归排序
        QuickSortHelp(elem, pivotLoc+1, high);
            //对子表 elem[pivotLoc+1, high]递归排序
    }
}


template<class ElemType>
void QuickSort(ElemType elem[], int n)
//操作结果:对数组 elem 进行快速排序
{
    QuickSortHelp(elem, 0, n-1);
}
```

　　图 9.4(a)是对关键字序列(49, 38, 66, 97, 38,68)第一趟快速划分的过程,图 9.4(b)
是排序的全过程。

　　下面分析快速排序的时间性能,设 $T(n)$ 表示对具有 n 个元素的序列进行快速排序的时
间,$T_{\text{pass}}(n)$ 表示对具有 n 个元素的序列作一趟划分的时间,设对具有 n 个元素的序列划分
后枢轴左侧有 $k-1$ 个元素,而枢轴右侧有 $n-k$ 个元素,则有如下关系:

$$T(n) = T_{\text{pass}}(n) + T(k-1) + T(n-k)$$

初始序列　　49　38　66　97　*38*　68
low↑　　　　　　　high↑←high

进行 1 次交换后　　**38**　38　66　97　**49**　68
low↑　　　　↓low　　　　↑high

进行 2 次交换后　　38　38　**49**　97　**66**　68
low↑↑high　　　↑high

完成一趟划分　　38　38　**49**　97　66　68

(a) 一趟快速排序

初始序列　　49　38　66　97　38　68
一次划分后　　(38　38)　49　(97　66　68)
继续划分　　**38**　(38)　　(68　66)　**97**
　　　　　　　结束　　(66)　**68**
　　　　　　　　　结束

有序序列　　38　38　49　66　68　97

(b) 排序全过程

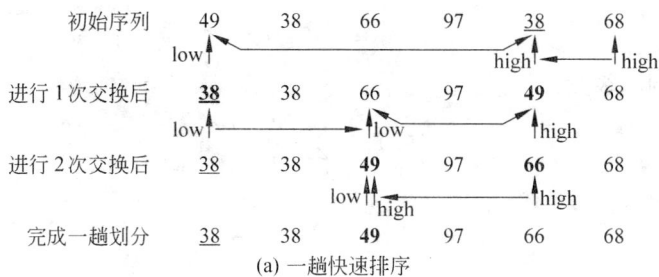

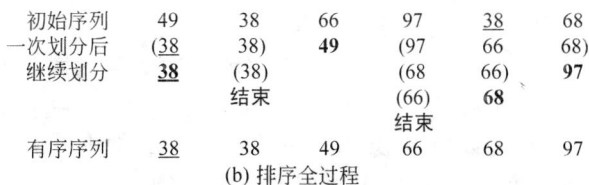

图 9.4　快速排序示意图

从 Partition 算法可知 $T_{\text{pass}}(n)$ 与 n 成正比,设 $T_{\text{pass}}(n)=cn$,$T(0)=b$,设待排序的序列中元素是随机排列的,也就是 k 取 $1\sim n$ 之间任何一个值的概率相同,所以快速排序所需的平均时间为

$$T_{\text{average}}(n) = cn + \frac{1}{n}\sum_{k=1}^{n}\left[T_{\text{average}}(k-1) + T_{\text{average}}(n-k)\right]$$

$$= cn + \frac{2}{n}\sum_{k=0}^{n-1}T_{\text{average}}(k)$$

由此可得:

$$T_{\text{average}}(n) = cn + \frac{2}{n}\sum_{k=0}^{n-1}T_{\text{average}}(k)$$

$$T_{\text{average}}(n-1) = c(n-1) + \frac{2}{n-1}\sum_{k=0}^{n-2}T_{\text{average}}(k)$$

由上面两个关系式可推得:

$$T_{\text{average}}(n) = \frac{n+1}{n}T_{\text{average}}(n-1) + \frac{2n-1}{n}c$$

$$< \frac{n+1}{n}T_{\text{average}}(n-1) + 2c$$

$$< \frac{n+1}{n-1}T_{\text{average}}(n-2) + 2(n+1)\left(\frac{1}{n} + \frac{1}{n+1}\right)c$$

$$\vdots$$

$$< \frac{n+1}{2}T_{\text{average}}(1) + 2(n+1)\left(\frac{1}{3} + \cdots + \frac{1}{n+1}\right)c$$

$$< (n+1)b + 2(n+1)\left(\frac{1}{2} + \frac{1}{3} + \cdots + \frac{1}{n+1}\right)c$$

所以可得:

$$T_{\text{average}}(n) < (n+1)b + 2(n+1)(H(n+1)-1)c \quad n>1 \tag{9.1}$$

类似地可得：
$$T_{average}(n) > (n+1)b + (n+1)[H(n+1)-1]c \quad n > 1 \tag{9.2}$$
其中 $H(n)$ 是调和级数：
$$H(n) = \sum_{i=1}^{n} \frac{1}{i}$$
调和级数具有性质（参见附录 A）：
$$\ln(n) < H(n) < 1 + \ln(n)$$
由式 9.1 和式 9.2 可得
$$(n+1)b + (n+1)[\ln(n+1)-1]c < T_{average}(n)$$
$$< (n+1)b + 2(n+1)\ln(n+1)c$$
可知 $T_{average}(n) = O(n\log n)$。

快速排序被公认为在所有同数量级 $O(n\log n)$ 的排序方法中，平均性能最好，但如原序列有序时，快速排序将蜕化为起泡排序，其时间复杂度为 $O(n^2)$。

9.4 选择排序

选择排序的基本思想是每一趟在 $n-i(i=1,2,\cdots,n-1)$ 个数据元素（elem$[i]$，elem$[i+1]$，$\cdots$，elem$[n-1]$）中选择最小数据元素作为有序序列中第 i 个数据元素。下面介绍两种常见的选择排序。

9.4.1 简单选择排序

简单选择排序（simple selection sort）的第 i 趟是从（elem$[i]$，elem$[i+1]$，$\cdots$，elem$[n-1]$）选择第 i 小的元素，并将此元素放到 elem$[i]$ 处，也就是说简单选择排序是从未排序的序列中选择最小元素，接着是次小的，依此类推，为寻找下一个最小元素，需检索数组整个未排序部分，但只一次交换即将待排序元素放到正确位置上。

下面是用 C++ 编写的简单选择排序算法。

```
template<class ElemType>
void SimpleSelectionSort(ElemType elem[], int n)
//操作结果：对数组 elem 作简单选择排序
{
    for ( int i=0; i<n-1; i++)
    { //第 i+1 趟简单选择排序
        int lowIndex=i;                      //记录 elem[i..n-1]中最小元素下标
        for (int j=i+1; j<n; j++)
        {
            if (elem[j]<elem[lowIndex])
            { //用 lowIndex 存储当前寻到的最小元素下标
                lowIndex= j;
            }
        }
        Swap(elem[i], elem[lowIndex]);       //交换 elem[i], elem[lowIndex]
    }
```

}

例如,对于关键字序列(49,38,66,97,49,26),各趟简单选择排序过程如图9.5所示。

简单选择排序的外层 for 循环共循环 $n-1$ 次,内层 for 循环共循环 $n-1-i$ 次,可知总比较次数为:

$$\sum_{i=0}^{n-2}(n-1-i)=\frac{n(n-1)}{2}=O(n^2)$$

从而可知时间复杂度为 $T(n)=O(n^2)$。

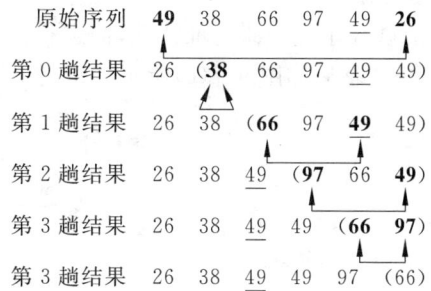

原始序列	**49**	38	66	97	49	**26**
第 0 趟结果	26	**(38**	66	97	49	49)
第 1 趟结果	26	38	**(66**	97	**49**	49)
第 2 趟结果	26	38	49	**(97**	66	49)
第 3 趟结果	26	38	49	49	**(66**	**97)**
第 3 趟结果	26	38	49	49	97	(66)

图 9.5 简单选择排序示意图

9.4.2 堆排序

堆排序(heap sort)是一种基于选择排序的先进排序方法,只需要一个元素的辅助存储空间,以下先介绍堆的概念。

对于有 n 个元素的序列(elem[0], elem[1],…, elem[$n-1$]),当且仅当满足如下条件时,称为堆:

$$\begin{cases} \text{elem}[i] \leqslant \text{elem}[2i+1] \\ \text{elem}[i] \leqslant \text{elem}[2i+2] \end{cases} \quad 或 \quad \begin{cases} \text{elem}[i] \geqslant \text{elem}[2i+1] \\ \text{elem}[i] \geqslant \text{elem}[2i+2] \end{cases}$$

$$(i=0,1,2,\cdots,(n-2)/2)$$

上面第一组关系定义的堆称为小顶堆,第二组关系定义的堆称为大顶堆,如将序列对应的数组看作是完全二叉树,则堆的定义表明完全二叉树所有非终端结点的值均不大于(或不小于)其左右孩子的值,如(elem[0], elem[1],…, elem[$n-1$])是堆,则堆顶元素 elem[0] 的值最小(或最大),例如下面的两个序列为堆,对应的完全二叉树如图9.6所示。

$$(98,56,68,36,55,18)$$
$$(16,26,38,36,55,68)$$

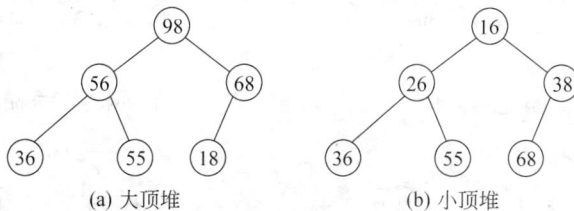

(a) 大顶堆   (b) 小顶堆

图 9.6 堆示意图

下面只讨论大顶堆,对于小顶堆完全类似,此处从略。

对于大顶堆,堆顶元素最大,在输出堆顶元素后,如果能使剩下的 $n-1$ 个元素重新构建成一个堆,则可得到次大的元素,如此继续可得到一个有序序列,这样的排序方法称为堆排序。

实现堆排序需要实现如下的算法。

(1) 将一个无序序列构建成一个堆。

(2) 在输出堆顶元素后,调整剩余元素成为一个新的堆。

下面先讨论在输出堆顶元素后,调整剩余元素成为一个新的堆的算法实现,图 9.7(a)是一个堆,设输出堆顶元素后,用堆中最后一个元素代替,如图9.7(b),这时根结点的左右子树是大顶堆,需自上而下进行调整,首先与堆顶元素的最大的左右孩子之值进行比较,由于最大孩子为左孩子,左孩子之值 90 大于双亲的值 36,将 36 和 90 进行交换,由 36 代替 90 后破坏了左子树的堆特性,需进行同上面堆的调整,直至叶结点或遇到调整后仍是堆时为止,调整后如图 9.7(c)所示。重复上面过程,交换 90 和 76 后如图 9.7(d)所示。

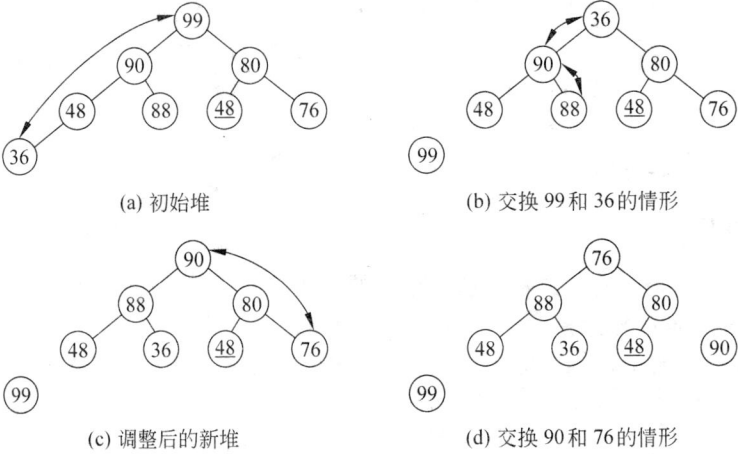

图 9.7　输出堆顶元素后调整成新堆示意图

一般称上述从上至下进行调整的过程为"筛选",从一个无序序列建立初始堆的过程实际上就是不断"筛选"的过程,如将此序列看成是一个完全二叉树,最后一个非终端结点下标是$(n-2)/2$,可从第$(n-2)/2$个元素开始进行"筛选",例如,图 9.8(a)表示一个无序序列:

$$(36,48,\underline{48},90,88,80,76,99)$$

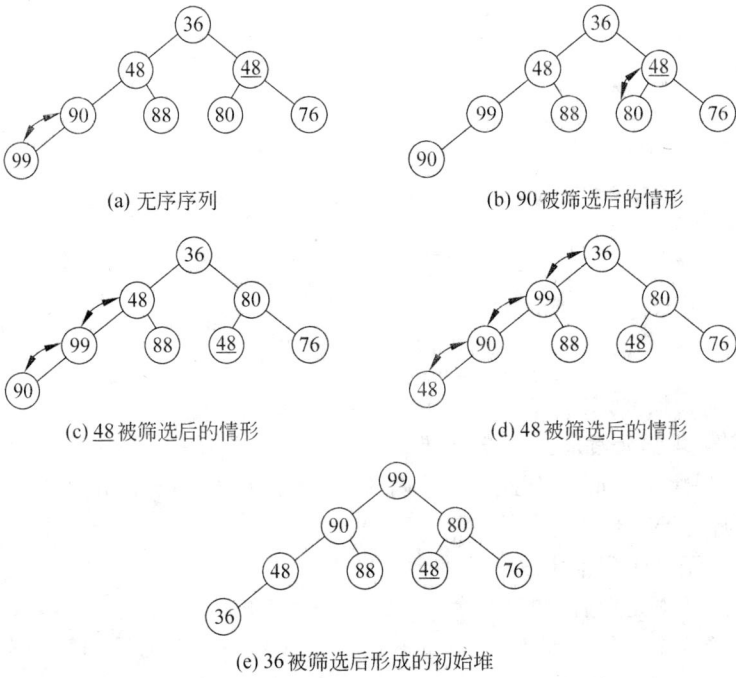

图 9.8　初始堆的建立过程示意图

从下标为 3 的元素 90 开始,由于 90<99,所以交换 90 与 99,交换后如图 9.8(b)所示;再"筛选"下标为 2 的元素48,由于 48<80,所以交换48 与 80,交换后如图 9.8(c)所示;"筛选"下标为 1 的元素 48,由于 48<99,则交换 48 和 99,又由于 48<90,所以再交换 48 与 90,交换后如图 9.8(d)所示;最后"筛选"下标为 0 的元素 36,依次与 99、90 和 48 交换,交换后如图 9.8(e)所示,这时已建成了初始堆。

用 C++ 实现的堆排序算法如下:

```cpp
template<class ElemType>
void SiftAdjust(ElemType elem[], int low, int high)
//操作结果: elem[low..high]中记录除 elem[low]以外都满足堆定义,调
//   整 elem[low]使其 elem[low..high]成为一个大顶堆
{
    for (int f=low, i=2 * low+1; i<=high;i=2 * i+1)
    {  //f 为被调整结点,i 为 f 的最大孩子
        if (i<high && elem[i]<elem[i+1])
        {  //右孩子更大,i 指向右孩子
            i++;
        }
        if (elem[f]>=elem[i])
        {  //已成为大顶堆
            break;
        }
        Swap(elem[f], elem[i]);                 //交换 elem[f], elem[i]
        f=i;                                    //成为新的调整结点
    }
}


template<class ElemType>
void HeapSort(ElemType elem[], int n)
//操作结果:对数组 elem 进行堆排序
{
    int i;
    for (i=(n-2)/2; i> =0;--i)
    {  //将 elem[0..n-1]调整成大顶堆
        SiftAdjust(elem, i, n-1);
    };

    for (i=n-1; i>0;--i)
    {  //第 i 趟堆排序
        Swap(elem[0], elem[i]);
            //将堆顶元素和当前未经排序的子序列 elem[0..i]中最后一个元素交换
        SiftAdjust(elem, 0, i-1);               //将 elem[0..i-1]重新调整为大顶堆
    }
```

}

对于深度为 k 的堆,筛选算法中元素的比较次数最多为 $2(k-1)$ 次,在建立含 n 个记录、深度为 h 的堆时,由于第 i 层最多有 2^{i-1} 个结点,所以总共进行的比较次数最多为

$$\sum_{i=h-1}^{1} 2^{i-1} \times 2(h-i) = \sum_{i=h-1}^{1} 2^i (h-i) = \sum_{i=h-1}^{1} 2^{h-i} i \qquad (9.3)$$

由于深度为 h 的完全二叉树,如结点数为 n,则有 $2^{h-1} \leqslant n$,所以 $2^h \leqslant 2n$,进而有

$$\sum_{i=i}^{h-1} 2^{h-i} i = 2^h \sum_{i=i}^{h-1} 2^{-i} i \leqslant n \sum_{i=i}^{h-1} \frac{i}{2^{i-1}} \qquad (9.4)$$

设 $f(x) = \sum_{i=1}^{h-1} i x^{i-1}$,所以有

$$\int_{t=0}^{x} f(t)\,\mathrm{d}t = \sum_{i=1}^{h-1} \int_{t=0}^{x} i t^{i-1}\,\mathrm{d}t = \sum_{i=1}^{h-1} x^i = \frac{x(1-x^{h-1})}{1-x}$$

从而得

$$f(x) = \frac{(1-hx^{h-1})(1-x) + x(1-x^{h-1})}{(1-x)^2}$$

所以有

$$\sum_{i=1}^{h-1} \frac{i}{2^{i-1}} = f\left(\frac{1}{2}\right) = \frac{\left(1-\frac{h}{2^{h-1}}\right)\cdot\frac{1}{2} + \frac{1}{2}\left(1-\frac{1}{2^{h-1}}\right)}{\left(\frac{1}{2}\right)^2}$$

$$= 4\left(1 - \frac{h}{2^h} - \frac{1}{2^h}\right) < 4 \qquad (9.5)$$

由式 9.3、式 9.4 与式 9.5 可知总共进行的关键字比较次数最多为

$$\sum_{i=h-1}^{1} 2^{i-1} \cdot 2(h-i) \leqslant n \sum_{i=1}^{h-1} \frac{i}{2^{i-1}} < 4n \qquad (9.6)$$

由于 k 个结点的完全二叉树的深度为 $\lfloor \log_2 k \rfloor + 1$,调整新堆调用 SiftAdjust 函数 $n-1$ 次,调整时结点个数分别为 $n-1$, $n-2$, $\cdots$, 1,相应完全二叉树的深度分别为 $\lfloor \log_2(n-1) \rfloor + 1, \lfloor \log_2(n-2) \rfloor + 1, \cdots, \lfloor \log_2 1 \rfloor + 1$,调用 SiftAdjust 函数进行调整的比较元素次数分别为 $2\lfloor \log_2(n-1) \rfloor, 2\lfloor \log_2(n-2) \rfloor, 2\lfloor \log_2 1 \rfloor$,所以总共进行的比较次数是

$$\sum_{k=n-1}^{1} 2\lfloor \log_2 k \rfloor < 2n\lfloor \log_2 n \rfloor \qquad (9.7)$$

由式 9.6 与式 9.7 可知在最坏情况下的时间复杂度为 $O(n\log n)$,相对快速排序在最坏情况下时间复杂度为 $O(n^2)$,这是最大的优势,而且只占用一个用于交换元素的临时存储空间,也比快速排序递归算法在实现时用栈更节约存储空间。

9.5 归并排序

归并排序(merging sort)是一种简单易懂的高级排序方法,这里的归并是指将两个有序子序列合并为一个新的有序子序列,设在初始序列中有 n 个元素,归并排序的基本思想是,将序列看成 n 个有序的子序列,每个序列的长度为 1,然后两两归并,得到 $\lceil \frac{n}{2} \rceil$ 个长度为 2 或

1 的有序子序列,然后两两归并,……,这样重复下去,直到得到一长度为 n 的有序子序列,这种排序方法称为 2-路归并排序,如果每次将 3 个有序子序列合并为一个新的有序序列,则称为 3-路归并排序,以此类推,对于内部排序来讲,2-路归并排序就能完全满足实现需要,只有外部排序才需要多路归并,本节只讨论 2-路归并排序,例如,图 9.9 是 2-路归并排序的一个实例。

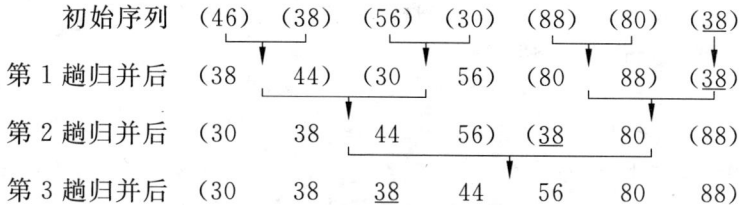

```
初始序列      (46)  (38)  (56)  (30)  (88)  (80)  (38)
第 1 趟归并后   (38   44)  (30   56)  (80   88)  (38)
第 2 趟归并后   (30   38   44   56)  (38   80)  (88)
第 3 趟归并后   (30   38   38   44   56   80   88)
```

图 9.9 2-路归并排序示意图

用 C++ 实现的 2-路归并排序算法如下:

```cpp
template<class ElemType>
void SimpleMerge(ElemType elem[], int low, int mid, int high)
//操作结果:将有序子序列 elem[low..mid]和 elem[mid+1..midhigh]归并为新的
//  有序序列 elem[low..high]
{
    ElemType * tmpElem=new ElemType[high+1];          //定义临时数组

    int i, j, k;                                      //临时变量
    for (i=low, j=mid+1, k=low; i<=mid && j<=high; k++)
    {  //i 为归并时 elem[low..mid]当前元素的下标,j 为归并时 elem[mid+1..high]当前元素
       //的下标,k 为 tmpElem 中当前元素的下标
        if (elem[i]<=elem[j])
        {  //elem[i]较小,先归并
            tmpElem[k]=elem[i];
            i++;
        }
        else
        {  //elem[j]较小,先归并
            tmpElem[k]=elem[j];
            j++;
        }
    }

    for (; i<=mid; i++, k++)
    {  //归并 elem[low..mid]中剩余元素
        tmpElem[k]=elem[i];
    }
```

```
    for (; j<=high; j++, k++)
    {   //归并 elem[mid+1..high]中剩余元素
        tmpElem[k]=elem[j];
    }

    for (i=low; i<=high; i++)
    {   //将 tmpElem[low..high]复制到 elem[low..high]
        elem[i]=tmpElem[i];
    }

    delete []tmpElem;                                   //释放 tmpElem 所占用空间
}


template<class ElemType>
void SimpleMergeSortHelp(ElemType elem[], int low, int high)
//操作结果: 对 elem[low..high]进行简单归并排序
{
    if (low<high)
    {
        int mid=(low+high) / 2;
            //将 elem[low..high]平分为 elem[low..mid]和 elem[mid+1..high]
        SimpleMergeSortHelp(elem, low, mid);
            //对 elem[low..mid]进行简单归并排序
        SimpleMergeSortHelp(elem, mid+1, high);
            //对 elem[mid+1..high]进行简单归并排序
        SimpleMerge(elem, low, mid, high);
            //对 elem[low..mid]和 elem[mid+1..high]进行归并
    }
}


template<class ElemType>
void SimpleMergeSort(ElemType elem[], int n)
//操作结果:对 elem 进行简单归并排序
{
    SimpleMergeSortHelp(elem, 0, n-1);
}
```

对上面的归并排序,在每次归并时都要为临时数组分配存储空间,归并结束后还需释放空间,要花费不少时间,为进一步提高运行速度,可在主归并函数 MergeSort()中统一为临时数组分配存储空间与释放空间,具体实现如下:

```
template<class ElemType>
void Merge(ElemType elem[], ElemType tmpElem[], int low, int mid, int high)
//操作结果:将有序子序列 elem[low..mid]和 elem[mid+1..midhigh]归并为新的
```

```
//  有序序列 elem[low..high]
{

    int i, j, k;                               //临时变量
    for (i=low, j=mid+1, k=low; i<=mid && j<=high; k++)
    {   //i 为归并时 elem[low..mid]当前元素的下标,j 为归并时 elem[mid+1..high]当前元素
        //的下标,k 为 tmpElem 中当前元素的下标
      if (elem[i]<=elem[j])
      {   //elem[i]较小,先归并
        tmpElem[k]=elem[i];
          i++;
      }
      else
      {   //elem[j]较小,先归并
        tmpElem[k]=elem[j];
          j++;
          }
      }

      for(;i<=mid; i++, k++)
      {   //归并 elem[low..mid]中剩余元素
        tmpElem[k]=elem[i];
      }

      for(;j<=high; j++, k++)
      {   //归并 elem[mid+1..high]中剩余元素
        tmpElem[k]=elem[j];
      }

      for(i=low; i<=high; i++)
      {   //将 tmpElem[low..high]复制到 elem[low..high]
        elem[i]=tmpElem[i];
      }
  }

template<class ElemType>
void MergeSortHelp(ElemType elem[], ElemType tmpElem[], int low, int high)
//操作结果:对 elem[low..high]进行归并排序
{
      if (low<high)
      {
          int mid= (low+high)/2;
              //将 elem[low..high]平分为 elem[low..mid]和 elem[mid+1..high]
          MergeSortHelp(elem, tmpElem, low, mid);
```

```
        //对 elem[low..mid]进行归并排序
        MergeSortHelp(elem, tmpElem, mid+1, high);
            //对 elem[mid+1..high]进行归并排序
        Merge(elem, tmpElem, low, mid, high);
            //对 elem[low..mid]和 elem[mid+1..high]进行归并
    }
}


template<class ElemType>
void MergeSort(ElemType elem[], int n)
//操作结果:对 elem 进行归并排序
{
    ElemType * tmpElem=new ElemType[n];            //定义临时数组
    MergeSortHelp(elem, tmpElem, 0, n-1);
    delete []tmpElem;                              //释放 tmpElem 所占用空间
}
```

由于将有序子序列 elem[low..mid] 和 elem[mid+1..high] 归并为有序子序列 elem[low..high] 需时间 $O(\text{high}-\text{low}+1)$，可知进行一趟归并需时间 $O(n)$，设

$$2^{h-1} < n \leqslant 2^{h} \tag{9.8}$$

在进行第 1 趟归并后，将得到 $n_1 = \left\lceil \dfrac{n}{2} \right\rceil$ 个长度为 2 或更短的有序子序列，其中 n_1 满足:

$$2^{h-2} \leqslant n_1 \leqslant 2^{h-1} \tag{9.9}$$

在进行第 2 趟归并后，将得到 $n_2 = \left\lceil \dfrac{n_1}{2} \right\rceil$ 个长度为 4 或更短的有序子序列，其中 n_1 满足:

$$2^{h-3} \leqslant n_2 \leqslant 2^{h-2} \tag{9.10}$$

这样继续下去，在进行第 h 趟归并后，将得到 $n_h = \left\lceil \dfrac{n_{h-1}}{2} \right\rceil$ 个长度为 2^h 或更短的有序子序列，其中 n_h 满足:

$$2^{h-(h+1)} \leqslant n_h \leqslant 2^{h-h} \tag{9.11}$$

由式 9.11 可知 $\dfrac{1}{2} \leqslant n_h \leqslant 1$，所以 $n_h = 1$，也就是归并趟数为 h，对式 9.8 各项取以 2 为底的对数可得

$$h - 1 < \log_2 n \leqslant h \tag{9.12}$$

由式 9.12 得

$$h = \lceil \log_2 n \rceil \tag{9.13}$$

这样时间复杂度为 $O(n\lceil \log_2 n \rceil) = O(n\log n)$。归并排序的时间代价并不依赖于待排序数组的初始情况，也就是归并排序的最好、平均和最坏情形的时间复杂度都为 $O(n\log n)$，这一点比快速排序好，并且归并排序还是稳定的，当然在平均情况下，还是快速排序最快(常数因子更小)。

*9.6 基 数 排 序

基数排序(radix sorting)是一种全新的排序方法,其实现的关键是不需要进行记录关键字之间的比较,而是一种借助多关键字排序思想的排序方法。

9.6.1 多关键排序

假设有 n 个元素序列:

$$\{\text{elem}_0, \text{elem}_1, \cdots, \text{elem}_{n-1}\}$$

元素 elem_i 含有 d 个关键字 $(K_i^0, K_i^1, \cdots, K_i^{d-1})$,其中 K_i^0 称为最主位关键字,K_i^{d-1} 称为最次位关键字,如果对任意两个元素 elem_i 和 $\text{elem}_j (0 \leqslant i < j \leqslant n-1)$ 都满足:

$$(K_i^0, K_i^1, \cdots, K_i^{d-1}) \leqslant (K_j^0, K_j^1, \cdots, K_j^{d-1})$$

则称序列按关键字 $(K^0, K^1, \cdots, K^{d-1})$ 有序。

多关键字序列的排序最常见的方法是最低位优先(least significant first, LSF)法,先对最低位 K^{d-1} 进行排序,再对高一位关键字 K^{d-2} 进行排序,依此类推,直到对 K^0 进行排序为止,这种排序可以不比较关键字的大小,而是通过"分配"和"收集"来实现,下面通过扑克牌排序来说明这种思想。

每张扑克牌有两个"关键字":(花色,面值),假设有如下次序关系。

花色:♥<♣<♠<◆

面值:2 < 3 < 4 < 5 < 6 < 7 < 8 < 9 < 10 < J < Q < K < A

也就是可以将扑克牌排序如下:

♥2<♥3<♥4<⋯<♥A<

♣2<♣3<♣4<⋯<♣A<

♠2<♠3<♠4<⋯<♠A<

◆2<◆3<◆4<⋯<◆A

对扑克牌的排序可采用如下的"分配"和"收集"来进行:

第1趟"分配":按扑克牌的面值分配成不同面值的13堆。

第1趟"收集":将这13堆扑克牌按面值自小至大收集起来("3"收集在"2"的上面,"4"收集在"3"的上面,⋯,"A"收集在"K"的上面)。

第2趟"分配":按扑克牌的花色分配成不同花色的4堆。

第2趟"收集":将这4堆扑克牌按花色自小至大收集起来("♣"收集在"♥"的上面,"♠"收集在"♣"的上面,"◆"收集在"♠"的上面)。

这样经过两趟"分配"和"收集"后便可得到如上次序关系的扑克牌。

9.6.2 基数排序

基数排序的本质是借助于"分配"和"收集"算法对单关键字进行排序,基数排序是将关键字 K_i 在逻辑上看成是 d 个关键字 $(K_i^0, K_i^1, \cdots, K_i^{d-1})$,如 $K_i^j (0 \leqslant j \leqslant d-1)$ 有 radix 种值,称 radix 为基数,例如关键字是整数,并且关键字取值范围是 $0 \leqslant j \leqslant 99$,则可认为关键字 K 由 2 个关键字 (K^0, K^1) 组成,其中 K^0 是十位数,K^1 是个位数,并且每位关键字可取 10 个值,即基数 radix=10,在算法实现时可将数据按关键字"分配"到线性链表中,然后再对所得的线性链表进行"收集"。

例如,对如下的关键字序列:

$$(27, 91, 01, 97, 17, 23, 72, 25, 05, 67, 84, 07, 21, 31)$$

进行第 1 趟"分配"与"收集",如图 9.10 所示。

第 1 趟分配(按个位数进行分配)

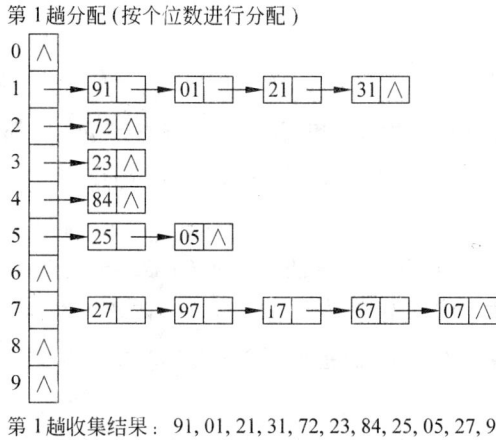

第 1 趟收集结果: 91, 01, 21, 31, 72, 23, 84, 25, 05, 27, 97, 17, 67, 07

图 9.10   第 1 趟"分配"与"收集"

进行第 2 趟"分配"与"收集",如图 9.11 所示。

第 2 趟分配(按十位数进行分配)

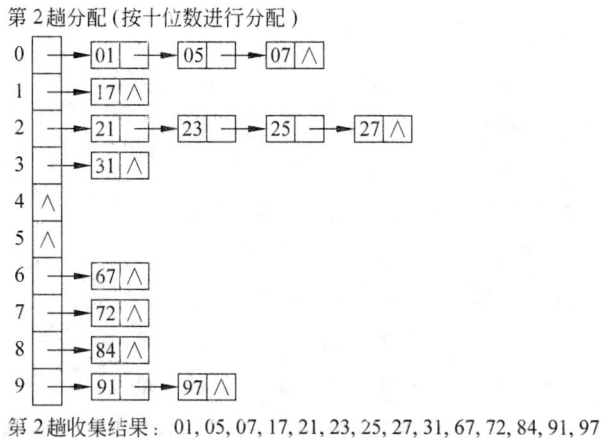

第 2 趟收集结果: 01, 05, 07, 17, 21, 23, 25, 27, 31, 67, 72, 84, 91, 97

图 9.11   第 2 趟"分配"与"收集"

用 C++ 实现的基数排序算法如下:

```
template<class ElemType>
void Distribute(ElemType elem[], int n, int r, int d, int i, LinkList<ElemType> list[])
    //初始条件: r 为基数,d 为关键字位数,list[0..r-1]为被分配的线性表数组
```

//操作结果：进行第 i 趟分配
```
{
    for (int power=(int)pow((double)r, i-1), j=0; j<n; j++)
    {   //进行第 i 趟分配
        int index=(elem[j]/power)%r;
        list[index].Insert(list[index].Length()+1, elem[j]);
    }
}
```

```
template<class ElemType>
void Colect(ElemType elem[], int n, int r, int d, int i, LinkList<ElemType>list[])
```
//初始条件：r 为基数，d 为关键字位数，list[0..r-1]为被分配的线性表数组
//操作结果：进行第 i 趟收集
```
{
    for (int k=0, j=0; j<r; j++)
    {   //进行第 i 趟分配
        ElemType tmpElem;
        while (!list[j].Empty())
        {   //收集 list[j]
            list[j].Delete(1, tmpElem);
            elem[k++]=tmpElem;
        }
    }
}
```

```
template<class ElemType>
void RadixSort(ElemType elem[], int n, int r, int d)
```
//初始条件：r 为基数，d 为关键字位数
//操作结果：对 elem 进行基数排序
```
{
    LinkList<ElemType> * list;                      //用于存储被分配的线性表数组
    list=new LinkList<ElemType> [r];
    for (int i=1; i<=d; i++)
    {   //第 i 趟分配与收集
        Distribute(elem, n, r, d, i, list);         //分配
        Colect(elem, n, r, d, i, list);             //收集
    }
    delete []list;
}
```

设数组长度为 n，基数为 r，关键字位数为 d，则每趟分配的时间为 $O(n)$，每趟收集的时间为 $O(n+r)$，共需进行 d 趟分配与收集，可知总的时间代价为 $O(d(2n+r))$，基数排序是稳定的排序方法，适合于 d 和 r 较小的数组。

*9.7　各种内部排序方法讨论

综合本章前面关于内部排序的讨论，大致可得到表 9.1 所示的结果。

表 9.1　各种排序方法性能

排序分类	排序名称	时间复杂度		辅助空间	稳定性
		平均时间	最坏时间		
简单排序	直接插入排序	$O(n^2)$	$O(n^2)$	$O(1)$	稳定
	起泡排序	$O(n^2)$	$O(n^2)$	$O(1)$	稳定
	简单选择排序	$O(n^2)$	$O(n^2)$	$O(1)$	不稳定
高级排序	快速排序	$O(n\log_2 n)$	$O(n^2)$	$O(\log_2 n)$	不稳定
	堆排序	$O(n\log_2 n)$	$O(n\log_2 n)$	$O(1)$	不稳定
	归并排序	$O(n\log_2 n)$	$O(n\log_2 n)$	$O(n)$	稳定
其他排序	Shell 排序	由增量序列确定		$O(1)$	不稳定
	基数排序	$O(d(2n+r))$	$O(d(2n+r))$	$O((n+r)n)$	稳定

从表中可以得到如下的结论。

(1) 从时间性能而言，一般认为快速排序最佳，但快速排序在最坏情况下的时间性能不如堆排序和归并排序。对于基数排序，如果 n 值很大而关键字较小的序列，基数排序的速度最快。本章在各种内部排序的算法实现中，主要考虑到算法的可读性，没有对算法进行优化，可能实际运行时间比优化后慢得多，读者可作为练习，对各种排序方法进行优化。

(2) 从稳定性而言，一般简单排序算法是稳定的，高级排序方法不稳定，但也有例外，如归并排序就是稳定的，还有就是所有选择排序方法都是不稳定的，比如，对序列{16，16，8}，选出最小元素 8，交换 8 与 16 得{8，16，16}，可以发现按选择原理进行的排序方法都是不稳定的。

实际上，在本章讨论的所有排序方法中，没有一种是绝对最优的，在实际应用时，可根据不同情况适当选用。

下面讨论基于比较的内部排序算法可能达到的在最坏情况下的最快速度。从表 9.1 可知在基于比较的排序算法的时间复杂度可能为 $O(n^2)$ 或 $O(n\log_2 n)$，通过下面的讨论可以发现，不能找到一种基于比较的排序方法，它在最坏情况下的时间复杂度低于 $O(n\log_2 n)$。

基于比较的排序算法都可以构造出一棵类似于图 9.12 所示的判定树来描述这类排序方法的过程。

图 9.12 是表示 3 个元素 e_1、e_2 和 e_3 进行直接插入排序算法排序过程的判定树，树中非终端结点表示两个元素间的一次比较，左、右子树分别表示比较所得的两种结果。设 3 个元素互不相等，则 3 个元素{ e_1，e_2，e_3 }之间存储 6 种关系：

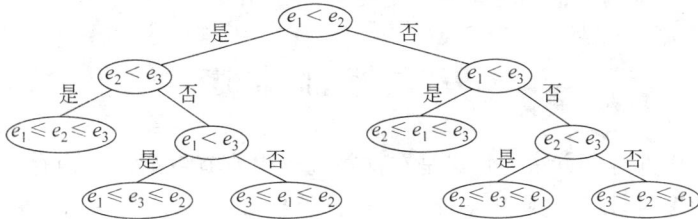

图 9.12　描述基于比较的排序算法的判定树示例

(1) $e_1 < e_2 < e_3$；

(2) $e_1 < e_3 < e_2$；

(3) $e_3 < e_1 < e_2$；

(4) $e_2 < e_1 < e_3$；

(5) $e_2 < e_3 < e_1$；

(6) $e_3 < e_2 < e_1$。

也就是这 3 个元素排序可能得到 6 个结果：

(1) $\{e_1, e_2, e_3\}$；

(2) $\{e_1, e_3, e_2\}$；

(3) $\{e_3, e_1, e_2\}$；

(4) $\{e_2, e_1, e_3\}$；

(5) $\{e_2, e_3, e_1\}$；

(6) $\{e_3, e_2, e_1\}$。

图 9.12 所示的判定树的 6 个终端结点刚好对应这 6 个可能的结果,对每一个初始序列经排序达到有序序列所需进行的"比较"次数,恰为从树根结点到和该序列相应的叶子结点的路径长度。图 9.12 的判定树的深度为 4,所以对 3 个记录进行直接插入排序至少要进行 3 次比较。

对于含 n 个元素的情况,由于含 n 个元素的序列可能出现的初始状态有 $n!$ 种,可知描述 n 个元素排序过程的判定树有 $n!$ 个叶结点。对于高为 h 的二叉树,设度为 2 的结点个数为 n_2,度为 2 的结点最多是前 $h-1$ 层的结点,最大个数为 $2^{h-1}-1$,由二叉树的性质可知叶结点个数 $n_0 = n_2 + 1$,所以叶结点个数 $n_0 \leqslant 2^{h-1}$,以 2 为底取对数得 $h \geqslant \log_2 n_0 + 1$,对于描述含 n 个元素的判定树具体 $n!$ 个叶结点。所以判定树的高度至少为 $\log_2 n! + 1$,这就是说,描述 n 个元素排序的判定树上必定存在一条长度至少为 $\log_2 n!$ 的路径。由此可知任何一个基于比较进行排序的算法,在最坏情况下所需进行的比较次数至少为 $\log_2 n!$,对 n 为奇数与偶数分别进行讨论可知当 $n > 1$ 时有如下关系：

$$(n/2)^{n/2} < n! < n^n \tag{9.14}$$

对式 9.14 各项以 2 为底取对数得

$$\frac{n}{2}(\log_2 n - 1) < \log_2(n!) < n\log_2 n \tag{9.15}$$

由式 9.15 可知任何一个基于比较进行排序的算法,在最坏情况下所需进行的比较次数

至少为 $O(n\log_2 n)$，也就是最坏时间复杂度最少为 $O(n\log_2 n)$。

*9.8　外　部　排　序

前面介绍的内部排序方法的特点是在排序过程中所有数据都在内存中，但是当要排序的数据元素非常多时，以至内存中不能一次进行处理，这时只能将它们以文件的形式存放于外存中，排序时将一部分数据元素调入内存进行处理，在排序过程中不断地在内存和外存之间传送数据，这样的排序方法称为外部排序。

9.8.1　外部排序基础

数据在磁盘上一般以块的形式进行存储，块也称为页面，是磁盘存储的基本单位，操作系统都是以块为单位访问磁盘的，下面先简单介绍磁盘的结构。

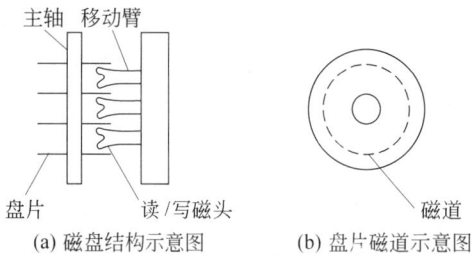

图 9.13　磁盘示意图

磁盘容量大、速度快，磁片实际上是一个磁性圆片，在盘面上有许多称为磁道的圆圈，通常将若干张磁片组成磁盘，每张磁片有两个面，磁盘中半径相同的磁道都在同一圆柱面上，称为柱面，读/写头都安装在移动臂上，移动臂可作径向移动，使读/写头移动到指定柱面上，将所有磁片装在一个称为主轴的轴上进行高速旋转，当磁道在读/写磁头上通过时，便可以进行数据的读/写，如图 9.13 所示。

磁盘上信息的地址标注方法如下：

（柱面号，盘面号，块号）

柱面号用于确定读/写头的径向运动，块号用于确定信息在磁道上的位置，盘面号用于确定具体的读/写头，为访问一块信息，首先将移动臂作径向移动寻找柱面，实际上也就是寻找磁道，简称为寻道，然后再等候所要访问的信息所在的块旋转到磁头的上面，最后就开始读写信息了。在磁盘上读写一块信息所需要的时间有如下 3 部分：

$$T_{i/o} = T_{seek} + T_{latency} + T_{trans} \tag{9.16}$$

其中：

T_{seek} 为寻道时间，也就是磁头作径向运动的时间；

$T_{latency}$ 为等待时间，也就是等待信息块旋转到磁头上面的时间；

T_{trans} 为传输时间，也就是传输信息的时间。

现在的磁盘旋转速度越来越快，读写时间主要花费在寻道上，所以在磁盘上存储的信息应将相关数据存储到同一柱面或邻近柱面上，这样磁头在读写时可减少磁头作径向移动的时间。

9.8.2　外部排序的方法

外部排序一般由如下两步构成。

（1）将外存上所含的 n 个元素分成若干个长为 l 的子文件，依次将这些子文件读入内存并使用内部排序方法进行排序,并将排序后的有序子文件重新写入外存中,一般称这些子文件为归并段。

(2) 对归并段进行逐趟归并,使归并段的长度由小变大,直到整个文件有序为止。

假设文件有 90000 个元素,先通过 9 次内部排序得到 9 个初始归并段 $R_0 \sim R_8$,每个归并段长度为 10000 个元素,再对归并段进行归并,如图 9.14 所示。

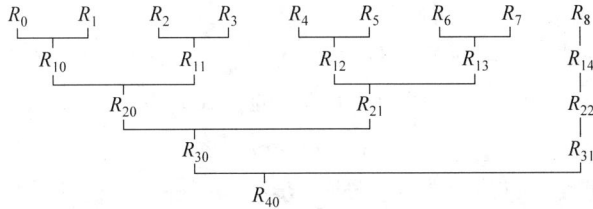

图 9.14 2-路归并过程示意图

从图可以看出,由 9 个初始归并段进行两两归并得到 5 个有序文件,共进行 4 趟归并,每趟是从 k 个归并段中得到 $\left\lceil \dfrac{k}{2} \right\rceil$ 个归并段,这种归并方法实际上就是在归并排序中所讲的 2 路归并排序。

在外部排序中将两个归并段进行归并时不但要在内存中进行归并,而且还要进行外存的读写操作,对外存的读写是以块为单位进行的,假设每个块有 500 个元素,则每趟归并需进行 180 次"读"和 180 次"写"操作,4 趟归并再加上产生初始归并段时所进行读/写块的总次数为 $4 \times 360 + 360 = 1800$。

在一般情况下,外部排序所需时间如下:

$$T_{es} = mT_{is} + dT_{io} + snT_{mg} \tag{9.17}$$

其中:

m 是初始归并段个数;

T_{is} 是产生每个初始归并段进行内部排序的时间;

d 是外存块的读/写次数;

T_{io} 是对每个外存块的读/写时间;

s 是归并趟数;

n 是元素个数;

T_{mg} 是进行归并时每归并出一个元素的时间。

对于上例中的 90000 个元素进行 2 路归并外部排序所需时间为

$$T_{es} = 9T_{is} + 1800T_{io} + 4 \times 90000T_{mg} = 9T_{is} + 1800T_{io} + 360000T_{mg}$$

如果对上例中的 90000 个元素进行 3-路归并,如图 9.15 所示,共需进行 2 趟归并,外部排序时总的读写块的次数为 $2 \times 360 + 360 = 1080$,比 2 路归并排序对外存块的读写次数更少。

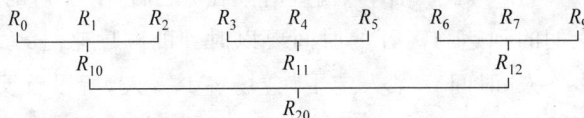

图 9.15 3 路归并过程示意图

对于外部排序所需读写外存块的次数为：

$$d = 2sn/b + 2n/b \qquad (9.18)$$

其中：

s 为归并趟数；

n 为总元素个数；

b 为每个块的元素个数。

减少归并趟数可减少外存块的读写次数，可仿照 2 路归并排序的归并趟数公式可类推出 k 路归并排序对 m 个初始归并段的归并趟数的公式如下：

$$s = \lceil \log_k m \rceil \qquad (9.19)$$

可见增加 k 值能减少归并趟数，进而进一步减少了外存块的读写次数。

9.9   实 例 研 究

** 9.9.1   宴会中来宾数目的最大值

在一个宴会中一共有 n 位来宾，按照来宾的到达与离开的登记时间，知道第 i 位来宾在 x_i 时到达，在 y_i 时离开，因此第 i 位来宾在宴会中的时间是 $[x_i, y_i)$，也就是 $x_i \leqslant t < y_i$ 中所有可能的 t，要求找出同一时刻之内最多会有多少人同时在宴会场所中。

例如有如表 9.2 所示。

表 9.2   来宾到达与离开时间表

序　　号	到 达 时 间	离 开 时 间
0	1	4
1	2	4
2	4	7
3	5	6
4	3	8

在宴会场中人数最多时是 3 个人，分别是 $t=3$ 与 $t=5$ 的时候；$t=3$ 时在会场中的是 $\{0,1,4\}$，而 $t=5$ 时则是 $\{2,3,5\}$；在 $t=4$ 时似乎有 $\{0,1,2,4\}$ 在宴会场，但这是不对的，因为在 $t=4$ 时 0 与 1 已经是不在会场中了，在 $t=4$ 时，$\{1,4\}$ 在会场，2 刚来，但是 0 和 1 已经离开了。

如果某人在 t 之前或在 t 时离开，他一定不在会场，而某人到达时间在 t 之后，他也不在会场。所以只有到达时间在 t 之前（含 t）、离开时间在 t 之后（不含 t）的人才算是在会场中。为了要做到这一点，人们的到达与离开的时间要以时钟的顺序来处理才行，也就是说时间 t_1 某人来了，会场将多一人，时间 t_2 某人走了，会场将少一人，所以首要的事就是排列所有的（到达与离开）时间值。

程序中的函数 MaxVisitors() 的参数 $x[]$ 与 $y[]$ 就是时间值，$x[i]$ 与 $y[i]$ 表示 i 在 $x[i]$

时到达,在 $y[i]$ 离开。为了要排列所有的时间,要一个时间表,它有 $2n$ 个元素($x[]$ 与 $y[]$ 各有 n 个),此外还要多一项表示是到达还是离开的时间。timeTable 就是指向这个时间表的指针,时间结点定义如下:

```
typedef enum {OUT, IN} StatusType;              //状态类型
typedef struct
{
    int time;                                   //离开/到达的时间数值
    StatusType status;                          //离开/到达状态
} TableNode;                                    //时间结点
```

程序中前两个循环就把 $x[]$ 与 $y[]$ 的值填入时间表中。这样的时间表并没有依时间先后顺序排好,接下来用快速排序进行排序,排顺序时不能简单地把时间值小的排在前面,大的排在后面,因为这可能会引起困扰。例如,甲在 t 时间到达,乙在 t 时间离开,如果经过排列之后甲排在乙之前,对于时间 t 就会先碰到甲,他到达了,会场人数多了 1,因此可能就会得到错误的结果。所以说,在排序时,如果时间表中有两笔数据时间值相等时,要让 status 是 OUT 亦即离开的数据排在前面,只要对关系运算符进行如下重载即可,具体重载如下:

```
bool operator<=(const TableNode &first, const TableNode &second)
//操作结果:重载关系运算符<=
{
    return first.time<second.time||first.time==second.time&&first.status
        <=second.status;
}
bool operator>=(const TableNode &first, const TableNode &second)
//操作结果:重载关系运算符>=
{
    return first.time>second.time||first.time==second.time&&first.status
        >=second.status;
}
```

排序完成后,就把时间表从头查起,并且准备一个计数用的变量 count。当第 i 时间有人离开时,count−,因为会场中少了一个人;当此时有人到达,count++,再修正最大值 maxCount。具体算法实现如下:

```
//文件路径名:max_visitors\max_visitors.h
int MaxVisitors(int x[], int y[], int n)
//初始条件:x[i]表示来宾的到达时间,y[i]表示来宾的离开时间,n 表示来宾的总人数
//操作结果:找出在同一时刻最多会有多少来宾在宴会现场中
{
    TableNode * timeTable;                      //时间表
    int maxCount=0;                             //来宾数目的最大值
    int count=0;                                //当前来宾数目
```

```
    int i;                                           //临时变量

    timeTable=new TableNode[2 * n];                  //为时间表分配空间

    for (i=0;i<n; i++)
    {   //将到达时间加入到时间表中
        timeTable[i].time=x[i];                      //到达时间
        timeTable[i].status=IN;                      //到达状态
    }

    for (i=0; i<n; i++)
    {   //将离开时间加入到时间表中
        timeTable[i+n].time=y[i];                    //离开时间
        timeTable[i+n].status=OUT;                   //离开状态
    }

    QuickSort(timeTable, 2 * n);                     //快速排序

    for(i=0; i<2 * n; i++)
    {   //求宴会中来宾数目的最大值
        if (timeTable[i].status==IN) count++;        //来宾到来,人数增加
        else count--;                                //来宾离开,人数减少
        if (maxCount<count) maxCount=count;          //求最大值
    }

    delete[]timeTable;                               //释放时间表

    return maxCount;                                 //返回来宾数目的最大值
}
```

*9.9.2　各种排序算法运行时间测试

对各种排序算法运行时间在不同电脑运行时得到的结果是不同的,但在同一台电脑上的运行时间能反映各种排序算法的效率,也可为进一步优化算法提供实验环境,下面利用随机数生成排序的数组,具体实现如下:

```
//文件路径名: sort_time\sort_time.h
void CreateArray(int a[], int n)
//操作结果: 以随机数生成数组 a[]的元素
{
    SetRandSeed();                                   //设置当前时间为随机数种子
    for (int pos=0; pos<n; pos++)
        a[pos]=GetRand();                            //生成随机数
}
```

利用实用程序软件包中 Timer 很容易得到各种算法的运行时间,具体实现如下:

```
void SortTime(int size)
//操作结果:测试各种排序算法运行时间
{
    int * a;                                          //数组
    a=new int[size];                                  //分配存储空间
    double time;                                      //运行时间

    cout<<"数据元素个数:"<<size<<endl;
    Timer objTime;                                    //计时器对象

    CreateArray(a, size);                             //生成数组
    objTime.Reset();                                  //重置开始时间
    StraightInsertSort(a, size);                      //直接插入排序
    time=objTime.ElapsedTime();                       //运行时间
    cout<<"直接插入排序:"<<time<<"秒"<<endl;          //显示排序时间

    CreateArray(a, size);                             //生成数组
    objTime.Reset();                                  //重置开始时间
    BubbleSort(a, size);                              //起泡排序
    time=objTime.ElapsedTime();                       //运行时间
    cout<<"起泡排序:"<<time<<"秒"<<endl;              //显示排序时间

    CreateArray(a, size);                             //生成数组
    objTime.Reset();                                  //重置开始时间
    SimpleSelectionSort(a, size);                     //简单选择排序
    time=objTime.ElapsedTime();                       //运行时间
    cout<<"简单选择排序:"<<time<<"秒"<<endl;          //显示排序时间

    int t=int(log((float)size+1)/log((float)2))-1;    //增量数组容量
    int * inc=new int[t];                             //为增量数组分配空间
    for (int i=0; i<t; i++ )
        inc[i]=(int)pow((double)2, t-i)-1;            //为增量数组赋值
    CreateArray(a, size);                             //生成数组
    objTime.Reset();                                  //重置开始时间
    ShellSort(a, size, inc, t);                       //Shell 排序
    time=objTime.ElapsedTime();                       //运行时间
    cout<<"Shell 排序:"<<time<<"秒"<<endl;            //显示排序时间
    delete []inc;                                     //释放增量数组所占用的空间

    CreateArray(a, size);                             //生成数组
    objTime.Reset();                                  //重置开始时间
    QuickSort(a, size);                               //快速排序
```

```
    time=objTime.ElapsedTime();                    //运行时间
    cout<<"快速排序:"<<time<<"秒"<<endl;            //显示排序时间

    CreateArray(a, size);                          //生成数组
    objTime.Reset();                               //重置开始时间
    HeapSort(a, size);                             //堆排序
    time=objTime.ElapsedTime();                    //运行时间
    cout<<"堆排序:"<<time<<"秒"<<endl;              //显示排序时间

    CreateArray(a, size);                          //生成数组
    objTime.Reset();                               //重置开始时间
    SimpleMergeSort(a, size);                      //简单归并排序
    time=objTime.ElapsedTime();                    //运行时间
    cout<<"简单归并排序:"<<time<<"秒"<<endl;        //显示排序时间

    CreateArray(a, size);                          //生成数组
    objTime.Reset();                               //重置开始时间
    MergeSort(a, size);                            //归并排序
    time=objTime.ElapsedTime();                    //运行时间
    cout<<"归并排序:"<<time<<"秒"<<endl;            //显示排序时间

    CreateArray(a, size);                          //生成数组
    objTime.Reset();                               //重置开始时间
    RadixSort(a, size, 10, 5);                     //基数排序
    time=objTime.ElapsedTime();                    //运行时间
    cout<<"基数排序:"<<time<<"秒"<<endl;            //显示排序时间

    delete []a;                                    //释放存储空间
}
```

表 9.3 是在作者的笔记本电脑上各种排序算法的运行时间。可以发现随着元素个数的增多,简单归并排序的运行时间比归并排序时间增长速度快得多,这充分说明对算法进行优化有时能大大地提高算法效率,在高级排序算法中基级排序运行时间最长,这是由于在分配与收集中使用了线性链表,在分配时不断在线性链表中插入数据元素(用到 new),收集结束后要释放队所占用空间(用到 delete),由于 new 与 delete 都是通过操作系统分配与释放空间,效率较低,如果采用数组实现链表或重载 new 与 delete,都会极大地提高算法效率,归并排序运行时间比快速排序更短,如果能对快速排序进行优化,用赋值语句代替交换两个数据元素的方法,应该快速排序算法更快,本书在选择算法实现时主要考虑算法的可读性,如果读者能优化算法,必将进一步提高各种算法,特别是高级排序算法的效率。

表 9.3　各种排序算法的运行时间　　　　　　　　　　　　单位：秒(s)

元素个数 排序算法	10000	20000	40000	80000	160000
插入排序	4.115	15.733	58.354	219.565	883.100
起泡排序	5.447	19.017	67.427	273.223	1126.640
简单选择排序	1.272	4.988	17.676	74.467	301.594
Shell 排序	0.030	0.060	0.120	0.301	0.851
快速排序	0.020	0.050	0.070	0.130	0.281
堆排序	0.090	0.050	0.100	0.190	0.410
简单归并排序	0.171	0.891	12.999	75.939	357.524
归并排序	0.010	0.030	0.060	0.121	0.211
基数排序	0.450	0.751	1.152	2.393	4.937

** 9.9.3　用堆实现优先队列

大顶堆的任意一个结点的值都大于或等于其任意一个孩子结点存储的值。由于根结点包含大于或等于其孩子结点的值，而其孩子结点又依次大于或等于各自孩子结点的值，所以根结点存储着该树所有结点中的最大值。

小顶堆的每一个结点存储的值都小于或等于其孩子结点存储的值。由于根结点包含小于或等于其孩子结点的值，而其孩子结点又依次小于或等于各自孩子结点的值，所以根结点存储了该树所有结点的最小值。

由于堆用完全二叉树实现，所以有关堆的操作效率较高，可用大顶堆实现最大优先队列，用小顶堆实现最小优先队列，下面先讨论最大值优先队列，类模板声明如下：

```
//最大优先堆队列类模板
template<class ElemType>
class MaxPriorityHeapQueue
{
protected:
//最大优先堆队列实现的数据成员：
    ElemType * elem;                        //存储堆的数组
    int size;                               //堆最大元素个数
    int count;                              //堆元素个数

//辅助函数模板：
    void Init(int sz);                      //初始化优先队列
    void SiftAdjust(int low, int high);
        //调整 elem[low]使其 elem[low..high]按关键字成为一个大顶堆
    void BuildHeap();                       //建立堆

public:
```

```
//抽象数据类型方法声明及重载编译系统默认方法声明:
    MaxPriorityHeapQueue(int sz=DEFAULT_SIZE);            //构造最大元素个数为 sz 的堆
    MaxPriorityHeapQueue(ElemType e[], int cnt=0, int sz=DEFAULT_SIZE);
        //构造堆元素为 e[0]...e[cnt-1],最大元素个数为 sz 的堆
    virtual~MaxPriorityHeapQueue();                      //析构函数模板
    int Length() const;                                  //求优先队列长度
    bool Empty() const;                                  //判断优先队列是否为空
    void Clear();                                        //将优先队列清空
    void Traverse(void (* visit)(const ElemType &)) const; //遍历优先队列
    StatusCode OutQueue(ElemType &e);                    //出队操作
    StatusCode GetHead(ElemType &e) const;               //取队头操作
    StatusCode InQueue(const ElemType &e);               //入队操作
    MaxPriorityHeapQueue(const MaxPriorityHeapQueue<ElemType>&copy);
        //复制构造函数模板
    MaxPriorityHeapQueue<ElemType>&operator= (const MaxPriorityHeapQueue
        <ElemType>&copy);                                //重载赋值运算符
};
```

一种建立堆的方法就是把元素一个接一个地插入到堆中。成员函数模板 InQueue 将新元素 e 插入到堆中。读者可能会认为堆的插入过程与二叉排序树的插入过程相似,从根开始往下查找。但是,这种方法不大可能有效,因为堆必须保持完全二叉树的形状。换句话说,如果调用 InQueue 之前堆占用数组的前 count 个位置,调用之后则占用前 count+1 个位置。为此,InQueue 首先将 e 置于堆的末尾位置 count。当然 e 在此时很可能不在正确的位置上,需要将其与双亲结点相比较,以使它移到正确的位置。如果 e 的值小于或等于其双亲结点的值,则它已经处于正确的位置,InQueue 操作结束。如果 e 的值大于其双亲结点的值,则两个元素交换位置。e 与其双亲结点的比较一直持续到 e 到达其正确位置为止。具体实现如下:

```
template<class ElemType>
StatusCode MaxPriorityHeapQueue<ElemType>::InQueue(const ElemType &e)
//操作结果: 插入元素 e,操作成功返回 SUCCESS,否则返回 OVER_FLOW
{
    if (count > = size)
    { //堆已满,溢出
        return OVER_FLOW;
    }
    else
    { //堆未满,可插入元素 e
        int curPos=count++;                    //当前位置
        int parent=(curPos-1) / 2;             //当前的双亲
        elem[curPos]=e;                        //初始时将元素 e 插入在堆的末端
        while (curPos>0 &&elem[curPos]>elem[parent])
        { //elem[curPos]大于双亲,与双亲交换
            Swap(elem[curPos], elem[parent]);
                //交换 elem[curPos]与双亲元素 elem[parent]
```

```
            curPos=parent;                        //以双亲作为新当前位置
            parent=(curPos-1)/2;                  //当前双亲
        }
        return SUCCESS;                           //操作成功
    }
}
```

如果建立堆时全部 n 个值都已知,则可以更高效地建立堆。可以利用它们在一起这个特点来加快建立过程,而不必将值逐个插入堆中。具体实现如下:

```
template<class ElemType>
void MaxPriorityHeapQueue<ElemType>::BuildHeap()
//操作结果: 建立大顶堆
{
    int i;
    for (i=(count-2)/2; i>=0; --i)
    {   //将 elem[0..count-1]调整成大顶堆
        SiftAdjust(elem, i, count-1);
    };
}


template<class ElemType>
MaxPriorityHeapQueue<ElemType>::MaxPriorityHeapQueue(ElemType e[], int cnt, int sz)
//操作结果: 构造堆元素为 e[0]...e[cnt-1], 最大元素个数为 sz 的堆
{
    Init(sz);//初始化堆
    for (int pos=0; pos<cnt; pos++)
    {   //将 e[]赋值给 elem[]
        elem[pos]=e[pos];
    }
    BuildHeap();                                  //建立堆
}
```

类似地可用小顶堆来实现最小优先队列,具体类模板声明如下:

```
//最小优先堆队列类模板
template<class ElemType>
class MinPriorityHeapQueue
{
protected:
//最小优先堆队列实现的数据成员:
    ElemType *elem;                               //存储堆的数组
    int size;                                     //堆最大元素个数
    int count;                                    //堆元素个数

//辅助函数模板:
    void Init(int sz);                            //初始化优先队列
```

```
    void SiftAdjust(int low, int high);
        //调整 elem[low]使其 elem[low..high]按关键字成为一个小顶堆
    void BuildHeap();                                    //建立堆

public:
//抽象数据类型方法声明及重载编译系统默认方法声明:
    MinPriorityHeapQueue(int sz=DEFAULT_SIZE);        //构造最大元素个数为 sz 的堆
    MinPriorityHeapQueue(ElemType e[], int cnt=0, int sz=DEFAULT_SIZE);
        //构造堆元素为 e[0]...e[cnt-1],最大元素个数为 sz 的堆
    virtual~MinPriorityHeapQueue();                              //析构函数模板
    int Length() const;                                         //求优队列长度
    bool Empty() const;                                         //判断优队列是否为空
    void Clear();                                               //将优队列清空
    void Traverse(void (*visit)(const ElemType &)) const;  //遍历优先队列
    StatusCode OutQueue(ElemType &e);                           //出队操作
    StatusCode GetHead(ElemType &e) const;                      //取队头操作
    StatusCode InQueue(const ElemType &e);                      //入队操作
    MinPriorityHeapQueue(const MinPriorityHeapQueue<ElemType> &copy);
            //复制构造函数模板
    MinPriorityHeapQueue<ElemType> &operator= (const MinPriorityHeapQueue
        <ElemType> &copy);                                     //重载赋值运算符
};
```

9.10   深入学习导读

本章的排序算法思路来源于 Cliford A. Shaffer 所著的《Practical Introduction to Data Structures and Algorithm Analysis. Second Edition》[2],算法实现简单,可读性强,但算法效率较低;严蔚敏、吴伟民编著的《数据结构(C 语言版)》[12]所讲述的排序算法效率更高,但算法实现可读性要差些。

宴会中来宾数目的最大值参考了冼镜光编著的《C 语言名题精选百则技巧篇》[21]。

读者可优化各种排序算法,应用"排序算法运行时间测试"程序加以实际测试。

用堆实现优先队列参考了 Cliford A. Shaffer 所著的《Practical Introduction to Data Structures and Algorithm Analysis. Second Edition》[2]。

习 题 9

1. 用直接插入排序法,对序列 48,36,68,98,66,12,26,48 从小到大进行排序,试写出每趟排序的结果。

2. 有序列(38,19,65,13,97,49,41,95,1,73),采用冒泡排序方法由小到大进行排序,请写出每趟的结果。

3. 有一组值:25,84,21,47,15,27,68,35,20,现采用快速排序方法进行排序(用第一

个关键字作为分划元素),试写出每趟的结果。

4. 在执行某个排序算法的过程中,出现了排序码朝着最终排序序列相反的方向移动,从而认为此排序算法是不稳定的,这种说法正确吗?为什么?

5. 判别以下序列是否为堆,如果不是,则将其调整为堆。

(1) (100,86,48,73,35,39,42,57,66,21);

(2) (12,70,33,65,24,56,48,92,86,33)。

6. 如果在 2^{30} 个记录中找出 2 个最小的记录,采用什么样的排序方法所需的关键字比较次数最少? 共计多少?

7. 以带头结点的单链表为存储结构实现简单选择排序,排序的结果是单链表按元素的值升序排序,试编写实现算法。

*8. 编写算法,对 n 个取整数值的序列进行整理,以使所有负值的元素排在值为非负值的元素之前,要求:

(1) 采用顺序存储结构,至多使用一个记录的辅助存储空间;

(2) 算法的时间复杂度为 $O(n)$。

**9. 荷兰国旗问题:设有一个仅由红、白、蓝 3 种颜色的条块组成的条块序列。请编写一个时间复杂度为 $O(n)$ 的算法,使得这些条块按红、白、蓝的顺序排好,即排成荷兰国旗图案。

**10. 可按如下所述方法实现非递归的归并排序:假设序列中有 k 个长度$<L$ 的有序子序列。利用过程 merge 对它们进行两两归并,得到 $\left\lceil \dfrac{k}{2} \right\rceil$ 个长度$<2L$ 的有序子序列,称为一趟归并排序。反复调用一趟归并排序过程,使有序子序列的长度自 $L=1$ 开始成倍地增加,直至使整个序列成为一个有序序列。试对序列实现上述归并排序的算法。

**11. 假设序列的所有的值为介于 1 和 m 之间的整数,且其中很多值是相同的,则可按如下方法进行排序:另设数组 number[1:m]且令 number[i]统计取整数 i 的元素个数,然后按 number 重新计算值为 i 元素在排好序的序列中的起始位置,这样再重排序列。试编写算法,实现上述排序方法。

**12. 设待排序数据元素个数为 n,并且各个元素互不相等,如待排序的元素是随机的,也就是排序的元素可能出现的各种排序的概率是相同的,试证明直接插入排序的平均时间复杂度为 $O(n^2)$。

上机实验题 9

*1. 用赋值语句代替交换两个数据元素的方法来优化快速排序算法,试实现优化后的算法。

**2. 用数组的下标值模拟指针实现链表,优化基数排序算法,试实现优化后的基数排序算法。

第 10 章 文 件

当软件需要存储、处理大量的数据时,由于数据量太大,不能同时将它们存储到主存中。这时,就需要把全部数据放入磁盘,每次有选择地读入其中一部分数据进行处理。

本章介绍了在基于磁盘的应用程序开发中,与算法和数据结构设计有关的一些基础知识。

10.1 主存储器和辅助存储器

一般说来,计算机存储设备分为主存储器(primary memory 或 main memory)和辅助存储器(secondary storage 或 peripheral storage)。主存储器通常指随机访问存储器(random access memory,RAM),辅助存储器指硬盘、软盘和光盘这样的设备。

辅助存储器价格低,具有永久存储能力,但是访问时间更长。尽管磁盘和 RAM 的访问时间都在缩短,但是以大致相同的速率缩短的。它们之间 15 年前的相对速度和今天的相对速度基本上一样,访问时间的差距仍然在 10 万到 100 万倍之间。

为了减少磁盘访问次数,可适当安排信息位置,当需要访问辅助存储器中的数据时,能以尽可能少的访问次数得到所需数据,最好一次就访问到所需信息。对于在辅助存储器中存储的数据,数据结构就称为文件结构(file structure),文件结构的组织应当使磁盘访问次数最少。还可合理组织信息,如果不难做到的话,准确地猜测出以后需要的数据,并且现在就把它们取出来使每次磁盘访问都能得到更多的数据,从而减少将来的访问需要;从磁盘或磁带中读取几百个连续字节数据与读取一个字节数据所需的时间没有太大的差别。

10.2 各种常用文件结构

文件是大量记录的集合。习惯上称存储在主存储器(内存储器)中的记录集合为表,称存储在二级存储器(辅助存储器)中的记录集合为文件。

10.2.1 顺序文件

顺序文件(sequential file)是记录按照在文件中的逻辑顺序依次进入存储介质而建立的,也就是顺序文件中物理记录的顺序和逻辑记录的顺序是一样的。如果次序相继的两个物理记录在存储介质上的存储位置是相邻的,则称**连续文件**;如果物理记录之间的次序由指针相连表示,则称**串联文件**。

顺序文件的主要特点如下。

(1) 存取第 i 个记录,必须先搜索在它之前的 $i-1$ 个记录。

(2) 插入新的记录时只能加在文件的末尾。

（3）顺序文件的优点是连续存取的速度快，主要用于只进行顺序存取、批量修改的情况。

10.2.2 索引文件

索引文件由"索引表"和"主文件"两部分构成，索引表是指示逻辑记录与物理记录之间的对应关系的表，表中的每一元素称作**索引项**。不论主文件是否按关键字有序，索引表中的索引项总是按关键字顺序排列。若数据区中的记录也按关键字顺序排列，则称**索引顺序**文件。若数据区中记录不按关键字顺序排列，则称**索引非顺序**文件。

索引表由系统程序自动生成的。在记录输入建立数据区的同时建立一个索引表，表中的索引项自动按关键字进行排序。

例如，对应于表 10.1 的数据文件，其索引表如表 10.2 所示。

表 10.1 主文件

地　址	编　号	姓　名	年　龄	体　重
addr1	1018	李倩	29	51
addr2	1010	王佳	56	49
addr3	1011	李明	38	61
addr4	1020	刘刚	39	71
addr5	1019	文冠杰	58	68
addr6	1016	游文豪	46	66

表 10.2 索引表

编号（关键字）	物理地址
1010	addr2
1011	addr3
1016	addr6
1018	addr1
1019	addr5
1020	addr4

说明：对于定长记录，物理地址也可用物理记录号代替。

索引文件的检索过程应分两步进行：首先，查找索引表，若索引表上存在该记录，则根据索引项的指示读取外存上该记录；否则说明外存上不存在该记录，也就不需要访问外存。由于索引项的长度比记录小得多，则通常可将索引表一次读入内存，由此在索引文件中进行检索只访问外存两次，即一次读索引表，一次读记录。并且由于索引表是有序的，查找索引表时可用折半查找法。

当记录数目很大时，索引表也很大，以致一个物理块容纳不下。在这种情况下查阅索引仍要多次访问外存。为此，可对索引表建立一个索引，称为查找表。若查找表中项目还很多,则要建立更高一级的索引。

如果数据文件中记录不按关键字顺序排列,则必须对每个记录建立一个索引项,如此建立的索引表称之为**稠密索引**,它的特点是可以在索引表中进行"预查找",即从索引表便可确定待查记录是否存在。如果数据文件中的记录按关键字顺序有序,则可对一组记录建立一个索引项,这种索引表称之为**非稠密索引**,它不能进行"预查找",但索引表占用的储存空间少。

10.2.3　散列文件

散列文件又称直接存取文件,特点是,由记录的关键字值直接得到记录在外存上的存储地址。类似于构造一个哈希表,根据文件中关键码的特点设计一种"哈希函数"和"处理冲突的方法",然后将记录散列到外存储设备上,故称"散列文件"。

与哈希表不同的是,对于文件来说,外存上的文件记录通常是成组存放的。若干个记录组成一个存储单位,在散列文件中,这个存储单位称为桶(bucket)。假若一个桶能存放 m 个记录,这就是说,m 个同义词的记录可以存放在同一地址的桶中,而当第 $m+1$ 个同义词出现时才发生"溢出"。处理溢出也可采用哈希表中处理冲突的各种方法,但对散列文件,主要采用链地址法。

当发生"溢出"时,需要将第 $m+1$ 个同义词存放到另一个桶中,通常称此桶为"溢出桶",相对地,称前 m 个同义词存放的桶为"基桶"。溢出桶和基桶大小相同,相互之间用指针相链接。当在基桶中没有找到待查记录时,就顺指针所指到溢出桶中进行查找。例如,某一文件有 18 个记录,其关键字分别为 278,109,063,930,589,184,505,269,008,083,164,215,337,810,620,110,384,362。桶的容量为 3,基桶数为 7。用除留余数法作哈希函数 $H(\text{key})=\text{key} \% 7$。由此得到的直接存取文件如图 10.1 所示。

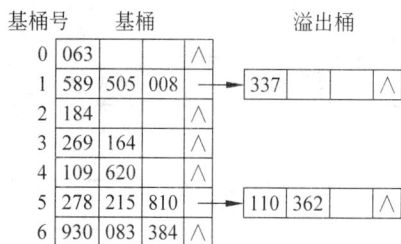

图 10.1　散列文件示意图

在散列文件中进行查找时,首先根据给定值求得哈希地址(即基桶号),将基桶的记录读入内存进行顺序查找,若找到关键字等于给定值的记录,则检索成功,否则,若基桶内没有填满记录或其指针域为空,则文件内没有待查记录,否则根据指针域的值的指示将溢出桶的记录读入内存继续进行顺序查找,直至检索成功或不成功为止。

10.3　实　例　研　究

10.3.1　VSAM 文件

虚拟存储存取方法(virtual storage access method,VSAM)由 3 部分组成:**索引集、顺序集和数据集**。数据集为主文件,而顺序集和索引集构成主文件的索引部分,顺序集和索引集构成一棵 B$^+$ 树。其中顺序集中包含了主文件的全部索引项,索引集中的结点为可看成是文件索引的高层索引,其结构如图 10.2 所示。

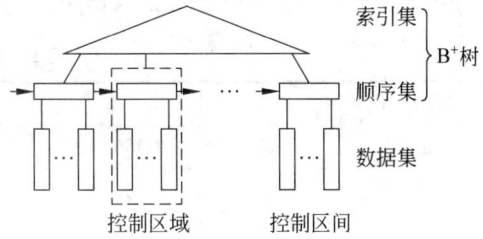

图 10.2 VSAM 文件的结构示意图

数据集由若干控制区间组成,每个控制区间内含一个或多个记录,当含多个记录时,同一控制区间内的记录按关键码自小至大有序排列,控制区间是用户进行一次存取的逻辑单位。在 VSAM 文件中,顺序集中一个结点连同对应的所有控制区间形成一个整体,称为控制区域。

VSAM 文件中没有溢出区,解决插入的办法是在初建文件时留有适当空间,每个控制区间内的记录数不足额定数。插入记录时,首先由查找结果确定插入的控制区间,当控制区间中的记录数超过文件规定的大小时,要"分裂"控制区间,并修改顺序集中相应的索引项。必要时,还需要"分裂"控制区域,同时分裂顺序集中的结点(即 B+ 树的叶子结点)。但通常由于控制区域较大,实际上很少发生分裂。在 VSAM 文件中删除一个记录时,必须"真实地"实现删除,因此要在控制区间内"移动"记录,一般情况下,不需要修改索引项,仅当控制区间中记录均被删除之后,才需要修改顺序集中相应的索引项。

VSAM 文件通常被作为大型索引顺序文件的标准组织方式。优点是能动态地分配和释放空间,不需要重组文件,能较快地实现记录的检索;其缺点是占有较多的存储空间,一般只能保持约 75% 的存储空间利用率。

10.3.2 多关键字文件

本节中的关键字泛指能识别不同记录的数据项,当文件的记录中包含多个关键字时,通常选择一个能唯一确定记录的一个关键字称为主主键字,其他关键字称为次关键字,次关键字可能会重复出现,不能唯一确定记录,也就是对应每个次关键字的记录可能有多个,文件的组织方式应同时考虑如何便于进行次关键字或多关键字的查询,称这类文件为多关键字文件。下面介绍两种多关键字文件的组织方式:倒排文件和多重表文件。

1. 多重表文件

多重表文件(multilist file)的特点是,记录按主关键字建立有索引,称为主关键字索引(简称为主索引);对每一个次关键字项建立次关键字索引(称为次索引),所有具有同一次关键字的记录构成一个链表。主索引为非稠密索引,次索引为稠密索引。每个索引项包括次关键字、头指针和链表长度。

例如,表 10.3 为多关键字文件示例,其中"学号"为主关键字,记录按学号顺序链接,为查找方便起见,将记录按学号分成 2 个链表,其索引如表 10.4 所示,专业与已修学分为次索引,将相同的次关键字的记录链接在同一个链表中,表 10.5 为次关键字"专业"索引,表 10.6 为次关键字"已修学分"索引。已有这些次关键字索引,很容易实现次关键字的查找,例如,要查找已修学分在 161 之下的学生,只要在"已修学分"次关键字索引,找到 0∼160 这一项,然后从它的索引表头指针出发,查出此链表中所有记录即可。又如,要查找计算机专业的学生,只要在"专业"次关键字索引中找到"计算机"这一项,然后从它的索引表头指针出发,查出此链表中所有记录即可。

表 10.3 数据文件

物理地址	姓名	学 号		专 业		已修学分	
addr1	王铭	2006006	addr2	计算机	addr3	180	addr2
addr2	李青	2006003	addr3	中文	addr4	190	addr6
addr3	刘倩	2006005	^	计算机	^	156	addr4
addr4	吴靖	2006004	addr5	中文	^	120	addr5
addr5	章敏	2006002	addr6	数学	addr6	130	^
addr6	薛晓松	2006001	^	数学	^	189	^

表 10.4 "学号"主索引

学号(主关键字)	头 指 针
200601	addr6
200602	addr5
200603	addr2
200604	addr4
200605	addr3
200606	addr1

表 10.5 "专业"次索引

专业(次关键字)	头 指 针	长 度
计算机	addr1	2
数学	addr5	2
中文	addr2	2

表 10.6 "已修学分"次索引

已修学分(次关键字)	头 指 针	长 度
0~160	addr3	3
161~300	addr1	3

多重链表文件易于实现,也易于修改。如果不要求保持链表的某种次序,则插入一个新记录是容易的,此时可将记录插在链表的头指针之后。但是,要删去一个记录却很烦琐,需在每个次关键字的链表中删去该记录。

2. 倒排文件

在倒排文件中,为每个需要进行检索的次关键字建立一个倒排表,倒排表中具有相同次码的记录构成一个顺序表。当按次关键字进行检索时,首先从相应的次关键字倒排表中得到记录的物理记录号。

例如,表 10.7 为表 10.3 中的"专业"倒排表,表 10.8 为表 10.3 中的"已修学分"倒排表。

表 10.7 "专业"倒排表

专业(次关键字)	物理记录地址
计算机	addr1,addr3
数学	addr5,addr6
中文	addr2,addr4

表 10.8 "已修学分"倒排表

已修学分(次关键字)	物理记录地址
0~160	addr3,addr4,addr5
161~300	addr1,addr2,addr6

在插入和删除记录时,倒排表要作相应的修改。在同一索引表中,不同的关键字其记录数不同,各倒排表的长度也不等。

说明:在倒排表中可以存储记录的主关键字值而不存储物理记录地址。

10.4 深入学习导读

本章主要讲解最常见的文件结构,读者可参考 Cliford A. Shaffer 所著的《Practical Introduction to Data Structures and Algorithm Analysis. Second Edition》[2] 与严蔚敏、吴伟民编著的《数据结构(C 语言版)》[12]。

习 题 10

1. 解释名词:顺序文件、散列文件、索引文件和倒排文件。
2. 简单比较文件的多重表和倒排表组织方式各有什么优缺点。
3. 假设某文件有 21 个记录,其记录关键字为 $(7,23,1,18,4,24,56,184,27,63,35,109,15,26,83,215,19,8,16,33,75)$。构造一个散列文件,桶的大小为 $m=3$,基桶数为 7,试画出构造好的散列文件。

上机实验题 10

1. 编写一个程序,实现文件访问。设有两个文件:数据主文件 student. dat 和索引文件 student. idx。数据主文件由记录学生基本情况的若干条记录组成,每个记录由 num(学号)、name(姓名)、sex(性别)、age(年龄)和 dep (系)组成。

索引文件的每个记录由 num(学号)及 offset(学生基本情况记录在数据主文件中的相应位置)组成。

索引文件中的记录按要求能升序排列。要求完成如下功能。

（1）具有输入与编辑主文件记录，同步建立或修改对应的索引文件。

（2）输出主文件全部记录。

（3）根据用户输入的学号，在索引文件中采用二分查找法找到对应记录在数据主文件中的相应位置，再通过主文件输出该记录。

2. 试设计采用散列文件实现电话号码查找系统。

设每个记录由 teleNo（电话号码）、name（用户名）与 addr（地址）组成，以电话号码为关键字建立散列文件。要求实现如下功能。

（1）输入记录，建立散列文件。

（2）删除指定电话号码的记录。

（3）查找并显示给定电话号码的记录。

第 11 章　算法设计与分析

设计一个好的求解问题的算法更像是一门艺术,而不像是技术,但仍然存在一些行之有效的能够用于解决许多问题的算法设计方法,你可以使用这些方法来设计算法,并观察这些算法是如何工作的。一般情况下,为了获得较好的性能,必须对算法进行细致的调整。但是在某些情况下,算法经过调整之后性能仍无法达到要求,这时就必须寻求另外的方法来求解问题。

11.1　算 法 设 计

算法是问题求解过程的精确描述,一个算法由有限条可完全机械地执行的、有确定结果的指令组成。指令正确地描述了要完成的任务和它们被执行的顺序。计算机按算法指令所描述的顺序执行算法的指令,并且能在有限的步骤内终止,或终止于给出问题的解,或终止于指出问题对此输入数据无解。

通常求解一个问题可能会有多种算法可供选择,选择的主要标准是算法的正确性、可靠性、简单性和易理解性。其次是算法所需要的存储空间少和执行速度快等因素。

11.1.1　递归算法

一个直接或间接地调用自身的算法称为递归算法,一个直接或间接地调用自身的函数称为递归函数。在算法设计中,使用递归技术往往能使函数的定义和算法的描述简捷并且便于理解。下面就来研究几个实例。

例 11.1　用递归法求阶乘 $n!$。

阶乘可用迭代表示如下:

$$\text{factorial}(n) = \begin{cases} 1 & \text{当 } n = 0 \text{ 时} \\ n \cdot \text{factorial}(n-1) & \text{当 } n > 0 \text{ 时} \end{cases}$$

用递归编程如下:

```
//文件路径名：s11_1\factorial.h
int Factorial(int n)
//操作结果：用递归法求阶乘 n!
{
    if (n>0)
    { //递归条件成立
        return n * Factorial( n-1);          //递归调用
    }
    else
    { //递归条件不成立
        return 1;                            //递归结束
```

```
        }
    }
```

下面对递归函数 factorial() 进行分析,首先考虑基本情况,然后再由基本情况推算出其他情况,如表 11.1 所示。

表 11.1   factorial()返回值

函 数 调 用	返 回 值
factorial(0)	1
factorial(1)	1 * factorial(0),即 1 * 1
factorial(2)	2 * factorial(1),即 2 * 1 * 1
factorial(3)	3 * factorial(2),即 3 * 2 * 1 * 1

简单递归通常都有对函数的入口进行测试的基本情况,上例中 $n==0$ 就是基本情况,然后再将函数中的一个变量的表达式作为参数进行递归调用。如上例中递归调用 factorial$(n-1)$,最终将递归情况演化为基本情况。上例每次将 n 的值都减 1,直到 n 等于 0 的基本情况为止。

一般递归具有如下的形式:

```
if (<递归结束条件>)
{    //递归结束条件成立,结束递归调用
    递归结束部分;
}
else
{    //递归结束条件不成立,继续进行递归调用
    递归调用部分;
}
```



```
if (<递归调用条件>)
{    //递归调用条件成立,继续进行递归调用
    递归调用部分;
}
[else
{    //递归调用条件不成立,结束递归调用
    递归结束部分;
}]
```

说明:上面方括号中的部分是可省略的,也就是当递归调用条件不成立时,结束递归,没有递归结束部分的情况。只要掌握上面的递归调用一般形式,大部递归程序都容易理解与掌握。

例 11.2 Fibonacci 数列递归算法。

无穷数列:0,1,1,2,3,5,8,13,…,称为 Fibonacci 数列,可以迭代定义如下:

$$f(n) = \begin{cases} 0, & n = 0 \\ 1, & n = 1 \\ f(n-1) + f(n-2), & n > 1 \end{cases}$$

上面定义说明当 $n > 1$ 时,数列的第 n 项是它的前面两项之和,用两个较小的自变量的函数值来确定一个较大的自变量的函数值,需要两个初值 $f(0)$ 与 $f(1)$,可用递归函数实现如下:

```
//文件路径名:s11_2\fibonacci.h
int Fibonacci(int n)
//操作结果:返回 Fibonacci 数列的第 n 项
{
    if (n==0)
    {   //递归结束条件成立
        return 0;                        //终止递归调用
    }
    else if (n==1)
    {   //递归结束条件成立
        return 1;                        //终止递归调用
    }
    else
    {   //递归结束条件不成立
        return Fibonacci(n-1)+Fibonacci(n-2);//递归调用
    }
}
```

例 11.3 整数划分问题。

将一个正整数 n 表示成正整数之和:
$$n = n_1 + n_2 + \cdots + n_k \quad \text{其中}, n_1 \geqslant n_2 \geqslant \cdots \geqslant n_k, k \geqslant 1$$

正整数 n 的一种这样的表示称为正整数 n 的一个划分,正整数的不同划分的个数称为正整数 n 的划分数,记作 Partition(n)。例如,正整数 6 共有如下 11 种不同的划分,也就是 Partition(n)=11。

6;

5+1;

4+2,4+1+1;

3+3,3+2+1,3+1+1+1;

2+2+2,2+2+1+1,2+1+1+1+1;

1+1+1+1+1+1

在正整数 n 的所有不同划分中,将最大加数 n_1 不大于 m 的划分数记作 PartitionHelp(n, m),显然 Partition(n)=PartitionHelp(n, n),对于 PartitionHelp(n, m)可分析如下。

(1) 当 $m = 1$ 时,最大加数 n_1 不大于 1 时,正整数 n 只有一种划分形式,$n = 1 + 1 + \cdots + 1$。可知
$$\text{PartitionHelp}(n, 1) = 1, \quad n \geqslant 1$$

（2）当 n 为 1 时，因为要分割的数本身就是 1，这已经是正整数中最小的值了，所以不论如何分割，也不论 m 为何值，1 一定小于 m，可知

$$\text{PartitionHelp}(1, m)=1$$

上面是递归调用的终止条件。在递归程序中，注意要找出能够令递归终止而返回结果的条件。

（3）当 $m>n$ 时，由于最大加数 n_1 实际上不能大于 n，最多等于 n，所以可知

$$\text{PartitionHelp}(n, m)=\text{PartitionHelp}(n, n), \quad m>n$$

（4）当 $m=n$ 时，$n_1=n$ 的划分只有一个，就是 $n=n$；正整数 n 的划分由 $n_1=n$ 的划分和 $n_1 \leqslant n-1$ 的划分组成，可知

$$\text{PartitionHelp}(n, n)=1+\text{PartitionHelp}(n, n-1)$$

（5）当 $n>m>1$ 时，在 n 的分割中。如果极大值最大可以为 m，那么这不外乎分割中有一个或若干个 m，或者是根本就没有 m。例如在 4 的分割中，说极大值最多可以到 2，那么因为 $4=2+2=2+1+1=1+1+1+1$，于是有 $n_1=2$ 的就是 $2+2$ 与 $2+1+1$，完全没有 $n_1=2$，也就是 $n_1 \leqslant 2-1$ 的则是 $1+1+1+1$。如果 n 的分割中根本没有 m，那么它的个数就是 n 的分割中最大可以到 $m-1$ 的个数，也就是 $\text{PartitionHelp}(n, m-1)$，如果 n 的分割中至少有一个 m，亦即 $n=m+n_2+\cdots$（注意，n_2 有可能等于 m），于是 $n-m=n_2+\cdots$，所以 $n_2+\cdots$ 正好是 $n-m$ 的一个分割，它的极大值最多可以到 m。因为 $n-m$ 的分割中极大值最多可以到 m 的有 $\text{PartitionHelp}(n-m, m)$，再加上 $\text{PartitionHelp}(n, m-1)$，这就是所有的情况，可知

$$\begin{aligned}\text{PartitionHelp}(n, m)=&\text{PartitionHelp}(n, m-1)\\&+\text{PartitionHelp}(n-m, m), \quad n>m>1\end{aligned}$$

由上面的讨论可建立如下的 PartitionHelp() 迭代定义如下：

$$\text{PartitionHelp}(n,m)=\begin{cases}1, & n=1 \text{ 或 } m=1\\ \text{PartitionHelp}(n,n), & n<m\\ 1+\text{PartitionHelp}(n,n-1), & n=m\\ \text{PartitionHelp}(n,m-1)+ & \\ \text{PartitionHelp}(n-m,m), & n>m>1\end{cases}$$

具体实现如下：

```
//文件路径名：s11_3\partition.h
int PartitionHelp(int n, int m)
//操作结果：返回正整数 n 的不同划分中,最大加数 n1 不大于 m 的划分数
{
    if (n<1||m<1)
    {   //此种情况无划分
        return 0;
    }
    else if ( n==1||m==1)
    {   //只有一种划分
        return 1;
    }
```

```
    else if (n<m)
    {   //最大加数 n1 实际上不能大于 n,最多等于 n
        return PartitionHelp(n, n);
    }
    else if (n==m)
    {   //正整数 n 的划分由 n1=n 的划分和 n1 ≤ n-1 的划分组成
        return 1+PartitionHelp(n, n-1);
    }
    else
    {   //正整数 n 的最大加数 n1 不大于 m 的划分由 n1=m 的划分和 n1 ≤m-1 的划分所组成
        return PartitionHelp(n, m-1) +PartitionHelp(n-m, m);
    }
}

int Partition(int n)
//操作结果: 返回正整数 n 的不同划分个数
{
    return PartitionHelp(n, n);
}
```

11.1.2　分治算法

分治算法与软件设计的模块化方法类似。为了解决一个大的问题,将一个规模为 n 的问题分解为规模较小的子问题,这些子问题一般和原问题相似。分别解这些子问题,最后将各个子问题的解合并得到原问题的解。子问题通常与原问题相似,可以递归地使用分治策略来解决。下面通过实例说明分治算法的应用。

例 11.4　Hanoi 塔问题。

传说在古代印度的贝拿勒圣庙里,安装着 3 根插至黄铜板上的宝石针,印度主神梵天在其中一根针上从下到上由大到小的顺序放 64 片金圆盘,称为梵塔,然后要僧侣轮流值班把这些金圆盘移到另一根针上,移动时必须遵守如下规则。

(1) 每次只能移动一个圆盘。

(2) 任何时候大盘片不能压在小圆盘之上。

(3) 盘片只允许套在 3 根针中的某一根上。

这位印度主神号称如果这 64 个圆盘全部移到另一根针上时,世界将在一声霹雳中毁灭,Hanoi 塔问题又称"世界末日"问题。图 11.1 为 3 阶 Hanoi 塔的初始情况。

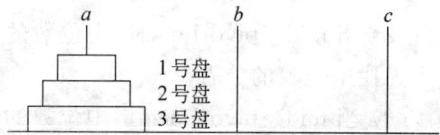

图 11.1　3 阶 Hanoi 塔问题的初始状态

对于 n 阶 Hanoi 塔问题 Hanoi(n, a, b, c),当 $n=0$ 时,没圆盘可供移动,什么也不做;当 $n=1$ 时,可直接将 1 号圆盘从 a 轴移动到 c 针上;当 $n=2$ 时,可先将 2 号圆盘移动到 b 针,再将 1 号圆盘移动到 c 针,最后将 2 号圆盘移动到 c 针;对于一般 $n>0$ 的一般情况可采用如下分治策略进行移动。

(1) 将 1 至 $n-1$ 号圆盘从 a 针移动至 b 针,可递归求解 Hanoi($n-1$, a, c, b)。

（2）将 n 号圆盘从 a 针移动至 c 针。

（3）将 1 至 $n-1$ 号圆盘从 b 针移动至 c 针，可递归求解 Hanoi($n-1$, b, a, c)。

具体实现如下：

```
//文件路径名：s11_4\hanoi.h
void Hanoi(int n,char a,char b,char c)
//操作结果：将 a 针上的直径由小到大,自上而下编辑为 1 至 n 的 n 个圆盘按规则移到塔座 c 针
//       上,b 针可用作辅助针
{
    if (n>0)
    {   //递归条件成立
        Hanoi(n-1, a, c, b);
            //将 a 针上编号为 1 至 n-1 的圆盘移到 b 针,c 作辅助针
        cout<<"编号为"<<n<<"的圆盘从"<<a<<"针移到"<<c<<"针"<<endl;
            //将编号为 n 的圆盘从 a 针移到 c 针
        Hanoi(n-1, b, a, c);
            //将 b 针上编号为 1 至 n-1 的圆盘移到 c 针,a 作为辅助针
    }
}
```

例 11.5 寻找中位数。中位数（median）是将一组数从小到大排好后居中的数；对于数组 elem[low..high] 的中位数的位置为 mid＝(low＋high)/2，只要一排好大小，问题就简单了，所以规定不能排大小。下面应用快速排序的划分算法 Partition(ElemType elem[], int low, int high) 以 elem[low] 为枢轴将 elem[low..high] 划分为：在它左边的小于等于它，在它右边的大于等于它，如图 11.2 所示。

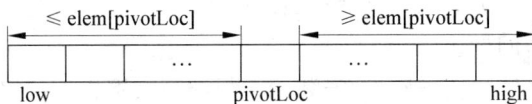

图 11.2　一趟找分示意图

下面采用分治策略进行讨论。

（1）当 pivotLoc＝mid 时，elem[mid] 就是要找的中位数。

（2）当 mid＜pivotLoc 时，中位数的位置 mid 在枢轴（pivot）的位置 pivotLoc 的左边，在左边寻找中位数的位置。

（3）当 mid＞pivotLoc 时，中位数的位置 mid 在枢轴（pivot）的位置 pivotLoc 的右边，在右边寻找中位数的位置。

具体实现如下：

```
//文件路径名：s11_5\median.h
template<class ElemType>
ElemType Median(ElemType elem[], int n)
//操作结果：返回数组 elem[]的中位数
{
    int low=0, high=n-1, mid= (low+ high)/2;
```

```
        while (true)
        { //求 elem[]的中位数的位置
            int pivotLoc=Partition(elem, low, high);              //进行一趟划分
            if (mid ==pivotLoc)
            { //枢轴(pivot)的位置 pivotLoc 为中位数的位置 mid
                break;
            }
            else if (mid<pivotLoc)
            { //中位数的位置 mid 在枢轴的位置 pivotLoc 的左边,在左边寻找中位数的位置
                high=pivotLoc-1;
            }
            else
            { //中位数的位置 mid 在枢轴的位置 pivotLoc 的右边,在右边寻找中位数的位置
                low=pivotLoc+1;
            }
        }
        return elem[mid];                                         //返回中位数
}
```

例 11.6 循环赛日程表。

设有 $n=2^k$ 个运动员进行网球循环赛。要求设计满足以下要求的比赛日程表。

(1) 每个选手必须与其他 $n-1$ 个选手各赛一次。

(2) 每个选手一天只能赛一次。

(3) 循环赛共进行 $n-1$ 天。

按上面要求可将比赛日程表设计成有 n 行和 n 列的一个表。表中一行的第一个数为选手编号,其他元素分别为第 1 天~第 $n-1$ 天所遇到的选手,如图 11.3 所示。

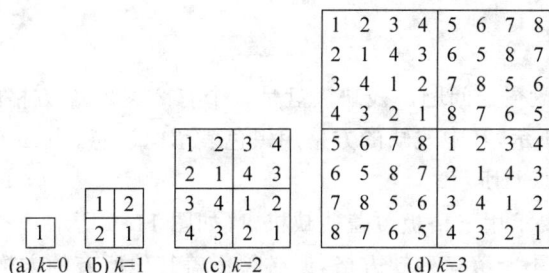

图 11.3　$n=2^k$ 个选手的比赛日程表($k=0,1,2$)

采用分治策略安排比赛日程表,将所有选手对分为两组,n 个选手的比赛日程表就可以通过为 $n/2$ 个选手设计的比赛日程表来决定。其他情况都可递归地用这种一分为二的策略对选手进行分割,直到只剩下 1 个选手时,比赛日程表的制定就变得很简单,这时不必进行任何比赛就可完成。在图 11.3 中,除了 $n=2^0=1$,1 个选手的情况外,其他情况都可将比赛日程表分为 4 个小块(分别称为左上角小块,左下角小块,右上角小块和右下角小块)。左上角小块为选手 1 至选手 $n/2$ 的比赛日程安排表,可递归求解;左下角小块为选手 $n/2+1$ 至选手 n 的比赛日程安排表,实际中的值为左上角小块中的相应值加 $n/2$;右上角小块的值

为左上角小块中的相应值加 $n/2$，右下角小块中的值与左上角小块相应的值相同。

具体实现如下：

```
//文件路径名：s11_6\cyc_match.h
void CycMatch(Matrix<int> &table, int k)
//操作结果：用 table 输出 n=2^k 个运动员的循环赛日程表
{
    if (k==0)
    {   //递归结束条件成立
        table(1, 1)=1;
    }
    else
    {   //递归结束条件不成立
        CycMatch(table, k-1);        //安排选手 1~选手 n/2 的循环赛日程表(左上角小块)
        int n=1;                     //选手个数
        for (int i=0; i<k; i++) n=n*2;  //计算 2^k
        int row, col;                //行列变量
        for (row=1; row< =n/2; row++)
        {   //行
          for (col=1; col< =n/2; col++)
          {   //列
                table(row+n/2, col)=table(row, col)+n/2;
                //安排选手 n/2+1~选手 n 的循环赛日程表(左下角小块)
                table(row, col+n/2)=table(row, col)+n/2;   //右上角小块的日程安排
                table(row+n/2, col+n/2)=table(row, col);   //右下角小块的日程安排
          }
        }
    }
}
```

例 11.7 残缺棋盘覆盖问题。残缺棋盘是一个有 $2^k \times 2^k$ 个方格的棋盘，其中恰有一个方格残缺，如图 11.4 所示，其中残缺的方格用黑色表示。注意，当 $k=0$ 时，仅存在一种可能的残缺棋盘(如图 11.4(a)所示)。

残缺棋盘的问题要求用三格板覆盖残缺棋盘(如图 11.5 所示)。在覆盖过程中，两个三格板不能重叠，三格板不能覆盖残缺方格，但必须覆盖其他所有的方格。

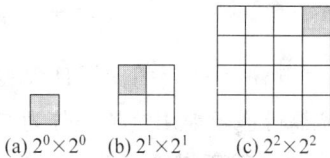

(a) $2^0 \times 2^0$ (b) $2^1 \times 2^1$ (c) $2^2 \times 2^2$

图 11.4 残缺棋盘   图 11.5 各种格角板

采用分而治之方法解决残缺棋盘问题，将覆盖 $2^k \times 2^k$ 残缺棋盘的问题转化为覆盖较小残缺棋盘的问题。一个很自然的划分方法是将它划分为如图 11.6(a)所示的 4 个

$2^{k-1} \times 2^{k-1}$ 残缺棋盘。划分后,4 个小棋盘中仅仅有一个棋盘存在残缺方格。首先覆盖其中包含残缺方格的 $2^{k-1} \times 2^{k-1}$ 残缺棋盘,然后把剩下的 3 个小棋盘转变为残缺棋盘,为此将一个三格板放在由这 3 个小棋盘形成的角上,如图 11.6(b)所示,采用这种分割技术递归地覆盖 $2^k \times 2^k$ 残缺棋盘。当棋盘的大小减为 $2^0 \times 2^0$ 时,递归过程终止。这时 $2^0 \times 2^0$ 残缺棋盘中仅仅包含一个方格且此方格残缺,所以无须放置三格板。

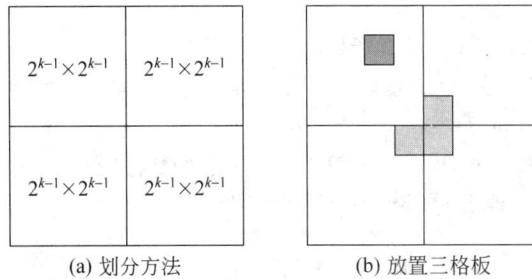

$2^{k-1} \times 2^{k-1}$	$2^{k-1} \times 2^{k-1}$
$2^{k-1} \times 2^{k-1}$	$2^{k-1} \times 2^{k-1}$

(a) 划分方法   (b) 放置三格板

图 11.6 划分 $2^k \times 2^k$ 残缺棋盘

具体实现如下:

```
//文件路径名: s11_7\chess_board.h
void ChessBoardHelp(Matrix<int>&board, int size, int &tile,
    int deformityRow, int deformityCol, int topRow, int topCol)
//初始条件: board 为棋盘, size 为棋盘的行数或列数, deformityRow 为残缺方格所在的行
//   号, deformityCol 为残缺方格所在的列号, topRow 为棋盘左上角的行号, topCol 为棋盘左
//   上角的列号, tile 为所使用的三格板的个数
//操作结果: 生成残缺棋盘的一种覆盖
{
    if (size>1)
    { //递归条件成立
        int tNum=++tile;               //覆盖 3 个无残缺方格小棋盘会合处的三格板号
        int halfSize=size/2;           //分割后子棋盘的行数或列数


        //覆盖左上角子棋盘
     if (deformityRow<topRow+halfSize && deformityCol<topCol+halfSize)
        { //残缺方格在左上角子棋盘
          ChessBoardHelp(board, halfSize, tile, deformityRow, deformityCol,
              topRow, topCol);
        }
        else
        { //残缺方格不在左上角子棋盘
          board(topRow+halfSize-1, topCol+halfSize-1)=tNum;
              //把三格板 tNum 放在右下角
        ChessBoardHelp(board, halfSize, tile, topRow+halfSize-1, topCol+
              halfSize-1,topRow, topCol);                    //覆盖其余部分
        }
```

```
//覆盖右上角子棋盘
if (deformityRow<topRow+halfSize && deformityCol >=topCol+halfSize)
{   //残缺方格在右上角子棋盘
    ChessBoardHelp(board, halfSize, tile, deformityRow, deformityCol,
        topRow, topCol+halfSize);
}
else
{   //残缺方格不在右上角子棋盘
    board(topRow+halfSize-1, topCol+halfSize)=tNum;
        //把三格板 tNum 放在左下角
    ChessBoardHelp(board, halfSize, tile, topRow+halfSize-1, topCol
        +halfSize,topRow, topCol+halfSize);            //覆盖其余部分
}


//覆盖左下角子棋盘
if (deformityRow>=topRow+halfSize && deformityCol<topCol+halfSize)
{   //残缺方格在左下角子棋盘
    ChessBoardHelp(board, halfSize, tile, deformityRow, deformityCol,
        topRow+halfSize, topCol);
}
else
{   //残缺方格不在左下角子棋盘
    board(topRow+halfSize, topCol+halfSize-1)=tNum;
        //把三格板 tNum 放在右上角
  ChessBoardHelp(board, halfSize, tile, topRow+halfSize, topCol+halfSize
        -1,topRow+halfSize, topCol);                    //覆盖其余部分
}


//覆盖右下角子棋盘
if (deformityRow >=topRow+halfSize && deformityCol >=topCol+halfSize)
{   //残缺方格在右下角子棋盘
  ChessBoardHelp(board, halfSize, tile, deformityRow, deformityCol,
        topRow+halfSize, topCol+halfSize);
}
else
{   //残缺方格不在右下角子棋盘
    board(topRow+halfSize, topCol+halfSize)=tNum;
        //把三格板 tNum 放在左上角
    ChessBoardHelp(board, halfSize, tile, topRow+halfSize, topCol+
        halfSize,topRow+halfSize, topCol+halfSize);  //覆盖其余部分
    }
}
}
```

```
void ChessBoard(Matrix<int>&board, int size, int deformityRow, int deformityCol)
//初始条件: board 为棋盘, size 为棋盘的行数或列数, deformityRow 为残缺所在的行
//        号, deformityCol 为残缺所在的列号
//操作结果: 生成残缺棋盘的一种覆盖
{
    int tile=0;                                    //使用的三格板的个数
    board(deformityRow, deformityCol)=0;           //0 表示残缺棋盘方格
    ChessBoardHelp(board, size, tile, deformityRow, deformityCol, 1, 1);
        //生成残缺棋盘的覆盖
}
```

*11.1.3 动态规划算法

动态规划与分治法相似,都是将待求解问题分解成若干个子问题,先求解这些子问题,然后从子问题的解得到原问题的解。不同的是,适合于用动态规划法求解的问题,经分解得到的子问题一般不是互相独立的,若用分治法来解这类问题,分解得到的子问题数目太多,以至于最后解决原问题需要耗费指数时间。然而,不同子问题的数目常常只有多项式量级。在用分治法求解时,有些子问题被重复计算了许多次。如果能够保存已解决的子问题的答案,而在需要时再找出已求得的答案,这样就可以避免大量的重复计算,从而得到多项式阶时间的算法。

动态规划算法通常用于求解具有某种最优性质的问题。在这类问题中,可能会有许多可行解。每一个解都对应于一个值,希望找到具有最优值(最大值或最小值)的解。设计一个动态规划算法,通常可按以下几个步骤进行。

(1) 找出最优解的性质,并刻画其结构特征。

(2) 递归地定义最优值。

(3) 以自底向上的方式计算出最优值。

(4) 根据计算最优值时得到的信息,构造一个最优解。

步骤(1)~步骤(3)是动态规划算法的基本步骤。在只需要求出最优值的情形,步骤(4)可以省去。若需要求出问题的一个最优解,则必须执行步骤(4)。

动态规划算法的有效性依赖于问题的两个重要性质:最优子结构和子问题重叠性质。

问题所具有的这两个重要性质是该问题可用动态规划算法求解的基本要素。在设计求解具体问题的算法时,这两个重要性质对于是否选择动态规划算法具有指导意义。

1. 最优子结构

最优子结构指问题的最优解包含了其子问题的最优解,问题的最优子结构性质提供了该问题可用动态规划算法求解的重要线索。

在动态规划算法中,问题的最优子结构性质使得程序能以自底向上的方式递推地从子问题的最优解逐步构造出整个问题的最优解。同时也能在相对小的子问题空间中考虑问题。

2. 子问题重叠

动态规划算法求解的问题应具备的另一基本要素是子问题的重叠性质。在用递归算法自顶向下解此问题时,每次产生的子问题中,有些子问题被反复计算多次。动态规划算法利

用了这种子问题的重叠性质,对每一个子问题只解一次,而后将其解保存起来,当再次需要解此子问题时,只是简单地用常数时间查看一下结果。这样便提高了求解问题的效率。

例 11.8 最大子段和。给定由 n 个元素组成的序列 $a_0, a_1, \cdots, a_{n-1}$,求此序列形如 $\sum_{k=i}^{j} a_k$ 的子段和的最大值。当所有元素均为负数时定义其最大子段和为 0。也就是最优值为

$$\max\left\{0, \max_{1\leqslant i\leqslant j\leqslant n}\sum_{k=i}^{j} a_k\right\}$$

例如,当 $(a_0, a_1, a_2, a_3, a_4, a_5, a_6, a_7) = (3, 2, 4, 5, -2, 8, 9, -4)$ 时,最大子段和为 $\sum_{k=0}^{6} a_k = 29$。对于最大子段和问题,有多种求解算法。下面分别进行讨论。

1) 最大子段和问题的简单算法

用数组 $a[\,]$ 存储 n 个元素 $a_0, a_1, \cdots, a_{n-1}$,采用循环求子段和及最大子段和,具体实现如下:

```cpp
//文件路径名: s11_8_1\max_sum.h
template<class ElemType>
ElemType MaxSum(ElemType a[], int n, int &start, int &end)
//操作结果:返回数组 a[]的最大子段和并用 start 与 end 返回子段的位置
{
    ElemType sum=0;                              //最大子段和
    for (int i=0; i<n; i++)
    {   //子段起始位置
        for (int j=i; j<n; j++)
        {   //子段结束位置
            ElemType subSum=0;                   //子段和
            for (int k=i; k<=j; k++) subSum+=a[k];   //求子段和
            if (subSum>sum)
            {   //修改最大子段和及位置
                sum=subSum;                      //最大子段和
                start=i;                         //最大子段起始位置
                end=j;                           //最大子段结束位置
            }
        }
    }

    return sum;                                  //返回最大子段和
}
```

从上面算法的 3 个 for 循环可以看出它所需的时间是 $O(n^3)$。事实上,注意到 $\sum_{k=i}^{j} a_k = a_j + \sum_{k=i}^{j-1} a_k$,可将算法中的最后一个 for 循环省去,避免了很多重复计算,使算法得到了改进。具体实现如下:

//文件路径名: s11_8_2\max_sum.h

```cpp
template<class ElemType>
ElemType MaxSum(ElemType a[], int n, int &start, int &end)
//操作结果：返回数组 a[]的最大子段和并用 start 与 end 返回子段的位置
{
    ElemType sum=0;                          //最大子段和
    for (int i=0; i<n; i++)
    {   //子段起始位置
        ElemType subSum=0;                   //子段和
        for (int j=i; j<n; j++)
        {   //子段结束位置
            subSum+=a[j];                    //求子段和
            if (subSum>sum)
            {   //修改最大子段和及位置
                sum=subSum;                  //最大子段和
                start=i;                     //最大子段起始位置
                end=j;                       //最大子段结束位置
            }
        }
    }

    return sum;                              //返回最大子段和
}
```

改进后的算法显然时间复杂度为 $O(n^2)$。上述改进是在算法设计技巧上的一个改进，能充分利用已经得到的结果，避免重复计算，节省计算时间。

2) 最大子段和问题的分治算法

对于最大子段和这个具体问题本身的结构，还可以从算法设计的策略上对上述时间复杂度 $O(n^2)$ 进行更进一步的改进。从问题的解的结构可以看出，它适合于用分治法求解。

设 $\text{mid}=(n-1)/2$，将所给的序列 $a[0..n-1]$ 分为两段 $a[0..\text{mid}]$ 和 $a[\text{mid}+1..n-1]$，分别求出这两段的最大子段和，这时 $a[0..n-1]$ 的最大子段和有 3 种情形。

(1) $a[0..n-1]$ 的最大子段和与 $a[0..\text{mid}]$ 的最大子段和相同。

(2) $a[0..n-1]$ 的最大子段和与 $a[\text{mid}+1..n-1]$ 的最大子段和相同。

(3) $a[0..n-1]$ 的最大子段和为 $\sum_{k=i}^{j} a_k$，其中 $0 \leqslant i \leqslant \text{mid}, \text{mid}+1 \leqslant j \leqslant n-1$。

(1)和(2)这两种情形可递归求得。对于情形(3)，容易看出，$a[\text{mid}]$ 与 $a[\text{mid}+1]$ 在最优子序列中。因此，可以在 $a[0..\text{mid}]$ 中计算出 $\text{sum}_1 = \max\limits_{0 \leqslant i \leqslant \text{mid}} \sum\limits_{k=i}^{\text{mid}} a_k$，在 $a[\text{mid}+1..n-1]$ 中计算出 $\text{sum}_2 = \max\limits_{\text{mid}+1 \leqslant i \leqslant n-1} \sum\limits_{k=\text{mid}}^{i} a_k$，则 $\text{sum}_1 + \text{sum}_2$ 为出现情形(3)时的最优值。据此可设计出求最大子段和的分治算法如下：

```cpp
//文件路径名:s11_8_3\max_sum.h
template<class ElemType>
ElemType MaxSumHelp(ElemType a[], int low, int high, int &start, int &end)
```

```
//操作结果：返回数组a[low..high]的最大子段和并用 start 与 end 返回子段的位置
{
    ElemType sum=0;                    //最大子段和
    if (low==high)
    {   //只有一个元素 a[low]
        sum=(a[low]>0)?a[low] : 0;
    }
    else
    {   //分治法求最大子段和
        int i;                         //临时变量
        int mid=(low+high)/2;          //中间位置
        int leftStart, leftEnd;        //左边区间最大子段的起止位置
        ElemType leftSum=MaxSumHelp(a, low, mid, leftStart, leftEnd);
                                       //左边区间的最大子段和
        int rightStart, rightEnd;      //右边区间最大子段的起止位置
        ElemType rightSum=MaxSumHelp(a, mid+1, high, rightStart, rightEnd);
                                       //右边区间的最大子段和

        ElemType sum1=0;               //跨越左右区间的左边区间部分的最大子段和
        ElemType curSum1=0;            //当前跨越左右区间的左边区间部分的子段和
        for (i=mid; i >=low; i--)
        {   //处理左边区间
            curSum1+=a[i];             //累加求和
            if (sum1<curSum1)
            {   //修改跨越左右区间的左边区间部分的最大子段和及开始位置
                sum1=curSum1;          //最大子段
                start=i;               //开始位置
            }
        }

        ElemType sum2=0;               //跨越左右区间的右边区间部分的最大子段和
        ElemType curSum2=0;            //当前跨越左右区间的右边区间部分的子段和
        for (i=mid+1; i<=high; i++)
        {   //处理右边区间
            curSum2+=a[i];             //累加求和
            if (sum2<curSum2)
            {   //修改跨越左右区间的右边区间部分的最大子段和及结束位置
                sum2=curSum2;          //最大子段
                end=i;                 //开始位置
            }
        }
        sum=sum1+sum2;                 //跨越左右区间的最大子段和

        if (sum<=leftSum)
        {   //左边区间最大子段和较大
```

```
        sum=leftSum;                      //修改最大子段和
        start=leftStart;                  //最大子段和的开始位置
        end=leftEnd;                      //最大子段和的结束位置
    }
    if (sum<=rightSum)
    {   //右边区间最大子段和较大
        sum=rightSum;                     //修改最大子段和
        start=rightStart;                 //最大子段和的开始位置
        end=rightEnd;                     //最大子段和的结束位置
    }
}

    return sum;                           //返回最大子段和
}


template<class ElemType>
ElemType MaxSum(ElemType a[], int n, int &start, int &end)
//操作结果：返回数组 a[]的最大子段和并用 start 与 end 返回子段的位置
{
    return MaxSumHelp(a, 0, n-1, start, end);   //返回最大子段和及位置
}
```

可以证明算法的时间复杂度为 $O(n\log n)$，作为练习，请读者学完本章后自行推导。

3) 最大子段和问题的动态规划算法

在上面的分治算法中，记 $b[j] = \max\limits_{0 \leqslant i \leqslant j} \sum\limits_{k=i}^{j} a[k], 0 \leqslant j \leqslant n-1$，这时有

$$\max_{0 \leqslant i \leqslant j \leqslant n-1} \sum_{k=i}^{j} a[k] = \max_{0 \leqslant j \leqslant n-1} \left(\max_{0 \leqslant i \leqslant j} \sum_{k=i}^{j} a[k]\right) = \max_{0 \leqslant j \leqslant n-1} b[j]$$

由 $b[j]$ 的定义可知，当 $b[j-1]>0$ 时，$b[j]=b[j-1]+a[j]$，否则 $b[j]=a[j]$，可得如下计算 $b[j]$ 的动态规划递推式：

$$b[j] = \max\{b[j-1] + a[j], a[j]\}, 0 \leqslant j \leqslant n-1$$

据此可设计出求最大子段和的动态规划算法如下：

```
//文件路径名:s11_8_4\max_sum.h
template<class ElemType>
ElemType MaxSum(ElemType a[], int n, int &start, int &end)
//操作结果：返回数组 a[]的最大子段和并用 start 与 end 返回子段的位置
{
    ElemType sum=0;                       //最大子段和
    ElemType b=0;                         //上界为 j 的最大子段和
    int bStart;                           //上界为 j 的最大子段和的起始位置
    int bEnd;                             //上界为 j 的最大子段和的结束位置(end=j)

    for (int j=0; j<n; j++)
    {       //循环求最大子段和
```

```
            if (b>0)
            {    //b[j]=b[j-1]+a[j]
                b+=a[j];                        //修改 b
                bEnd=j;                         //修改结束位置
            }
            else
            {    //b[j]=a[j]
                b=a[j];                         //修改 b
                bStart=j;                       //修改起始位置
                bEnd=j;                         //修改结束位置
            }

            if (b>sum)
            {    //sum=b;
                sum=b;                          //修改 sum
                start=bStart;                   //修改起始位置
                end=bEnd;                       //修改结束位置
            }
        }

        return sum;                             //返回最大子段和
    }
```

上面算法的时间复杂度显然为 $O(n)$，是一种求最大子段和的快速算法。

例 11.9 0-1 背包问题。如果有 n 个物品，它们的重量分别为 $w_1, w_2, \cdots, w_n$，价值分别为 $v_1, v_2, \cdots, v_n$，现有一个负重量为 knapLoad 的背包，要求选择物品装入背包，使得装入背包中物品的总价值最大。

在选择装入背包的物品时，对每种物品 i 只有两种选择，也就是装入背包或不装入背包。不能将物品 i 装入包多次，也不能只装入部分的物品 i。所以此问题称为 0-1 背包问题。

0-1 问题的形式化描述为，给定 knapLoad$>0, w_i>0, v_i>0, 1 \leqslant i \leqslant n$，求 n 元组 $(x_1, x_2, \cdots, x_n), x_i \in \{0, 1\}, 1 \leqslant i \leqslant n$，使得 $\sum_{i=1}^{n} w_i x_i \leqslant$ knapLoad，且 $\sum_{i=1}^{n} v_i x_i$ 达到最大值。

背包问题的最优值 maxValue(i, j) 表示从物品 i 到物品 n 中选择物品装入负重量为 j $(0 \leqslant j \leqslant$ knapLoad$)$ 的背包，使得装入背包的物品的总价值最大，也就是求 $(x_i, x_{i+1}, \cdots, x_n)$，$x_i \in \{0, 1\}, 1 \leqslant i \leqslant n$，使得 $\sum_{k=i}^{n} w_k x_k \leqslant j$，且 maxValue$(i, j) = \sum_{k=i}^{n} v_k x_k$ 达到最大值。

当 $i=n$ 时，就是要求 $w_n x_n \leqslant j, x_n \in \{0, 1\}$，使得 maxValue$(n,j)=v_n x_n$ 的值最大，如果 $j \geqslant w_n$，这时将物品 n 装入背包，即 x_n 为 1，这时 maxValue$(n,j)=v_n$；如果 $0 \leqslant j < w_n$，由于物品 n 的重量超过背包的负重量 j，所以不能将物品 n 装入背包，即 x_n 为 0，这时 maxValue$(n,j)=0$。

当 $i<n$ 且 $j \geqslant v_i$ 时，这时既可将物品 i 装入背包，也可不装入背包，如将物品 i 装入背包，

即 $x_i=1$，这时 $\sum\limits_{k=1}^{n} w_k x_k = w_i x_i + \sum\limits_{k=i+1}^{n} w_k x_k = w_i + \sum\limits_{k=i+1}^{n} w_k x_k \leqslant j$，等价于 $\sum\limits_{k=i+1}^{n} w_k x_k \leqslant j - w_i$，$\mathrm{maxValue}(i,\ j) = \sum\limits_{k=i}^{n} v_k x_k = v_k x_k + \sum\limits_{k=i+1}^{n} v_k x_k = v_k + \sum\limits_{k=i+1}^{n} v_k x_k$，可以表示为 $v_k + \mathrm{maxValue}(i+1,\ j-w_i)$；如物品 i 不装入背包，即 $x_i=0$，这时 $\sum\limits_{k=1}^{n} w_k x_k = w_i x_i + \sum\limits_{k=i+1}^{n} w_k x_k = \sum\limits_{k=i+1}^{n} w_k x_k \leqslant j$，等价于 $\sum\limits_{k=i+1}^{n} w_k x_k \leqslant j$，$\mathrm{maxValue}(i,\ j) = \sum\limits_{k=i}^{n} v_k x_k = v_k x_k + \sum\limits_{k=i+1}^{n} v_k x_k = \sum\limits_{k=i+1}^{n} v_k x_k$，可以表示为 $\mathrm{maxValue}(i+1,\ j)$；综合起来，$\mathrm{maxValue}(i,\ j)$ 应取 $v_k + \mathrm{maxValue}(i+1,\ j-w_i)$ 与 $\mathrm{maxValue}(i+1,\ j)$ 的最大值。

当 $i<n$ 且 $0\leqslant j<v_i$ 时，这时不能将物品 i 装入背包，即 $x_i=0$，这时 $\sum\limits_{k=1}^{n} w_k x_k = w_i x_i + \sum\limits_{k=i+1}^{n} w_k x_k = \sum\limits_{k=i+1}^{n} w_k x_k \leqslant j$，等价于 $\sum\limits_{k=i+1}^{n} w_k x_k \leqslant j$，$\mathrm{maxValue}(i,\ j) = \sum\limits_{k=i}^{n} v_k x_k = v_k x_k + \sum\limits_{k=i+1}^{n} v_k x_k = \sum\limits_{k=i+1}^{n} v_k x_k$，可以表示为 $\mathrm{maxValue}(i+1,\ j)$。

根据前面的讨论，可得如下的递推式：

$$
\mathrm{maxValue}(i,j) = \begin{cases}
v_n, & i=n \text{ 且 } j\geqslant w_n \\
0, & i=n \text{ 且 } 0\leqslant j<w_n \\
\max\ \{\mathrm{maxValue}(i+1,j), & \\
\quad \mathrm{maxValue}(i+1,j-w_i)+v_i\}, & 1\leqslant i<n \text{ 且 } j\geqslant w_n \\
\mathrm{maxValue}(i+1,j), & 1\leqslant i<n \text{ 且 } 0\leqslant j<w_n
\end{cases}
$$

现在就来找出具体的一个解，这只要仿真一下求解的过程就行了。用 remainLoad 表示当前背包的剩余负重量（初值为 knapLoad），如果 $\mathrm{maxValue}(1,\ \mathrm{remainLoad}) = \mathrm{maxValue}(2,\ \mathrm{remainLoad})$，这时 $\mathrm{maxValue}(2,\ \mathrm{remainLoad})$ 的解就是 $\mathrm{maxValue}(1,\ \mathrm{remainLoad})$ 的一个解，也就是在背包中不装入物品 1，可取 $x[1]=0$，否则 $\mathrm{maxValue}(2,\ \mathrm{remainLoad})$ 的解不能作为 $\mathrm{maxValue}(1,\ \mathrm{remainLoad})$ 的解，在背包中装入物品 1，可取 $x[1]=1$，从而背包的剩余负重量将减少 $w[1]$，$\mathrm{maxValue}(2,\ \mathrm{remainLoad})$ 的值将减少 $v[1]$；反复地处理，直到处理到 $x[n-1]$ 为止，对于 $x[n]$，如果 $\mathrm{maxValue}(n,\ \mathrm{remainLoad})>0$，就表示在背包中装有物品 n，这时 $x[n]=1$，否则 $x[n]=0$。

基于如上的讨论，当 $w_i(1\leqslant i\leqslant n)$ 为正整数时，用二维数组来保存 $\mathrm{maxValue}(i,\ j)$ 的相应值，这时解 0-1 背包问题的算法如下：

```
//文件路径名：s11_9_1\knapsack.h
template<class ValueType>
void Knapsack(ValueType v[], int w[], int n, int knapLoad, int x[])
//初始条件：v[1..n]为物品价值,w[1..n]为物品重量,knapLoad为背包负重量,n为物品个
//    数,x[]表示背包中的物品,背包中物品总重量不超过 knapLoad
//操作结果：选择背包中的物品,使得装入的物品的总价值最大
{
```

```
Array<ValueType>maxValue(2, n +1, knapLoad +1);   //最大价值表
int jMax=w[n]-1< knapLoad ?w[n]-1 : knapLoad;      //knapLoad 与 w[n]-1 最小值
int i, j;                                          //临时变量

for (j=0; j<=jMax; j++)
{    //初始化 maxValue(n, 0..jMax)为 0
    maxValue(n, j)=0;
 }
 for (j=jMax +1; j<=knapLoad; j++)
 {    //初始化 maxValue(n, jMax..knapLoad)为 v[n]
       maxValue(n, j)=v[n];
  }

for (i=n-1; i >=1; i--)
{    //从 n-1 到 1 依次计算
     jMax=w[i]-1< knapLoad? w[i]-1: knapLoad;   //knapLoad 与 w[i]-1 最小值
      for (j=0; j<=jMax; j++)
      {    //j 从 0 到 jMax 依次计算 maxValue(i, j)
            maxValue(i, j)=maxValue(i+1, j);
       }
      for (j=jMax+1; j<=knapLoad; j++)
      {    //j 从 jMax+1 到 knapLoad 依次计算 maxValue(i, j)
            maxValue(i, j)=maxValue(i+1, j)>maxValue(i+1, j-w[i])+v[i]?
            maxValue(i+1, j): maxValue(i+1, j-w[i])+v[i];
       }
 }

int remainLoad=knapLoad;                          //背包剩余负重量
for (i=1; i<n; i++)
{    //依次求 x[i]
     if (maxValue(i, remainLoad)==maxValue(i+1, remainLoad))
     {    //未装物品 i
          x[i]=0;
      }
     else
     {    //装有物品 i
          x[i]=1;
          remainLoad=remainLoad-w[i];             //背包剩余负重量减少
      }
 }
x[n]=maxValue(n, remainLoad)>0?1: 0;
    //maxValue(n, remainLoad)为正表示装有物品 n
}
```

上面算法要求 $w_i(1 \leqslant i \leqslant n)$ 为正整数,如果是连续数,比如为实数时,前面的递推式仍成立,下面将讨论对于这个一般问题的算法。

为理解起来更方便,举一个具体的实例,$n=5$,knapLoad$=10$,$v=\{6,3,5,4,6\}$,$w=\{2,2,6,5,4\}$,根据计算 maxValue(i,j) 的递推式,当 $i=5$ 时

$$\text{maxValue}(5,j)=\begin{cases} 6, & j\geqslant 4 \\ 0, & 0\leqslant j<4 \end{cases}$$

上面函数是关于变量 j 的递增阶梯函数。由 maxValue(i,j) 的递推式易知,在一般情况下,对每一个确定的 $i(1\leqslant i\leqslant n)$,函数 maxValue$(i,j)$ 是关于变量 j 的递增阶梯函数。这类函数可用跳跃点来加以描述。比如函数 maxValue$(5,j)$ 可由两个跳跃点 $(0,0)$ 和 $(4,6)$ 唯一确定。在一般情况下,函数 $m(i,j)$ 由全部跳跃点唯一确定,如图 11.7 所示。

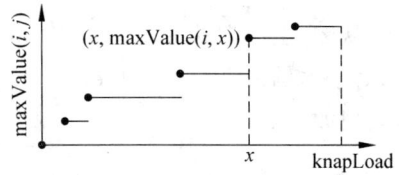

图 11.7 递增阶梯函数 maxValue(i,j) 及其跳跃点

对每一个确定的 $i(1\leqslant i\leqslant n)$,用一个线性表 skipPoints$[i]$ 来存储函数 maxValue(i,j) 的跳跃点。这样可通过查找 skipPoints$[i]$ 来确定 maxValue(i,j) 的值,为方便起见,将跳跃点 $(j,\text{maxValue}(i,j))$ 按 j 的值递增排列,由于函数 maxValue(i,j) 是关于 j 递增阶梯函数,所以 skipPoints$[i]$ 中的全部跳跃点的 maxValue(i,j) 值也是递增排列的。

由 maxValue(i,j) 的递推定义可知,skipPoints$[i]$ 可由 skipPoints$[i+1]$ 来计算。

初始时,当 knapValue$\geqslant w_n$ 时,skipPoints$[n]=\{(0,0),(w_n,v_n)\}$,否则 skipPoints$[n]=\{(0,0)\}$。

对于函数 maxValue$(i+1,j-w_i)+v_i$,如果 (s,t) 是它的跳跃点,则有 $t=$ maxValue$(i+1,s-w_i)+v_i$,令 $t'=t-v_i$,$s'=s-w_i$,则有 $t'=\text{maxValue}(i+1,s')$,即 (s',t') 是 maxValue$(i+1,j)$ 的跳跃点,而 $t=t'+v_i$,$s=s'+w_i$,所以 maxValue$(i+1,j-w_i)+v_i$ 的跳跃点集为 $\{(s+w_i,t+v_i)\mid(s,t)\in\text{skipPoints}[i+1]$ 且 $s+w_i\leqslant\text{knapLoad}\}$,将 maxValue$(i+1,j-w_i)+v_i$ 的跳跃点集表示为 skipPoints$[i+1]+(w_i,v_i)$,在程序中标记为临时变量 skipPointsAdd。

一般情况下,当 knapLoad$\geqslant j\geqslant w_i$ 时,maxValue(i,j) 可由 maxValue$(i+1,j)$ 与 maxValue$(i+1,j-w_i)+v_i$ 取最大值而得,否则,maxValue(i,j) 等于 maxValue$(i+1,j)$,因此 maxValue(i,j) 的跳跃点集 skipPoints$[i]$ 可由 maxValue$(i+1,j)$ 的跳跃点集 skipPoints$[i+1]$ 与 maxValue$(i+1,j-w_i)+v_i$ 的跳跃点集 skipPointsAdd 按跳跃点 $(j,\text{maxValue}(i,j))$ 的 j 值进行递增归并,在归并过程中,当 $j_1<j_2$ 时,如果 maxValue$(i,j_1)\geqslant$ maxValue(i,j_2),按照阶梯函数的递增性,丢掉跳跃点 $(j_2,\text{maxValue}(i,j_2))$。

对于上面的示例:

skipPoints[5]={(0, 0), (4, 6)}

由于 $(w_4,v_4)=(5,4)$,所以有

skipPoints[5]+(w₄, v₄)={(5, 4), (9,10)}

归并 skipPoints$[5]$ 与 skipPoints$[5]+(w_4,v_4)$,为保证跳跃函数的递增性,归并时去掉 $(5,4)$,可知 skipPoints$[4]=\{(0,0),(4,6),(9,10)\}$,类似地可得:

skipPoints[4]+(w₃, v₃)={(6, 5), (10, 11)}

```
skipPoints[3]={(0,0), (4,6), (9,10), (10,11)}
skipPoints[3]+(w₂,v₂)={(2,3), (6,9)}
skipPoints[2]={(0,0) (2,3) (4,6) (6,9) (9,10) (10,11)}
skipPoints[2]+(w₁,v₁)={(2,6), (4,9), (6,12), (8,15)}
skipPoints[1]={(0,0), (2,6), (4,9), (6,12), (8,15)}
```

从图 11.7 容易看出，maxValue(1，knapLoad)为 skipPoints[1]最后一个跳跃点的纵坐标，对于本例来讲 maxValue(1，knapLoad)＝maxValue(1，10)＝maxValue(1，8)＝15，具体实现如下：

```
//文件路径名:s11_9_2\knapsack.h
template<class ValueType, class WeightType>
struct SkipPointType
{
    WeightType load;                              //跳跃点横坐标(背包负重量)
    ValueType v;                                  //跳跃点纵坐标(装载物品的价值)
};


template<class ValueType, class WeightType>
ValueType maxValue(int i, WeightType remainLoad,
    LinkList<SkipPointType<ValueType, WeightType>>skipPoints[]);
//操作结果: 查找求跳跃函数的值


template<class ValueType, class WeightType>
void Knapsack(ValueType v[], WeightType w[], int n, WeightType knapLoad, int x[])
//初始条件: v[1..n]为物品价值,w[1..n]为物品重量, knapLoad 为背包负重量, n 为
//    物品个数,x[]表示背包中的物品,背包中物品总重量不超过 knapLoad
//操作结果: 选择背包中的物品,使得装入的物品的总价值最大
{
    int i, j, k;                                 //临时变量
    LinkList<SkipPointType<ValueType, WeightType>> * skipPoints;
        //maxValue 跳跃点表(skipPoints[0]未用)
    skipPoints=new LinkList<SkipPointType<ValueType, WeightType>>[n +1];
        //为 skipPoints 分配空间

    //初始化 skipPoints[n]
    SkipPointType<ValueType, WeightType>tmpElem;  //临时跳跃点
    tmpElem.load=0; tmpElem.v=0;                  //跳跃点(0,0)
    skipPoints[n].Insert(skipPoints[n].Length()+1, tmpElem);
                                                 //插入跳跃点(0,0)
    if (w[n]<=knapLoad)
    {   //存在跳跃点(w[n], v[n])
        tmpElem.load=w[n]; tmpElem.v=v[n];       //跳跃点(w[n],v[n])
        skipPoints[n].Insert(skipPoints[n].Length()+1, tmpElem);
                                                 //插入跳跃点(w[n],v[n])
    }
```

```
ValueType curValue;                    //skipPoints 当前元素的 v 值
for (k=n-1; k>=1; k--)
{    //依次求 skipPoints[k]
    SkipPointType<ValueType, WeightType>a;
        //a 为 skipPoints[k+1]的当前元素
    SkipPointType<ValueType, WeightType>b;
        //b 为 skipPoints[k+1]+(w[k],v[k])的当前元素
    LinkList<SkipPointType<ValueType, WeightType>>skipPointsAdd;
        //表示 skipPoints[k+1]+(w[k],v[k])

    for (j=1; j<=skipPoints[k+1].Length(); j++)
    {    //生成 skipPointsAdd
        skipPoints[k+1].GetElem(j, b); b.load +=w[k]; b.v +=v[k];   //得到 b
        if (b.load<=knapLoad)
        {    //负重量不超过 knapLoad,追加 b
            skipPointsAdd.Insert(skipPointsAdd.Length() +1, b);    //追加 b
        }
        else
        {    //负重量超过 knapLoad,退出
            break;
        }
    }

    curValue=-1;     //初始化 skipPoints[k]当前元素的 v 值(-1 表示无当前元素)
    i=1;             //i 表示 skipPoints[k+1]的当前元素下标
    j=1;             //j 表示 skipPoints[k+1]+(w[k],v[k])的当前元素下标
    while (i<=skipPoints[k+1].Length() && j<=skipPointsAdd.Length())
    {    //归并 skipPoints[i+1]与 skipPoints[i+1]+(w[i],v[i])
        skipPoints[k+1].GetElem(i, a);        //取出 a
        skipPointsAdd.GetElem(j, b);          //取出 b
        if (a.load<b.load)
        {    //归并 a
            if (a.v >curValue)
            {    //跳跃函数为递增函数
                skipPoints[k].Insert(skipPoints[k].Length() +1, a);
                    //追加 a
                curValue=a.v;                 //新的当前元素 v 值
            }
            i++;                              //skipPoints[k+1]当前元素后移
        }
        else if (a.load>b.load)
        {    //归并 b
            if (b.v>curValue)
            {    //跳跃函数为递增函数
```

```
            skipPoints[k].Insert(skipPoints[k].Length()+1, b);
                //追加 b
            curValue=b.v;        //新的当前元素 v 值
        }
        j++;                     //skipPoints[k+1]+(w[k],v[k])当前元素后移
    }
    else if (a.v<b.v)
    {   //a.load==b.load 且 a.v<b.v 时归并 b
        if (b.v >curValue)
        {   //跳跃函数为递增函数
            skipPoints[k].Insert(skipPoints[k].Length() +1, b);
                //追加 b
            curValue=b.v;        //新的当前元素 v 值
        }
        i++;                     //skipPoints[k+1]当前元素后移
        j++;                     //skipPoints[k+1]+(w[k],v[k])当前元素后移
    }
    else
    {   //a.load==b.load 且 a.v>=b.v 时归并 a
        if (a.v >curValue)
        {   //跳跃函数为递增函数
            skipPoints[k].Insert(skipPoints[k].Length() +1, a);
                //追加 a
            curValue=a.v;        //新的当前元素 v 值
        }
        i++;                     //skipPoints[k+1]当前元素后移
        j++;                     //skipPoints[k+1]+(w[k],v[k])当前元素后移
    }
}

while (i<=skipPoints[k +1].Length())
{   //归并 skipPoints[k+1]剩余元素
    skipPoints[k+1].GetElem(j, a);    //取出 a
    if (a.v >curValue)
    {   //跳跃函数为递增函数
        skipPoints[k].Insert(skipPoints[k].Length() +1, a);
                //追加 a
        curValue=a.v;            //新的当前元素 v 值
    }
    i++;                         //skipPoints[k]当前元素后移
}

while (j<=skipPoints[k +1].Length())
```

```
    {   //归并 skipPoints[k+1]+(w[k],v[k])剩余元素
        SkipPointType<ValueType, WeightType>b;
            //b 为 skipPoints[k+1]+(w[k],v[k])的当前元素
        skipPointsAdd.GetElem(j, b);         //取出 b
        if (b.v>curValue)
        {    //跳跃函数为递增函数
            skipPoints[k].Insert(skipPoints[k].Length()+1, b);   //追加 b
            curValue=b.v;                 //新的当前元素 v 值
        }
        j++;                             //skipPoints[k]+(w[k],v[k])当前元素后移
    }
}


    int remainLoad=knapLoad;             //背包剩余负重量
    for (i=1; i<n; i++)
    {    //依次求 x[i]
        if (curValue==maxValue(i+1, remainLoad, skipPoints))
        {    //未装物品 i
            x[i]=0;
        }
        else
        {    //装有物品 i
            x[i]=1;
            remainLoad=remainLoad-w[i];   //背包剩余负重量减少
            curValue=curValue-v[i];       //装入物品 i+1~物品 n 的价值
        }
    }
    x[n]=curValue>0?1:0;                  //curValue 为正表示装载物品 n 的价值

    delete[]skipPoints;                  //释放 skipPoints
}

template<class ValueType, class WeightType>
ValueType maxValue(int i, WeightType remainLoad, LinkList<SkipPointType
    <ValueType, WeightType>>skipPoints[])
//操作结果：返回跳跃函数的值
{
    if (skipPoints[i].Length()<=1)
    {    //最多只有一个跳跃点,如有跳跃点,则跳跃只有为(0, 0)
        return 0;
    }
    int j=2;
    SkipPointType<ValueType, WeightType>pre, cur;
        //cur 为当前跳跃点,pre 为当前跳跃点的前驱
    for (j=2, skipPoints[i].GetElem(j-1, pre), skipPoints[i].GetElem(j, cur);
```

```
    j<=skipPoints[i].Length() && remainLoad >=cur.load;
    j++, skipPoints[i].GetElem(j-1, pre), skipPoints[i].GetElem(j, cur)
);
    return pre.v;                    //pre 为跳跃点,pre.v 为跳跃函数值
```

例 11.10 最佳矩阵相乘顺序。

已知矩阵串：$A_1, A_2, \cdots, A_n$，计算它们的连乘积 $A_1 \times A_2 \times \cdots \times A_n$；要求找出一种使用的乘法数目最少的计算方式。一个 $p \times q$ 矩阵与另一个 $q \times r$ 矩阵相乘，使用传统的方式，一共要使用 pqr 个乘法，具体算法如下：

```
//文件路径名:s11_10_1\matrix_multiply.h
template<class ElemType>
void MatrixMultiply(Matrix<ElemType>&a, Matrix<ElemType>&b,
    Matrix<ElemType>&c, int p, int q, int r)
//初始条件: 矩阵 a 为 p×q 矩阵,b 是 q×r 矩阵,c 是 p×r 矩阵
//操作结果: 用矩阵 c 返回矩阵 a 与矩阵 b 的乘积
{
    for (int i=1; i<=p; i++)
    {   //行
        for (int j=1; j<=r; j++)
        {   //列
            c(i, j)=0;                    //初始化 c(i, j)
            for (int k=1; k<=q; k++)
            {   //累加求和
                c(i, j)=c(i, j)+a(i, k) * b(k, j);
            }
        }
    }
}
```

对于 A、B 和 C 3 个矩阵连乘，由交换律可知 $(A \cdot B) \cdot C = A \cdot (B \cdot C)$，设 A 为 $a \times b$ 矩阵，B 为 $b \times c$ 矩阵，C 为 $c \times d$ 矩阵，那么 $A \cdot B$ 要 abc 个乘法，结果是 $a \times c$ 矩阵；再把这个结果与 C 这个 $c \times d$ 矩阵相乘，需要 acd 个乘法，所以求 $(A \cdot B) \cdot C$ 需要 $abc + acd = ac(b+d)$ 个乘法。类似地可得计算 $A \cdot (B \cdot C)$ 需要 $bcd + abd = bd(a+c)$ 个乘法。一般地，$ac(b+d)$ 与 $bd(a+c)$ 不相等，为提高矩阵乘法效率，就得选择值比较少的那一个方式。举个例子，如果 $a=5$、$b=2$、$c=3$、$d=4$，于是 $ac(b+d) > bd(a+c)$，显然 $A \cdot (B \cdot C)$ 的乘法效率比 $(A \cdot B) \cdot C$ 高。

设 A_1 为 $d_0 \times d_1$ 矩阵，A_2 为 $d_1 \times d_2$ 矩阵，$\cdots$，A_n 为 $d_{n-1} \times d_n$ 矩阵，对于 $A_i \times A_{i-1} \times \cdots \times A_j$，有如下一些计算方式：

$$A_i \times A_{i-1} \times \cdots \times A_j = A_i \times (A_{i-1} \times \cdots \times A_j)$$
$$\vdots$$
$$= (A_i \times \cdots \times A_k) \times (A_{k+1} \times \cdots \times A_j)$$
$$\vdots$$
$$= (A_i \times \cdots \times A_j - 1) \times A_j$$

怎样分解 $A_i \times \cdots \times A_j$ 才能使使用的乘法数目最少？用 $c_{p,q}$ 表示 $A_p \times \cdots \times A_q$ 所用到的最少乘法个数，则 $(A_i \times \cdots \times A_k)$ 为一个 $d_{i-1} \times d_k$ 矩阵，$(A_{k+1} \times \cdots \times A_j)$ 为一个 $d_k \times d_j$ 矩阵，因此，$(A_i \times \cdots \times A_k)(A_{k+1} \times \cdots \times A_j)$ 所用到的最少乘法数目为 $c_{i,k} + c_{k+1,j} + d_{i-1}d_kd_j$，因此 $A_i \times \cdots \times A_j$ 所使用的最少乘法数目为：

$$c_{i,j} = \min_{i \leqslant k < j}\{c_{i,k} + c_{k+1,j} + d_{i-1}d_kd_j\}$$

由于 $1 \leqslant i \leqslant j \leqslant n$，所以 $c_{i,j}$ 可用一个矩阵的上三角来表示，如图 11.8 所示。

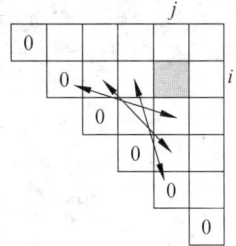

图中对角线上的 0 表示一个矩阵 A_i 的乘法个数为 0，由求 $c_{i,j}$ 的公式，应先计算 $c_{i,k}$ 与 $c_{k+1,j}$，$i \leqslant k < j$，而 $c_{i,k}$ 正好位于第 i 行中 $c_{i,j}$ 的左边，$c_{k+1,j}$ 正好位于第 j 列中 $c_{i,j}$ 的下方，由此可见，为算出 c_{ij} 需算出它左边与下方的元素，所以计算 c_{ij} 的方法是从左到右一列一列地计算，在每一列中的元素则是从下向上计算，最后得到的 $c_{1,n}$ 就是所期望的结果。

图 11.8 $c_{i,j}$ 分布示意图

上面讨论中 c_{ij} 是计算 $A_i \times A_{i-1} \times \cdots \times A_j$ 时所需的最少乘法数，现讨论为得到这个最少乘法数的分解方法，由于 $c_{i,j} = \min_{i \leqslant k < j}\{c_{i,k} + c_{k+1,j} + d_{i-1}d_kd_j\}$，就是要找出 $c_{i,k} + c_{k+1,j} + d_{i-1}d_kd_j$ 的最小值，此处 $i \leqslant k < j$，不妨设 $(A_i \times \cdots \times A_k)(A_{k+1} \times \cdots \times A_j)$ 就是使乘法次数最少的分解，这时再构造一个矩阵 f，将 k 存储到 $f(i, j)$ 中，于是 $f(1, n)$ 的值 p 就是 $A_1 \times \cdots \times A_n$ 使用乘法次数最少的分解方式：

$$A_1 \times \cdots \times A_n = (A_1 \times \cdots \times A_p)(A_{p+1} \times \cdots \times A_n)$$

递归地用 $f(1, p)$ 与 $f(p+1, n)$ 就可进一步对 $(A_1 \times \cdots \times A_p)$ 与 $(A_{p+1} \times \cdots \times A_n)$ 进行分解。

具体代码实现如下：

```
//文件路径名：s11_10_2\matrix_product_sequence.h
void ShowOrder(Matrix<long>&factor, long from, long to)
//操作结果：显示矩阵序号从 from 到 to 的最佳矩阵相乘顺序
{
    if (from==to)
    {   //只有一个矩阵，直接显示即可
        cout<<from;                          //显示矩阵序号
    }
    else
    {   //递归显示最佳矩阵相乘顺序
        cout<<"(";                           //最佳矩阵相乘顺序开始
        int mid=factor(from, to);            //相乘位置
        ShowOrder(factor, from, mid);        //递归显示乘号左边的最佳矩阵相乘
        cout<<" * ";                         //显示乘号
        ShowOrder(factor, mid +1, to);       //递归显示乘号右边的最佳矩阵相乘
        cout<<")";                           //最佳矩阵相乘顺序结束
    }
}

void MatrixProductSequence(long dim[], long n)
```

```
//初始条件:矩阵 Ai 为 dim[i-1]×dim[i]矩阵,i=1,2,3,…,n
//操作结果:显示最佳矩阵相乘顺序,使得相乘数目最少
{
    Matrix<long>cost(n, n);                    //相乘次数矩阵
    Matrix<long>factor(n, n);                  //分解位置(相乘位置)矩阵
    int i, j, k;

    for (i=1; i<=n; i++)
    {   //const 矩阵对角线值为 0
        cost(i, i)=0;
    }

    for (j=1; j<=n; j++)
    {   //从左到右计算每一列
        for (i=j-1; i >=1; i--)
        {   //从下向上对每一列的元素进行计算
            long minCost=INT_MAX;              //INT_MAX 为最大正整数常量
            long pos;                          //位置
            for (k=i; k<j; k++)
            {   //求最小值 minCost
                if (minCost>cost(i, k)+cost(k+1, j)+dim[i-1]*dim[k]*dim[j])
                {   //修改最小值 minCost 及位置 pos
                    minCost=cost(i, k)+cost(k+1, j)+dim[i-1]*dim[k]*dim[j];
                        //最小值
                    pos=k;                     //位置
                }
            }
            cost(i, j)=minCost;                //存储最小值
            factor(i, j)=pos;                  //存储乘号位置
        }
    }

    cout<<"最佳相乘顺序:";
    ShowOrder(factor, 1, n);                   //显示最佳相乘顺序
    cout<<endl;                                //换行
}
```

*11.1.4 贪心算法

贪心算法在当前看来是最好的选择。贪心算法不从整体最优上加以考虑,它所作出的选择是局部最优选择。当然需要验证或证明贪心算法得到的最终结果也是整体最优的。

贪心算法通过一系列选择来得到一个问题的解。所作的每一个选择都是当前状态下某种意义的最好选择,希望通过每次所作的贪心选择导致最终结果是问题的一个最优解。这种启发式的策略并不能保证总能奏效,但在许多情况下确能达到预期的目的。

许多可以用贪心算法求解的问题一般具有贪心选择性质和最优子结构,贪心选择性质是指所求问题的整体最优解包含着局部最优的选择,对于一个具体问题,关键是证明或验证每一步所作的贪心选择最终将导致问题的一个整体最优解。通常可用我们在证明活动安排问题的贪心选择性质时所采用的方法来证明。首先考察问题的一个整体最优解,并证明可修改这个最优解,使其以贪心选择开始。而且作了贪心选择后,原问题简化为一个规模更小的类似子问题。然后用数学归纳法证明,通过每一步作贪心选择,最终可得到问题的一个整体最优解;最优子结构是一个问题的最优解包含着它的子问题的最优解。

　　例 11.11 活动安排问题。活动安排问题是用贪心算法有效求解的一个很好的例子。活动安排问题要求安排一系列争用某一公共资源的活动。用贪心算法可提供一个简单、漂亮的方法,使尽可能多的活动能兼容地使用公共资源。

　　设有 n 个活动的集合 $\{0,1,2,\cdots,n-1\}$,其中每个活动都要求使用同一资源,如会场等,而在同一时间内只有一个活动能使用这一资源。每个活动 i 都有一个要求使用该资源的起始时间 $start_i$ 和一个结束时间 end_i,且 $start_i<end_i$。如选择了活动 i,则它在半开时间区间 $[start_i,end_i)$ 内占用资源。若区间 $[start_i,end_i)$ 与区间 $[start_j,end_j)$ 不相交,称活动 i 与活动 j 是相容的。也就是说,当 $start_j\geqslant end_i$ 或 $start_i\geqslant end_j$ 时,活动 i 与活动 j 相容。活动安排问题就是在所给的活动集合中选出最大的相容活动子集合。

　　在下面所给出的解活动安排问题的贪心算法 ActivePlan 中,设各活动的起始时间和结束时间存储于数组 start[] 和 end[] 中,不失一般性,假设结束时间按非递减排列:$end[0]\leqslant end[1]\leqslant\cdots\leqslant end[n-1]$(如给出的活动未按此序排列,可采快速排序进行排序)。算法 ActivePlan 中用集合 a 来存储所选择的活动。活动 i 被选择,当且仅当 $a[i]$ 的值为 true。变量 j 记录最近一次选择的活动。设 j 是当前最近选择的活动,也就是所选择的活动中编号最大的活动,即

$$j = \max \{i \mid 0\leqslant i<n, a[i] = \text{true}\}$$

　　算法 ActivePlan 开始选择活动 0,并将 j 初始化为 0。然后依次检查活动 i 是否与当前已选择的所有活动相容。如相容则安排活动 i,否则不安排活动 i,再继续检查下一活动与所有已选择活动的相容性。由于 j 是当前已选择活动的最大结束时间,故活动 i 与当前所有选择活动相容的充分且必要的条件是其开始时间 start[i] 不早于最近选择的活动 j 的结束时间 end[j],即 start[i]$\geqslant$end[j]。若活动 i 满足此条件,则活动 i 被选择,因而取代活动 j 的位置。由于活动是以其完成时间的非减序排列的,所以算法 ActivePlan 每次总是选择具有最早完成时间的相容活动 i。这种方法选择相容活动就使剩余活动留下尽可能多的时间。也就是该算法的贪心选择的意义是使剩余的可安排时间段极大化,以便安排尽可能多的相容活动。

　　贪心算法并不总能求得问题的整体最优解。对于活动安排问题,可以证明贪心算法 ActivePlan 能求得的整体最优解,下面将进行证明。

　　设 $E=\{0,1,2,\cdots,n-1\}$ 为所给的活动集合。由于 E 中活动按结束时间的非减序排列,所以活动 0 具有最早的完成时间。首先证明活动安排问题有一个最优解以贪心选择开始,即该最优解中包含活动 0。设 a 是所给的活动安排问题的一个最优解,且 a 中活动也按结束时间非减序排列,a 中的第一个活动是活动 k。如 $k=0$,则 a 就是一个以贪心选择开始的最优解。若 $k>0$,则我们设 $b=a-\{k\}\cup\{0\}$。由于 $end[0]\leqslant end[k]$,且 a 中活动是互为

相容的,故 b 中的活动也是互为相容的。又由于 b 中活动个数与 a 中活动个数相同,且 a 是最优的,故 b 也是最优的。也就是说 b 是一个以贪心选择活动 0 开始的最优活动安排。因此,证明了总存在一个以贪心选择开始的最优活动安排方案,也就是算法具有贪心选择性质。

在作了贪心选择后,原问题就简化为对 E 中所有与活动 0 相容的活动进行活动安排的子问题。即若 a 是原问题的一个最优解,则 $a'=a-\{0\}$ 也是活动安排子问题 $E'=\{i\,|\,\text{start}[i] \geqslant \text{end}[0]\}$ 的一个最优解。事实上,如果能找到 E' 的一个解 b,它包含比 a' 更多的活动,则将活动 0 加入到 b 中将产生 E 的一个解 b,它包含比 a 更多的活动。这与 a 的最优性矛盾。因此,每一步所做的贪心选择都将问题简化为一个更小的与原问题具有相同形式的子问题,也就是具有最优子结构性质。

下面对集合 a 中所有活动个数 k 用数学归纳法证明算法的正确性。

当 $k=1$ 时,也就是 a 只有一个活动时,即 a 只含活动 0,由上面的讨论可知存在一个以贪心选择开始的最优解,由于按算法的贪心选择方法,其他活动都与活动 0 不相容,也就是以活动 0 开始的最优解只含一个活动,就是活动 0,所以结论成立。

设 $k<j$ 时,算法也能得到最优解,当 $k=j$ 时,在作了贪心选择后的解为 a,则 $a'=a-\{0\}$ 是对剩下的活动 $E'=\{i\,|\,\text{start}[i] \geqslant \text{end}[0]\}$ 作贪心选择得到的解,由归纳假设知 $a'=a-\{0\}$ 是 E' 的最优解,设 b 是一个包含活动 0 的最优解,则由上面的讨论可知 $b-\{0\}$ 是 E' 的一个最优解,由于 $a-\{0\}$ 也是 E' 的一个最优解,所以 $a-\{0\}$ 与 $b-\{0\}$ 包含的活动个数相等,进而 a 与 b 包含的活动个数也相同,所以 a 也是原问题的一个最优解,由数学归纳法可知活动安排问题的贪心选择算法总能得到最优解。

贪心算法 ActivePlan 的具体代码如下:

```
//文件路径名: s11_11\active_plan.h
//活动结点
template<class TimeType>
struct ActiveNode
{
    TimeType start;                      //活动开始时间
    TimeType end;                        //活动结束时间
    int index;                           //活动序号
};


template<class TimeType>
bool operator<=(const ActiveNode<TimeType> &first, const ActiveNode<TimeType>
&second)
//操作结果: 重载关系运算符<=
{
    return first.end<=second.end;
}


template<class TimeType>
bool operator>=(const ActiveNode<TimeType> &first, const ActiveNode<TimeType>
```

```
    &second)
    //操作结果：重载关系运算符>=
    {
        return first.end >=second.end;
    }


    template<class TimeType>
    void ActivePlan(bool a[], TimeType start[], TimeType end[], int n)
    //操作结果：在活动集 a[]中选出最大的相容活动子集合,其中 n 为活动个数,a[]为 n
    //       个活动组成的活动集,start[]为活动开始时间,end[]为活动结束时间
    {
        ActiveNode<TimeType> * aTable=new ActiveNode<TimeType>[n];      //活动表
        int pos;
        for (pos=0; pos<n; pos++)
        {    //初始化活动表
            aTable[pos].start=start[pos];//活动开始时间
            aTable[pos].end=end[pos];       //活动结束时间
            aTable[pos].index=pos;          //活动序号
        }

        QuickSort(aTable, n);              //按活动结束时间进行排序

        a[aTable[0].index]=true;           //首先安排活动 aTable[0].index
        int curPos=0;                      //aTable[curPos].index 当前最新选择的活动
        for (pos=1; pos<n; pos++)
        {    //安排各相容活动
            if (start[aTable[pos].index] >=end[aTable[curPos].index])
            {    //活动 aTable[pos].index 与 aTable[curPos].index 相容
                a[aTable[pos].index]=true;     //安排活动 aTable[pos].index
                curPos=pos;                    //aTable[pos].index 为最新选择的活动
            }
            else
            {    //活动 aTable[pos].index 与 aTable[curPos].index 不相容
                a[aTable[pos].index]=false;    //不安排活动 aTable[pos].index
            }
        }

        delete []aTable;                   //释放活动表
    }
```

*11.1.5　回溯算法

　　回溯法可以系统地搜索一个问题的所有解。包含问题的所有解的解空间一般组织成树,也可以组织成图结构,按照先根遍历策略(解空间为树)或深度优先策略(解空间为图),从根结点出发搜索解空间树或从某结点出发搜索解空间图。算法搜索至解空间树(或图)的

任一结点时,总是先判断该结点是否肯定不包含问题的解。如果肯定不包含,则跳过对该结点的系统搜索,逐层向其祖先结点回溯。否则,继续按先根遍历策略或深度优先策略进行搜索。回溯法用来求问题的所有解时,要回溯到根(或起始结点),且根结点的所有子树(或从起始结点出发的所有路径)都已被搜索遍才结束。

应用回溯法解决问题时,首先应明确定义问题的解空间。问题的解空间应至少包含问题的一个(最优)解。定义了问题的解空间后,还应将解空间很好地组织起来,使得用回溯法能方便地搜索整个解空间。通常将解空间组织成树或图的形式。确定了解空间的组织结构后,回溯法就从开始结点出发,以先根遍历方式或深度优先方式搜索整个解空间。这个开始结点就成为一个活结点(也就是从此结点可能得到问题解),同时也成为当前的扩展结点(也就是由此结点可能扩展得到其他新活结点)。在当前的扩展结点处,搜索向纵深方向移至一个新结点。这个新结点就成为一个新的活结点,并成为当前扩展结点。如果在当前的扩展结点处不能再向纵深方向移动,则当前的扩展结点就成为死结点(也就是由此结点不能得到问题的解)。换句话说,这个结点不再是一个活结点。此时,应往回移动(回溯)至最近的一个活结点处,并使这个活结点成为当前的扩展结点。回溯法即以这种工作方式递归地在解空间中搜索,直至找到所要求的解或解空间中已无活结点时为止。

运用回溯法解题通常包含以下 3 个步骤:

(1) 针对特定问题,定义问题的解空间;

(2) 确定易于搜索的解空间结构;

(3) 以先根遍历方式或深度优先方式搜索解空间。

由于回溯法是对解空间的先根遍历或深度优先搜索,一般情况下可用如下形式的递归函数来实现:

```
void BackTrack  (int i,int n)
//操作结果:假设已求得满足约束条件的部分解(x₁,…,x_{i-1}),从 x_i 起继续搜索,直到求
//     得整个解(x₁,x₂,…,x_n)
{
    if  (i>n)
    {   //已求得解
         输出当前解;
    }
    else
    {   //回溯求解
        for  (xi=start(i,n);xi<=end(i,n);xi++)
        {
            修改解的第 i 个元素为 xi;
            if  ((x1,x2,…,xi)满足约束条件)
            {   //继续求下一个部分解
                BackTrack(i+1,n);
            }
            恢复解未修改前的状况;              //回溯求新的解
        }
    }
}
```

}

其中形式参数 i 表示递归深度,n 用来控制递归深度,即解空间树的高度。当 $i>n$ 时,算法已搜索到一个叶结点。此时输出当前解,算法的 for 循环中 start(i, n) 和 end(i, n) 分别表示在当前扩展结点处未搜索过的子树的起始编号和终止编号。

例 11.12 求由 n 个元素组成的集合的幂集。集合 A 的幂集是由集合 A 的所有子集所组成的集合。例如 $A=\{1,2,3\}$,则 A 的幂集为
$$\rho(A) = \{\{1,2,3\},\{1,2\},\{1,3\},\{2,3\},\{1\},\{2\},\{3\},\{\}\}$$

幂集的每个元素是一个集合,它或是空集,或含集合 A 中一个元素,或含集合 A 中两个元素,或等于集合 A。反之,从集合 A 的每个元素来看,它只有两种状态:它或属于幂集元素,或不属于幂集元素。则求幂集 $\rho(A)$ 的元素的过程可看成是依次对集合 A 中元素进行"取"或"舍(弃)"的过程,可用一棵如图 11.9 所示的二叉树来表示求解幂集元素过程的解空间。

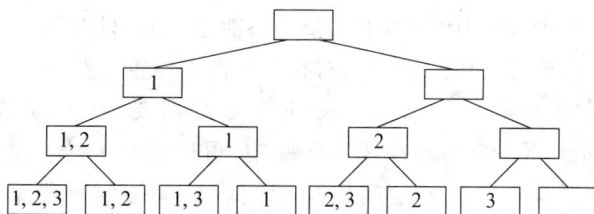

图 11.9 生成幂集的解空间树

树中的根结点表示幂集元素的初始状态(空集);叶子结点表示它的终结状态(如图 11.11 中 8 个叶子结点表示 $\rho(A)$ 幂集的 8 个元素);第 $i(i=2,3,\cdots,n+1)$ 层的分支结点表示已对集合 A 中前 $i-1$ 个元素进行了取/舍处理的当前状态(左分支表示"取",右分支表示"舍")。因此求幂集元素的过程即为先根遍历这棵解空间树的过程,具体算法如下:

```
//文件路径名: s11_12\power_set.h
template<class ElemType>
void BackTrack(const LinkList<ElemType>&lA, LinkList<ElemType>&lB, int i=1)
//参数说明: 线性表 lA 表示集合 lA,线性表 lB 表示幂集 ρ(lA) 的一个元素,也就是 lA 的子集,
//    i 为当前正处理的 lA 的元素,第一次调用时 i=1
//操作结果: 求集合 lA 的幂集
{
    if (i>lA.Length()) OutSolution(lB);        //输出当前的 lB,即 ρ(lA) 的一个元素
    else
    {
        ElemType e;                            //元素
        int len=lB.Length();                   //lB 的元素个数
        lA.GetElem(i, e);                      //取出 lA 第 i 个元素

        lB.Insert(len+1, e);                   //lB 中包含元素 e
        BackTrack(lA, lB, i+1);                //递归处理 lA 的第 i+1 个元素
```

```
        lB.Delete(len+1, e);              //lB 中不包含元素 e
        BackTrack(lA, lB, i+1);           //递归处理 lA 的第 i+1 个元素
    }
}


template<class ElemType>
void PowerSet(const LinkList<ElemType> &lA)
//操作结果：求集合 lA 的幂集
{
    LinkList<ElemType> lB;                //表示 lA 的子集
    BackTrack(lA, lB);                    //输出集合 lA 的幂集
}
```

例 11.13 迷宫问题。迷宫中,空单元格用 EMPTY:标识,图中为▢;阻塞单元格用
BLOCK:标识,图中为▨;已经过单元格用 VIA:标识,图中为▧。

迷宫如图 11.10 所示,图中阴影的单元格是不能通行的,只能从一个空白的单元格走到
另一个与它相邻的空白单元格(上、下、左、右相邻),但不能重复路线。

采用回溯技术求解迷宫问题时,为实现回溯,首先需要为问题定义一个解空间,这个
空间必须至少包含问题的一个解。在迷宫问题中,可以定义一个包含从入口到出口的所
有路径的解空间,下一步应组织解空间以便能被容易地搜索。典型的组织方法是图或
树。图 11.11 用图的形式给出了一个 3×3 迷宫的解空间。从(1,1)点到(3,3)点的每一
条路径都定义了 3×3 迷宫解空间中的一个元素,但由于障碍的设置,有些路径是不可
行的。

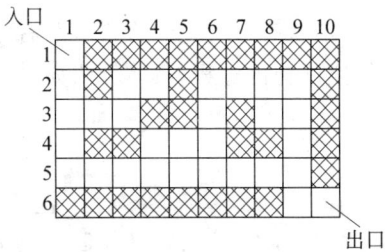

图 11.10 迷宫示意图

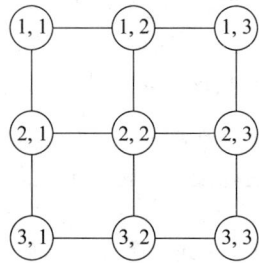

图 11.11 3×3 迷宫解空间

图 11.12(a)给出 3×3 的"迷宫老鼠"问题。下面,将利用图 11.13 给出的解空间图来
搜索迷宫。从迷宫的入口到出口的每一条路径都与图 11.11 中从(1,1)到(3,3)的一条路径
相对应。然而,图 11.11 中有些从(1,1)到(3,3)
的路径却不是迷宫中从入口到出口的路径。

搜索从点(1,1)开始,该点是目前唯一的活
结点,它也是一个扩展结点。为避免再次走过这个
位置,将其标志为 VIA。从这个位置,能移动到
(1,2)或(2,1)两个位置。对于本例,两种移动都

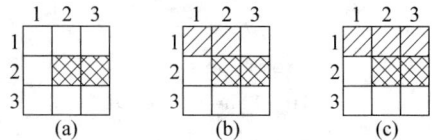

图 11.12 迷宫

是可行的,因为在每一个位置的标识都为 EMPTY,假定选择移动到(1,2),(1,2)被置为

VIA 以避免再次经过该点。迷宫当前状态如图 11.12(b)所示。这时有两个活结点(1,1)，(1,2)。(1,2)成为扩展结点。在图 11.12(b)中从当前扩展结点开始有 3 个可能的移动,其中两个是不可行的,因为迷宫在这些位置上的值为 BLOCK 或 VIA。唯一可行的移动是(1,3)。移动到这个位置,并置为 VIA 以避免再次经过该点,此时迷宫状态为图 11.12(c)。图 11.12(c)中,从(1,3)出发有两个可能的移动,但没有一个是可行的。所以扩展结点(1,3)死亡,回溯到最近被检查的活结点(1,2)。在这个位置也没有可行的移动,故这个结点也死亡了。唯一留下的活结点是(1,1)。这个结点再次变为扩展结点,它可移动到(2,1)。现在活结点为(1,1),(2,1)。继续下去,能到达点(3,3)。此时,活结点表为(1,1),(2,1),(3,1),(3,2),(3,3),这就是到达出口的路径。

在迷宫中,只能从一个空白单元格走到另一个与它相邻的空白单元格(上、下、左、右相邻),但不能重复路线。设当前单元格的坐标是 (x, y),则相邻的单元格(上、下、左、右相邻)坐标分别为 $(x, y-1)$,$(x, y+1)$,$(x-1, y)$,$(x+1, y)$,可写为 $(x+x\text{Shift}[i]$,$y+y\text{Shift}[i])$,其中 $i=0,1,2,3$,当前单元格到达不了出口时,可试探下一相邻的空白单元格,直到当前单元格是出口为止,这是属于回溯法的典型应用,参照回溯法的典型形式编写程序如下:

```cpp
//文件路径名:s11_13\maze.h
//迷宫单元格状态,VIA:已经过,BLOCK:阻塞,EMPTY:空
enum MazeCellStatus {VIA, BLOCK, EMPTY} ;
struct CellType                                    //迷宫单元格
{
    int x, y;                                      //单元格的坐标
};

void OutSolution(const LinkList<CellType>&mazePath);    //输出迷宫问题的解
void BackTrack(Matrix<MazeCellStatus>&maze, int w, int h, const CellType
    &out, const CellType &cur, LinkList<CellType>&mazePath);
    //试探求解下一位置

void MazeSolution(Matrix<MazeCellStatus>&maze, int w, int h, const
    CellType &entry, const CellType &out)
//操作结果:求解迷宫问题
{
    LinkList<CellType>mazePath;                          //迷宫路线
    mazePath.Insert(mazePath.Length()+1, entry);
    //将入口存入路径,作为路径的起始点
    BackTrack(maze, w, h, out, entry, mazePath);         //用递归求解迷宫问题
}

void BackTrack(Matrix<MazeCellStatus>&maze, int w, int h, const CellType
    &out, const CellType &cur, LinkList<CellType>&mazePath)
//操作结果:试探求解下一位置
{
```

```
        if (cur.x==out.x && cur.y==out.y)
        {    //已达到出口,输出解
            OutSolution(mazePath);
        }
        else
        {
            int xShift[4]={0, 0 , -1, 1};          //相邻位置相对于当前位置的 x 坐标
            int yShift[4]={-1, 1, 0, 0};           //相邻位置相对于当前位置的 y 坐标
            CellType adjCell;                       //当前位置的相邻位置

            for (int i=0; i<4; i++)
            {
                adjCell.x=cur.x+xShift[i];          //当前位置的相邻位置的 x 相对坐标
                adjCell.y=cur.y+yShift[i];          //当前位置的相邻位置的 y 相对坐标

                if (adjCell.x>=1 && adjCell.x<=w && adjCell.y>=1 && adjCell.y<=h
                    && (maze(adjCell.y, adjCell.x)==EMPTY))
                {   //相邻位置在迷宫内,并且为空白
                    mazePath.Insert(mazePath.Length()+1, adjCell);
                    //将相邻位置存入路径中
                    maze(adjCell.y, adjCell.x)=VIA;          //经过相邻位置
                    BackTrack(maze, w, h, out, adjCell, mazePath);
                        //对相邻位置进行递归
                    mazePath.Delete(mazePath.Length(), adjCell);
                        //从路径中去掉 adjCell
                    maze(adjCell.y, adjCell.x)=EMPTY;        //恢复相邻位置为空白
                }
            }
        }
    }


void OutSolution(const LinkList<CellType>&mazePath)
//操作结果: 输出迷宫问题的解
{
    cout<<"路径:";
    for (int pos=1; pos<=mazePath.Length(); pos++)
    {   //依次取出路径上的单元格
        CellType curCell;                               //路径上的当前单元格
        mazePath.GetElem(pos, curCell);                 //取出路径上的当前单元格
        cout<<"("<<curCell.x<<","<<curCell.y<<") "; //输出当前单元格
    }
    cout<<endl;
}
```

**11.1.6 分支限界法

分支限界法与回溯法类似,也是一种在问题的解空间上搜索问题解的算法。一般情况

下,分支限界法与回溯法的求解目标不同。回溯法的求解目标是找出解空间中满足约束条件的所有解,而分支限界法的求解目标则是找出满足约束条件的一个解,或是在满足约束条件的解中找出使某一目标函数值达到极大或极小的解,也就是在某种意义下的最优解。

由于求解目标的不同,分支限界法与回溯法在解空间上的搜索方式也不相同。回溯法以先根遍历方式或深度优先方式搜索解空间,而分支限界法则以层次遍历或广度优先方式搜索解空间。分支限界法的搜索策略是,在扩展结点处,先生成其所有的孩子结点(分支)或邻接点,然后再从当前的活结点表中选择下一个扩展结点。为了有效地选择下一扩展结点,以便加速搜索的进程,在每一活结点处,计算一个函数值(限界),根据这些已计算出的函数值,从当前活结点表中选择一个最有利的结点作为扩展结点,使搜索朝着解空间树上有最优解的分支推进,以便尽快地找出一个最优解。这种方法就称为分支限界法。

在分支限界法中,每一个活结点只有一次机会成为扩展结点。活结点一旦成为扩展结点,就一次性产生所有孩子结点或邻接点,在这些结点中,那些导致不可行解或导致非最优解的结点被舍弃,其余结点被加入活结点表中。此后,从活结点表中取下一结点成为当前扩展结点,并重复上述结点扩展过程。这个过程一直持续到找到所需的解或活结点表为空时为止。

从活结点表中选择下一扩展结点的不同方式导致不同的分支限界法。最常见的有以下两种方式。

(1) 队列式(FIFO)分支限界法。队列式分支限界法将活结点组织成一个队列,并按队列的先进先出原则选取下一个结点为当前扩展结点。

(2) 优先队列式分支限界法。优先队列式的分支限界法将活结点表组织成一个优先队列,并按优先队列中规定的结点优先级选取优先级最高的下一个结点成为当前扩展结点。

优先队列中规定的结点优先级常用一个与该结点相关的数值 p 来表示。结点优先级的高低与 p 值的大小相关。

例 11.14 最优载重量问题。有一批集装箱要装上一艘载重量为 totalW 的轮船。其中集装箱 i 的重量为 w_i。最优载重量问题要求在装载体积不受限制的情况下,应如何装载才能使装载的集装箱的总重量最重?

该问题可形式化描述如下:

$$\max \left\{ \sum_{i=0}^{n-1} w_i x_i \,\middle|\, x_i \in \{0,1\}, 0 \leqslant i < n, \sum_{i=0}^{n-1} w_i x_i \leqslant \text{totalLoad} \right\}$$

其中 $x_i = 0$ 表示不装入集装箱 i,$x_i = 1$ 表示要装入集装箱 i。图 11.13 为用树状结构给出的 $n = 3$ 时的最优载重量问题的解空间,从 i 层结点到 $i+1$ 层结点的一条边上的数字给出了

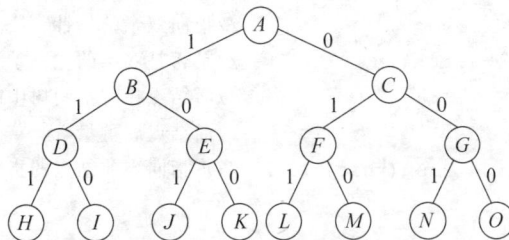

图 11.13　3 个集装箱的最优载重量问题的解空间

x_{i-1}（假设根为第 0 层）；从根结点到叶结点的每一条路径定义了解空间中的一个元素。从根结点 A 到叶结点 H 的路径定义了解 $\{1,1,1\}$。根据 $w[\ ]$ 和 totalLoad 的值，从根到叶的路径中的一些解可能是不可行的。可按层次搜索方式从根结点开始进行搜索。

下面分别采用队列式（FIFO）分支限界法和优先队列式分支限界法来求解最优载重量问题。

1）队列式分支限界法

对于最优载重量问题的队列式分支限界法，对解空间进行分支限界搜索时，队列 liveNodeQueue 用于存放活结点表。用 bestLoad 表示当前已求得的最优载重量，设 remainLoad 表示剩余载重量，也就是剩余集装箱的重量之和，扩展结点 exNode 的载重量表示从根结点到此结点的路径所相应的载重量。

exNode 的载重量与 remainLoad 之和表示由 exNode 到叶结点的载重量的最大值，如果此和小于 bestLoad，表示从 exNode 产生的解不可能是最优解，可舍去 exNode，exNode 变成死结点。

在层次搜索解空间树时，对于当前扩展结点 exNode，首先处理 exNode 的左孩子，load 为解空间树中 exNode 的左孩子的载重量，当 load ≤ totalLoad 时，将 exNode 的左孩子作为活结点加入到队列 liveNodeQueue 中，然后再处理 exNode 的右孩子，将右孩子作为活结点加入 liveNodeQueue 中。

为了在算法中能方便地构造出与最优值相应的最优解，算法必须存储相应子集树中从活结点到根结点的路径。为此，可在每个结点处设置指向其父结点的指针，并存储是否是双亲的左孩子。与此相应的数据类型由 QueueNode 表示，具体声明如下：

```
//文件路径名:s11_14_1\loading.h
//队列结点
template<class WeightType>
struct QueueNode
{
    QueueNode<WeightType> * parent;      //指向双亲的指针
    bool isLeftChild;                    //是否是双亲的左孩子
    int level;                           //活结点在解空间树中的层次数
    WeightType load;                     //活结点载重量

    QueueNode(QueueNode<WeightType> * p=NULL, bool isLChild=true, int l=1,
        WeightType ld=0)
    {   //构造函数
        parent=p;                        //指向双亲的指针
        isLeftChild=isLChild;            //是否是双亲的左孩子
        level=l;                         //活结点在解空间树中的层次数
        load=ld;                         //活结点载重量
        gUseSpaceList.Push(this);        //将指向当前结点的指针加入到使用空间表中
    }
};
```

将活结点加入到活结点队列中的函数 AddLiveNode 的具体实现如下：

```
template<class WeightType>
void AddLiveNode(LinkQueue<QueueNode<WeightType> * >&liveNodeQueue, WeightType
    load, WeightType bestLoad, QueueNode<WeightType> * exNode, QueueNode
    <WeightType> * &bestExNode, bool isLeftChild, int x[], int n)
//参数说明：liveNodeQueue 为活结点队列，load 为当前装载量，bestLoad 为最优装载量，
//exNode 为扩展结点，bestLoad 为当前最优扩展结点，isLeftChil 表示当前活结点是否为
//    扩展结点的左孩子，x[]存储问题的解，n 为集装箱总数
//操作结果：向队列中增加活结点
{
    if (exNode->level==n)
    {    //处理叶子结点
        if (load==bestLoad)
        {    //当前活结点的载重量为最优载重量
            bestExNode=exNode;              //当前扩展结点为最优扩展结点
            x[n-1]=isLeftChild?1: 0;        //x[n-1]=1 表示左孩子，x[n-1]=0 表示右孩子
        }
    }
    else
    {    //活结点不是解空间树的叶子结点
        QueueNode<WeightType> * liveNode=
            new QueueNode<WeightType>(exNode, isLeftChild, exNode->level+1, load);
            //当前活结点
        liveNodeQueue.InQueue(liveNode);     //活结点入队
    }
}
```

这样，算法可在搜索最优值的过程中保存当前已构造出的解空间树中的路径指针，从而可在结束搜索后，在子集树中从与最优值相应的叶结点处向根结点回溯，构造出相应的最优解。具体实现如下：

```
template<class WeightType>
void Loading(int x[], WeightType w[], WeightType totalLoad, int n)
//操作结果：求最优装载，其中 x[i]=0 表示不装入集装箱 i,x[i]=1 表示要装入集装箱
//    i(i=0,1,…,n-1),n 为货物个数，w[]表示各集装箱重量，totalLoad 为轮船载重量
{
    LinkQueue<QueueNode<WeightType> * >liveNodeQueue;          //活结点队列
    int level=0;                                    //当前扩展结点在解空间树中的层次数
    WeightType bestLoad=0;                          //当前最优载重量
    WeightType remainLoad=0;                        //剩余载重量
    QueueNode<WeightType> * exNode=new QueueNode<WeightType>;
        //当前扩展结点
    QueueNode<WeightType> * bestExNode=new QueueNode<WeightType>;
        //当前最优扩展结点
    QueueNode<WeightType> * rootNode=new QueueNode<WeightType>;
        //解空间树的根结点
    int i;                                          //循环控制变量
```

```
for (i=0; i<n; i++)
{      //求剩余载重量
    remainLoad=remainLoad +w[i];
}


liveNodeQueue.InQueue(rootNode);                    //根结点作为活结点入队
while (!liveNodeQueue.Empty())
{      //层次搜索解空间树
    liveNodeQueue.OutQueue(exNode);                 //取出扩展结点
    if (exNode->level!=level)
    {      //新的扩展结点在解空间树中进入下一层
        level=exNode->level;                        //进入解空间树中新一层
        remainLoad=remainLoad-w[level-1];           //剩余载重量
    }


    if (exNode->load +remainLoad<bestLoad)
    {      //由 exNode 到叶结点得到的解的载重量小于 bestLoad 时,不可能产生最优
        //解,exNode 成死结点
        continue;                                   //死结点不产生扩展结点
    }


    //处理解空间树中当前扩展结点的左孩子
    WeightType load=exNode->load +w[level-1];
        //解空间树当前扩展结点的左孩子的载重量
    if (load<=totalLoad)
    {      //可行结点(活结点)
        if (load >bestLoad) bestLoad=load;          //新的最优载重量
        //AddLiveNode(liveNodeQueue, load, bestLoad, exNode, bestExNode,
            //true, x, n); 活结点入队
    }


    //处理解空间树中当前扩展结点的右孩子
    //AddLiveNode(liveNodeQueue, exNode->load, bestLoad, exNode, bestExNode,
        // false, x, n); 活结点入队
}


for (i=n-2; i>=0; i--)
{      //构造当前的最优解
    x[i]=bestExNode->isLeftChild?1: 0;
        //x[i]=1 表示左孩子, x[i]=0 表示右孩子
    bestExNode=bestExNode->parent;                  //双亲结点为新的当前最优扩展结点
}
}
```

2) 优先队列式分支限界法

解载重量问题的优先队列式分支限界法将活结点表存储于一个最大优先队列中。活结点在优先队列中的优先级定义为从根结点到此结点的路径所相应的载重量再加上剩余集装箱的重量之和。优先队列中优先级最大的活结点成为下一个扩展结点。优先队列中结点pNode 的优先级为 pNode.mayLoad。以结点 pNode 为根的子树中所有结点相应的路径的载重量不超过 pNode.mayLoad。解空间树中叶结点所相应的载重量与其优先级相同。因此在优先队列式分支限界法中,一旦有一个叶结点成为当前扩展结点,则可以断言该叶结点所相应的解即为最优解,此时可终止算法。

为了构造出解,在算法的搜索进程中保存当前已构造出的部分解空间树,实际上就是在搜索子集树的过程中保存当前已构造出的解空间树中结点的路径指针,并存储是否为双亲的左孩子,从而可在结束搜索后,就可以在解空间树中从该叶结点开始向根结点回溯,构造出相应的最优解。

解空间树结点与优先队列结点类定义如下:

```cpp
//文件路径名:s11_14_2\loading.h
//解空间树结点
template<class WeightType>
struct TreeNode
{
    TreeNode<WeightType> * parent;          //指向双亲的指针
    bool isLeftChild;                       //是否是双亲的左孩子

    TreeNode(TreeNode<WeightType> * p=NULL, bool isLChild=true)
    {   //构造函数
        parent=p;                           //指向双亲的指针
        isLeftChild=isLChild;               //是否是双亲的左孩子
        gUseSpaceList.Push(this);           //将指向当前结点的指针加入到使用空间表中
    }
};


//优先队列结点
template<class WeightType>
struct MaxPQNode
{
    TreeNode<WeightType> * pTreeNode;       //指向解空间树的结点
    int level;                              //活结点在解空间树中的层次数
    WeightType mayLoad;
        //活结点产生的可能最大载重量(活结点载重量与剩余集装箱重量之和)

    MaxPQNode(WeightType mLoad=0, TreeNode<WeightType> * pTNode=NULL, int l=1)
    {   //构造函数
        mayLoad=mLoad;                      //活结点产生的可能最大载重量
        pTreeNode=pTNode;                   //指向结点的指针
        level=l;                            //活结点在解空间树中的层次数
```

```
    }
};
```

在解最优载重量问题的优先队列式分支限界法中,函数 AddLiveNode 将根据参数生成解空间树结点以及优先队列结点,并将优先队列结点加入到优先队列中,具体实现如下:

```
template<class WeightType>
void AddLiveNode(MaxPriorityLinkQueue<MaxPQNode<WeightType>>&liveNodeMaxPQueue,
    TreeNode<WeightType> * exTNode, WeightType mayLoad, bool isLeftChild=true,
    int level=1)
//参数说明:liveNodeMaxPQueue 为活结点优先队列,mayLoad 为当前装载量,exNode 为当
//    前扩展结点,bestLoad 为活结点产生的可能最大载重量,isLeftChild 表示当前活结点
//    是否为扩展结点的左孩子, level 为活结点在解空间树中的层次数
//操作结果:向优先队列中增加活结点信息
{
    TreeNode<WeightType> * pTNode=new TreeNode<WeightType>(exTNode,
        //isLeftChild);当前活结点
    MaxPQNode<WeightType>liveNode(mayLoad, pTNode, level);           //当前活结点
    liveNodeMaxPQueue.InQueue(liveNode);                            //活结点入队

}
```

函数 Loading 实现对解空间的优先队列式分支限界搜索。为方便起见,这里假定根结点为第 0 层,第 $i+1$ 层结点的剩余重量 remainLoad$[i]$定义为 remainLoad$[i] = \sum_{j=i}^{n} w[j]$, while 循环体首先取出优先队列的队头结点作为最新扩展结点 exNode,level 为扩展结点在解空间树中的层次数,如果 level$=n+1$,则已到达叶结点,已求得最优解,退出 while 循环,否则产生当前扩展结点的左右孩子结点。如果当前扩展结点的左孩子结点是可行结点,即它所相应的载重量未超过船负重载量,则将它加入到解空间树的第 level$+1$ 层上,并加入到优先队列中。扩展结点的右孩子结点相应的载重量与 dxNode 的载重量相同,不会超过船负重载量,也就是永远是可行的,所以直接插入到优先队列中。

叶结点相应的路径可由解空间树中从叶结点开始沿结点双亲指针逐步构造出来。具体算法可描述如下:

```
template<class WeightType>
void Loading(int x[], WeightType w[], WeightType totalLoad, int n)
//操作结果:求最优装载,其中 x[i]=0 表示不装入集装箱 i,x[i]=1 表示要装入集装箱
//    i(i=0,1,…,n-1),n 为货物个数,w[]表示各集装箱重量,totalLoad 为轮船载重量
{
    MaxPriorityLinkQueue<MaxPQNode<WeightType>>liveNodeMaxPQueue;
        //活结点队列
    int level=0;                                    //当前扩展结点在解空间树中的层次数
    WeightType * remainLoad=new WeightType[n+1];     //剩余载重量
    MaxPQNode<WeightType>exNode;                      //当前扩展结点
    int i;                                           //循环控制变量
```

```
remainLoad[n]=0;                              //叶结点的剩余载重量为 0
for (i=n-1; i >=0; i--)
{    //求剩余载重量
    remainLoad[i]=remainLoad[i +1]+w[i];
}
AddLiveNode<WeightType>(liveNodeMaxPQueue, NULL, remainLoad[0]);
    //解空间树的根结点入队
while (true)
{    //层次搜索解空间树
    liveNodeMaxPQueue.OutQueue(exNode);       //取出扩展结点
    level=exNode.level;                       //扩展结点在解空间树中的层次数
    if (level==n +1) break;                   //扩展结点为叶结点,已求得最优解
    WeightType exLoad=exNode.mayLoad-remainLoad[level-1];
        //解空间树当前扩展结点的载重量


    //处理解空间树中当前扩展结点的左孩子
    if (exLoad+w[level-1]<=totalLoad)
    {    //可行结点(活结点)
        AddLiveNode(liveNodeMaxPQueue, exNode.pTreeNode,
            exLoad+w[level-1]+remainLoad[level], true, level+1);
                                              //活结点入队
    }


    //处理解空间树中当前扩展结点的右孩子
    AddLiveNode(liveNodeMaxPQueue,exNode.pTreeNode,exLoad+remainLoad[level],
        false, level+1);                      //活结点入队
}


TreeNode<WeightType> * pNode=exNode.pTreeNode;        //解空间树结点
for (i=n-1; i>=0; i--)
{    //构造当前的最优解
    x[i]=pNode->isLeftChild?1: 0;    //x[i]=1 表示左孩子, x[i]=0 表示右孩子
    pNode=pNode->parent;             //双亲结点为新的当前最优扩展结点
}

delete []remainLoad;                          //释放空间
}
```

例 11.15 迷宫问题。对于图 11.13 给出 3×3 迷宫解空间和图 11.12(a)给出的 3×3 迷宫问题。其中(1,1)为入口,(3,3)为出口,使用 FIFO 分支定界时,初始取(1,1)入口作为扩展结点入队。从队列扩展结点(1,1)出队,迷宫的位置(1,1)被置为 VIA,以免再次返回到这个位置。(1,1)被扩充,它的相邻结点(1,2)和(2,1)作为活结点加入到队列中(即活结点表)。为避免再次回到这两个位置,将位置(1,2)和(2,1)置为 VIA。此时迷宫如

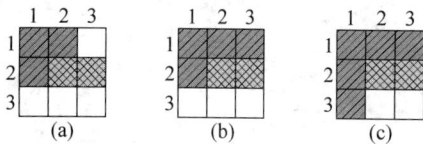

图 11.14 迷宫问题的 FIFO 分支定界方法

图 11.14(a)所示。

结点 (1,2) 从队列中移出并被扩充。检查它的 3 个相邻结点,只有 (1,3) 是可行的移动结点(剩余的两个结点已阻塞(BLOCK)或已通过(VIA)),将其作为活结点入队列,并把相应的迷宫位置置为 VIA,所得到的迷宫状态如图 11.14(b)所示。而下一个扩展结点 (2,1) 将会被取出,当此结点被展开时,结点 (3,1) 作为活结点加入到队列中,结点 (3,1) 被置为 VIA,所得到的迷宫如图 11.14(c)所示。此时队列中包含 (1,3) 和 (3,1) 两个结点。随后结点 (1,3) 变成下一个扩展结点,此结点不能到达任何新的结点,从队列中取出结点 (3,1) 成为新的扩展结点,展开结点 (3,1),(3,2) 作为活结点被加入队列中;结点 (3,2) 出队,成为新的扩展结点,展开此结点后,到达结点 (3,3),即迷宫的出口。

为了得到迷宫问题的解,在得到活结点时将扩展结点作为从入口到出口路径的前驱存储在矩阵 mazePath 中,这样从出口回溯到入口就可得到迷宫问题的解,具体算法如下:

```
//文件路径名: s11_15\maze.h
//迷宫单元格状态,VIA:已经过,BLOCK:阻塞,EMPTY:空
enum MazeCellStatus {VIA, BLOCK, EMPTY};
struct CellType                    //迷宫单元格
{
    int x, y;                      //单元格的坐标
};

void OutSolution(Matrix<CellType> &mazePath, const CellType &entry, const
        CellType &out);                        //输出迷宫问题的解
void MazeSolution(Matrix<MazeCellStatus> &maze, int w, int h, const CellType &entry,
        const CellType &out)
//操作结果:求解迷宫问题
{
    Matrix<CellType>mazePath(h, w);         //迷宫路线
    LinkQueue<CellType>cellQueue;           //单元格队列
    CellType NullCell={0, 0};               //空单元格
    mazePath(entry.y, entry.x)=NullCell;
        //将入口存入路径,作为路径的起始点,前驱为空
    cfellQueue.InQueue(entry);              //入口进队
    while (! cellQueue.Empty())
    {    //InQueue 非空,可继续求迷宫出口
        CellType curCell;                   //当前单元格
        cellQueue.OutQueue(curCell);        //取出当前单元格
        if (curCell.x==out.x && curCell.y==out.y)
        {    //已达到出口,输出解
            OutSolution(mazePath, entry, out);
            return;
```

```
    }
    else
    {
        int xShift[4]={0, 0 , -1, 1};        //相邻位置相对于当前位置的 x 相对坐标
        int yShift[4]={-1, 1, 0, 0};         //相邻位置相对于当前位置的 y 相对坐标
        CellType adjCell;                    //当前位置的相邻位置
        for (int i=0; i<4; i++)
        {
            adjCell.x=curCell.x+xShift[i];    //当前位置的相邻位置的 x 坐标
            adjCell.y=curCell.y+yShift[i];    //当前位置的相邻位置的 y 坐标
            if (adjCell.x>=1 && adjCell.x<=w && adjCell.y>=1 && adjCell.y<=h
                && (maze(adjCell.y, adjCell.x)==EMPTY))
            {   //相邻位置在迷宫内，并且为空白
                mazePath(adjCell.y, adjCell.x)=curCell;
                    //在路径上 adjCell 是 curCell 的下一个位置
                maze(adjCell.y, adjCell.x)=VIA;       //经过相邻位置
                cellQueue.InQueue(adjCell);           //adjCell 进队
            }
        }
    }
}


void OutSolution(Matrix<CellType> &mazePath, const CellType &entry, const
      CellType &out)
//操作结果：输出迷宫问题的解
{
    LinkStack<CellType>cellStack;                //存入从出口到入口的路径上的单元格
    CellType curCell=out;                        //路径上的当前单元格
    cellStack.Push(curCell);                     //入栈
    CellType preCell=mazePath(curCell.y, curCell.x);
        //路径上 curCell 的上一个单元格
    while (preCell.x! =entry.x||preCell.y! =entry.y)
    {   //当前单元格在路径上的上一个单元格不是入口
        curCell=preCell;                         //curCell 在路径上向后退一个单元格
        preCell=mazePath(curCell.y, curCell.x);
        //路径上 curCell 的上一个单元格
        cellStack.Push(curCell);                 //入栈
    }
    cellStack.Push(entry);                       //入栈

    cout<<"路径:";
    while (! cellStack.Empty())
    {   //从入口到出口输出路径
        cellStack.Pop(curCell);                  // 出栈
```

```
        cout<<"("<<curCell.x<<","<<curCell.y<<") ";
    }
    cout<<endl;
}
```

11.2 算 法 分 析

算法是计算机应用的核心。计算机系统、系统软件的设计和为解决计算机的各种应用项目所做的设计都可归为算法设计。前面已对各种典型的算法设计方法作了精辟的描述，本节主要分析这些算法的时间需求，将介绍递归分析和生成函数分析技术。

11.2.1　递归分析

递归函数包含递归结束部分和递归调用部分，递归结束部分可以直接解决而不需要再次进行递归调用，递归调用部分则包含对算法的一次或者多次递归调用。一般设 $T(n)$ 表示规模为 n 的基本操作的运行次数，不断通过迭代将 $T(n)$ 转换为递归结束部分，在递归结束时可直接写出 $T(n)$ 的值，下面通过实例说明递归分析。

例 11.16　假设数组中各元素互不相等，求数组中最小与次小的元素的值。

这是非常简单的问题，通常算法如下：

```
//文件路径名:s11_16_1\first_and_second.h
template<class ElemType>
void FirstAndSecond(ElemType a[], int n, ElemType &first, ElemType &second)
//操作结果：求数组 a[]中最小与次小元素的值
{
    if (n<=0)
    {   //数组没有元素
        throw Error("数组不能没有元素!");          //抛出异常
    }
    else
    {   //数组至少有一个元素
        first=second=a[0];                        //最小与次小元素初都为 a[0]
        for (int i=1; i<n; i++)
        {   //循环求最小与次小元素
            if (a[i]<first) first=a[i];           //a[i]为新的候选最小元素
            else if (a[i]<second) second=a[i];    //a[i]为新的候选次小元素
        }
    }
}
```

上面的算法简洁易懂，并且运行速度还相当快。它一共做了多少次比较呢？开始时有一次，对于 i 从 1 至 $n-1$ 而言，最坏的情况是两次，第一次是 if，第二次是 else if，因此最多一共有 $1+2(n-1)=2n-1$ 次比较。

下面通过从另一个角度来看这个问题，使用分治策略，通过递归方法来编写算法，使运行速度更快。

　　分治策略是：将 n 个元素剖成差不多相等的两部分,递归地找出左、右两半的最小与次小值,就有了 4 个值,设 f_1 与 s_1 表示左半部分的最小与次小值,f_2 与 s_2 表示右半部分的最小与次小值。为合并求整个数的最小与次小值,具体讨论如下。

　　(1) 在 $f_1 < f_2$ 的情况下,f_1 自然是最小值,如果 $f_1 = s_1$,则 f_2 一定是次小的,否则 f_2 却不一定是次小的,次小值就是 f_2 与 s_1 其中之一,再次比较就可以找出来。

　　(2) 在 $f_1 > f_2$ 的情况下,f_2 是最小值;如果 $f_2 = s_2$,则 f_1 一定是次小的,否则次小值就是 f_1 与 s_2 之一,再次比较就可以找出来。

　　可知,在合并求整个数的最小与次小值时,最少用到 2 次比较,最多用到 3 次比较,$T(n)$ 表示 n 个元素所进行的总比较次数,要分成两半,各需要 $T(n/2)$ 次比较。所以在"分"的动作中就用了 $2T(n/2)$ 次比较,再加上"合"的动作中有两次,所以就得到:

$$2T(n/2) + 2 \leqslant T(n) \leqslant 2T(n/2) + 3$$

多展开几项,继而得到:

$$T(n) \leqslant 2T(n/2) + 3 \leqslant 2[2T(n/2^2) + 3] + 3$$
$$\leqslant 2^2 T(n/2^2) + 3 + 3 \times 2$$
$$\vdots$$
$$\leqslant 2^i T(n/2^i) + 3 + 3 \times 2 + \cdots + 3 \times 2^{i-1}$$
$$T(n) \geqslant 2T(n/2) + 2 \geqslant 2[2T(n/2^2) + 2] + 2$$
$$\geqslant 2^2 T(n/2^2) + 2 + 2^2$$
$$\vdots$$
$$\geqslant 2^i T(n/2^i) + 2 + 2^2 + \cdots + 2^i$$

当分到只有两个元素时,一次比较就可以定出大小(只有一个元素时不用比较,所以不去管它),即 $T(2) = 1$。不失一般性,设 $k = \log_2 n - 1$ 是整数,则有 $n/2^k = 2$,这时可得

$$T(n) \leqslant 2^k T(n/2^k) + 3 + 3 \times 2 + \cdots + 3 \times 2^{k-1}$$
$$= 2^{\log_2 n-1} + 3 + 3 \times 2 + \cdots + 3 \times 2^{\log_2 n-2}$$
$$= n/2 + 3 \times (1 + 2 + \cdots + 2^{\log_2 n-2})$$
$$= n/2 + 3 \times (2^{\log_2 n-1} - 1)$$
$$= n/2 + 3n/2 - 3 = 2n - 3$$
$$T(n) \geqslant 2^k T(n/2^k) + 2 + 2^2 + \cdots + 2^k$$
$$= 2^{\log_2 n-1} + 2 + 2^2 + \cdots + 2^{\log_2 n-1}$$
$$= 2^{\log_2 n-1} - 1 + (1 + 2 + 2^2 + \cdots + 2^{\log_2 n-1})$$
$$= 2^{\log_2 n-1} - 1 + 2^{\log_2 n} - 1$$
$$= n/2 - 1 + n - 1 = 1.5n - 2$$

所以 $1.5n - 2 \leqslant T(n) \leqslant 2n - 3$。下面是具体算法。

```
//文件路径名: s11_16_2\first_and_second.h
template<class ElemType>
void FirstAndSecondHelp(ElemType a[], int left, int right, ElemType &first,
        ElemType &second)
//操作结果：求数组 a[left..right]中最小与次小元素
```

```
{
    if (left>right)
    {   //没有元素
        throw Error("不能没有元素!");                    //抛出异常
    }
    else if (left==right)
    {   //只有一个元素
        first=second=a[left];                          //最小与次小元素初值都为 a[left]
    }
    else
    {
        int mid=(left+right) / 2;                      //中间位置
        ElemType first1, first2;                       //最小元素
        ElemType second1, second2;                     //次小元素
        FirstAndSecondHelp(a, left, mid, first1, second1);
                                                       //左半部分的最小与次小元素
        FirstAndSecondHelp(a, mid+1, right, first2, second2);
                                                       //右半部分的最小与次小元素

        if (first1<first2)
        {   //first1 一定最小
            first=first1;                              //first1 为最小元素
            if (first1<second1)
                second=first2<second1?first2 : second1;
                    //次小元素为 first2 与 second1 中最小者
            else
                second=first2;                         //次小元素为 first2
        }
        else
        {   //first2 一定最小
            first=first2;                              //first2 为最小元素
            if (first2<second2)
                second=first1<second2?first1: second2;
                    //次小元素为 first1 与 second2 中最小者
            else
                second=first1;                         //次小元素为 first1
        }
    }
}


template<class ElemType>
void FirstAndSecond(ElemType a[], int n, ElemType &first, ElemType &second)
//操作结果：求数组 a[0..n-1]中最小与次小元素
{
```

```
FirstAndSecondHelp(a, 0, n-1, first, second);
}
```

例 11.17 分析例 11.4 中的 Hanoi 塔问题移动圆盘的次数。

设 $T(n)$ 表示 n 个圆盘的 Hanoi 塔问题移动圆盘的次数,显然 $T(0)=0$,对于 $n>0$ 的一般情况采用如下分治策略。

(1) 将 1 至 $n-1$ 号圆盘从 a 针移动至 b 针,可递归求解 Hanoi$(n-1, a, c, b)$。

(2) 将 n 号圆盘从 a 针移动至 c 针。

(3) 将 1 至 $n-1$ 号圆盘从 b 针移动至 c 针,可递归求解 Hanoi$(n-1, b, a, c)$。

在(1)与(3)中需要移动圆盘次数 $T(n-1)$,(2)需要移动一次圆盘。可得如下的关系:

$$T(n) = 2T(n-1) + 1$$

展开上式可得:

$$
\begin{aligned}
T(n) &= 2T(n-1) + 1 = 2[2T(n-2)+1] + 1 \\
&= 2^2 T(n-2) + 1 + 2 \\
&\quad\vdots \\
&= 2^n T(n-n) + 1 + 2 + \cdots + 2^{n-1} = 2^n - 1
\end{aligned}
$$

可见移动圆盘次数是 n 的指数函数,随 n 的增长,比较次数增长非常快,因此在运行 Hanoi 塔算法的程序时,n 值不能太大,否则程序可能要几年时间或更长时间才运行结束(大家可在 $n=64$ 时运行程序试试)。

**11.2.2 利用生成函数进行分析

利用生成函数进行算法分析的主要目的是求出数列 $\{a_0, a_1, a_2, \cdots, a_n, \cdots\}$ 中诸项的值的具体表达式,此序列是度量某种性能的参数,本节将用生成函数来表示整数序列。

定义:设 $\{a_0, a_1, a_2, \cdots, a_n, \cdots\}$ 是一个数列,如下幂级数:

$$G(x) = a_0 + a_1 x + \cdots + a_n x^n + \cdots = \sum_{n=0}^{\infty} a_n x^n$$

称为数列 $\{a_0, a_1, a_2, \cdots, a_n, \cdots\}$ 的生成函数。

为方便起见,一般将数列 $\{a_0, a_1, a_2, \cdots, a_n, \cdots\}$ 简记为 $\{a_n\}$。

如果数列 $\{a_n\}$ 的通项 a_n 采用递归定义,为求出存在 a_n 的非递归表示,生成函数是很有用的。由数列 $\{a_n\}$ 的生成函数可以求得序列 $\{a_n\}$ 的通项。首先假设对 x 的某些值,数列生成函数是收敛的,并能求得生成函数的解析表达式。然后将生成函数重新展开成 x 的幂级数,那么展开式中 x^n 项的系数就是原数列的通项 a_n 的解析表达式。

例 11.18 求例 11.2 中的 Fibonacci 数列通项的表达式。

Fibonacci 数列为 0, 1, 1, 2, 3, 5, 8, 13, $\cdots$,设通项为 a_n,则有如下关系式:

$$a_n = a_{n-1} + a_{n-2} \quad (n > 1, a_0 = 0, a_1 = 1)$$

数列 $\{a_n\}$ 的生成函数为

$$G(x) = a_0 + a_1 x + a_2 x^2 + a_3 x^3 + \cdots \tag{11.1}$$

则有

$$xG(x) = a_0 x + a_1 x^2 + a_2 x^3 + a_3 x^4 + \cdots \tag{11.2}$$

$$x^2 G(x) = a_0 x^2 + a_1 x^3 + a_2 x^4 + a_3 x^5 + \cdots \tag{11.3}$$

由式 11.1、式 11.2 和式 11.3 得

$$(1-x-x^2)G(x) = a_0 + (a_1 - a_0)x$$
$$+ (a_2 - a_1 - a_0)x^2 + (a_3 - a_2 - a_1)x^3 + \cdots = x$$

所以有

$$G(x) = \frac{x}{1-x-x^2}$$

方程 $1-x-x^2=0$ 的根为 $x_1 = \dfrac{-1+\sqrt{5}}{2}$，$x_2 = \dfrac{-1-\sqrt{5}}{2}$，可知

$$1-x-x^2 = -(x-x_1)(x-x_2)$$

设

$$G(x) = \frac{x}{1-x-x^2} = \frac{-x}{(x-x_1)(x-x_2)} = \frac{c_1}{x-x_1} + \frac{c_2}{x-x_2}$$

其中 c_1 与 c_2 是两个待定数，则有

$$-x = c_1(x-x_2) + c_2(x-x_1)$$

可得如下的方程：

$$\begin{cases} c_1 + c_2 = -1 \\ x_2 c_1 + x_1 c_2 = 0 \end{cases}$$

解得

$$c_1 = \frac{x_1}{x_2 - x_1} = \frac{\dfrac{-1+\sqrt{5}}{2}}{\dfrac{-1-\sqrt{5}}{2} - \dfrac{-1+\sqrt{5}}{2}} = \frac{1-\sqrt{5}}{2\sqrt{5}}$$

$$c_2 = \frac{x_2}{x_1 - x_2} = \frac{\dfrac{-1-\sqrt{5}}{2}}{\dfrac{-1+\sqrt{5}}{2} - \dfrac{-1-\sqrt{5}}{2}} = \frac{-1-\sqrt{5}}{2\sqrt{5}}$$

由于

$$\frac{c_1}{x-x_1} = -\frac{c_1}{x_1} \cdot \frac{1}{1-\dfrac{x}{x_1}} = -\frac{c_1}{x_1} \sum_{n=0}^{\infty} \left(\frac{x}{x_1}\right)^n = \frac{1}{\sqrt{5}} \sum_{n=0}^{\infty} \left(\frac{1+\sqrt{5}}{2}\right)^n x^n$$

$$\frac{c_2}{x-x_2} = -\frac{c_2}{x_2} \cdot \frac{1}{1-\dfrac{x}{x_2}} = -\frac{c_2}{x_2} \sum_{n=0}^{\infty} \left(\frac{x}{x_2}\right)^n = -\frac{1}{\sqrt{5}} \sum_{n=0}^{\infty} \left(\frac{1-\sqrt{5}}{2}\right)^n x^n$$

所以有

$$G(x) = \frac{1}{\sqrt{5}} \sum_{n=0}^{\infty} \left[\left(\frac{1+\sqrt{5}}{2}\right)^n - \left(\frac{1-\sqrt{5}}{2}\right)^n\right] x^n = \sum_{n=0}^{\infty} a_n x^n$$

可得

$$a_n = \frac{1}{\sqrt{5}} \left[\left(\frac{1+\sqrt{5}}{2}\right)^n - \left(\frac{1-\sqrt{5}}{2}\right)^n\right]$$

** 11.3　可计算性问题

本书已介绍了很多数据结构与算法的例子,这些数据结构与算法能有效地用于解决大量问题,部分原因是使用了许多有效的算法,对于某些已知的算法,很可能编写出一低效的算法来"解决"这类问题,例如对于最小生成树问题,如果测试边的每一种可能子集,看看哪一个子集能形成最小生成树,对于一个边数为 e 的图,子集个数为 2^e,也就是时间复杂度为 $O(2^e)$,对于这些问题有更好的算法,可以更快地找到解决问题的算法;在实际生活中有许多计算问题使用最有效的算法也要花费很长的时间,一个最简单的例子是汉诺塔问题,它需要 2^n 次移动才能解决一个 n 层的汉诺塔问题;还有许多问题,人们根本不知道它们是否有有效的算法,对于这样的问题,所知的最好的算法都运行的很慢,但可能还有更好的有效算法有待于发现。

本节将简单介绍代价很高的问题和无法解决的问题的理论。为了更好地理解,首先给出归约的概念,利用归约,可以把各种问题的难解联系起来。然后再讨论难解问题,难解问题是指需要,或者看起来至少需要问题规模的指数阶时间复杂度来解决的问题。最后讨论不可解问题,这些问题不能利用计算机程序解决。这种问题的一个经典例子是停机问题。

11.3.1　归约

为了更好地理解问题之间的关系,下面将从一个重要概念开始,这个概念就是归约,使用归约可以通过一个问题解决另一个问题。

在本节中,把问题定义为从输入到输出的一个映射。

定义:假设有两个问题 Q_a 和 Q_b,从问题 Q_a 归约到问题 Q_b 包括三步过程。

(1) 把问题 Q_a 的任意一个输入实例转换成问题 Q_b 的一个输入,也就是有一个变换把问题 Q_a 的任意一个输入实例 i_a 转换成问题 Q_b 的一个输入实例 i_b。

(2) 对问题 Q_b 的输入实例 i_b,应用一个算法,产生一个输出结果 o_b。

(3) 存在一个变换将 o_b 转换成把问题 Q_a 对应于输入实例 i_a 的输出结果 o_a。

例 11.19　两个 n 位数相乘与数的平方运算。两个 n 位数相乘的标准方法是把第二个数的最后一位与第一个数相乘(代价为 $O(n)$),第二个数的倒数第二位与第二个数相乘(再花费 $O(n)$),对于第二个数中 n 位的每一位都依此类推。最后,把中间结果加起来。把长度为 m 和 n 的两个数相加可以很容易地在 $O(m+n)$ 时间完成。由于第二个数的每一位都与第一个数的每一位相乘,所以这个算法需要 $O(n^2)$ 时间,到现在为止还没有人找到 $O(n)$ 的算法。

下面看看数的平方计算是否比普通的乘法运算更快。通过下面的公式,可以将两数相乘归约到数的平方:

$$xy = \frac{(x+y)^2 + (x-y)^2}{4}$$

这个公式将任意两数相乘的实例转换成一组操作,其中包括三次加减法(都可以在线性时间完成)、两次平方以及一次除以 4。除以 4 可以在线性时间完成(只需转换成二进制,移动两位,再移回来)。

这个归约表明,如果能找到 n 的平方的 $O(n)$ 算法,就能找到两个 n 位数相乘的 $O(n)$ 算法。

11.3.2 难解问题、N 问题、NP 问题和 NP 完全性问题

本节讨论一些真正"难解"的问题。有多种方式可以认为一个问题难解。首先,可能对理解问题本身的定义有困难。其次,可能在找到或者理解解决问题的算法方面有困难。对于计算机理论研究者使用"难解"这个词时,"难解"表示问题最众所周知的算法的运行时间代价很大。难解问题的一个例子是汉诺塔问题。汉诺塔问题要花费指数运行时间,即它的运行时间是 $O(2^n)$。考虑一下,如果你买一台速度是原来两倍的计算机,试图在给定时间内解决一个更大的汉诺塔问题会发生什么情况。由于汉诺塔问题的复杂性是 $O(2^n)$,解决这个问题只多一层。在本节的其余部分,难解的算法定义为指数时间运行的算法。

假设有一台这样的计算机,它是可以同时测试所有可能答案的超级并行计算机。考虑这样一些问题,给出解的某个猜测,检查猜测的解,看看它是否能在多项式时间内完成。即使可能解的数目是指数级的,任何给定的猜测也都可以在多项式时间检查出来,这样问题就可以在多项式时间解决,这样的计算机称为非确定性计算机。

"猜测"问题的正确答案或者并行检查所有可能的答案,以确定哪一个正确的思想,称为非确定性。如果某算法采用这种方式工作,就称该算法为非确定性算法。如果问题的算法在一个非确定性机器上以多项式时间运行,则这样的问题都有一个特殊的名字:它是一个NP 问题。这样,NP 问题就是能在一个非确定性计算机上以多项式时间解决的那些问题。

当然,并不是所有在常规计算机上需要指数运行时间的问题都在 NP 中。例如,汉诺塔问题就不在 NP 中,因为它对于 n 层需要打印出 $O(2^n)$ 步移动,也就是所有可能的答案都要打印 $O(2^n)$ 步移动,一个非确定性计算机不能在多项式时间"猜测"并打印出正确答案。

在常规计算机上在多项式时间内可以解决的问题称为 P 类问题。很显然,P 类问题中的所有问题在一台非确定性计算机上都可以在多项式时间内解决。也就是 P 问题是特殊的 NP 问题。

由于所有可以在多项式时间内解决的问题都可以在指数时间解决,因此可以认为所有能够在指数时间或更少时间解决的问题构成一个更大的问题类。

到现在为止,人们还不能证明有些 NP 问题是否能在常规计算机上在多项式时间内解决,并且如果有人对其中的一个问题找到了在常规计算机上以多项式时间运行的答案,那么经过一系列归约,NP 中的所有其他问题都可以在常规计算机上经过多项式时间得到解决,这就是 NP 完全性问题。

一个问题 Q 定义为 NP 完全性问题的条件如下:

(1) Q 在 NP 中;

(2) NP 中的每一个其他问题都可以在多项式时间内归约到 Q。

NP 完全性的概念要求 NP 中的所有问题,无论是已知的还是未知的,都能够以多项式时间归约到所讨论的问题。如果我们说有人已经找到了 NP 完全问题的一个特定例子,大家一定会感到吃惊。这个数学上的壮举已经由美国的 Stephen Cook 和前苏联的 Leonid Levin[28] 分别独立完成了。Cook 在他 1971 年的论文[27]中指出,所谓的合取范式可满足性

问题就是 NP 完全性问题。合取范式可满足性问题和布尔表达式有关。每一个布尔表达式都能被表示成合取范式的形式,就像下面这个表达式,包含了 3 个布尔变量 x_1, x_2, x_3,以及它们的非,它们的非分别标记为 $\overline{x_1}, \overline{x_2}, \overline{x_3}$:

$$(x_1 \vee \overline{x_2} \vee x_3) \wedge (x_1 \vee \overline{x_2} \vee \overline{x_3}) \wedge (\overline{x_1} \vee \overline{x_2} \vee \overline{x_3})$$

合取范式可满足性问题是指是否可以把真或者假赋给一个给定的合取范式类型的布尔表达式中的变量,使得整个表达式为真。(很容易看出,对于上面的式子,这是可以做到的:如果 x_1 为真,x_2 为假,x_3 为假,那么整个表达式为真。)

自从 Cook 和 Levin 发现了第一个 NP 完全问题之后,计算机科学家们发现了几百种(如果不是几千种的话)其他的例子。具体来说,本书前面讨论过的一些著名问题,比如哈密顿回路与装箱问题都是 NP 完全问题。

NP 完全性的定义显然意味着,即使仅仅得到了一个 NP 完全问题的多项式确定算法,也说明所有的 NP 问题都能够用一个确定算法在多项式的时间内解出,因此 P 等于 NP。换句话说,得到了一个 NP 完全问题的多项式算法可以表明,所有 NP 问题都存在在常规计算上能找到多项式时间的算法。在今天,知道一个问题是 NP 完全问题具有重要的现实意义。它意味着,如果知道所面对的是一个 NP 完全问题,最好不要指望能够设计出一个能够对它所有实例求解的多项式时间算法,以此获得名望和财富。

NP 完全性对于一般程序员有什么实际意义呢?如果软件公司老板要求提供一个快速算法来解决一个问题,如果程序员所能做到的最好的方法是一个指数时间算法,老板一定会很不高兴。但是如果发现这个问题是一个 NP 完全性问题,尽管老板仍然会不高兴,可老板至少不会迁怒于你。因为若问题是一个 NP 完全性问题,实际上世界上最有才华的计算机科学家至今为止都还在尝试为这些问题寻找一个多项式时间算法,但是都失败了。

11.3.3 不可编程问题

当一个程序处于死循环时,无法确切知道它只是一个运行得很慢的程序,还是一个处于死循环的程序。在等待"足够的时间"之后,就会终止它的运行。如果编译器能够查看这个程序,并且在运行它之前就告知这个程序可能会进入死循环,另外,给定一个程序和它的某个输入,如果不用实际运行这个程序就知道程序的执行对于这个输入是否会导致死循环,这将是非常有用的。但是没有一个计算机程序能够肯定地确定另外一个计算机程序 P 是否会对所有输入停机,也没有一个计算机程序能够肯定地确定任意一个计算机程序 P 是否会对一个指定的输入停机。程序员可以经常查看程序,确定程序是否会停机。有些人可能认为任何程序都是可以分析的,在继续阅读之前仔细看一看下面的函数:

```
//文件路径名:e11_1\collatz.h
void Collatz(unsigned int n)
//操作结果:生成初始值为 n 的 Collatz 序列
{
    while (n>1)
    {
        if (n%2==1)
        {    //n 为奇数
```

```
        cout<<n<<" ";
        n=3*n-1;
    }
    else
    {    //n 为偶数
        cout<<n<<" ";
        n=n / 2;
    }
}
cout<<endl;    //换行
}
```

上面函数生成的序列称为输入值 n 的 Collatz 序列。函数 Collatz( )对所有输入值 n 会停止吗? 到现在为止还没有人知道答案。当然很可能会有一个很聪明的人彻底分析清楚这个程序,并且彻底证明这段代码对于所有输入值 n 都会停机。

1. 不可数性

本节将证明并不是所有的函数都是可以编程的。这是因为程序的数目比所有可能的函数的数目小得多。

如果一个集合中的每一个元素都可唯一对应于一个正整数,那么就称这个集合是可数的。如果不可能把一个集合中的每一个元素都唯一对应于一个正整数,那么就称这个集合是不可数的。

将一个程序简单地看做一个字符串(包括特殊标记、空格和行分隔符)。如果字符串的数目是可数的,那么程序的数目当然也是可数的。可以按照如下方法把字符串归类。把空字符串归为第一类,记为 a_{11},然后,把由一个字符组成的字符串按照 ASCII 码顺序归为第二类,记为 $a_{21}, a_{22}, \cdots$,接下来,将所有由两个字符组成的字符串按照 ASCII 码顺序进行归为第三类,记为 $a_{31}, a_{32}, \cdots$,同样地将三个字符的字符串归为第 4 类,记为 $a_{41}, a_{42}, \cdots$,依此类推。通过这种方式,所有的字符串可按如下方式进行排列:

$$a_{11}, a_{21}, a_{22}, \cdots, a_{31}, a_{32}, \cdots, a_{41}, a_{42}, \cdots$$

所以所有程序的集合是可数的。

现在看看所有可能的函数的数量。为简单起见,考虑这样的函数,这些函数以自然数作为输入,产生一个自然数作为输出,假设这样的函数组成的集合为 FS。当然,并不是所有计算机程序都把自然数作为输入值,产生自然数输出值。但是,计算机读入或写出的一切在本质上都是一系列数字,只是可以把这些数字解释成字母或者其他东西。任何有用的计算机程序的输入和输出都可以编码为自然数,所以这个简单的计算机输入输出模型很普遍,可以覆盖所有可能的计算机程序。

如果 FS 是可数的,则 FS 中的每个函数都对应一正整数,将对应于 n 的函数记为 $f_n(x)$,定义函数 $f(x)$ 如下:

$$f(n) = f_n(n) + 1 \quad (n > 0)$$

则 $f(x)$ 属于 FS,然而 $f(x)$ 不等于任何 $f_n(x)(n>0)$,这是因为 $f(n) = f_n(n) + 1$,进而 $f(n) \neq f_n(n)$,也就是 $f(x)$ 不属于 FS,矛盾,由数学中的反证可知 FS 不可数。所以并不是所有函数都可以对应到一个程序,一定有函数对应不到任何程序。

2. 停机问题的不可解性

本节将用反证法证明停机问题不可编程实现。假设有一个名为 Halt 的函数可以解决停机问题。该函数有两个输入：一个代表 C++ 程序或函数源代码的字符串，另一个代表输入的字符串，通过程序来判断输入的程序或函数是否可在这个输入停下来。如果输入的程序或函数能够对于这个给定的输入停下来，函数 Halt 就返回 true，否则就返回 false。函数 Halt 的构架如下：

```
bool Halt(char * prog, char * input)
//操作结果: 字符串 prog 代表一个 C++程序或函数源代码, 字符串 input 代表输入, 如果程序
//     prog 在输入 input 下会停机, 返回 true, 否则返回 false
{
    if (程序 prog 在输入 input 下会停机) return true;
    else return false;
}
```

编写如下产生矛盾的函数：

```
void Contrary(char * prog)
//操作结果: 字符串 prog 代表一个 C++程序或函数源代码, 以 prog 作为程序输入如果要停
//     机, 则进入死循环, 否则结束
{
    if (Halt(prog, prog))
    {    //程序 prog 以 prog 作为输入会停机
        while(true);          //死循环, 也就是不停机
    }
}
```

将上面 Contrary 函数的源代码记为字符串 contrary，如果 Halt(contrary, contrary) 为 true，也就是表示 Contrary 函数以 contrary 作为输入时，会停机，而由函数 Contrary 的函数体，当 Halt(contrary, contrary) 为 true 时，将进入死循环，也就是这时函数不会停机，矛盾，由反证法可知停机问题不可编程实现。

11.4 实 例 研 究

11.4.1 图着色问题

给定一个无向连通图 g 和 m 种不同的颜色。用这些颜色为图 g 的各顶点着色，每个顶点着一种颜色。试问是否有使得 g 中任何一条边的 2 个顶点着有不同颜色的着色法。这个问题就是一个图的 m 可着色判定问题。若一个图最少需要 m 种颜色才能使图中任何一条边连接的 2 个顶点着有不同颜色，则称这个数 m 为该图的色数。求一个图的色数的问题称为图的可着色优化问题。

给定了一个图 g 和 m 种颜色，如果这个图是 m 可着色的，则要找出所有不同的着色法。要解决这个问题，除了用回溯法外，目前还没有什么更好的方法。下面根据回溯法的递归描述框架 BackTrack 来设计找一个图的 m 着色法的算法。设图的顶点个数为 n，算法中用 0，

$1,2,\cdots,m-1$ 来表示 m 种不同的颜色,顶点 V_i 所着的颜色用 $x[i]$ 来表示。因此问题的解可以表示为数组 $x[]$。问题的解空间可表示为一棵高度为 $n+1$ 的 m 叉树。解空间树的第 i 层($1\leqslant i\leqslant n$)中每一结点都有 m 个孩子,每个孩子相应于 $x[i-1]$ 的 m 个可能的着色之一。第 $n+1$ 层结点均为叶结点。图 11.15 是 $n=3$ 和 $m=3$ 时问题的解空间树。

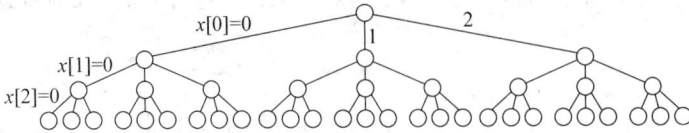

图 11.15 $n=3$ 和 $m=3$ 时的解空间树

在下面所给出的图的 m 可着色问题的回溯法描述中,递归函数 BackTrack()实现对整个解空间的回溯搜索。BackTrack(i)搜索解空间中第 $i+1$ 层结点,当 $i\geqslant n$ 时,表示算法已搜索至一个叶结点,得到一个新的 m 着色方案。

当 $i<n$ 时,当前结点是解空间中的一个内部结点。该结点相应于 $x[i]=0,1,\cdots,m-1$ 共 m 个孩子结点。对当前结点的每一个孩子结点,当与所有邻接点不着有相同颜色时,以先根遍历方式递归地对可行子树进行搜索,或剪去不可行子树。

图的 m 可着色问题的回溯算法可描述如下:

```
//文件路径名:graph_color\graph_color.h
template<class ElemType>
void BackTrack(const AdjMatrixUndirGraph<ElemType>&g, int i, int m, int x[]);
    //对图 g 用 m 种颜色进行着色
void OutSolution(int n, int x[]);              //输出一组解


template<class ElemType>
void GraphColor(const AdjMatrixUndirGraph<ElemType>&g, int m)
//操作结果:用回溯法对图 g 用 m 种颜色进行着色
{
    int n=g.GetVexNum();                    //图顶点个数
    int * x=new int[n];                      //着色的解
    for (int i=0; i<n; i++)
    {    //初始化 x
        x[i]=-1;                            //-1 表示还没有进行着色
    }
    BackTrack(g, 0, m, x);                  //用回溯法递归对图 g 用 m 种颜色进行着色
    delete []x;                             //释放空间
}


template<class ElemType>
void BackTrack(const AdjMatrixUndirGraph<ElemType>&g, int i, int m, int x[])
//初始条件:顶点 V0, V1,..., Vi-1 已着色
//操作结果:用回溯法对顶点 Vi 用 m 种颜色进行着色
{
```

```
        if (i>=g.GetVexNum())
        {    //所有顶点已着色
            OutSolution(g.GetVexNum(), x);                  //已得到解,输出解
        }
        else
        {    //对顶点 Vi 进行着色
            for (int j=0; j<m; j++)
            {    //用 m 种颜色对顶点 Vi 进行着色
                x[i]=j;                                     //着色 j
                int k;
                for (k=g.FirstAdjVex(i); k! =-1; k=g.NextAdjVex(i, k))
                {    //Vi 的邻接点 Vk
                    if (x[i]==x[k])
                    {    //与 Vi 和 Vk 着有相同的颜色
                        break;
                    }
                }
                if (k==-1)
                {    //表示 Vi 与所有邻接点都没有着相同的颜色
                    BackTrack(g, i+1, m, x);                //试探为顶点 Vi+1 进行着色
                }
            }
        }
}


void OutSolution(int n, int x[])
//操作结果:用回溯法对顶点 Vi 用 m 种颜色进行着色的解
{
    int static num=0;                                      //num 表示当前已求得解的个数

    cout<<"第"<<++num<<"个解:";
    for(int i=0; i<n; i++)
    {    //输出解
        cout<<x[i]<<" ";
    }
    cout<<endl;
}
```

11.4.2　多边形游戏

多边形游戏问题是国际信息学奥林匹克竞赛试题。多边形游戏是一个单人玩的游戏,开始时有一个由 n 个顶点构成的多边形。每个顶点被赋予一个整数值,每条边被赋予一个运算符"＋"或"×"。所有边依次用整数从 $1 \sim n$ 编号。

游戏第 1 步,删除多边形的一条边,随后的 $n-1$ 步按以下方式进行:

(1) 选择一条边 e 以及由 e 连接着的 2 个顶点 v_1 和 v_2;

（2）用一个新的顶点取代边 e 以及由 e 连接着的 2 个顶点 v_1 和 v_2。将由顶点 v_1 和 v_2 的整数值通过边 e 上的运算得到的结果赋予新顶点。

最后，所有边都被删除，游戏结束。游戏的得分就是所剩顶点上的整数值。

编程任务：对于给定的多边形，编程计算出最高得分，并且列出所有得到这个最高得分首次被删除的边的编号。

数据输入：由文件 polygon_in.txt 提供输入数据，文件的第一行是所给多边形的顶点数 n；第 2 行包含所有边 1～n 所对应的运算符，以及与相邻两边相关联的顶点的数值（1 号边与 2 号边之间是 1 号顶点的数值，2 号边与 3 号边之间是 2 号顶点的数值，……，依此类推。最后的一个数值对应于与 n 号边和 1 号边相关联的顶点）。运算符与数值之间由一个空格分隔。字母 t 代表运算符"＋"，字母 x 代表运算符"×"。文件名由键盘输入。

结果输出：程序运行结束时，将计算结果写入文件 polygon_out.txt 中。文件的第 1 行是计算出的最高得分。第 2 行是所有得到这个最高得分首次被删除的边按升序排列的编号。

输入文件示例
polygon_in.txt
4
t -7 t 4 x 2 x 5
输出文件示例
polygon_out.txt
33
1 2

设所给的多边形的顶点和边的顺时针序列为

$$\text{op}[1], v[1], \text{op}[2], v[2], \cdots, \text{op}[n], v[n]$$

其中，$\text{op}[i]$ 表示第 i 条边所对应的运算符，$v[i]$ 表示顶点 v_i 上的数值，$i=1$～n。

在所给多边形中，从顶点 $v_i (1 \leqslant i \leqslant n)$ 开始，长度为 j（链中有 j 个顶点）的顺时针链记为 $p(i,j)$，表示为

$$v[i], \text{op}[i+1], v[i+1], \text{op}[i+2], \cdots, v[i+j-1]$$

如果此链的最后一次合并运算在 $\text{op}[i+s]$ 处发生（$1 \leqslant s \leqslant j-1$），则可在 $\text{op}[i+s]$ 处将链分割为两个子链 $p(i,s)$ 和 $p(i+s, j-s)$。

设 m_1 是对子链 $p(i,s)$ 的任意一种合并方式得到的值，而 a 和 b 分别是在所有可能的合并中得到的最小值和最大值。m_2 是 $p(i+s, j-s)$ 的任意一种合并方式得到的值，而 c 和 d 分别是在所有可能的合并中得到的最小值和最大值。依此定义我们有

$$a \leqslant m_1 \leqslant b, \quad c \leqslant m_2 \leqslant d$$

由于子链 $p(i,s)$ 和 $p(i+s, j-s)$ 的合并方式决定了 $p(i,j)$ 在 $op[i+s]$ 处断开后的合并方式，在 $\text{op}[i+s]$ 处合并后其值为

$$m = m_1 \text{op}[i+s] m_2$$

（1）当 $\text{op}[i+s]=$ '＋'时，显然有

$$a + c \leqslant m \leqslant b + d$$

$p(i,j)$ 的最大值对应于子链 $p(i,s)$ 和 $p(i+s, j-s)$ 的最大值，最小值对应于子链

$p(i,s)$ 和 $p(i+s,j-s)$ 的最小值。

(2) 当 $op[i+s]=$ '×'时,情况有所不同。由于 $v[i]$ 可正可负,子链 $p(i,s)$ 和 $p(i+s,j-s)$ 的最大值相乘未必能得到主链 $p(i,j)$ 的最大值。但是最大值一定在边界点达到,也就是

$$\min\{ac,ad,bc,bd\} \leqslant m \leqslant \max\{ac,ad,bc,bd\}$$

可知主链 $p(i,j)$ 的最大值和最小值可由子链 $p(i,s)$ 和 $p(i+s,j-s)$ 的最大值或最小值得到。

由前面的分析可知,为了求子链 $p(i,s)$ 和 $p(i+s,j-s)$ 合并的最大值,必须同时求子链 $p(i,s)$ 和 $p(i+s,j-s)$ 的最大值和最小值。在整个计算过程中,应同时计算最大值和最小值。

将 $p(i,j)$ 在 $op[i+s]$ 处断开的最小值记为 $\mathrm{mins}(i,j,s)$,最大值记为 $\mathrm{maxs}(i,j,s)$,由前面的分析可知:

$$\mathrm{mins}(i,j,s) = \begin{cases} a+c, & op[i+s]= \text{'}+\text{'} \\ \min(ac,ad,bc,bd), & op[i+s]= \text{'}\times\text{'} \end{cases}$$

$$\mathrm{maxs}(i,j,s) = \begin{cases} b+d, & op[i+s]= \text{'}+\text{'} \\ \max(ac,ad,bc,bd), & op[i+s]= \text{'}\times\text{'} \end{cases}$$

设 $\mathrm{minValue}(i,j)$ 是链 $p(i,j)$ 的最小值,而 $\mathrm{maxValue}(i,j)$ 是链 $p(i,j)$ 的最大值,则有如下关系:

$$\mathrm{minValue}(i,j) = \min_{1\leqslant s<j}\{\mathrm{mins}(i,j,s)\}$$
$$\mathrm{maxValue}(i,j) = \max_{1\leqslant s<j}\{\mathrm{maxs}(i,j,s)\}$$

其中 i 和 j 满足 $1\leqslant i,j\leqslant n$。

初始边界值显然为

$$\mathrm{minValue}(i,1) = \mathrm{maxValue}(i,1) = v[i]$$

其中的 i 满足 $1\leqslant i\leqslant n$。

由于多边形是封闭的,在上面的计算中,当 $i+s>n$ 时,顶点 $i+s$ 实际编号为 $i+s-n$。按上述递推式计算出的 $\mathrm{maxValue}(i,n)$ 为游戏首次删去第 i 条边后得到的最大得分。具体算法实现如下:

```
//文件路径名:polygon_game\polygon_game.h
void PolygonMax()
//操作结果:输出最高得分,并列出所有得到这个最高得分首次被删除的边的编号
{
    ifstream inFile("polygon_in.txt");           //输入文件
    ofstream outFile("polygon_out.txt");         //输出文件
    int n;                                       //多边形顶点个数
    inFile >>n;                                  //读入顶点个数
    char * op=new char[n+1];                      //存储操作符,op[0]不用
    int * v=new int[n+1];                         //存储操作数,v[0]不用
    int i, j, s;                                 //临时变量

    for (i=1; i<=n; i++)
```

```
{       //读入多边形各顶点的操作数及各条边的操作符
    inFile >>op[i];                                        //读入操作符
    inFile >>v[i];                                         //读入操作数
}

Matrix<int>maxValue(n, n);                                 //最大值矩阵
Matrix<int>minValue(n, n);                                 //最小值矩阵

for (i=1; i<=n; i++)
{       //初始化 maxValue 矩阵与 minValue 矩阵
    maxValue(i, 1)=v[i]; minValue(i, 1)=v[i];
}

for (j=2; j<=n; j++)
{       //子序列长度
    for (i=1; i<=n; i++)
    {       //子序列起始位置
        for (s=1; s<j; s++)
        {       //子序列 p(i,j)分解为两个子序列 p(i,s)与 p(i+s,j-s)
            int r=i+s>n? i+s-n : i+s;
            int mins, maxs;
                //p(i,j)最后一次合并运算在 op[r]处得到的最小值与最大值
            int a=minValue(i, s), b=maxValue(i, s);
                //p(i, s)的最小值与最大值
            int c=minValue(r, j-s), d=maxValue(r, j-s);
                //p(i+s,j-s)的最小值与最大值
            if (op[r]=='t')
            {       //t 表示+
                mins=a+c;                                   //a+c 为最小值
                maxs=b+d;                                   //b+d 为最大值
            }
            else
            {       //乘法
                int e[4]={a * c, a * d, b * c, b * d};
                mins=maxs=e[0];
                for (int k=1; k<4; k++)
                {       //求 a * c, a * d, b * c, b * d 的最大值与最小值
                    if (mins >e[k]) mins=e[k];              //e[k]更小
                    if (maxs<e[k]) maxs=e[k];               //e[k]更大
                }
            }
            if (s==1)
            {       //为 minValue(i, j)与 maxValue(i, j)赋值
                minValue(i, j)=mins; maxValue(i, j)=maxs;
            }
```

```
        else
        {       //求 mins 的最小值,maxs 的最大值
            if (minValue(i, j) >mins) minValue(i, j)=mins;   //mins 更小
            if (maxValue(i, j)<maxs) maxValue(i, j)=maxs;   //maxs 更大
        }
    }
}


int maxScore=maxValue(1, n);
for (i=2; i<=n; i++)
{       //求 maxValue(i, n)的最高得分
    if (maxScore<maxValue(i, n)) maxScore=maxValue(i, n);
        //maxValue(i, n)更大
}


outFile<<maxScore<<endl;              //输出最高得分
for (i=1; i<=n; i++)
{    //输出所得到最高分首次被删除的边的编号
    if (maxScore==maxValue(i, n)) outFile<<i<<" ";
}


inFile.close(); outFile.close();        //关闭文件
delete []op;     delete []v;            //释放空间
}
```

11.5　深入学习导读

王晓东编著的《计算机算法设计与分析（第 2 版）》[11]、Anany Levitin 著,潘彦译的《算法设计与分析基础（第 2 版）》[9]（Introduction to the Design and Analysis of Algorithms. Second Edition)和 Sartaj Sahni 著,汪诗林、孙晓东译的《数据结构、算法与应用：C++ 语言描述》[6]（ADTs, Data Structures, Algorithms, and Application in C++)都对各种算法设计方法进行了系统的介绍,是本书算法设计的主要参考书。

冼镜光编著的《C 语言名题精选百则技巧篇》[21] 提供了大量的算法设计实例。

Cliford A. Shaffer 所著的《Practical Introduction to Data Structures and Algorithm Analysis. Second Edition》[2] 与 Anany Levitin 著,潘彦译的《算法设计与分析基础（第 2 版）》[9]（Introduction to the Design and Analysis of Algorithms. Second Edition)都比较深入介绍了可计算理论。

耿素云、屈婉玲、王捍贫编著的《离散数学教程》[23] 与 Robert Sedgewick, Philippe Flajolet 著,冯学武、斐伟东等译的《算法分析导论》[10]（An Introduction to the Algorithms)都详细介绍了生成函数理论,并且也对递归(递推)分析技术进行了深入的讲解。

习　题　11

1. Ackerman 函数 $Ack(m,n)$ 有两个独立的整型变量 $m \geqslant 0$ 和 $n \geqslant 0$，具体定义如下：

$$Ack(m,n) = \begin{cases} n+1 & m = 1 \\ Ack(m-1,1) & n = 0 \\ Ack(n-1, Ack(m,n-1)) & 其他 \end{cases}$$

试编写 $A(m,n)$ 的递归算法。

2. 设 n 与 m 是正整数，m^n 就是将 m 连乘 n 次，这是一个很没有效率的方法。试采用递归算法来降低乘法次数。

3. 试采用分治策略求数组中元素的最大值。

*4. 最优装载：有一批集装箱要装上一艘载重量为 totalW 的轮船。其中集装箱 i 的重量为 w_i。最优装载问题要求在装载体积不受限制的情况下，应如何装载才能将尽可能多的集装箱装上轮船。要求采用按集装箱重量从小到大的贪心算法，要求证明算法的正确性。

*5. 找零钱问题：假设某个国家有 a_1，a_2，$\cdots$，a_k 种不同面额的货币（不妨假设最小面额为 1 元），不失一般性，设 $a_1 < a_2 < \cdots < a_k$，现有钱数 n，要怎样将 n 对换成 a_1，a_2，$\cdots$，a_k 这些钞票，使得所用钞票数最少。

提示：用 money[] 存储对换的钞票数，money[j] 就是对换 j 元所用的最少钞票数，显然 money[0]=0，money[1]=1，对于对换 i 元，money[i]=1+min{money[$i-a[i]$] | $i \geqslant a[i]$ 且 $i=1,2,\cdots,k$}，这样，让 $i=2,3,\cdots,n$ 即可求得所用的最少钞票数，依据求 money[i] 的过程，容易得到每一种钞票所用的张数。

6. 武士巡游问题。西洋棋中的武士（Knight）与象棋的马相似，走的都是 L 形的路，试编写一个算法，由一个表示棋盘的大小值 n，及起点的坐标，找出一条从起点起可以让武士棋走完 $n \times n$ 格而不重复的路径。

7. 试采用分支定界法求解迷宫问题。

8. 试证明本章中最大子段和问题的分治算法的时间复杂度为 $O(n\log n)$。

上机实验题 11

1. 农夫过河问题的求解：一个农夫带着一只狼、一只羊和一棵白菜，身处河的南岸。他要把这些东西全部运到北岸。他面前只有一条小船，船只能容下他和一件东西，另外只有农夫才能撑船。如果农夫在场，则狼不能吃羊，羊不能吃白菜，否则狼会吃羊，羊会吃白菜，所以农夫不能留下羊和白菜自己离开，也不能留下狼和羊自己离开。请求出农夫将所有的东西运过河的方案。

提示：要模拟农夫过河问题，需要对问题中每个角色的过河状态进行描述。一个很方便的办法是用 4 位二进制数串顺序分别表示农夫、狼、白菜和羊的位置。用 0 表示农夫或者某东西在河的南岸，1 表示在河的北岸。例如，0101 表示农夫和白菜在河的南岸，而狼和羊在北岸。

问题变成从初始状态 0000(全部在河的南岸)出发,寻找一种全部由安全状态构成的状态序列,它以二进制 1111(全部到达河的北岸)为最终目标,并且在序列中的每一个状态都可以从前一状态到达。为避免瞎费功夫,要求在序列中不出现重复的状态。

实现上述求解的搜索过程可以采用两种不同的策略:一种是广度优先搜索,另一种是深度优先搜索。

2. n 皇后问题:要求在一个 $n \times n$ 的棋盘上放置 n 个皇后,要求放置的 n 个皇后不会互相吃掉;皇后棋子可以吃掉任何它所在的那一行、那一列,以及那两条对角线上的任何棋子。

附录 A 调 和 级 数

从 $1\sim n$ 的倒数之和称为调和级数,记为 $H(n)$,也就是

$$H(n) = \sum_{i=1}^{n} \frac{1}{i} \tag{A.1}$$

下面将导出 $H(n)$ 的一个性质,首先我们来分析定积分 $\int_1^n \frac{1}{x} \mathrm{d}x = \ln n$,当 $i<x<i+1$ 时,$\frac{1}{x}<\frac{1}{i}$,所以有

$$\ln n = \int_1^n \frac{1}{x}\mathrm{d}x = \sum_{i=1}^{n-1} \int_i^{i+1} \frac{1}{x}\mathrm{d}x < \sum_{i=1}^{n-1} \int_i^{i+1} \frac{1}{i}\mathrm{d}x$$

$$< \sum_{i=1}^{n-1} \frac{1}{i} = H(n) - \frac{1}{n}$$

可得

$$\ln n < H(n) \tag{A.2}$$

同样地,当 $i<x<i+1$ 时,$\frac{1}{x}>\frac{1}{i+1}$,所以有

$$\ln n = \int_1^n \frac{1}{x}\mathrm{d}x = \sum_{i=1}^{n-1} \int_i^{i+1} \frac{1}{x}\mathrm{d}x > \sum_{i=1}^{n-1} \int_i^{i+1} \frac{1}{i+1}\mathrm{d}x$$

$$> \sum_{i=1}^{n-1} \frac{1}{i+1} = H(n) - 1$$

可得

$$H(n) < \ln n + 1 \tag{A.3}$$

由式 A.1 与式 A.2 可得

$$\ln n < H(n) < \ln n + 1 \tag{A.4}$$

附录 B　泊松分布

设随机变量 X 的所有可能取的值为 $0,1,2,\cdots$，并且取各个值的概率如下：

$$p_k = P\{X = k\} = \frac{\lambda^k \mathrm{e}^{-\lambda}}{k!}, \quad k = 0,1,2,\cdots \tag{B.1}$$

其中 $\lambda > 0$ 是常数，则称 X 服从参数为 λ 的泊松分布，记为 $X \sim \pi(\lambda)$，泊松分布的期希值为

$$\sum_{k=1}^{\infty} P\{X = k\} \cdot k = \sum_{k=0}^{\infty} \frac{\lambda^k \mathrm{e}^{-\lambda}}{k!} \cdot \lambda = \lambda \mathrm{e}^{-\lambda} \sum_{k=1}^{\infty} \frac{\lambda^{k-1}}{(k-1)!} = \lambda$$

设 $s_0 = 0, s_k = \sum_{i=0}^{k-1} p_i, k = 1,2,3,\cdots$，下面来构造一个服从泊松分布的随机函数 GetPoissionRand(double expectValue)，由于在 C++ 中随机函数 rand() 均匀分布于 $0,1,2,\cdots$，RAND_MAX 上，rand()/(RAND_MAX+1) 在 $[0,1)$ 上均匀分布，在图 B.1 中，rand()/(RAND_MAX+1) 的值在 $[s_{k-1}, s_k)$ 上的概率为 $p_{k-1}, k = 1,2,3,\cdots$。

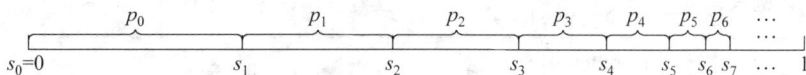

图 B.1　泊松分布示意图

构造服从泊松分布的随机函数方法如下：

当 $x = $ rand()/(RAND_MAX+1) 的值 $[s_{k-1}, s_k)$ 上时，$k = 1,2,3,\cdots$，返回数 $k-1$，下面是具体实现：

```
int GetPoissionRand(double expectValue)
//操作结果:生成期望值为 expectValue 的泊松随机数
{
    double x=rand()/(double)(RAND_MAX+1);   //x 均匀分布于[0, 1)
    int k=0;
    double p=exp(-expectValue);             //pk 为泊松分布值
    double s=0;                             //sk 用于求和 p0+p1+…+pk-1
    while (s<=x)
    {   //当 sk<=x 时循环, 循环结束后 sk-1<=x<sk
        s+=p;                               //求和
        k++;
        p=p * expectValue/k;                //求下一项 pk
    }
    return k-1;                             //k-1 的值服从期希值为 expectValue 的
                                            //泊松分布
}
```

附录 C 配套的软件包

本书开发的软件包主要是针对所学的数据结构,在例题和习题中经常使用这些软件包,此处将列出本书的所有软件包,包括软件包名称,涉及的头文件,测试程序所在的文件夹,在课本中出现的章节号,见表 C.1。

表 C.1 配套的软件包

名　称	头　文　件	测试程序文件夹	课本章节
实用程序软件包	utility. h	test_utility	1.5
顺序表	sq_list. h	test_sq_list	2.2
简单线性链表	simple_lk_list. h node. h	test_simple_lk_list	2.3.1
简单循环链表	simple_circ_lk_list. h node. h	test_simple_circ_lk_list	2.3.2
简单双向链表	simple_dbl_lk_list. h dbl_node. h	test_ simple_dbl_lk_list	2.3.3
线性链表	lk_list. h node. h	test_lk_list	2.3.4
循环链表	circ_lk_list. h node. h	test_circ_lk_list	2.3.4
双向链表	dbl_lk_list. h dbl_node. h	test_ dbl_lk_list	2.3.4
多项式	polynomial. h poly_item. h lk_list. h node. h	test_ polynomial	2.4
顺序栈	sq_stack. h	test_sq_stack	3.1.2
链式栈	lk_stack. h node. h	test_lk_stack	3.1.3
链队列	lk_queue. h node. h	test_lk_queue	3.2.2
循环队列	sq_queue. h	test_sq_queue	3.2.3
最小优先链队列	min_priority_lk_queue. h lk_queue. h node. h	test_ min_priority_lk_queue	3.3
最大优先链队列	max_priority_lk_queue. h lk_queue. h node. h	test_ max_priority_lk_queue	3.3
最小优先循环队列	min_priority_sq_queue. h sq_queue. h	test_ min_priority_sq_queue	3.3

名　　称	头　文　件	测试程序文件夹	课本章节
最大优先循环队列	max_priority_sq_queue. h sq_queue. h	test_ max_priority_sq_queue	3.3
串	string. h lk_list. h node. h	test_string	4.2
KMP 算法	kmp_match. h string. h lk_list. h node. h	test_kmp_match	4.3.3
数组	array. h	test_array	5.1.3
矩阵	matrix. h	test_matrix	5.2.1
三对角矩阵	tri_diagonal_matrix. h	test_tri_diagonal_matrix	5.2.2
下三角矩阵	lower_triangular_matrix. h	test_lower_triangular_matrix	5.2.2
对称矩阵	symmetry_matrix. h	test_symmetry_matrix	5.2.2
稀疏矩阵三元组顺序表	tri_sparse_matrix. h triple. h	test_tri_sparse_matrix	5.2.3
稀疏矩阵十字链表	cro_sparse_matrix. h cro_node. h triple. h	test_cro_sparse_matrix	5.2.3
引用数法广义表	ref_gen_list. h ref_gen_node. h	test_ref_gen_list	5.3.2
使用空间法广义表	gen_list. h use_space_list. h gen_node. h node. h	test_use_space_gen_list	5.3.2
m 元多项式	mpolynomial. h mpolynomial_node. h use_space_list. h node. h	test_ mpolynomial	5.4.2
顺序存储二叉树	sq_binary_tree. h sq_bin_tree_node. h lk_queue. h node. h	test_sq_binary_tree	6.2.3
二叉链表二叉树	binary_tree. h bin_tree_node. h lk_queue. h node. h	test_binary_tree	6.2.3
三叉链表二叉树	tri_lk_binary_tree. h tri_lk_bin_tree_node. h lk_queue. h node. h	test_tri_lk_binary_tree	6.2.3

名　　称	头　文　件	测试程序文件夹	课本章节
先序线索二叉树	pre_thread_binary_tree. h thread_bin_tree_node. h binary_tree. h bin_tree_node. h lk_queue. h node. h	test_pre_thread_binary_tree	6.4.2
中序线索二叉树	in_thread_binary_tree. h thread_bin_tree_node. h binary_tree. h bin_tree_node. h lk_queue. h node. h	test_in_thread_binary_tree	6.4.2
后序线索二叉树	post_thread_binary_tree. h post_thread_bin_tree_node. h tri_lk_binary_tree. h tri_lk_bin_tree_node. h lk_queue. h node. h	test_post_thread_binary_tree	6.4.2
双亲表示树	parent_tree. h parent_tree_node. h lk_queue. h node. h	test_ parent_tree	6.5.1
孩子双亲表示树	child_parent_tree. h child_parent_tree_node. h lk_list. h lk_queue. h node. h	test_child_parent_tree	6.5.1
孩子兄弟表示树	child_sibling_tree. h child_sibling _tree_node. h lk_queue. h node. h	test_child_sibling_tree	6.5.1
双亲表示森林	parent_forest. h parent_tree_node. h lk_queue. h node. h	test_parent_forest	6.5.3
孩子双亲表示森林	child_parent_forest. h child_parent_tree_node. h lk_list. h lk_queue. h node. h	test_child_parent_forest	6.5.3
孩子兄弟表示森林	child_sibling_forest. h child_ sibling _tree_node. h lk_queue. h node. h	test_child_sibling_forest	6.5.3

名　　称	头　文　件	测试程序文件夹	课本章节
哈夫曼树	huffman_tree. h huffman_tree_node. h string. h lk_list. h node. h	test_huffman_tree	6.6.4
简单等价类	simple_equivalence. h	test_simple_equivalence	6.8.1
等价类	equivalence. h	test_equivalence	6.8.1
邻接矩阵有向图	adj_matrix_dir_graph. h	test_adj_matrix_dir_graph	7.2.1
邻接矩阵无向图	adj_matrix_undir_graph. h	test_adj_matrix_undir_graph	7.2.1
邻接矩阵有向网	adj_matrix_dir_network. h	test_adj_matrix_dir_network	7.2.1
邻接矩阵无向网	adj_matrix_undir_network. h	test_adj_matrix_undir_network	7.2.1
邻接表有向图	adj_list_dir_graph. h adj_list_graph_vex_node. h lk_list. h node. h	test_adj_list_ dir_graph	7.2.2
邻接表无向图	adj_list_undir_graph. h adj_list_graph_vex_node. h lk_list. h node. h	test_adj_list_ undir_graph	7.2.2
邻接表有向网	adj_list_dir_network. h adj_list_network_edge. h adj_list_network_vex_node. h lk_list. h node. h	test_adj_list_ dir_network	7.2.2
邻接表无向网	adj_list_undir_network. h adj_list_network_edge. h adj_list_network_vex_node. h lk_list. h node. h	test_adj_list_un dir_network	7.2.2
深度优先搜索	dfs. h adj_matrix_dir_graph. h	test_dfs	7.3.1
广度优先搜索	bfs. h adj_list_dir_graph. h adj_list_graph_vex_node. h lk_list. h lk_queue. h node. h	test_bfs	7.3.2
Prim 算法	prim. h adj_matrix_undir_network. h	test_prim	7.4.1

名　　称	头　文　件	测试程序文件夹	课本章节
Kruskal 算法	kruskal. h adj_list_undir_network. h adj_list_network_edge. h adj _ list _ network _ vex _ node. h lk_list. h node. h	test_kruskal	7. 4. 2
拓扑排序算法	top_sort. h adj_matrix_dir_graph. h lk_queue. h node. h	test_top_sort	7. 5. 1
关键路径算法	critical_path. h adj_matrix_dir_network. h lk_queue. h lk_stack. h node. h	test_critical_path	7. 5. 2
最短路径迪杰斯特拉算法	shortest_path_dij. h adj_matrix_dir_network. h	test_shortest_path_dij	7. 6. 1
最短路径弗洛伊德算法	shortest_path_floyd. h adj_list_dir_network. h adj_list_network_edge. h adj _ list _ network _ vex _ node. h lk_list. h node. h	test_shortest_path_floyd	7. 6. 2
顺序查找算法	sq_serach. h	test_sq_serach	8. 2. 1
折半查找算法	bin_serach. h	test_bin_serach	8. 2. 2
二叉排序树	binary_sort_tree. h bin_tree_node. h lk_queue. h node. h	test_binary_sort_tree	8. 3. 1
二叉平衡树	binary_avl_tree. h bin_avl_tree_node. h lk_queue. h lk_stack. h node. h	test_binary_avl_tree	8. 3. 2
散列表	hash_table. h	test_hash_table	8. 4. 4
插入排序算法	insert_sort. h	test_insert_sort	9. 2
Shell(希尔)排序算法	shell_sort. h	test_shell_sort	9. 3
起泡排序算法	bubble_sort. h	test_bubble_sort	9. 4. 1
快速排序算法	quick_sort. h	test_quick_sort	9. 4. 2

名　　称	头　文　件	测试程序文件夹	课本章节
简单选择排序算法	simple_selection_sort. h	test_simple_selection_sort	9.5.1
堆排序算法	heap_sort. h	test_heap_sort	9.5.2
简单归并排序算法	simple_merge_sort. h	test_ simple_merge_sort	9.6
归并排序算法	merge_sort. h	test_merge_sort	9.6
基数排序算法	radix_sort. h lk_list. h node. h	test_radix_sort	9.7
最小优先堆队列	min_priority_heap_queue. h	test_min_priority_heap_queue	9.3.3
最大优先堆队列	max_priority_heap_queue. h	test_max_priority_heap_queue	9.3.3

附录 D　课程设计项目

D.1　算术表达式求值

1. 问题描述

从键盘上输入中缀算术表达式,包括括号,计算出表达式的值。

2. 基本要求

(1) 程序能对所输入的表达式作简单的判断,如表达式有错,能给出适当的提示。

(2) 能处理单目运算符:＋,－。

D.2　停车场管理

1. 问题描述

假设停车场只有一个可停放几辆汽车的狭长通道,且只有一个大门可供汽车进出。汽车在停车场内按车辆到达的先后顺序依次排列,如果车场内已停满汽车,则后来的汽车只能在门外的便道上等候,一旦停车场内有车开走,排在便道上的第一辆车即可进入;当停车场内某辆车要离开时,在它之后开入的车辆必须先退出车场为它让路,待该车辆开出大门后,为它让路的车辆再按原次序进入车场。每辆汽车在离开时,都要依据停留时间交费(从进入便道开始计时)。在这里假设汽车从便道上开走时不收取任何费用,试设计这样一个停车场管理程序。

2. 基本要求

(1) 汽车的输入信息格式为(到达/离去的标识,汽车牌照号码,到达/离去的时刻)。

(2) 对于不合理的输入信息应提供适当的提示信息,要求离开的汽车没在停车场或便道时可显示"此车未在停车场或便道上"。

**D.3　电话客户服务模拟

1. 问题描述

一个模拟时钟提供接听电话服务的时间(以分钟计),然后这个时钟将循环地自增 1(分钟)直到到达指定时间为止。在时钟的每个"时刻",就会执行一次检查来看看对当前电话的服务是否已经完成了,如果是,这个电话从电话队列中删除,模拟服务将从队列中取出下一个电话(如果有的话)继续开始。同时还需要执行一个检查来判断是否有一个新的电话到达。如果是,其到达时间被记录下来,并为其产生一个随机服务时间,这个服务时间也被记录下来,然后这个电话被放入电话队列中,当客服人员空闲时,按照先来先服务的方式处理这个队列。当时钟到达指定时间时,不会再接听新电话,但是服务将继续,直到队列中所有电话都得到处理为止。

2. 基本要求

(1) 程序需要的初始数据包括：客服人员的人数，时间限制，电话的到达速率，平均服务时间。

(2) 程序产生的结果包括：处理的电话数，每个电话的平均等待时间。

D.4 简单文本编辑器

1. 问题描述

设计一个文本编辑器，允许将文件读到内存中，也就是存储在一个缓冲区中。这个缓冲区将作为一个类的内嵌对象实现。缓冲区中的每行文本是一个字符串，将每行存储在一个双向链表的结点中，将设计在缓冲区中的行上的种种操作和在单个行中的字符上执行的字符串操作的编辑命令。

2. 基本要求

(1) 文本编辑器至少包含如下命令列表，这些命令可用大写或小写字母键入。

R：读取文本文件到缓冲区中，缓冲区中以前的任何内容将丢失，当前行是文件的第一行。

W：将缓冲区的内容写入文本文件，当前行或缓冲区均不改变。

I：插入单个新行，用户必须在恰当的提示符的响应中键入新行并提供其行号。

D：删除当前行并移到下一行。

F：可以从第 1 行开始或从当前行开始，查找包含有用户请求的目标串的第一行。

C：将用户请求的字符串修改成用户请求的替换文本，可选择是仅在当前行中有效还是对全文所有行有效。

Q：退出编辑器，立即结束。

H：显示解释所有命令的帮助消息，程序也接受，作为 H 的替代者。

N：当前行移到下一行，也就是在缓冲区中进一行。

P：当前行移到上一行，也就是在缓冲区中退一行。

B：当前行移到开始处，也就是移到缓冲区的第一行。

E：当前行移到结束处，也就是移到缓冲区的最后一行。

G：当前行移到缓冲区中用户指定的行号。

V：查看缓冲区的全部内容，打印到终端上。

(2) 如能力与时间许可，可提供撤销操作，也就是回到上一步操作之前的状态。

D.5 压缩软件

1. 问题描述

用哈夫曼编码设计一个压缩软件，能对输入的任何类型的文件进行哈夫曼编码，产生编码后的文件——压缩文件；也能对输入的压缩文件进行译码，生成压缩前的文件——解压文件。

2. 基本要求

(1) 要求编码/译码效率尽可能高。

（2）如能力与时间许可，可采用自适应形式的哈夫曼编码方案，此方案的本质是在读入文件字符时，不断地根据已读入的字符统计出各种字符出现的频度，动态建立哈夫曼树，实现对读入字符的编码。

D.6　排课软件

1. 问题描述

大学的每个专业都要进行排课。假设任何专业都有固定的学习年限，每学年含两学期，每个专业开设的课程都是确定的，而且课程在开设时间的安排必须满足先修关系。每门课程有哪些先修课程是确定的。每门课恰好占一个学期，假定每天上午与下午各有 5 节课。试在这样的前提下设计一个教学计划程序。

2. 基本要求

（1）输入数据包括：各学期所开的课程数（必须使每学期所开的课程数之和与课程总数相等），课程编号，课程名称，周学时数，指定开课学期，先决条件。如指定开课学期为 0，表示由电脑自行指定开课学期。

（2）如输入数据不合理，比如每学期所开的课程数之和与课程总数不相等，应显示适当的提示信息。

（3）用文本文件存储输入数据。

（4）由文本文件存储产生的各学期的课程表。

**D.7　公园导游系统

1. 问题描述

给出一张某公园的导游图，游客通过终端询问从某一景点到另一景点的最短路径。能显示游客从公园大门进入，使游客可以不重复地游览各景点，最后回到公园大门的路线，这样的路线可能有多条，最多显示指定条数的路线。

2. 基本要求

（1）将导游图作为无向网，顶点表示公园的各个景点，边表示各景点之间的道路，边上的权值表示距离。

（2）将导游图信息存入一个文件中，程序运行时可自动读入文件建立相关数据结构。

（3）显示线路时应同时显示路线长度。

*D.8　理论计算机科学家族谱的文档/视图模式

1. 问题描述

美国计算机协会 ACM 网站 SIGACT（自动机与可计算性理论专业组）Theoretcal Computer Science Genealogy（TCS，理论计算科学）网页 http://sigact.acm.org/genealogy/textfile.html 页面提供了全世界获得博士学位的理论计算机科学家的相关信息的文本文件 database.txt，文件由首部和下面的条目组成。首部每行以字符"♯"标识。每个条目包含由 tab 字符分割的 4 个域，从左到右分别是：学生姓名，学生论文导师姓名，授予博士学位的大学名称缩写与授予博士学位的年份。仅仅包含"?"的字符域表明此域的信息未知。"?"也用于表明此域提供的信息可能不准确。对于没有获得博士学位的人员(这些人员因为是其他博士学生的导师而出现)条目的导师,大学和年份域都是"--"字符串。试将 TCS 族谱信息(文档)以学术谱系树组成的整个森林形式显示出来(视图)。

2. 基本要求

(1) 选择适当的数据结构组织谱系树组成的整个森林。

(2) 谱系树的根为那些导师已不可考证的理论计算机科学家。

(3) 学术谱系树组成的整个森林形式视图不但要求在屏幕上显示,同时也以 viewtree. txt 文件加以存储。

*D. 9 专家系统应用——动物游戏

1. 问题描述

动物游戏是一个古老的游戏,游戏有两个参与者——玩者和猜者。玩者要求想一个动物,猜者要尽力猜它。猜者要问玩者一系列的是/否的问题,例如:

猜者:是陆生的吗?假如玩者回答"是",那么猜者可以不考虑哪些动物不生活在陆地上,并且用这个信息产生下一个问题,诸如

猜者:有翅膀吗?问题的答案允许猜者不考虑有翅膀动物或者没有翅膀的动物来猜测。基于玩者的答复,仔细陈述每一个问题让猜者不考虑一大群动物,最后,通过这些给定的特征,猜者知道仅有一种动物:

猜者:你想动物是象吗?假如猜者是对的,那么他或她就赢了这个游戏。否则,玩者赢了该游戏,猜者问玩者:

猜者:你想的什么动物呢?

玩者:猪

猜者:象和猪有什么不同?

玩者:象有长鼻子,而猪则没有

通过记住新的动物以及他或她所精的动物和新动物的区别,猜者学会了区分这两种动物。

2. 基本要求

(1) 程序的用户作为玩者的角色,计算机是猜者的角色。

(2) 程序保存了一个基本问题的知识,每一个问题让它减少考虑中的动物数。当程序已经减少它的考虑到仅一只动物,它就猜这个动物。假如猜者是对的,程序赢了。否则,程序问玩者他或她想的动物名字。然后,问如何区分新的动物和所猜的动物。然后它保存这个问题并且储存这个新的动物在下一次玩的游戏的基本知识中。

(3) 每一次学到的新动物的特征,就被这个程序加入到基本知识中。随着时间的流逝,程序的基本知识在增长,玩者想出不在基本知识中的动物变得越来越难——这个程序在猜动物时变成一位专家。在某些领域通过用一些基本知识来陈述专家见解的程序叫做专家系统,并且这个系统的研究是人工智能的一个分支。尽管大部分专家系统使用程序不能修改的固定知识,动物游戏的程序是一个特殊的自学习专家系统的例子,因为当它们遇见新的情

况时它们增加新的动物到它的基本知识里。这个改变基本知识的能力,使得动物程序能模仿学习的过程。

D.10　简单个人图书管理系统

1. 问题描述

学生在学习过程中拥有很多书籍,对所购买的书籍进行分类和统计是一种良好的习惯。如果用文件来存储相关书籍的各种信息,包括书号,书名,作者名,价格与购买日期,辅之以程序来使用这些文件对里面的书籍信息进行统计和查询的工作将使这种书籍管理工作变得轻松而有趣。

2. 基本要求

(1) 系统至少应具备如下的功能。

A. 存储书籍各种相关信息。

B. 提供查找功能,按照书名或作者名查找需要的书籍。

C. 提供插入、删除与更新功能。

D. 排序功能,按照作者名对所有的书籍进行排序,并按排序后的结果进行显示。

(2) 要求程序能按书号,书名索引。

*D.11　词典变位词检索系统

1. 问题描述

在英文中,把某个单词字母的位置(顺序)加以改变所形成的新字词,英文叫做anagram,不妨译为变位词。譬如 said(say 的过去式)就有 dais(讲台)这个变位词。在中世纪,这种文字游戏盛行于欧洲各地,当时很多人相信一种神奇的说法,认为人的姓名倒着拼所产生的意义可能跟本性和命运有某种程度的关联。所以除了消遣娱乐之外,变位词一直被很严肃地看待,很多学者穷毕生精力在创造新的变位词。本项目要求词典检索系统实现变位词的查找功能。

2. 基本要求

(1) 用文件 diction.txt 存储词典。

(2) 尽力改进算法效率。

附录 E　实验报告格式

实 验 题 目

1. 目标与要求

由老师公布,说明实验的具体目标,以及实现要求。

2. 工具/准备工作

在开始做实验前,应回顾或复习相关内容;需要的硬件设施与需要安装哪些 C++ 集成开发环境软件。

3. 实验分析

分析算法设计方法,类结构与主要算法实现原理等内容。

4. 实验步骤

详细介绍实验操作步骤。

5. 测试与结论

实验程序运行的屏幕显示,并加以简单的文字说明,注意程序运行要覆盖算法的各种情况,最后得到实验程序是否满足实验目标与要求的结论。

6. 实验总结

主要说明算法的特点,进行了哪些功能扩展,特别是重点说明独创或创新的部分,相关实验最有价值的内容,在哪些方面需进一步了解或得到帮助,以及编程实现实验的感悟等内容。

注:如没有某些内容(例如没有功能扩展),则不填写相应内容。

附录 F　课程设计报告格式

课程设计题目

1. 问题描述

由老师公布、描述课程设计的内容,约束条件,要求达到的目标等内容。

2. 基本要求

由老师公布对课程设计项目应达到的基本要求,作者实现时,在满足基本要求的情况下可扩展课程设计的功能。

3. 工具/准备工作

在开始做课程设计项目前,应回顾或复习相关内容;需要的硬件设施与需要安装哪些C++集成开发环境软件。

4. 分析与实现

分析课程设计项目的实现方法,采用适当的数据结构与算法,并写出类声明与核心算法实现代码。

5. 测试与结论

粘贴课程设计程序运行的屏幕,并加以简单的文字说明,注意程序运行要覆盖算法的各种情况,最后得到课程设计程序是否满足课程设计题目的要求的结论。

6. 课程设计总结

主要说明算法的特点,进行了哪些功能扩展,相关课程设计项目最有价值的内容,在哪些方面需要进一步了解或得到帮助,以及编程实现课程设计项目的感悟。

注:如没有某些内容(例如没有功能扩展),则不填写相应内容。

参 考 文 献

[1] KRUSE R L, RYBA A J. Data Structures and Program Design in C＋＋［M］. Beijing：Higher Education Press Pearson Education，2002.

[2] SHAFFER C A. A Practical Introduction to Data Structures and Algorithm Analysis［M］. 2nd. Beijing：Publishing House of Election Industry，2002.

[3] DROZDEK A. 数据结构与算法——C＋＋版［M］. 3 版. 郑岩，战晓苏，译. 北京：清华大学出版社，2006.

[4] MALIK D S. 数据结构——C＋＋版［M］. 王海涛，丁炎炎，译. 北京：清华大学出版社，2004.

[5] NYHOFF L. 数据结构与算法分析——C＋＋语言描述［M］. 2 版. 黄达明，等译. 北京：清华大学出版社，2006.

[6] SAHNI S. 数据结构、算法与应用：C＋＋语言描述［M］. 汪诗林，孙晓东，译. 北京：机械工业出版社，2000.

[7] PREISS B R. 数据结构与算法——面向对象的C＋＋设计模式［M］. 胡广斌，王崧，惠民，等译. 北京：电子工业出版社，2003.

[8] LANGSAM Y, AUGENSTEIN M J, ARON M. 数据结构C和C＋＋语言描述［M］. 2 版. 李化，潇东，译. 北京：清华大学出版社，2004.

[9] LEVITIN A. 算法设计与分析基础［M］. 2 版. 潘彦，译. 北京：清华大学出版社，2007.

[10] SEGEWICK R, FLAJOLET P. 算法分析导论［M］. 冯学武，斐伟东，等译. 北京：机械工业出版社，2006.

[11] 王晓东. 计算机算法设计与分析［M］. 2 版. 北京：电子工业出版社，2006.

[12] 严蔚敏，吴伟民. 数据结构(C语言版)［M］. 北京：清华大学出版社，2003.

[13] 殷人昆，陶永雷，谢若阳，等. 数据结构(用面向对象方法与C＋＋描述)［M］. 北京：清华大学出版社，2002.

[14] 金远平. 数据结构(C＋＋描述)［M］. 北京：清华大学出版社，2005.

[15] 齐德昱. 数据结构与算法［M］. 北京：清华大学出版社，2003.

[16] SAVITCH W. C＋＋面向对象程序设计——基础、数据结构与编程思想［M］. 4 版. 周靖，译. 北京：清华大学出版社，2004.

[17] OVERLAND B. C＋＋语言命令详解［M］. 董梁，李君成，李自更，等译. 北京：电子工业出版社，2003.

[18] STEVENS A I. C＋＋大学自学教程［M］. 7 版. 林瑶，蒋晓红，彭卫宁，等译. 北京：电子工业出版社，2004.

[19] 李涛，游洪跃，陈良银，等. C＋＋：面向对象程序设计［M］. 北京：高等教育出版社，2005.

[20] 陈良银，游洪跃，李旭伟. C语言程序设计(C99 版)［M］. 北京：清华大学出版社，2006.

[21] 冼镜光. C语言名题精选百则技巧篇［M］. 北京：机械工业出版社，2005.

[22] 张筑生. 数据分析新讲［M］. 北京：北京大学出版社，2004.

[23] 耿素云，屈婉玲，王捍贫. 离散数学教程［M］. 北京：北京大学出版社，2004.

[24] 王栋. 数学手册［M］. 北京：科学技术文献出版社，2007.

[25] COOK S A. The complexity of theorem-proving procedures［R］//In Proceedings of the Third Annual ACM Symposium on the Theory of Computing. ［S. l.］：［s. n.］，1971：151-158.

[26] Levin, L. A. Universal sorting problems. Problemy Peredachi Informatsii, vol. 9, no. 3, 1973：115-116.

读者意见反馈

亲爱的读者：

感谢您一直以来对清华版计算机教材的支持和爱护。为了今后为您提供更优秀的教材，请您抽出宝贵的时间来填写下面的意见反馈表，以便我们更好地对本教材做进一步改进。同时如果您在使用本教材的过程中遇到了什么问题，或者有什么好的建议，也请您来信告诉我们。

地址：北京市海淀区双清路学研大厦 A 座 602　　　计算机与信息分社营销室　收

邮编：100084　　　　　　　　　电子邮件：jsjjc@tup.tsinghua.edu.cn

电话：010-62770175-4608/4409　　　邮购电话：010-62786544

教材名称：数据结构与算法（C++版）

ISBN：978-7-302-18894-0

个人资料

姓名：＿＿＿＿＿＿＿＿　年龄：＿＿＿＿＿　所在院校/专业：＿＿＿＿＿＿＿＿＿＿

文化程度：＿＿＿＿＿＿　通信地址：＿＿＿＿＿＿＿＿＿＿＿＿＿＿＿＿＿＿＿

联系电话：＿＿＿＿＿＿　电子信箱：＿＿＿＿＿＿＿＿＿＿＿＿＿＿＿＿＿＿＿

您使用本书是作为：□指定教材 □选用教材 □辅导教材 □自学教材

您对本书封面设计的满意度：

□很满意 □满意 □一般 □不满意　改进建议＿＿＿＿＿＿＿＿＿＿＿＿＿＿＿

您对本书印刷质量的满意度：

□很满意 □满意 □一般 □不满意　改进建议＿＿＿＿＿＿＿＿＿＿＿＿＿＿＿

您对本书的总体满意度：

从语言质量角度看 □很满意 □满意 □一般 □不满意

从科技含量角度看 □很满意 □满意 □一般 □不满意

本书最令您满意的是：

□指导明确 □内容充实 □讲解详尽 □实例丰富

您认为本书在哪些地方应进行修改？（可附页）

＿＿＿＿＿＿＿＿＿＿＿＿＿＿＿＿＿＿＿＿＿＿＿＿＿＿＿＿＿＿＿＿＿＿＿＿＿

＿＿＿＿＿＿＿＿＿＿＿＿＿＿＿＿＿＿＿＿＿＿＿＿＿＿＿＿＿＿＿＿＿＿＿＿＿

您希望本书在哪些方面进行改进？（可附页）

＿＿＿＿＿＿＿＿＿＿＿＿＿＿＿＿＿＿＿＿＿＿＿＿＿＿＿＿＿＿＿＿＿＿＿＿＿

＿＿＿＿＿＿＿＿＿＿＿＿＿＿＿＿＿＿＿＿＿＿＿＿＿＿＿＿＿＿＿＿＿＿＿＿＿

电子教案支持

敬爱的教师：

为了配合本课程的教学需要，本教材配有配套的电子教案（素材），有需求的教师可以与我们联系，我们将向使用本教材进行教学的教师免费赠送电子教案（素材），希望有助于教学活动的开展。相关信息请拨打电话 010-62776969 或发送电子邮件至 jsjjc@tup.tsinghua.edu.cn 咨询，也可以到清华大学出版社主页（http://www.tup.com.cn 或 http://www.tup.tsinghua.edu.cn）上查询。